国家级一流本科专业建设成果教材

南开大学"十四五"规划核心课程精品教材

环境微生物学

王 兰 汪 玉 郭晓燕 主编

化学工业出版社

·北京·

内容简介

本书分为四篇，分别从环境微生物学基础、微生物生态学、环境污染微生物控制以及资源环境微生物四大方面，详细介绍了微生物的类群和结构，微生物在自然界中的分布，以及它们的营养、代谢、遗传和变异；探讨了微生物与环境的相互作用及其在自然界物质循环中的作用；阐述了微生物在自然环境自净、污染环境修复中的作用及其原理；并介绍了"三废"处理和废物资源化的原理及应用技术等内容。

本书在总体内容上注重基础知识、基本理论和基本规律的阐述，精选了具体的内容与实例，反映了该学科的当代成就与发展趋势，力求结合我国国情，展现我国生态文明建设的成果，同时兼具实用性。本书内容充实、图文并茂，具有较高的学术和实用价值，适合作为环境科学、环境工程、生物工程专业高年级本科生的教材，也可作为相关专业研究生的教学参考书，亦是相关科研人员和工程技术人员的参考读物。

图书在版编目（CIP）数据

环境微生物学 / 王兰，汪玉，郭晓燕主编. -- 北京：化学工业出版社，2025. 4. --（国家级一流本科专业建设成果教材）. -- ISBN 978-7-122-47429-2

Ⅰ. X172

中国国家版本馆 CIP 数据核字第 202544ER46 号

责任编辑：满悦芝　　　　　　　　文字编辑：张春娥
责任校对：宋　夏　　　　　　　　装帧设计：张　辉

出版发行：化学工业出版社
　　　　　（北京市东城区青年湖南街 13 号　邮政编码 100011）
印　　装：北京云浩印刷有限责任公司
787mm×1092mm　1/16　印张 18½　字数 454 千字
2025 年 9 月北京第 1 版第 1 次印刷

购书咨询：010-64518888　　　　　售后服务：010-64518899
网　　址：http://www.cip.com.cn
凡购买本书，如有缺损质量问题，本社销售中心负责调换。

定　　价：68. 00 元　　　　　　　　版权所有　违者必究

前　言

人类利用微生物已有几千年的历史，处理人类活动产生的各类污染物也已有一百多年的实践。随着生物技术的不断发展和人们对环境质量的日益重视，环境微生物学应运而生。人们可利用微生物修复污染的环境、处理生产和生活中的污染物；还可利用微生物监测环境的质量，分析环境污染物可能对人类健康造成的危害，因此环境微生物学已成为现代环境科学中的一门重要的专业基础学科。

环境微生物学既包括微生物学理论和方法的研究，也涉及微生物学方法和技术在环境保护中的应用。本书在内容编排上强调以现代科学理论和技术为基础，论述环境微生物学的基本原理；以微生物生态学理论和技术为主线，阐述微生物在自然界中的分布特点、在其生存环境中的功能、群落特征及与环境特性的关系，以及微生物与环境的相互作用规律等。本书还详细阐述了微生物在环境污染控制、污染环境修复及环境监测中的应用，并探讨了有关新技术的发展趋势，同时也介绍了微生物技术在环境保护方面的新成就。

本书是在参阅了大量国内外文献资料的基础上，结合了作者多年教学和科研的成果编写而成。

本书分为四篇。第一篇为环境微生物学基础，主要论述微生物的特性、类群与结构，微生物的营养及代谢，微生物菌种选育，以及微生物污染与控制技术等。第二篇为微生物生态学，重点介绍了微生物生态学的基本研究方法和研究意义，探讨了微生物与环境之间的相互作用关系，包括微生物在自然环境及极端环境中的群落结构及变化规律，以及微生物在自然界物质循环和转化中的作用。此外，还介绍了环境微生物监测技术，包括土壤、水和空气中微生物监测的常规方法，以及现代分子生物学技术在环境监测中的应用。第三篇为环境污染微生物控制，主要论述微生物在环境修复领域的自净原理与修复机制，针对废水、固体废物和废气这三大污染载体，系统性地剖析了微生物介导的生物处理技术与方法。第四篇为资源环境微生物，着重介绍了微生物在清洁生产及资源开发方面的应用等。

本书在总体内容上注重基础知识、基本理论和基本规律的阐述，精选了具体内容与实例，反映了该学科的当代成就与发展趋势；力求结合我国国情，反映我国生态文明建设的成果，同时兼具实用性。本书不仅适合作为高等院校环境科学与工程以及生物工程专业本科生的教材，也可供相关专业的工程技术人员参考。

本书是在张清敏、胡国臣教授等前辈多年教学经验的基础上编写而成，王兰老师进行整体编写，郭晓燕老师对绪论及第九、十、十一和十二章做了修订，汪玉老师对第五、六、

七、十三和十四章做了修订。此外，本书在编写过程中得到了南开大学环境科学与工程学院多位老师的关心、指导和帮助，在此表示衷心感谢。同时，李晓壮、杨敖宇、刘晓艳、高萌等硕士研究生也参与了部分章节的编写工作，在此一并表示感谢。

限于编者水平和编写时间，书中难免有疏漏和不妥之处，恳请广大读者和同行批评指正。

编　者

2025 年 3 月于南开园

目　录

目　录

第一篇　环境微生物学基础

第二篇 微生物生态学

第三篇　环境污染微生物控制

第九章　环境污染与自净 ·· **174**

第十章　污染环境微生物修复 ··· **188**

第四篇 资源环境微生物

绪　论

第一节　环境与微生物

在地球自然环境中，微生物无处不在。不管是空气、河流、湖泊、土壤等自然环境，还是热泉、冰川、海底、岩石、火山口和盐碱地等极端环境，都从中发现并分离出大量的环境微生物。微生物作为地球上最早出现的生命形式，可以完成地球上生命所能实现的全部过程。它们不仅能使土壤肥沃、环境清洁，而且对自然界的元素循环起着关键作用。利用微生物的代谢多样性，发挥其在降解污染、参与元素化学循环中的作用，以改善自然环境、服务人类社会，是环境微生物学这一学科的主题。

一、环境和环境问题

环境概念在不同学科中呈现多样性。在生态学中，环境被定义为某一生物体或群体以外的空间，包括直接或间接影响其生存与活动的外部条件总和。在环境科学中，环境泛指围绕人群的空间，包括直接或间接影响人类生活和发展的各种因素总和，通常指人类环境，包括自然环境和社会环境。其中，自然环境指环绕于人类周围的自然界，如大气、水、土壤、生物和各种矿物资源等，是人类生存和发展的物质基础，也称为地理环境。在自然地理学上，自然环境被划分为大气圈、水圈、生物圈、土圈和岩石圈等五个自然圈。社会环境是在自然环境基础上，为提高物质和精神生活水平，通过长期有计划、有目的地发展逐步创造和建立的人工环境，如城市、农村、工矿区等。社会环境的发展和演替受到自然规律、经济规律和社会规律的支配和制约，其质量是人类物质文明和精神文明建设的标志之一。

人类在获取生存和发展所需的能量和物质过程中，产生的"三废"（废水、废气和固体废物）排放至环境。这些排放物规模超过了环境容纳和自净的能力，从而导致环境组成和状态不可逆转的改变，引发环境污染。这一污染现象直接影响并破坏了人类正常的生产和生活秩序，构成了潜在威胁，同时对生态系统的平衡产生了破坏性的影响。

自18世纪60年代西方工业革命以来，由于不断产生的污染物质，世界各国的环境污染问题日益严重，导致环境质量急剧恶化，公害问题层出不穷。例如，美国洛杉矶的光化学烟雾、英国伦敦的烟雾、日本四日市的哮喘病，以及由于汞引发的水俣病和神通川骨痛病等，均对人类健康造成了极大危害。

进入20世纪80年代后，随着我国经济的快速发展，产生的废水、废气和固体废物对环境造成了一定程度的污染。我国一些地区，如黄浦江、太湖、淮河、海河、滇池、松花江等，都受到不同程度的污染。城市的空气质量变差，雾霾天时有发生。垃圾填埋不仅占用大量土地，而且其渗滤液还会污染土壤和地下水。

全球范围内的污染问题也日益严重，酸雨、臭氧层耗损、全球变暖、生物多样性锐减、土地荒漠化、海洋污染、危险物跨境转移以及大气污染物跨境转移等环境问题，已经成为全球性的关注焦点。这些环境问题不仅对自然环境和生态系统造成了巨大损害，也严重影响了人类和其他生物的生存和发展。

在 20 世纪 50 年代，一些发达国家便已开始关注环境治理工作，经过一二十年的持续努力，也取得了一些显著成果。例如，泰晤士河的水质得到了显著改善，鱼类得以重新生存。然而，到了 20 世纪 70 年代，全球陷入了环境危机和石油危机的双重困境，引发了一场关于"停止增长还是继续发展"的激烈辩论。在此背景下，联合国世界环境与发展委员会主席、挪威前首相布伦特兰夫人受联合国委托，于 1987 年发表了一篇名为《我们共同的未来》的长篇报告。这份报告首次提出了可持续发展的理念，即在不损害后代满足其需求能力的前提下，满足当代人的需求。自此以后，可持续发展的理念逐渐得到了全球范围内的广泛认可和重视。

我国在认识到环境污染的严重危害后，也广泛展开了环境保护和环境污染治理的工作，为改善生态环境、保护人民健康做出了积极的努力。更好的工业程序、日益增强的环保意识、新的预防清理技术以及法律措施的实施，使得以前成为头条新闻的污染事件越来越少。然而，更大的挑战出现了。其中最重要的是大气中温室气体含量的上升，特别是二氧化碳。与此同时，塑料不断进入水生生态系统，微污染物（即通常含量较低但仍足以对相应生态系统产生破坏性影响的生物活性分子）的有害效应也逐渐显现。

近年来，国家制/修订了 30 余部相关的法律法规，生态文明建设和环保产业的发展在越织越密的制度体系下渐入佳境。美丽中国、生态文明、人与自然和谐共生、污染防治攻坚战、环保督察、河湖长制、"双碳"目标等环保热词注解了一个时代的变迁。空气质量发生历史性变化、水环境质量发生转折性变化、土壤环境质量发生基础性变化、海洋环境质量显著改善。

党的二十大报告更是将"人与自然和谐共生的现代化"上升到"中国式现代化"的内涵之一，再次明确了新时代中国生态文明建设的战略任务，总基调是推动绿色发展，促进人与自然和谐共生。

二、微生物的特性及其在自然界的作用

动物和植物在细胞结构、个体形态和生理特性等方面具有明显特征，微生物则不同，它们个体微小、结构简单。在六界分类系统中，地球上的生物分为植物界、动物界、真核原生生物界、真菌界、原核生物界和病毒界，而微生物的分类、地位如表 0-1 所示。

表 0-1　微生物的分类地位

微生物的类群	所属生物界
病毒、噬菌体	病毒界
细菌、放线菌、蓝细菌	原核生物界
霉菌、酵母菌	真菌界
原生动物、藻类	真核原生生物界

由此可知，微生物是一群个体微小、结构简单的微小生物的总称。"微生物"一词不是

分类学上的名词。

（一）微生物的特性

微生物具有各种生物都具有的共性，如：①能从其环境中摄取营养，并将代谢废物排入环境中；②具有能将自身的形态及生理特性传递给后代的遗传性，以及发生形态和生理特性改变的变异性；③能够生长繁殖；④能对生存环境条件的变化作出反应等。

除此之外，微生物与高等动物、植物相比还具有许多特性，现归纳如下。

1. 个体微小，结构简单

微生物的共同特点之一是个体微小、结构简单。其个体大小只能用 μm（$1\mu m = 10^{-3} mm$）为单位测量，因此只能在显微镜下观察。微生物结构简单，如细菌、原生动物、单细胞藻类、酵母菌都为单细胞生物；霉菌是微生物中结构最复杂的类群，它们只是多细胞的简单排列，无组织器官分化，因此，它们的每个细胞都能与其环境直接进行物质交换。认识微生物这一特性对于研究其生理、遗传、代谢、生态和在环境科学中的应用具有重要意义。

2. 易变异、种类多

由于微生物个体微小、结构简单，在环境发生变化时每个细胞都能直接感受环境的刺激或压力，所以它们比其他生物对环境变化更敏感，易对变化了的环境发生适应作用，在不适宜理化因素的压力下易发生遗传上的变异。因此，微生物的种类很多，目前已知的细菌有数千种、霉菌有十万多种、原生动物有 68000 多种等。

3. 分布广

由于微生物的生理类型多样，使它们可以在多种环境条件下生长繁殖，所以就整个微生物群体来说，在自然界分布极广，可以说在整个生物圈内凡是有生物的地方都有微生物存在。例如，在地球的两极和高山寒冷地带、在大气层中、在温度高达 90℃ 的温泉中、在深达万米以上的海底、在深层土壤中，以及人和其他高等生物的体表和体内都有微生物生存。在土壤和地表水中微生物的种类和数量都是最丰富的，这对于利用微生物进行环境研究及其在不同环境中应用都是非常重要的。

4. 繁殖快、作用大

微生物结构简单，其中每一个细胞都可与其环境直接进行物质交换，吸收和利用环境中的营养不需在体内组织和器官中传递，可直接用于细胞物质的合成。生物学家们的研究表明，生物的代谢速率与比表面积成正相关关系。微生物个体微小，比表面积大，以直径为 $1\mu m$ 的球菌为例，其比表面积是体积为 $1cm^3$ 的生物的 10000 倍，所以微生物能以极高的速度同化环境中的营养物质，同时进行快速繁殖。试验表明，一头重 500kg 的牛在 24h 内仅可产 0.5kg 的蛋白质，而 500kg 酵母菌在同样时间内却能产生 50000kg 的蛋白质。这使微生物在消除环境污染物的净化中以及在废水处理和工业生产中均具有巨大的应用潜力。

5. 代谢方式灵活

不同种类的微生物具有不同的代谢方式，使它们能够适应不同生境，而且有些种类在不同环境中具有不同的代谢方式，如酵母菌等兼性厌氧菌，既能在有氧环境中生存，又能在无氧环境中生活，而且在不同环境中对营养的利用方式和产物不同。这使得它们具有应对环境条件变化的能力，在环境条件发生较大变化时，也能快速适应，并执行新的功能。

（二）微生物在自然界中的作用

微生物在自然界中的作用是指它们在各种生态系统中的能量流动、物质循环和转化过程

3

中的作用。微生物中，有的是具有与植物相似功能的初级生产者，如藻类、光合细菌和化能自养细菌；有的是具有与高等动物相同功能的消费者，如原生动物；而大量微生物具有比动植物强大得多的有机物分解和氧化能力，所以它们被称为地球上有机物的分解者。因此，就整个微生物群体而言，微生物比动物和植物有着更广泛和强烈的作用。

1. 在能量流动中的作用

在能量流动中，初级生产者可将光能转化为化学能储存于有机物和生命物质中，为其他生物提供能源物质；消费者则可将有机物储存的化学能一部分转化为动物性有机物的化学能、一部分释放于环境中，成为地球上能量的重要中间传递者；化能异养菌类（包括多数细菌、放线菌和真菌）具有强大的有机物分解和氧化能力，不仅可将有机物分解氧化，而且能将化学能转化为自由能。

2. 在物质循环中的作用

在物质循环过程中，微生物不仅在 CO_2 转化为有机物、有机物分解氧化产生 CO_2 的一系列碳循环过程中的每个阶段起着重要作用，而且在氮循环、硫循环、磷循环以及其他一切可以组成生命物质的元素（如氢、氧、铁、镁等）的循环过程中发挥着重要作用。

3. 在物质转化中的作用

微生物不仅在能组成生命物质的元素的循环中起着重要作用，而且在很多不能形成生命物质的元素和其他元素结合的转化中也起着重要的作用，甚至呈某些价态的元素具有强烈的生物毒性。例如：

（1）在汞转化中的作用

汞在自然界中广泛存在，但它不是生物生活的必需元素，更不是生命物质的组成元素，而且汞及其各种形态的化合物都具有强烈毒性，即使在很低浓度（或剂量）的情况下也会对生物具有抑制、损害和杀死作用。

然而，有些微生物在长期接触较高浓度的汞及其化合物的过程中，形成了对汞毒害作用的抗性，并且能转化汞的价态和形态。例如：①在元素汞和二价汞之间的转化；②在汞的甲基化过程中的作用；③在甲基汞转化为离子汞的过程中，微生物都起着重要作用。

（2）砷的微生物甲基化作用

砷在自然界以多种形式存在，而且各种砷化合物都具有生物毒性，其中以 As_2O_3 毒性最大。微生物可以参与自然界中多种砷化合物的转化过程，如三价砷氧化和五价砷还原，已知参与转化的微生物不仅有细菌、真菌，还有藻类。

此外，还有多种其他不能形成生命物质的元素可在微生物作用下转化。

三、环境与微生物的相互关系

微生物在环境保护和治理中扮演着相当重要的角色，对于维持生态系统平衡功不可没。微生物易于发生变异，随着新污染物产生种类的增多，微生物多样性也随之增加，这使得微生物在环境污染治理中发挥了独特而重要的作用。然而，正是由于微生物的变异性，某些致病菌或病毒又会产生耐药性，从而影响疾病的治疗，给人类健康带来了巨大的挑战。

随着微生物学各个分支学科的相互渗透，尤其是分子生物学和分子遗传学的发展，微生物分类学逐渐完善，同时微生物应用技术也取得了显著进步，从而推动了生物工程的发展。在环境工程中，例如利用固定化酶和微生物细胞处理工业废水，以及通过筛选优势菌种处理特殊废水等方法，微生物在各个领域得到了广泛应用。基因工程技术的应用也取得了一系列重要成果，例如构建具有石油烃降解能力的超级菌。

自 20 世纪 70 年代以来，许多生活在极端环境的微生物引起了人们广泛的兴趣和关注。这些包括专性厌氧的产甲烷菌、极端嗜热菌、极端嗜酸菌、极端嗜碱菌和极端嗜盐菌等古菌，它们为研究生命起源提供了极好的材料。一些科学家通过研究地球的历史，认为地球最早的岩层处于极热、无氧的环境，只有极端嗜热菌和厌氧菌才能在那个时期生存，因此认为当今古菌中的极端嗜热菌可能源于古时的嗜热菌。最初地球是无氧环境，随着蓝细菌的出现，地球逐渐变成有氧环境，才有了好氧生物的存在。

在环境工程中，许多废水产生于极端环境条件下，例如含油废水、焦化废水和化肥废水的高温环境（一般为 70～80℃），以及味精废水的极低温度（2～4℃）、酸性废水、碱性废水和高盐有机废水等。实际上，环境工程面临的此类废水越来越多，处理难度也逐渐加大。因此，开发极端环境微生物资源以用于废水处理具有广阔的前景，但也面临着严峻的挑战和责任。

第二节　环境微生物学的形成和发展

一、环境微生物学的研究对象

环境微生物学的研究对象是环境中的微生物。该环境涵盖大气、土壤、地表水、地下水、饮用水以及食品等各种直接或间接对人类生活和发展产生影响的因素。环境中的微生物资源丰富，它们在自然界物质循环和转化中发挥着重要的生物转化作用，是维持整个生物圈正常运行不可或缺的组成部分。

二、环境微生物学的研究内容

环境微生物学是一门利用微生物学的原理、方法和技术研究微生物与其环境的作用规律，从而实现人类环境质量监测、污染控制和生态调控的新兴学科。因此，环境微生物学是微生物学的分支学科，也是环境科学的分支学科。其研究内容涉及以下多个方面：

1. 微生物学的基础理论和技术

环境微生物学的研究和应用实践实际上是微生物学原理和技术的应用。学习环境微生物学的理论和技术就必须有微生物学的基础，需掌握：①微生物类群及其特征；②微生物的生理特性和代谢规律；③微生物的遗传特性及其遗传变异与环境条件的关系；④微生物生态学的原理和研究方法；⑤微生物生长及其测定技术；⑥微生物在自然界物质循环中的作用等。

2. 环境污染微生物净化

环境污染的微生物净化，实际上是一个污染微生物生态学问题。其内容主要包括：研究污染物对污染环境中微生物群落的影响；了解微生物对污染物的净化能力；掌握对典型污染物具有较强净化能力的微生物的特性和强化环境自净能力的措施；分析污染物、环境和微生物三者之间的相互关系和相互作用的规律并探讨相关技术。

3. 微生物对环境的污染

微生物造成的环境污染可分为下列三类：一是微生物病原体污染，这也是最重要的微生物污染，如水体常由于生活污水、医院污水、畜禽食品加工废水、皮革加工废水等的污染而含有致病微生物，如沙门氏菌（*Salmonella*）、霍乱弧菌（*Vibrio cholerae*）、军团菌（*Legi-*

onella)、钩端螺旋体（*Leptospira*）等。二是微生物代谢产物的污染，主要包括微生物代谢产生的毒素，如真菌产生的黄曲霉毒素、曲酸和孢子素，藻类产生的石房蛤毒素、铜绿微囊藻所产生的一种小分子环肽化合物等；以及污染物被微生物降解、转化的产物，如亚硝酸、硫化氢、甲基汞等。三是微生物引起的材料腐败和腐蚀。微生物不仅侵害大多数有机物，而且侵害金属、水泥、电子元件和玻璃等。因此，研究和了解微生物对环境和人类生活资料、生产资料及人体健康的危害和防治技术是必要的。

4. 环境微生物监测

环境微生物监测的主要内容包括常规微生物监测的原理和技术，以及监测结果在环境影响评价中的应用，同时研究环境微生物监测新技术和环境预测评价新技术。

5. 微生物与环境污染控制

环境污染微生物控制包括废水、废物和废气生物处理及污染环境的修复。它们都是利用微生物对污染物强大的代谢能力，使污染物无害化，都是强化了的环境污染物自然净化过程。废物生物处理系统是生态系统的一类，其中部分环境条件可人为控制。其研究工作主要是了解处理过程中微生物的生理特点和生化特性，并据此尽可能创造微生物群体净化污染物所需的环境条件，以提高处理效率。所以废物处理微生物学实际上是废物处理微生物生态学问题。

污染环境的修复则是研究污染物的特性和污染环境的生态条件，通过改善微生物的生活条件和改变污染环境中的微生物群落组成（通常是加入有效微生物）强化环境自净能力，使污染环境的特性和功能尽快恢复的过程。因此，二者都是力求使环境条件与微生物对环境的要求达到和谐统一，最大限度地发挥微生物的净化作用，为革新工艺打下良好的理论基础。

6. 友好微生物的选育

人们常将有利于人类生活、生产、经济发展和能使人类生存环境向良性化发展的微生物称为友好微生物。它们可用来：①生产人类生活和生产所需物质，例如酱油、醋、味精等调料，馒头、面包等食品，抗生素、细胞色素 c、辅酶 A、ATP 等药品，酒精、柠檬酸、丙酮、丁醇等化工原料；②废物资源化，例如植物秸秆纤维素和木质素的饲料化、沼气化、堆肥化等，高浓度有机废水的沼气化，废水的净化再利用等；③生产微生物农药，减少化学农药的使用，保护环境；④利用特效微生物实现有毒物质的无害化；⑤提高环境的自净能力，实现污染环境质量和功能的恢复等。

友好微生物的获得方法如下：

（1）筛选

筛选的方法常是从含微生物种类和数量丰富的样品中，通过分离获得单菌株，再通过筛选获得有用菌株。采用何种样品常与欲获得的菌株的特性和用途有关，如：①欲获得能降解某种有毒物质的微生物，应从受该种有毒物质影响较大地方的含菌物中选取；②欲获得能使纤维素资源化的微生物则可以取用土壤或腐肥中的腐烂植物茎秆等。

在筛选过程中，如不能获得含目的菌株较为丰富的含菌样品，则可以采集含微生物丰富的样品，经富集培养后再分离。

（2）育种

育种是在选出的有效微生物的某种特性不利于其应用时，可以通过人为干预改变其某些特性，提高其利用价值。

7. 废物微生物资源化的原理和技术

废物是放错地方的资源，之所以称废物是暂时还没有找到其利用技术和应用途径。废物微生物资源化，就是利用微生物的代谢过程改变废物中某些物质的存在状态，使之容易纯化变为有用之物。例如尾矿中贵重金属的微生物冶炼、高浓度有机废水通过厌氧微生物处理产生沼气。也就是说，对于人类生产、生活中所产生的废物，只要找到了能转化它们的微生物和相应的有利用价值的技术，就可以使废物变为可利用的资源。

8. 微生物资源的开发

微生物资源的开发利用日益受到重视，这除了因为微生物资源的利用同工业、农业、林业、畜牧渔业、医药、环境保护等领域关系密切外，还因为其发展潜力巨大。众所周知，微生物在自然界的物质循环和转化中作用巨大，而且由于微生物个体微小、易变异形成具有新功能的种群，因此而成为地球上最具有应用前景的生物类群之一。但是目前人类对它们的开发才刚刚开始，因此丰富的微生物资源及其相关技术将会是长期受到重视和深入研究的课题。

三、环境微生物学的发展历程

环境微生物学是环境科学的一个分支学科，又是微生物学的分支学科。因此，环境微生物学学科的建立既是环境科学理论和技术发展的结果，也是微生物学，尤其是微生物生态学理论和技术发展的结果。

环境工程微生物学的发展可追溯至 20 世纪初的"活性污泥法"，它的出现标志着微生物在环境治理中的初步应用。1914 年，英国建立了第一座活性污泥污水处理厂，有关科学工作者逐渐认识到其中起主要作用的是包括细菌、原生动物在内的微生物；其处理效果的好坏直接与其中微生物的生活条件有关，由此也引起了对生态系统中微生物组成与功能及其与环境因素关系的探索。

然而，真正推动环境工程微生物学发展的契机出现在 20 世纪 60 年代。随着工业生产规模的扩大，环境污染问题日益加剧，特别是水体污染引起广泛关注，这直接促进了环境工程微生物学的崛起。70 年代成为环境工程微生物学的黄金时期，1975 年美国将《应用微生物学》杂志更名为《应用与环境微生物学》，这被视为环境微生物学作为一门独立分支学科的标志。在这一时期，大量成果涌现，尤其是在生物处理技术方面。

随着研究的不断深入，人们对微生物降解污染物的理解和认识也更为透彻，这也为环境污染的生物治理提供了重要的理论支持和技术指导。微生物学的发展及微生物生态学理论和研究技术的进步，因其显著的环境效益、社会效益和经济效益，吸引了越来越多的微生物学工作者投身这一领域，并取得了丰硕成果。到 20 世纪后期，环境微生物学的研究和应用领域也从废水生物处理，扩展到环境污染物容量研究、污染物在环境中的迁移转化机理研究、环境的微生物现状评价与预测、环境的微生物监测以及污染环境的微生物修复等领域。

21 世纪的环境微生物学延续并深化了 20 世纪的研究方向，面对日益严重的环境挑战，涌现出新的关键研究领域。元基因组学和功能基因组学是当前研究热点，其通过利用高通量测序技术，能够更深入地解析环境微生物的基因组，包括其功能和潜在的代谢途径，推动了对微生物在环境中生态功能的深入研究。随着气候变化的严峻性，学者们也着手于微生物与气候变化的关系研究，研究微生物在气候变化中的作用，包括对碳循环和温室气体排放的影响，助力碳中和。处理新型污染物也是环境微生物学面临的一大新课题，研究聚焦于微生物对新型污染物（如抗生素、纳米颗粒等）的处理机制，以及微生物在适应和降解这些新型污染物方面的能力。

我国的环境微生物学的发展相对于发达国家稍显滞后，直到 20 世纪 70 年代才开始开展有关工作，1979 年出现有关讲座，1980 年从国外邀请有关专家对我国有关人员进行培训，而后在各大高校设立了环境工程专业，培养了大批专业人才，这有力地推动了我国有关科研和教学的发展。

目前，环境微生物学正处于与多学科交叉融合的阶段，其在污染控制、微生物生态学以及资源微生物方面发挥着重要的学术作用，进一步促进了微生物学和环境科学领域的深入研究。在污染控制领域，微生物处理技术被广泛应用于处理工业废水、生活污水、固体废物和空气污染等问题。在微生物生态学方面，微生物在自然界中碳、氮循环以及元素（如汞、砷等）的微生物转化过程中发挥着关键作用，同时微生物也被视为生态监测的重要工具，用于监测环境质量，并分析环境污染物对人类可能造成的危害。在资源微生物方面，通过培养和选育有益微生物，环境微生物治理技术不仅在理论和工程应用上得到了保障，同时也为其在医药和食品行业的应用打下了坚实的基础。这一系列应用为环境保护与可持续发展提供了重要支持，并且未来随着科技的不断进步，环境微生物学将继续在学术研究和实际应用中发挥关键作用。

四、环境微生物学的未来展望

环境微生物学自建立以来，在理论研究和应用技术方面的发展取得了令人瞩目的成绩，并呈现出强劲的发展势头。展望未来的环境微生物学，其研究和应用将会不断深入和扩展，主要的领域有：

1. 开展微生物功能基因组学研究

深入开展微生物功能基因组学研究，将具有良好功能的微生物菌剂接种到某一生境，造成其数量及代谢的相对优势。这将大大促进在污染控制、废物资源化、生物农药及清洁生产等方面的特效微生物菌种和资源微生物剂的研究、开发和利用。此外，通过微生物功能基因组学的研究，我们还可以开发出更多的微生物资源，发掘其在工业、农业、医疗等领域的应用潜力。

2. 充分利用元基因组学研究微生物生态学

元基因组学着眼于整个微生物群落的基因组特征，旨在深入了解微生物在自然环境中的功能和相互关系。未来将研究范畴从微观的微生物群体拓宽到宏观的生态系统，以全面理解微生物对整个生态系统的影响，开辟全新的微生物生态学研究路径。通过研究微生物基因组与环境理化因子和环境功能之间的关系，为提高废物生物处理效率、强化环境自净和修复能力提供理论和技术支撑；推动新的快速、准确的生物监测技术的开发，为人类生存环境的健康发展发挥更大的作用。

3. 开发利用微生物有益的生命现象

微生物除具有生长、繁殖、代谢和对环境条件的刺激能做出反应等生物学共同特性外，还具有其他多种特性，例如：①高等生物所不具有的代谢途径和功能，如化能自养、厌氧生活、生物固氮作用和放氧的光合作用等；②微生物个体微小、代谢速度极高、生长快、易大量培养等；③微生物对外界条件变化敏感、易变异等，这些都将是未来研究的重要课题。人类发现微生物的特性后，利用这些特性不仅可以解决很多重大的科学理论问题，如生命起源与进化问题、物质运动基本规律问题等，还可促进解决人类在能源材料、食品和营养品等方面的问题。

4. 开发与其他学科交叉的研究

环境科学形成于多学科交叉结合的过程中，而环境微生物学是环境科学研究中不可缺少的学科。微生物学与建筑工程学结合，形成了废物（废水、废气、固体废物）处理系统；微生物学与生态学理论结合，建立了环境微生物监测的理论、方法和技术。未来微生物基因组学与分子生物学、大数据分析的交叉结合，将显著推动和丰富环境微生物学的研究深度。包括微生物基因组的测序、组装和分析等，这些研究将有助于深入了解微生物的种类、功能和作用机制，为环境微生物的利用和保护提供重要的理论基础。微生物学与能源、材料的交叉结合也必将推动资源微生物学的发展，为丰富环境微生物学的内容贡献力量。微生物在生产生物燃料方面的应用，如生物甲烷、生物乙醇等，具有可再生性，有望减少对化石燃料的依赖。未来，随着技术的进步和成本的降低，微生物在能源生产中的广泛应用将成为可能。此外，环境微生物研究技术和方法将在吸收其他学科研究成果的基础上迎来新的进步。

5. 微生物资源的可持续开发

环境微生物学在建立的短时间内就硕果累累，例如：①用于农、林、渔、牧业的菌剂，不仅为农、林、渔、牧业增产、增收、增益起到了巨大的作用，而且可以减少生产废物的产生，环境效益显著；②用于"三废"处理、废物资源化的菌剂不断推陈出新，在污染控制领域的发展方面发挥了重要作用；③用于医疗诊断和制药中的菌剂，为疾病的早期预测提供了有力支持，同时为医学领域的创新和进步注入了活力。针对微生物在生物技术、医学和农业等领域的广泛应用，未来将更加关注微生物资源的可持续开发，包括从极端环境中筛选具有特殊功能的微生物，用于生产新型生物药品、酶类和其他生物产品。

思考题

1. 概念：微生物、原核微生物、真核微生物、友好微生物。

2. 在六界分类系统中，病毒界、原核生物界、真菌界和真核原生生物界包括哪些微生物类群？

3. 微生物一词是生物分类学上的名词吗？为什么？

4. 微生物在自然界中功能的含义是什么？

5. 与高等动植物相比，微生物有哪些特性？

第一篇
环境微生物学基础

第一章
微生物的类群

从前文可知，"微生物"并非是一个分类学的术语，而是对一类形态微小、结构简单的单细胞或者多细胞生物，以及那些缺乏完整的细胞构造的微小生物体的统称。虽然微生物不属于同一分类单位，但它们之间也存在一些共性。例如：①微生物中不论是单细胞的，还是多细胞的，都是一个能独立生活的个体，与高等生物的一个细胞或组织具有显著区别；②每个个体在适宜的条件下都能实现它们的生命过程，如生长、代谢和繁殖等；③它们的培养和研究技术非常相似。

在自然环境中微生物分布极广、种类很多。根据它们的细胞结构特点，可将微生物分为：①真核微生物，如真菌、藻类和原生动物；②原核微生物，如细菌、蓝细菌和放线菌；③非细胞型生物，如人、动物和植物病毒，噬藻体和噬菌体。

第一节　原核微生物

原核微生物是一群不具有由质膜包围起来的定形细胞核，只有聚集在细胞内一定区域的核质体的微小生物的总称。原核微生物的主要形态特征是它们的大小、形状、结构和群体排列方式。以上特征构成了原核微生物的形态学。

尽管原核生物的个体都很微小，不能用肉眼直接观察，但还是可以通过染色技术、切片技术和显微技术来研究它们的形态和结构。

一、原核微生物的细胞结构

对原核微生物细胞进行显微观察，发现细胞壁的内部和外部具有一定的结构，其中有的结构是所有原核生物都具有的，称为一般结构；而有些结构只有某些原核生物具有，称为特殊结构。在原核微生物中，细菌最具代表性，因此以细菌细胞为代表介绍它们的结构。

（一）一般结构

细菌细胞的一般结构主要有细胞壁、细胞膜、细胞质等，如图 1-1 所示。

1. 细胞壁

细胞壁（cell wall）是细菌的主要结构之一，它的主要功能是：包围原生质和内含物，使细胞具有一定的形态；保护细胞膜免受机械和高渗透压破坏；在有鞭毛的细菌中，保持鞭毛的运动功能。细菌的细胞壁还决定细胞的抗原性、致病性和对噬菌体的敏感性。

1884 年，瑞典人革兰（Christian Gram）发明了鉴别细菌的革兰染色法。根据革兰染色

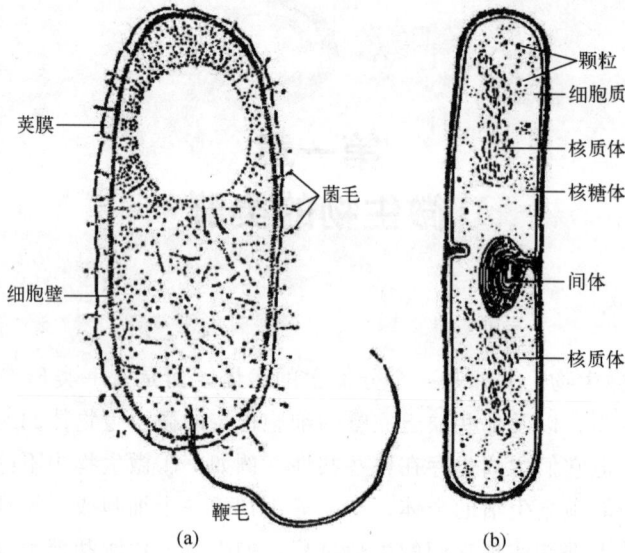

图 1-1　一个细菌细胞结构示意图

（a）外部结构；（b）内部结构

某些结构，如荚膜、鞭毛、孢子和菌毛并不是所有种的细胞都具有的

反应，可把细菌分为革兰阳性（G^+）菌和革兰阴性（G^-）菌两大类群。染色过程是先用结晶紫染色，随后加碘液（媒染剂），再用乙醇脱色，最后用番红复染。镜检菌体呈蓝色者为 G^+ 菌，菌体为红色者为 G^- 菌。实验研究表明，G^+ 菌和 G^- 菌具有不同染色效应的原因是它们的细胞壁结构和化学组成不同。

　　组成细胞壁的化学物质包括形成网状结构的肽聚糖（peptidoglycan），如 *N*-乙酰葡糖胺（*N*-acetylglucosamine）、*N*-乙酰胞壁酸（*N*-acetylmuramic acid）和一组氨基酸，并且以这些氨基酸为交联剂将上述两种肽聚糖交联成重复致密的网状结构；另一部分化学物质为基质，如磷壁（酸）质（teichoic acid）、核糖醇磷壁酸（ribitol teichoic acid）和甘油磷壁酸（glycerol teichoic acid）。网状结构包埋于基质中形成细胞壁。革兰阳性菌和革兰阴性菌细胞壁成分的区别列于表 1-1 中，结构如图 1-2 所示。

表 1-1　革兰阳性菌和革兰阴性菌细胞壁比较

项目	革兰阳性菌	革兰阴性菌
厚度	15～20nm	10nm
肽聚糖含量	高　95%	低　5%～10%
脂类含量	低　1%～4%	高　22%～41%
化学组成	简单,肽聚糖、磷壁酸	复杂,肽聚糖、脂多糖、脂蛋白
层次	无定型	多层次
磷壁酸	有	无
对青霉素敏感性	高	低

2. 细胞膜和中体

细胞膜（cell membrane）又称质膜（plasmic membrane）或细胞质膜（cytoplasmic

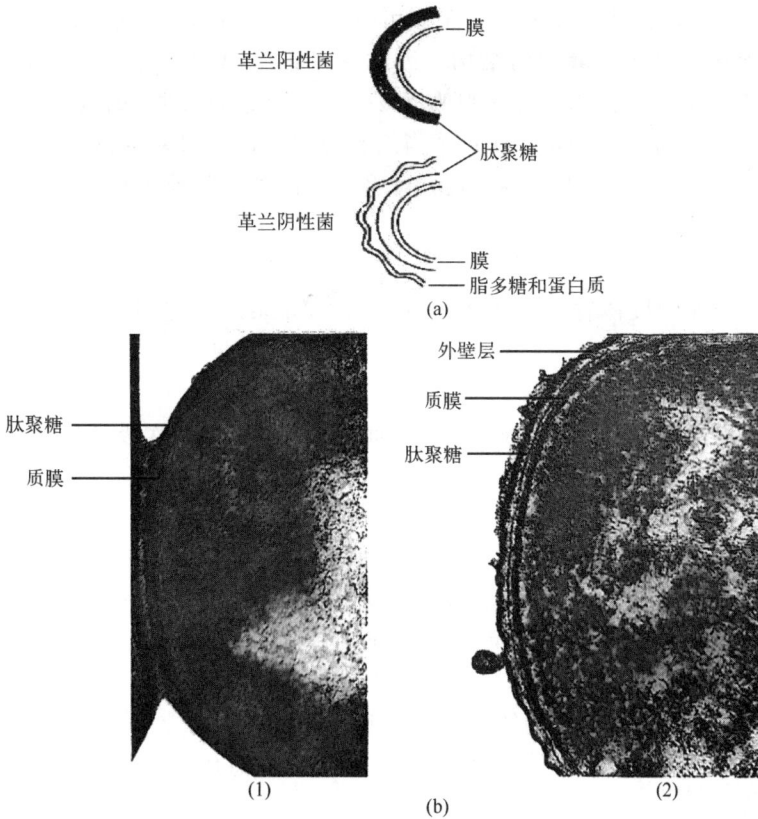

图 1-2 细菌的细胞壁

（a）革兰阳性菌和革兰阴性菌细胞壁的比较；（b）革兰阳性菌和革兰阴性菌细胞壁的电镜图：（1）革兰阳性菌
成晶节杆菌（*Arthrobacter crystallopoietes*）（126000×）（J. L. Pate 惠赠），（2）革兰阴性菌
毛霉亮发菌（*Leucothrix mucor*）（165000×）

membrane），是位于细胞壁内的柔软而富有弹性的一层薄膜。质膜的主要功能是：①细胞质膜的两侧存在诱导酶系、呼吸酶系和电子传递体系，因此和真核细胞的线粒体一样，具有电子传递和氧化磷酸化功能；②在细胞质膜上结合有细胞壁、荚膜构成物的前体物质和有关的合成酶，因此与细胞壁和荚膜的合成有关；③质膜是具有半渗透作用的细胞边界，可浓缩营养物质于细胞内，并将代谢废物排出细胞外，是细胞与其环境进行物质交换的胞器；④质膜是某些酶的活动部位，同时也是核糖体（ribosome）的活动部位。

质膜的主要成分是磷脂和蛋白质，磷脂呈双层排列形成膜的基本结构，蛋白质被嵌在其中，如图 1-3 所示。其中大量蛋白质以酶的形式存在，构成物质转运的通道。

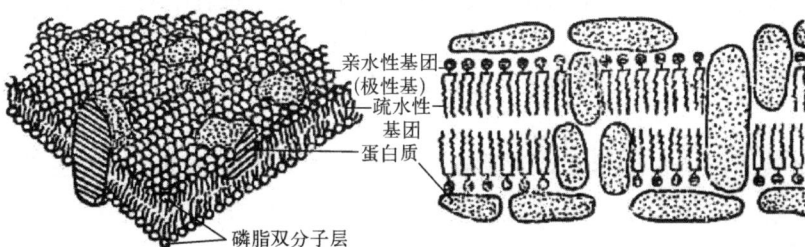

图 1-3 细菌细胞膜结构模式图

中体也被称为间体，是许多革兰阳性菌和一些革兰阴性菌的质膜内褶形成的包埋于细胞质中的一种管状、层状或囊状的结构，因此它是细胞膜的一部分，也是原核生物特有的细胞器。其功能主要有：①中体上呼吸酶发达，可像真核细胞的线粒体一样，在物质的氧化和能量产生方面负有主要责任；②当细胞分裂时，在细胞质膜和细胞壁的合成及核的复制中起作用；③中体直接与外界相通，可将消化酶类（胞外酶）、多糖等大分子产物排出胞外。

3. 细胞质

质膜内无色透明的胶体物质被称为细胞质（cytoplasm），它主要由蛋白质、核酸、脂类、水、少量的糖和盐类组成。其中核糖核酸（RNA）含量较高，有较强的嗜碱性，易被中性或碱性染料染色。

原核生物细胞质中的大分子不被膜包围，而是常以共价键或次级键与膜连接，所以细胞质在细胞内基本不流动，这与真核生物不同。

4. 核质体

细菌细胞不具备高等动植物细胞的特征性核，但它们具有一切细胞生物所具有的核物质——DNA。在细菌中，DNA 虽不像真核生物那样被核膜包围起来形成具有一定形状的核，但是通过 DNA 染色（富尔根染色）证明细菌细胞内确有 DNA 存在，而且聚集在一个局部区域。这些聚集的 DNA 因为不具备特征性核的结构，所以被称为核质体（nuclear body）或类核。具有核质体的生物统称为原核生物。

细菌的核质体与真核生物中的细胞核一样，在遗传信息传递、形态控制和生理特性形成中起着重要作用。

5. 内含物

细菌细胞中除具有以上结构外，还有多种内含物（inclusion），如异染粒、淀粉粒、聚 β-羟基丁酸、核糖体和质粒等。它们可能分别存在于不同的细菌细胞内，或某种菌的特定生理状态下，但都具有各自的作用。其中质粒（plasmid）是核区以外能自主复制、有遗传机能的结构，对人类通过生物技术获得在工业、农业和环境保护中有用的多功能微生物是十分重要的。

（二）特殊结构

1. 鞭毛

鞭毛（flagellum）是自细胞内伸出的极细的毛发状细胞附属物。构成鞭毛的化学物质主要是蛋白质，其结构分为基体、钩和细细的长丝三部分，基体固着在质膜上，并与细胞壁连接；丝状物通过钩与基体相连接。基体可能具有将细胞质或质膜上的能量传导给丝状物的作用。

鞭毛是细菌的运动胞器，不同种细菌的鞭毛数量和着生位置不同，如图 1-4 所示。

鞭毛细菌因鞭毛的着生方式不同，其运动方式也不同，如一端生鞭毛的细菌，其运动方向与鞭毛所指方向相反；两端生鞭毛菌总是朝着与鞭毛着生方向垂直的方向滚动；周毛菌则运动方向不定。

鞭毛使鞭毛菌产生主动运动，对其在生态系统中取得适合其生长的生态位具有重要作用。

2. 菌毛

菌毛（pili）有点类似鞭毛，但很短，数量很大，而且与细胞运动无关。根据菌毛的长

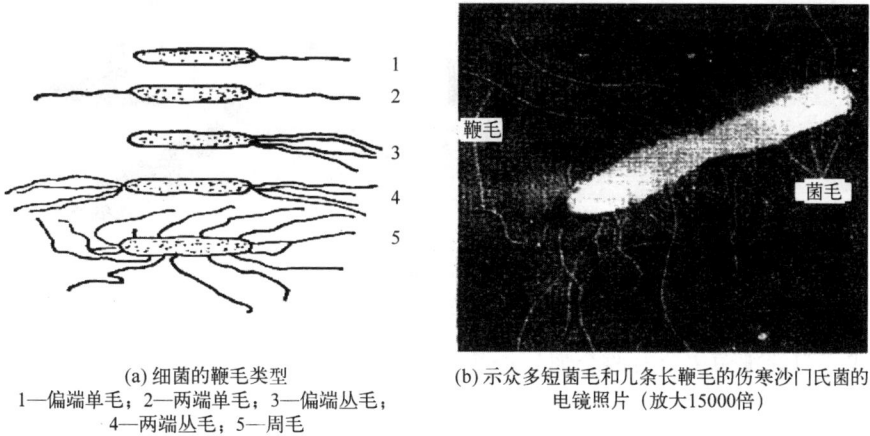

(a) 细菌的鞭毛类型
1—偏端单毛；2—两端单毛；3—偏端丛毛；
4—两端丛毛；5—周毛

(b) 示众多短菌毛和几条长鞭毛的伤寒沙门氏菌的
电镜照片（放大15000倍）

图 1-4　细菌的鞭毛

度和宽度可把它们分成若干类型。同一个细菌细胞可以生长不同类型的菌毛。

在菌毛的功能方面，只有性菌毛的功能比较清楚，它们与细菌的结合有关；对其他类型的菌毛知之甚少，但在某些情况下，它们能使细菌附着于静止物的表面，有的则在液体表面上形成菌膜或浮膜。

3. 荚膜和黏液层

很多细菌的细胞壁外部由一层被称为荚膜（capsule）或黏液层（slime layer）的物质包围，一种细菌荚膜的大小显著依赖于其环境条件。从解剖学上可将其分为三类：①大荚膜（macrocapsule），约 $0.2\mu m$ 厚，通过染色可在光学显微镜下观察。②微荚膜（microcapsule），厚度小于 $0.2\mu m$，不能用光学显微镜观察，可由免疫学反应发现。③黏液层，它是积累在菌体表面的黏性物质，与荚膜的区别是没有一个具有一定形状的外表面，即与培养液没有一个清晰的界面，经常扩散到培养基中。

荚膜和黏液层的主要成分是水、多糖（胞外多糖）或多肽、糖肽。其主要功能是保护菌体、抵抗干燥、抗噬菌体感染，当营养缺乏时可作为细菌的营养；有时许多荚膜细菌相互黏附在一起，就会形成包被有许多细菌个体的细菌团块，称为菌胶团。荚膜与病原菌的毒力有关，有的病原菌失去荚膜就丧失毒力和致病作用，如肺炎双球菌（*Diplococcus pneumoniae*）。菌胶团在废水生物处理中对生物污泥形成及废水净化都具有重要作用。

4. 芽孢

某些细菌会在特定情况下，例如面临恶劣的环境或者某个生命周期中，生成一种内部孢子，即我们所称的芽孢（spore）。由于每个细菌仅能产生一个这样的孢子，且只有在合适的条件下才能转化为正常的生长状态，故此，芽孢并非这些微生物的主要增殖手段。由于芽孢拥有坚固的外壳、孢子外衣及皮质等保护结构，并且水分含量极低，这使得它们能够抵抗极端环境的影响，如芽孢细菌的营养体在 $80℃$ 下 $5min$ 就可死亡，而肉毒芽孢杆菌的芽孢在 $180℃$ 下可存活 $10min$。因此，形成芽孢对芽孢细菌具有重要的生态学意义。它可以使芽孢菌在遇到较大环境压力时，不完全死亡，在环境变得有利其生活时，会重新形成新的种群，以保证物种的延续。这也是芽孢细菌广泛分布于各种生物环境中的重要原因。

不同细菌所形成的芽孢形状不同，可作为菌种鉴定的依据。经芽孢染色后在显微镜下观察到芽孢的类型有梭状、鼓槌状；若芽孢的直径小于营养细胞，则细胞不变形，如图 1-5 所示。

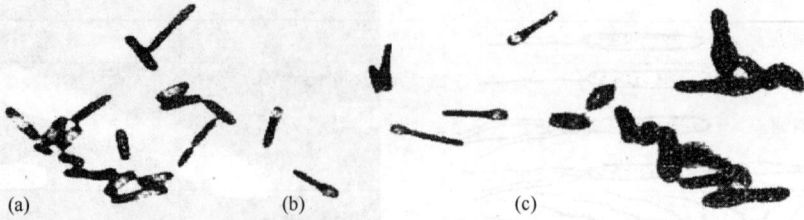

图 1-5　光学显微照片，显示几种类型的内生孢子的形态

（a）中央孢子，孢子囊壁未增大；（b）端生孢子，孢子囊壁增大；（c）近端生孢子，孢子囊壁增大

能形成芽孢的细菌主要有两个属，一个为好氧性芽孢杆菌属（*Bacillus*），一个为厌氧性梭状芽孢杆菌属（*Clostridium*）；此外，螺菌属（*Spirillum*）、弧菌属（*Vibrio*）和八叠球菌属（*Sarcina*）等属内也有少数种能形成芽孢。

5. 载色体

载色体（chromatophore）是光能自养菌如绿硫杆菌（*Chlorobium*）、红硫菌（*Chromatium*）和红螺菌（*Rhodospirillum*）等属中的细菌进行光合作用的细胞结构。它与高等植物的叶绿体不同，不具有叶绿体的片层结构，而是由一系列膜组成的囊状、管状或层状系统。载色体与叶绿体的功能相似之处是都能捕集光能，为还原 CO_2 合成有机物提供能量。

二、细菌

（一）细菌的形态

细菌的种类虽然很多，但它们所拥有的基本形态类型却很少，只有三种类型：球形（球形或椭圆形）、杆状（圆柱形或杆状）和螺旋形（图 1-6）。

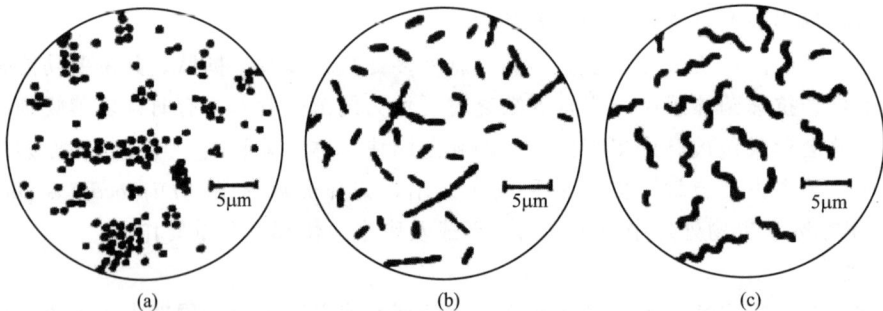

图 1-6　常见的三种典型细菌形态

（a）球菌；（b）杆菌；（c）螺菌

1. 球菌的群体排列方式

球形细菌的群体排列方式、群体特征及代表菌如表 1-2 和图 1-7 所示。

表 1-2　球菌的群体排列方式

排列方式	特征	代表菌
单球菌	单个独立存在	小球菌
双球菌	两两成对存在	肺炎双球菌
链球菌	成串存在	肺炎链球菌

续表

排列方式	特征	代表菌
四联球菌	每四个个体排成一个田字形	四联球菌
八叠球菌	每八个个体排成一个立方体	甲烷八叠球菌
葡萄球菌	成群无规则排列	金黄色葡萄球菌

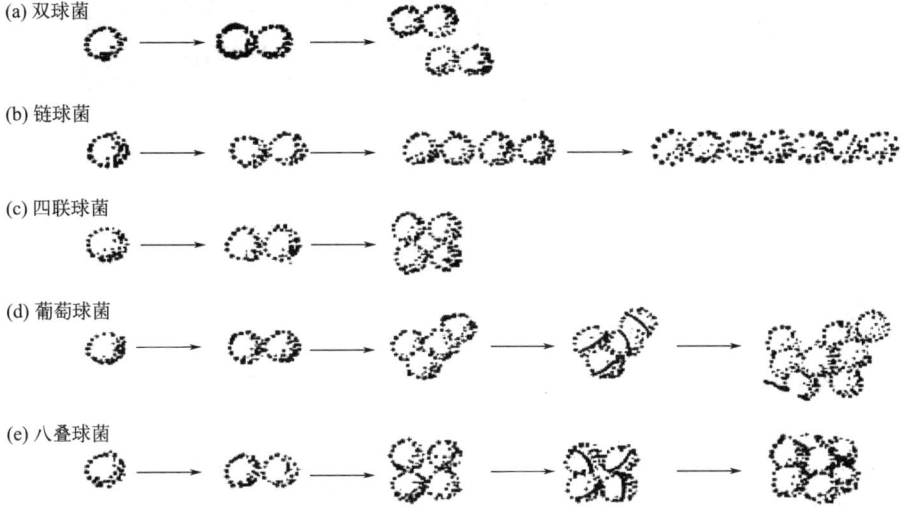

(a) 双球菌

(b) 链球菌

(c) 四联球菌

(d) 葡萄球菌

(e) 八叠球菌

图 1-7 球菌的排列特征与增殖模式图解

（a）双球菌：细胞在一个平面分裂并多成对地联结在一起；（b）链球菌：细胞在一个平面分裂并连接
成链；（c）四联球菌：细胞在两个平面分裂并特征性地形成四个在一起的细胞群；（d）葡萄球菌：细
胞在三个平面分裂，以不规则的方式产生成串的球菌；（e）八叠球菌：细胞在三个平面分裂，有规则地
产生立方体排列的细胞

　　球菌的群体排列方式虽有数种，但不管在哪种类型的群体中都会有游离的单个个体存
在，所以以上特征类型只是种群群体中细胞的主要排列方式。在除单球菌以外的其他细菌群
体中，每两个相邻菌体的接触面都略呈扁平状。

　　2. 杆状细菌

　　杆状菌是细菌中种类最多的一种形态类型，具有这种形态的细菌不同种间个体大小差别
显著。其细胞形态常有：①两端平截的柱状；②两端呈半圆形或略尖。而且它们的粗细、长
度不同，有的还具有分枝。群体细胞间常呈分散、两两呈八字形、数个形成栅状或丝状。但
是，某种特定群体形态的呈现并不是种群的特征，常是由杆菌生长阶段或某种培养条件等原
因造成的。也就是说，杆菌本身不呈特征性的群体排列方式，如大肠杆菌在多数情况下分散
存在，但在某种条件下可排列成短丝状。

　　3. 螺旋状细菌

　　螺旋状细菌的群体主要以不连接的单个细胞出现。其个体在长度、螺旋数和螺距以及细
胞壁厚度上具有显著区别。它们的个体基本上分为两类，一类是短的不完全的螺旋菌，这类
细菌的细胞只有一个弯曲，通常称为弧菌（*Vibrio*），也有人称之为逗号菌；另一类细菌细
胞具有两个以上的弯曲，这类细菌被称为螺菌（*Spirillum*），如图 1-8 所示。

　　4. 丝状细菌

　　丝状细菌是由数个杆菌或球菌细胞首尾相接形成的长短不同的假菌丝。所谓假菌丝，是

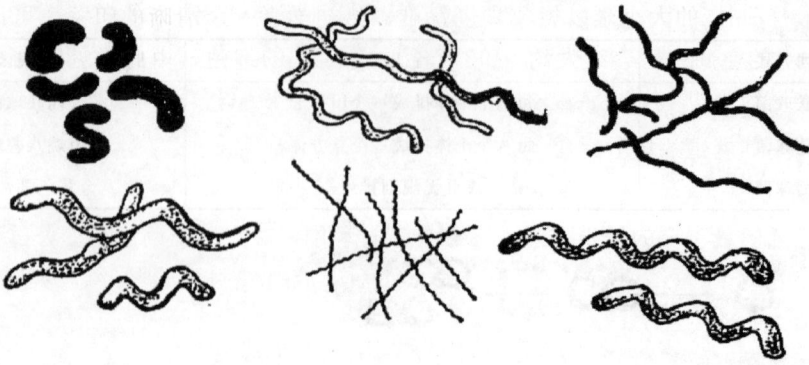

图 1-8　螺旋状细菌的各种形态

形成菌丝的各个细胞都是一个独立的有机整体，同一菌丝中细胞之间没有生理联系，未能形成一个有机的整体。能形成丝状体的细菌，也只是在某种环境条件下方能形成这种形态，而球菌的群体排列方式与其分裂方式有关。有的假菌丝还带有分枝。在环境研究中，常见的丝状细菌有浮游球衣菌、铁细菌和贝氏硫菌（图 1-9）。

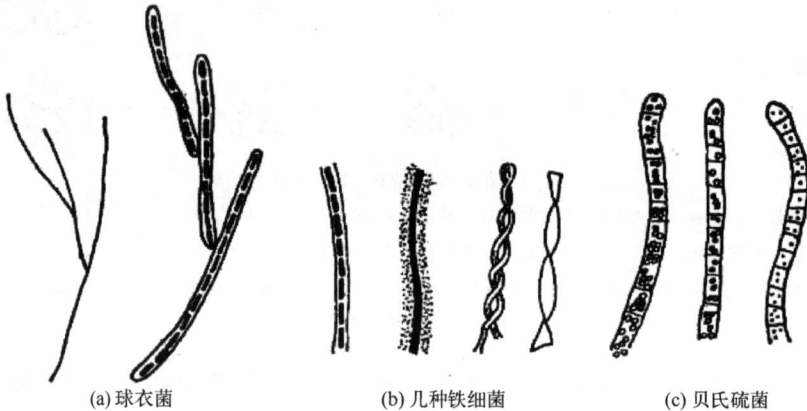

(a)球衣菌　　　　　　　(b)几种铁细菌　　　　　　　(c)贝氏硫菌

图 1-9　常见丝状细菌

（二）细菌的大小

尽管细菌极其微小，但还是可以用显微测微技术精确地测量其大小。细菌个体的大小差别很大，但总体都很小，一般用微米（μm）度量。几种常见细菌的大小如表 1-3 所示。

表 1-3　几种常见细菌的大小　　　　　　　　　单位：μm

细菌	大小	
球菌	直径	
乳酸链球菌	0.5～0.6	
圆褐固氮菌	4.0～6.0	
杆菌和螺旋菌	长度	宽度
变形杆菌	0.5～4.0	0.4～0.5
大芽孢杆菌	3.0～9.0	1.0～2.0
霍乱弧菌	1.0～3.0	0.3～0.6
迂回螺菌	10～20	1.5～2.0

由于微米（μm）的大小难以想象，也就难以给初学者一个清晰的印象，可以作这样的描述，即 $1cm^3$ 的空间中可容纳大约 5492 亿个中等大小的细菌，由此可见细菌之微小。而一个细菌的重量约为 $1\times10^{-10}\sim1\times10^{-9}$ mg。

（三）细菌的繁殖和培养特征

1. 细菌的繁殖方式

二分裂是细菌最主要的繁殖方式。在二分裂过程中，一个细菌细胞在发育过程中，核质体加倍，并分为两个，各占据细胞的一部分，然后形成将细胞分为两部分的细胞膜和细胞壁，成为两个相同的个体。因此，二分裂是一种无性繁殖方式。例如：①球菌一般沿球形细胞的赤道面形成横壁；②杆菌一般于中间沿长轴垂直面分裂，在一定条件下，也可形成链状、两两成八字形和栅状。

但是二分裂并不是细菌的唯一繁殖方式，也有极少数的细菌能够进行出芽繁殖，如生丝微菌属（Hyphomicrobium）中的细菌。在一些种中，二分裂偶尔也出现细胞交配或称为接合过程。因为在新细胞产生后，在细胞增长的同时也在进行细胞核质体的复制，所以难以观察和测定细菌的发育过程。因此，"生长"一词在微生物中多用于培养期间的群体增长。

2. 细菌的培养特征

细菌或其他微生物在培养基上（或中）生长所形成的群体被称为培养物（culture）。细菌的培养特征即其培养物的特征。不同细菌在同种培养基上（或中）生长，其培养特征差异很大，所以对细菌培养特征的观察有助于识别其所属类群，对菌种鉴别也有帮助。因此，在鉴别一株菌的培养特征之前，必须先得到其纯培养物，也就是说某种菌的培养特征是其纯种培养物在标准条件下培养物的特征。

细菌的培养特征主要包括以下几方面：

① 菌落特征，即一个细菌个体在平板培养基表面通过生长繁殖形成的肉眼可见的群体（菌落）的特征，它包括菌落的大小、边缘形状、隆起形状、是否有色素及色素的颜色和其光学特征等。

② 菌苔特征，即在斜面培养基表面呈线状接种若干个体，通过生长繁殖形成的肉眼可见的群体（菌苔）的特征，包括其生长量、边缘形状、群体黏稠度、颜色和渗入培养基中的可溶性色素的颜色表征。

③ 在营养肉汤中的生长特征，它常指菌体在培养液中的分布状况、生长量和气味特点。

④ 明胶穿刺生长特征，用明胶作固化剂制作固体培养基，使其在试管中成固体培养基柱，然后用接种针做从上至下穿刺接种，经培养后可出现下列情况：a. 沿接种线生长（不液化），可表现为沿接种线生长或略向四周扩展。b. 明胶液化，液化作用可沿接种线均匀进行，或者出现由培养基液化形成各种漏斗状。c. 产生色素，这也是一部分菌的鉴别特征。一些种的细菌，色素保留在细胞内，使菌体群着色；另一些细菌将色素分泌到胞外，使培养基着色；也有不少菌不产生任何色素。

细菌菌落的描述及形态如图 1-10 所示。

三、放线菌

放线菌属于原核生物界（Procaryotae）、细菌门（Bacteriophyta）、真细菌纲（Eubacteriae）、放线菌亚纲（Actinomycctidae）。放线菌在自然界分布很广，但在有机质丰富、中性或偏碱性的土壤中较多。放线菌用途广泛，其最大的经济价值是产生抗生素。

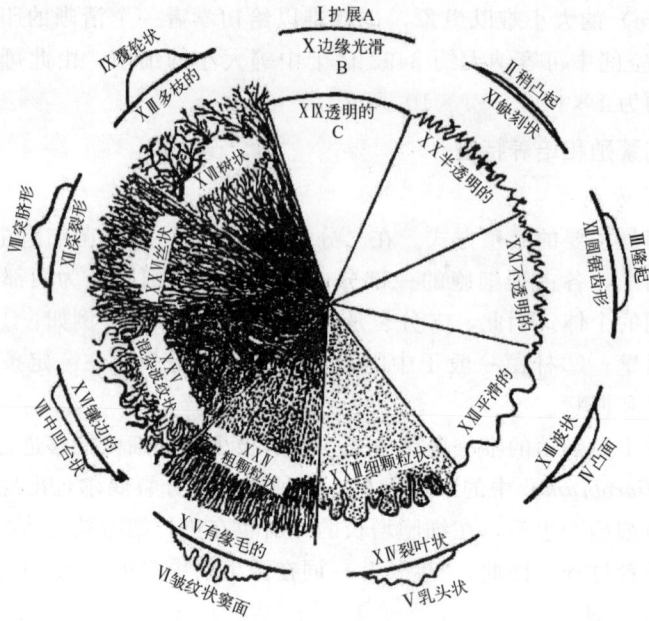

(a) 细菌菌落的描述
A—隆起；B—边缘；C—表面形状及透明度

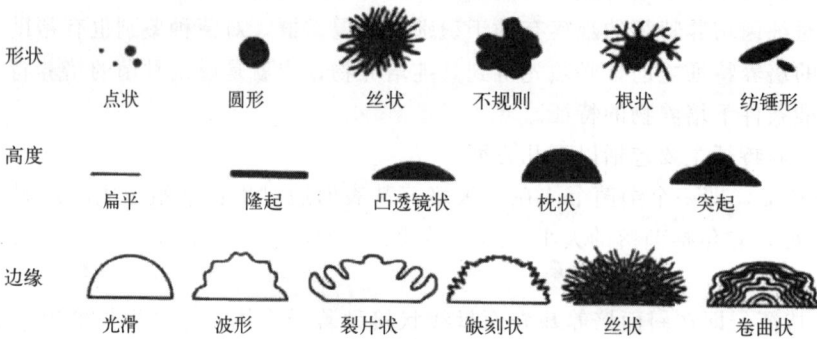

(b) 细菌菌落的形态

图 1-10　细菌菌落描述及形态

（一）放线菌的形态

放线菌具有带分支的真菌丝，营养菌丝无横隔，为单细胞，很多菌丝互相交织在一起形成菌丝体。放线菌在固体基质上生长时，菌丝体明显地分成基质菌丝、气生菌丝和孢子丝。基质菌丝潜入培养基内，其主要功能是从基质内摄取营养，所以也称其为营养菌丝。气生菌丝是菌丝体生长在培养基表面伸入空气中的部分，其顶端部分可发育成起生殖作用的孢子丝。孢子丝是放线菌繁殖体的一部分，其形状有直、波曲、螺旋、轮生之分，当其发育到一定阶段可形成各种孢子进行繁殖（图 1-11）。

放线菌的菌丝很长，但其宽度大致相当于球形细菌的直径，一般为 $0.2\sim1.2\mu m$，而且气生菌丝总是比基质菌丝粗大约 $1\sim2$ 倍。放线菌的基质菌丝、气生菌丝、孢子丝和孢子多数带有一定的颜色，而且气生菌丝的颜色通常比基质菌丝深。

（二）放线菌的繁殖

放线菌以无性方式繁殖，繁殖过程是形成孢子，孢子发育成新的个体。放线菌形成孢子

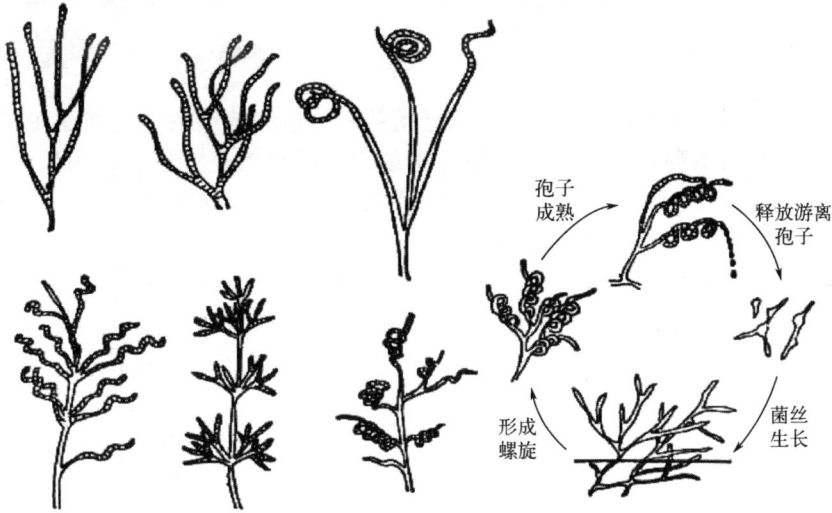

图 1-11　放线菌的孢子繁殖

的方式有：凝聚分裂形成孢子、横隔分离形成横隔孢子、形成孢囊孢子等。此外，菌丝断裂后的片段也可繁殖成新的个体。在放线菌的液体培养中，主要通过营养菌丝片段繁殖。

（三）放线菌的培养特征

放线菌几乎全部为好氧的异养菌，因此它们的生长特性主要是通过菌落形态来体现。当这些菌达到成熟阶段时，它们会形成一种具有明显放射状的、通常较为干燥的菌落外观，并且常常伴随着生成白色或者黄色的微滴；此外，它们的菌落往往呈现出球形的轮廓，有时也可能出现褶皱，甚至像地衣一样覆盖着一层由辐射状菌丝组成的外层。值得注意的是，这种菌落表面的颜色实际上是由产生的孢子所决定的，而在其背面及菌落周围的培养基中则可以发现一些分泌到胞外的可溶性色素的颜色。

放线菌的菌落在形成初期（形成孢子以前）与细菌的菌落在表观上十分相似，难以用肉眼区分；但是因为放线菌呈丝状，其营养菌丝深入培养基内，并与培养基紧密结合在一起，所以不易用接种环刮下，借此可区分细菌和放线菌的菌落。

诺卡氏菌属（*Nocardia*）的放线菌，因为成熟后菌丝大部分断裂成孢子，所以易碎，不易用接种针将菌落整个挑起。

四、蓝细菌

蓝细菌是好氧的、能够进行产氧光合作用的细菌。由于蓝细菌的生理、生态特性与藻类和绿色植物十分相似，所以长期将其归属于藻类，称为"蓝绿藻"。直到能够明确区别原核生物与真核生物以后，才将此类微生物定为细菌。

（一）蓝细菌的形态

蓝细菌包括单细胞和多细胞两类个体，其细胞大小从一般细菌大小到直径为 $60\mu m$。根据形态特点可将蓝细菌分为五群。

1. 包球蓝细菌

包球蓝细菌是单细胞微生物，细胞为杆状或球形；群体可单个存在，也可通过荚膜或胶质物使若干个体呈聚集状态；繁殖方式为细胞二分裂或出芽繁殖。此群包括聚球蓝细菌

（*Synechococcus*）、黏球蓝细菌（*Gloeocapsa*）、黏杆蓝细菌（*Gloeothece*）和紫色黏杆菌（*Gloeobacter violaceus*）。

2. 宽球蓝细菌

这一群也是单细胞个体，以分裂方式进行繁殖。与包球蓝细菌的区别是在繁殖过程中，正在分裂的母细胞内出现许多称之为微胞的小细胞。其代表是宽球蓝细菌属（*Pleurocapsa*）、皮果蓝细菌属（*Dermocarpa*）和黏八叠球菌属（*Myxosarcina*）。

3. 无异形胞（heterocyst）的丝状蓝细菌

此群与其他丝状蓝细菌及前文所介绍的假菌丝不同，它们的丝状体是真正的多细胞个体，而且丝状体仅由营养细胞构成。这一群的代表是颤蓝细菌属（*Oscillatoria*）、螺旋蓝细菌属（*Spirulina*）、鞘丝蓝细菌属（*Lyngbya*）、席蓝细菌属（*Phormidium*）和丝状蓝细菌属（*Plectonema*）。

4. 有异形胞的丝状蓝细菌Ⅰ

这一群在无可利用的化合态氮存在的条件下生长时，可分化出异形胞，并具有固氮作用。本群包括鱼腥蓝细菌属（*Anabaena*）、念珠蓝细菌属（*Nostoc*）和眉蓝细菌属（*Catothrix*）。

5. 有异形胞的丝状蓝细菌Ⅱ

这一群与第四群的区别在于细胞的分裂不只在一个平面上进行。其代表属是飞氏蓝细菌属（*Fischerella*）。

几种常见的蓝细菌如图1-12所示。

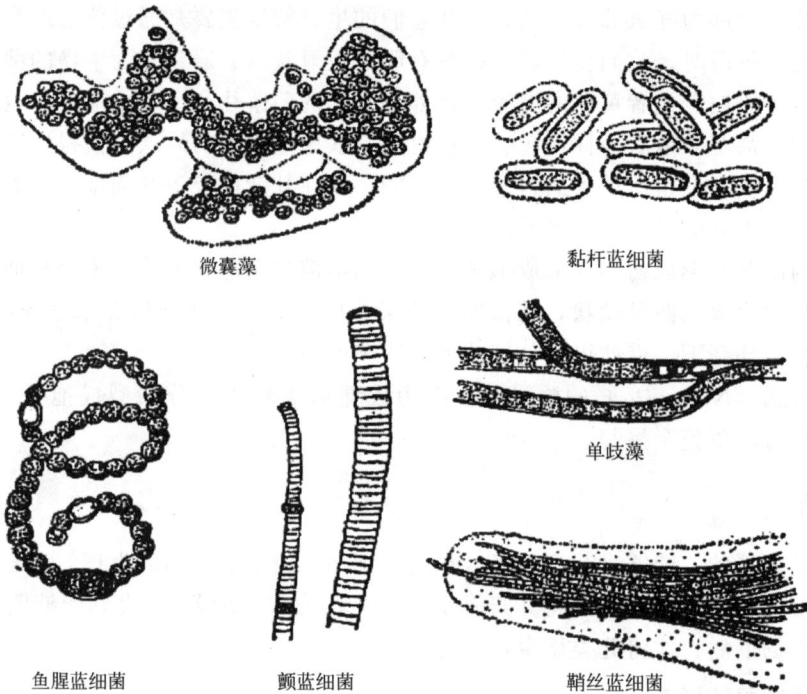

微囊藻　　　　　　　　　黏杆蓝细菌

鱼腥蓝细菌　　　颤蓝细菌　　　鞘丝蓝细菌　　　单歧藻

图1-12　几种常见蓝细菌

（二）蓝细菌的细胞

蓝细菌的细胞分为营养细胞和特化细胞。

1. 营养细胞

蓝细菌的营养细胞与其他细菌细胞的结构和组成十分相似，所不同的是蓝细菌细胞具有

含有叶绿素以及 α-胡萝卜素、β-胡萝卜素和叶黄素等的类囊体。

2. 特化细胞

蓝细菌的特化细胞有异形胞、静息孢子和微胞。

①异形胞是特化的蓝细菌细胞。它们与营养细胞的区别是壁厚、色素系统弱、具有抗溶菌酶作用。其功能是作为有氧环境中蓝细菌的固氮场所。②静息孢子是某些蓝细菌的一种生存形式，可根据它们的大小、厚的细胞壁和强烈的色素加以辨认。③微胞是某些蓝细菌的再生细胞，它们产生于相当膨大的细胞内。

（三）蓝细菌的代谢特点

蓝细菌都能在有氧环境中像其他藻类微生物一样进行放氧的光合作用，因此属于好氧的光能自养型微生物。也有一些蓝细菌具有不同的代谢特点，如：①有少数菌株能在黑暗条件下氧化利用简单的小分子糖类，进行化能异养生活，但在进行异养生活时，其生长速率总是比光能自养条件下低。②有几种蓝细菌在含有相当浓度（约 50mmol/L）H_2S 的水中，能进行不放氧的光合作用：

$$CO_2 + 2H_2S \longrightarrow [CH_2O] + H_2O + 2S$$

同时和厌氧的紫色硫细菌一样需要厌氧条件。③所有能形成异形胞的蓝细菌在特定的条件下都具有固氮能力。

由于其强大的生存能力及快速的生长速度，蓝细菌能在富含养分的水中大规模地繁衍，从而引发一系列问题。首先，它可能阻碍水的氧化过程并导致鱼及其他水生生物种群的灭绝，进而瓦解生态环境平衡。其次，这种藻类的存在会散发出难闻的味道，这些气味通常由藻类释放出，不仅污染空气，也让以该水作为饮用水来源的城市供水出现异味，这对于人们的健康和生活品质都有负面影响。最后，一些藻类能够生成有害物质，比如铜绿微囊藻、水华鱼腥藻、水华束丝藻等，它们所产生的毒素可以致使动植物甚至人、畜中毒死亡，给人类带来潜在风险。

第二节　真核微生物

一、真菌

真菌是一类单细胞或简单多细胞、不含叶绿素、营腐生或寄生生活的真核微生物。真菌的种类很多，分布极广，在土壤、水域、空气、动植物体上、腐败有机质上都有它们存在；在适宜条件下繁殖迅速，数量很大。

真菌是一类具有重大实践意义和科学意义的微生物，是人类重要的自然资源之一。它们有的可作为人类食物，有的可产生人类所需的药物、工业原料，具有重要的经济意义。大多数真菌具有很强的分解有机物的能力，有的可在农林业中用作杀虫剂，替代化学农药，除经济意义外还具有重要的环境意义。但是也有些真菌为人、动物和植物的病原体，大量真菌可以造成植物病害，严重威胁农业生产。因此，认识和研究真菌具有重大的科学意义、经济意义和环境意义。

真菌包括霉菌和酵母菌两大类，它们在形态、生态和生理上具有较大差别。因此，需分别加以讨论。

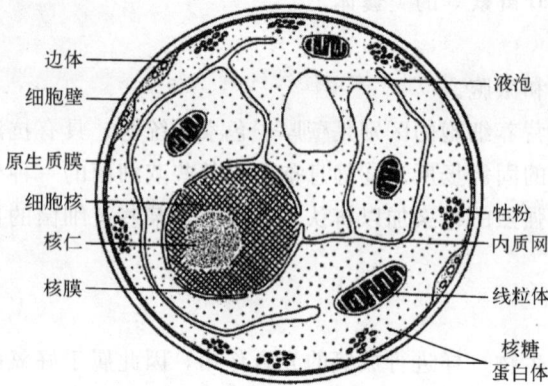

图 1-13　典型真菌细胞横剖面示意图

图中标注：边体、细胞壁、原生质膜、细胞核、核仁、核膜、液泡、牲粉、内质网、线粒体、核糖蛋白体

（一）真菌的细胞结构

真菌中的霉菌和酵母菌虽然在形态、生态和生理上有较大差别，但它们的细胞结构基本与高等植物相似，一般都包括细胞壁、原生质膜、边体及细胞核、线粒体、内质网、高尔基体和液泡等细胞器，如图 1-13 所示。

1. 细胞壁

大多数真菌细胞壁的主要化学成分是甲壳质，在某些真菌中纤维素可能是主要成分，一些其他复杂的碳水化合物也常在真菌细胞壁中发现，如表 1-4 中列出的化合物。此外，菌龄和外界环境因素也常强烈地影响真菌细胞壁的化学成分。总之，真菌细胞壁的化学组成是非常复杂的。

表 1-4　一些真菌细胞壁的主要成分　　　　　　　单位：%

真菌属名	甲壳质	壳聚质	纤维素	蛋白质	类脂
水霉（Saprolegnia）			10～15		
异水霉（Allomyces）	58		—	10	
毛霉（Mucor）	9.4	32.7	—	6.3	7.8
疫霉（Phytophthora）	0.3		约20	3.5	2.5
须霉（Phycomyces）	27	10			5.5
酵母菌（Saccharomyces）	1		—	13	8.5
拟内孢霉（Endomycopsis）	20～25		—		
脉孢霉（Neurospora）	10.7		—		
掷孢酵母（Sporobolomyces）	10		—		
裂褶菌（Schizophyllum）	5		—	2.3	0.5

在电子显微镜下可以观察到真菌的细胞壁一般都有数层结构，如酿酒酵母（Saccharomyces cerevisiae）有两层明显的细胞壁，又如黑曲霉（Aspergillus niger）的细胞壁有数层。在同一个菌落中不同区域菌丝细胞壁的厚度也各不相同，菌落外区伸展菌丝的壁厚约 $1\mu m$，产孢区菌丝壁厚为 $0.15\sim0.25\mu m$。一般是菌丝直径越粗壁越厚。

2. 原生质膜

原生质膜（plasmalemma）是由蛋白质和脂类组成的连续结构，约占细胞干重的 70%～80%。膜系统包括细胞膜、细胞核膜、线粒体膜等，它们对于物质转运、能量转换、激素合成、核酸复制以及生物进化等各方面都具有重要意义。所以，生物膜的结构、组成和功能研究已成为当代生命科学的前沿课题。真菌的原生质膜一般由三层构成，内层主要成分为蛋白质，外层为碳水化合物，中层为磷脂。

3. 边体

当细胞膜与细胞壁分开时，原生质膜有时会形成折叠、旋回的小袋，袋内储存有颗粒状或泡状物质，这种小袋称为边体（lomasome）。它们只是某些真菌细胞中的一种特殊细微结构，并且在各种真菌孢子中都尚未发现边体存在。

4. 细胞核

多数真菌营养体的细胞核（nucleus）是极其微小的，其直径大约为 $2 \sim 3 \mu m$，在光学显微镜下很难观察研究。只有一些高等真菌在产孢器发育时，细胞核才相对较大，如蛙粪霉（*Basidiobolus ranarum*）的核直径可达 $25 \mu m$、木蹄层孔菌（*Fomes fomentarius*）的核直径可达 $25 \mu m$。真菌细胞核的形状多变，但通常为椭圆形，在电镜下可以清晰地观察到核膜和核的分裂。核膜多为两层或三层，常有数量不等的大裂口，称为膜孔，细胞核通过膜孔与细胞质相通。膜孔数常随菌龄增长而增加，在老的酵母菌细胞中，膜孔多达 200 个。核仁一般靠近核膜。

真菌进行有丝分裂时与高等生物不同，它们的核膜通常不会消失，而是缢缩成哑铃状，最后分裂成两个子核。分裂时核内纺锤丝和染色体很难观察到，有时染色体仅以染色质块随机地分布于纺锤体上，而不会形成赤道板。

5. 细胞质和贮藏物

和其他生物一样，真菌的细胞质是细胞新陈代谢的场所，它是由多种物质组成的黏稠的胶体。幼龄细胞中细胞质稠密而且均匀，在老的细胞中细胞质则出现较大的液泡和以颗粒状存在的贮藏物质。

（1）液泡

大多数真菌的液泡都具有明显的结构，一般为双层膜，而酵母菌的液泡为三层膜。液泡常靠近细胞壁，其数目和单个体积随细胞年龄增长而增加。液泡内常含有色素、牲粉（animal starch）、结晶等，其成分主要为有机酸和盐类水溶液。

（2）异染粒

异染粒是酵母细胞的重要成分之一，它们起源于细胞质，然后定位于液泡中，主要成分是聚偏磷酸盐和其他形式的磷酸盐，含有少量的脂肪、蛋白质和核酸等。此种颗粒在未经染色的制片中呈现强折光性，对碱性染料有极大的亲和力，说明其性质为酸性。异染粒是细胞贮存的营养物质。

（3）肝糖

肝糖是一种白色的无定形碳水化合物，可被淀粉酶水解，被碘液染成红褐色。

（4）脂肪滴

脂肪滴常分散于细胞质内，折光性很强，可用锇酸或苏丹Ⅲ染成棕色。在有些酵母菌中其含量很高，如产脂内孢霉（*Endomyces vernalis*）的脂肪含量可达 30%，可供发酵工业生产脂肪用。

6. 线粒体

线粒体（mitochondrion）是真菌非常重要的细胞器，是多种酶的载体，且是生化反应的重要场所，尤其在物质氧化以及能量的产生、贮存和转移中起着重要作用，所以一般称其为生命颗粒。

7. 内质网

真菌的内质网（endoplasmic reticulum）也具有双层膜，但它与高等动植物的内质网双层膜相比显得松散而无规则。真菌内质网呈管状、片状和泡状等，多与核膜相连，而很少与细胞膜相通。

8. 高尔基体

真菌的高尔基体（Golgi body）常呈网状，多位于核的膜孔处或核周围。在真菌中，高尔基体分布并不广泛。在真菌细胞中是否存在高尔基体以及高尔基体的形状是研究真菌系统发育的标志之一。

（二）霉菌

霉菌是微生物中的一群结构复杂的菌类，全部营异养生活。它们一方面因为在人类生产和生活中具有重要的应用价值而成为人类的重要自然资源；另一方面又因为能引起人类、家禽、家畜和植物病害，破坏人类生产和生活资料，并引起食物霉变而成为人类的敌人。因此，其广泛受到人们的关注，并引起科学家们浓厚的研究兴趣。

1. 霉菌的形态

霉菌的生长发育可分为营养体和繁殖体两大阶段。在这两个阶段中个体形态会发生很大变化，而且有些种类在不同的生活条件下形态变化也很大，所以不仅应该了解它们的营养体、繁殖体（无性孢子和有性孢子）的形态，还应该了解它们在不同生活条件下形态的变化规律。

（1）霉菌的营养体

霉菌的营养体也是随种类和条件而变化的，大概有以下几种类型：①霉菌中大多数种类的营养体由微细管状细胞构成，这种细胞可以无限分枝和延长，这种管状细胞称为菌丝，菌丝的聚集体叫作菌丝体；②有的霉菌的营养体具有两型性，即在不同环境条件下生长成具有不同形态的个体；③也有的类似原生动物，每个个体成为一个原生质团。下面分别介绍。

① 霉菌的菌丝。霉菌的菌丝具有半坚硬性的细胞壁，其形态有以下三种，如图 1-14 所示。

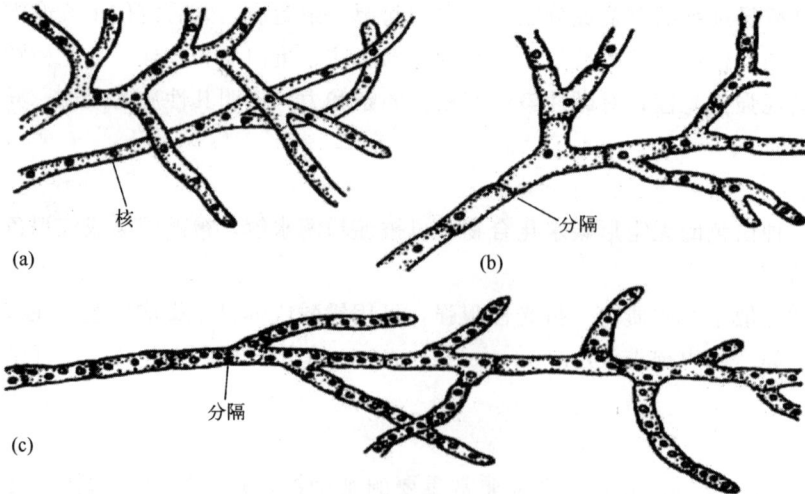

图 1-14　菌丝的三种类型

（a）无分隔的多核细胞菌丝。这种菌丝中没有横隔壁或隔膜，只有在繁殖结构形成时，在繁殖结构的基底形成隔膜。整个自由分枝的菌丝就像一个细胞形成的放线菌菌丝，但菌丝中分布着数量不定的多个细胞核。

（b）具有分隔的单核细胞组成的菌丝。在这种菌丝中，有多处菌丝壁向内生长形成横隔，把菌丝隔成若干部分，每一部分为一个细胞，每个细胞内只有一个细胞核。菌丝横隔都留有细小的孔，使细胞间可以进行物质交换。因此，霉菌的这种菌丝与某些细菌形成的菌丝不同，它们是由很多细胞形成的有机整体。

（c）具有分隔的多核细胞组成的菌丝。在这种菌丝中也存在着与（b）型菌丝相似的横隔，同为多细胞组成的有机整体。但是与单核细胞组成的菌丝不同，它们的每个细胞中都有一个以上的细胞核。

菌丝聚集形成的菌丝体可以是疏松的网状物，也可以是致密组织，如蘑菇。霉菌的菌丝虽没有器官或组织分化，但已有简单分工，例如在固体基质上生长的菌丝体可分为营养菌丝（也叫基质菌丝），它们深入营养基质内获得营养；而另一部分则向上生长，伸展到空气中，称为气生菌丝，它们可以发育成繁殖体并产生孢子。

② 霉菌的两型营养体。有的寄生型霉菌在寄主体内和在人工培养基上呈现出两种不同的形态。例如，能够引起人类和动物疾病的巴西副球孢菌（*Paracoccidioides brasiliensis*），在寄主体内是单细胞或酵母状，但在人工培养基上则为菌丝体；而寄生于植物的外囊菌（*Taphrina*）和黑粉菌（*Ustilaginales*）在植物体内为菌丝体，但在人工培养基上为酵母状。

③ 原生质团型营养体。这是一类原始的菌体，没有细胞壁，只有一层原生质膜包围着原生质，所以形状不定，像原生动物中的变形虫。例如根肿菌（*Plasmodiophora*）和雕蚀菌（*Coelomomyces*）。

（2）霉菌的繁殖体

霉菌的繁殖体比其他菌类要复杂得多，其繁殖可明显地分为有性繁殖和无性繁殖。无性繁殖可分为产生囊孢子和分生孢子的两种过程；有性繁殖一般是产生囊孢子。因此，其繁殖体也更具多样性。

无性孢子：无性孢子是由部分气生菌丝发育成的孢子梗产生的。因此，霉菌的无性繁殖结构应包括孢子梗、孢子囊或分生孢子梗和孢子。

孢囊内形成的孢子，在囊破裂时释放到环境中，并发育成新的个体。有鞭毛能运动的孢子叫游动孢子，不能运动的孢子称为静孢子。在孢子梗末端会形成分生孢子梗，分生孢子梗上形成的孢子称为分生孢子，如图1-15所示。由于分生孢子的形状、大小、颜色等因种类不同而不同，使它们成为很好的分类依据。

有性孢子：霉菌的有性孢子是由有性繁殖产生的，有性繁殖分为三个阶段：第一阶段是两个性细胞接触，溶壁后进行质配，并借质配过程将两个相容的核带入单个原生质体中；第二阶段，实现两个核的融合，即核配；第三阶段是核配后产生双倍体接合子核，通过减数分裂使核恢复单倍体状态。有性孢子常常仅在一些特殊条件下产生，因此不像无性孢子产生的那样频繁和丰富。

有性子囊被称为子囊果，它们在大小和形状上有很大差异，并且每一类型都有自己的名称，如闭囊果（cleistothecium）、子囊壳（perithecium）和子囊盘（apothecium）。其孢子形态多样，常见如球形、肾形、卵形、镰刀形、弓形、针形等，它们也是重要的分类依据，如图1-16所示。

2. 霉菌的繁殖

如前所述，霉菌通常通过孢子进行有性和无性繁殖。

（1）无性繁殖

产生无性孢子是霉菌进行繁殖的主要方式。霉菌产生的孢囊孢子、分生孢子、节孢子、厚垣孢子和芽孢子成熟后脱离母体进入环境，在遇到适宜环境时，就会发育成新的个体——

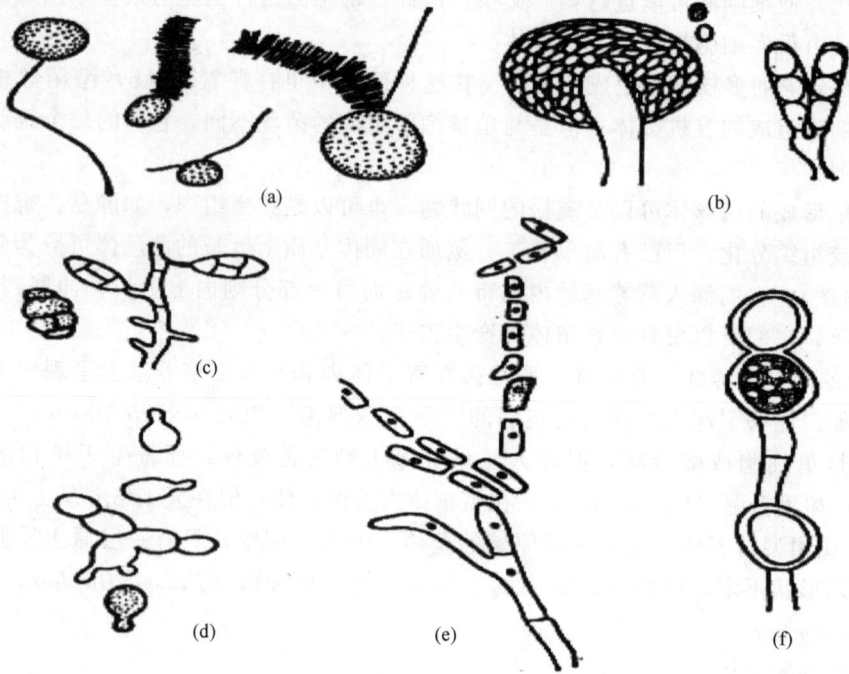

图 1-15　霉菌的无性孢子的主要类型

（a）游动孢子；（b）孢囊孢子；（c）分生孢子；（d）芽孢子；（e）粉孢子；（f）厚垣孢子

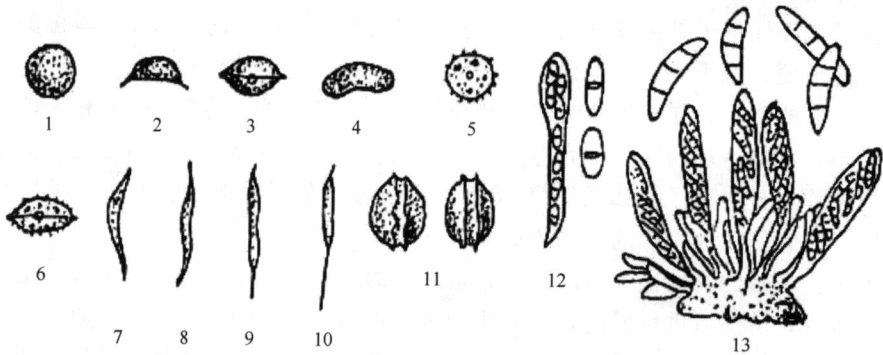

图 1-16　子囊菌中的各种类型的子囊孢子

1—球形；2—礼帽形；3—土星形；4—肾形；5—球形痣面；6—卵形，具中央突起，痣面；7—镰刀形；8—弓形；9,10—针形，具鞭毛；11—双凸镜形，具赤道冠；12—子囊孢子由两个细胞组成；13—子囊孢子由四个细胞组成

菌丝体。此外，菌丝片段也能发育成新的菌丝体。

（2）有性繁殖

霉菌的有性繁殖是经过不同性别的细胞配合产生有性孢子的过程。有性繁殖过程产生四种类型的有性孢子，它们是卵孢子、接合孢子、子囊孢子和担孢子。前两种产生于藻状菌中，后两种分别由子囊菌和担子菌产生。有性生殖中的结合方式如图 1-17 所示。

卵孢子：卵孢子是由两个大小不同的配子囊结合后发育而成，其中小型配子囊叫雄器、大型配子囊叫藏卵器。二者交配时，前者的细胞质和细胞核通过受精管进入藏卵器，然后进行质配和核配，再经减数分裂形成卵孢子。

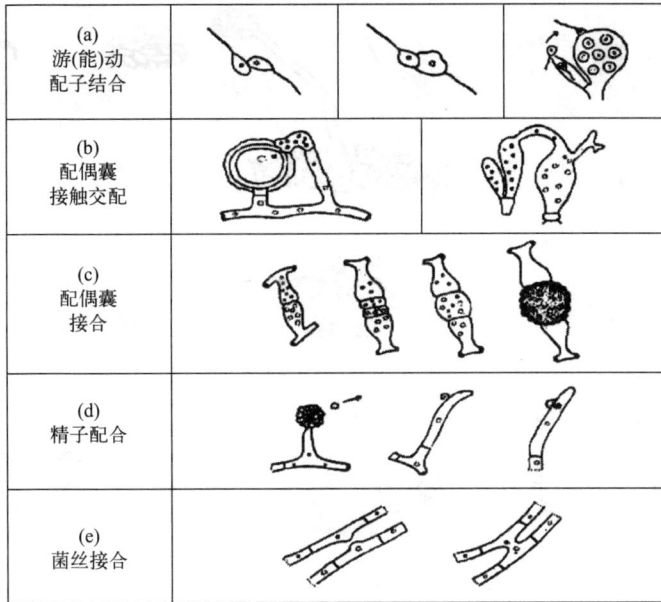

图 1-17 真菌有性生殖中性细胞结合的方式

接合孢子：接合孢子是由菌丝产生的形态相同或略有不同的配子接合后发育而成。同一菌丝体上的两菌丝相接触形成接合孢子，称为同宗配合。两种具有亲和力的不同菌系的菌丝"＋""－"配合形成接合孢子，称为异宗接合。在毛霉目中，大多数种的接合孢子是通过异宗接合形成的。

接合孢子的形成过程为：两个相邻近的菌丝相遇，各自向对方伸出侧枝，称为原配子囊。两个原配子囊接触后顶部膨大形成配子囊，然后接触处的细胞壁消失，进行质配和核配，形成接合孢子。

子囊孢子：形成子囊孢子是子囊菌纲的特征。其形成过程比较复杂，首先是相邻两个菌丝的两个细胞形成两个异形配子囊，进行配合，然后经过一系列复杂过程形成子囊。子囊中形成的孢子数一般是 2 的倍数，通常为 8 个。子囊孢子的形态类型很多，是重要的分类依据。

3. 霉菌的生活史

霉菌的发育过程和细菌相比要复杂得多，其生活史是指霉菌从孢子萌发、菌丝和菌丝体的形成、生殖菌丝的发育，直到再次形成孢子的过程。因为霉菌有无性和有性两种生殖方式，所以其生活史包括有性和无性阶段。

无性繁殖阶段为：霉菌的无性孢子萌发后生长发育为营养菌丝，营养菌丝在适宜的条件下产生无性孢子梗，然后产生无性孢子，如此多次重复。有性繁殖阶段为：在霉菌生长发育的后期，开始从菌丝上形成配子囊进入有性阶段，在有性阶段形成有性孢子，孢子萌发后生长成为营养菌丝。而且在有性阶段进行的同时也进行着无性生活史阶段。

例如：①匍枝根霉（*Rhizopus stolonifer*）的生活史，如图 1-18 所示；②匍匐曲霉（*Aspergillus repens*）的生活史，如图 1-19 所示。

（三）酵母菌

酵母菌是一群单细胞真核微生物，属真菌类。酵母菌也是人类生活和生产实践中应用较

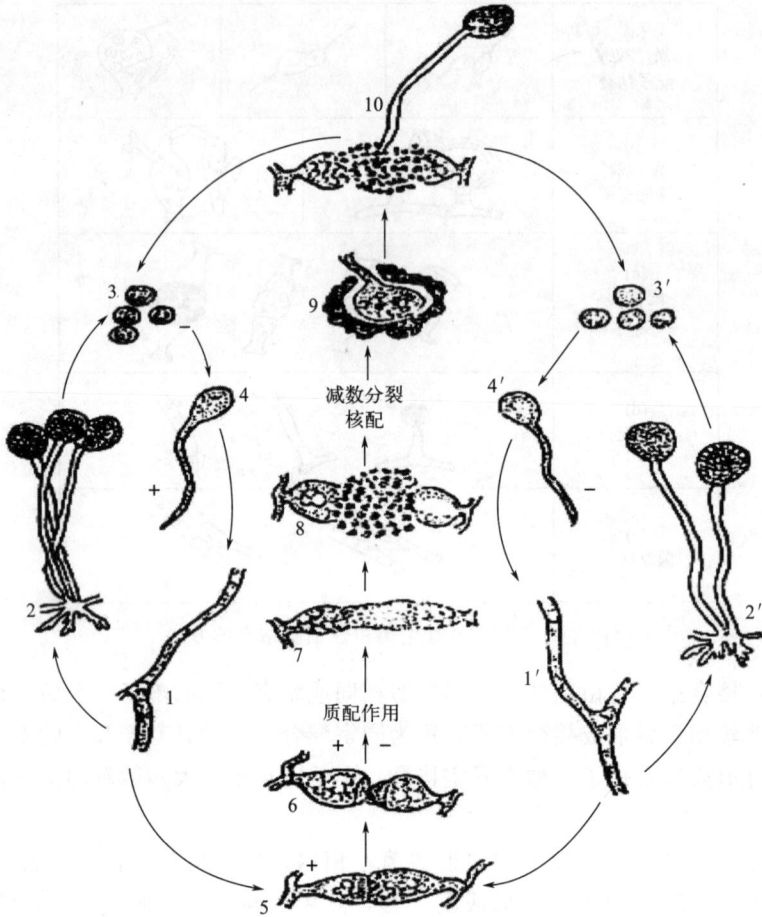

图 1-18　匍枝根霉的生活史

1,1′—菌丝；2,2′—孢囊梗和孢子囊；3,3′—孢囊孢子；4,4′—孢囊孢子萌发；5—原配子囊；
6—配子囊；7—幼接合孢子；8—成熟接合孢子；9—接合孢子萌发；10—接合孢子萌发形成孢子囊

早且应用较广泛的微生物，其应用历史可追溯到 4000 年前殷商时期的酿酒。其应用领域广泛，如在人们生活中用于制作馒头和面包；在医药方面用于维生素类、酶类、核苷酸、细胞色素等药物的生产；用于化工原料酒精、甘油、反丁烯二酸、脂肪酸等的生产等。此外，酵母菌还可用于牲畜糖化饲料的发酵，对促进畜牧业发展起着重要作用。

　　但是也有少数种能引起人类食品的损害，例如有的耐高渗透压的酵母菌能使果酱和蜂蜜变质。

　　1. 酵母菌的形态

　　酵母菌个体为单细胞，无鞭毛，不能运动。酵母菌细胞的形态多种多样，依种类不同而异，通常有球形、椭圆形、卵圆形、柠檬形、腊肠形以及短菌丝状。酵母菌的形态除与种类有关外，同一菌种还与菌龄、营养状况和其他培养条件有关。酵母菌的个体大小差别很大，一般在 $1.5\mu m \times (5\sim30)\mu m$ 之间。

　　2. 酵母菌的生理和营养

　　酵母菌的生理和营养特性介于霉菌和兼性厌氧细菌之间，特点明显。霉菌、酵母菌、兼性厌氧细菌的生理和营养特性比较列于表 1-5。

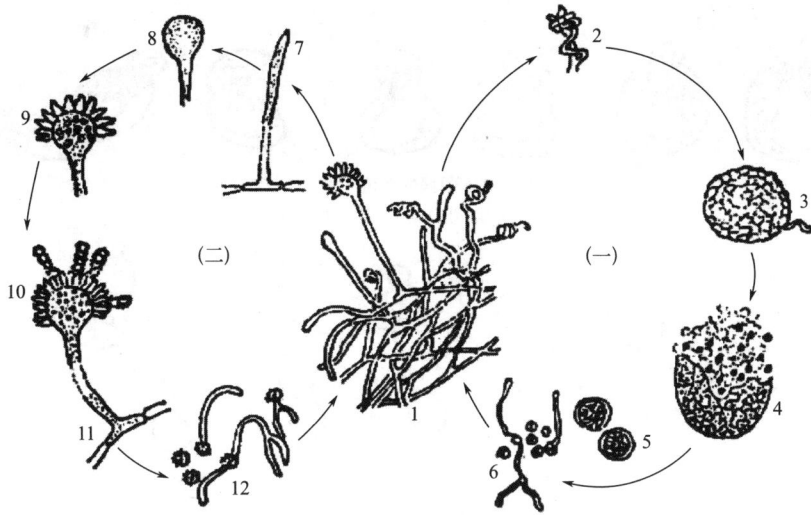

图 1-19　匍匐曲霉的生活史示意图

（一）有性繁殖；（二）无性繁殖

1—菌丝体；2—雄器和产囊器；3—闭囊壳；4—闭囊壳破裂，内有子囊及子囊孢子；5—子囊及子囊孢子；

6—子囊孢子萌发；7～9—分生孢子梗、顶囊、小梗的形成；10—分生孢子头；11—足细胞；12—分生孢子萌发

表 1-5　霉菌、酵母菌、兼性厌氧细菌的生理和营养特性比较

菌群	霉菌	酵母菌	兼性厌氧细菌
最适生长 pH 值	5.8	5.8	7.0
是否在有氧条件下生长	生长	生长	生长
是否在无氧条件下生长	不生长	生长	生长
最适生长温度	28℃±1℃	28℃±1℃	37℃±1℃
适应 C/N 值	较大	较大	较小
适应 C/P 值	较大	较大	较小

3. 酵母菌的繁殖方式

酵母菌的繁殖有无性繁殖和有性繁殖两种方式，并且以无性繁殖为主。

（1）无性繁殖

芽殖：酵母菌通过"芽殖"的方式实现自我复制和增殖。这种方法包括以下步骤：首先，从母细胞中出现一条细长的管道，并在细胞表层生成一个突出体；接着，部分细胞质被吸入这个突出体内；然后，母细胞内的核开始分离并转移至突出体内部，从而形成了新生成的芽细胞；最后，随着芽细胞逐渐发育成熟，它会靠近母细胞，这时两者的连接处会出现细胞壁的缩紧，导致芽细胞离开母细胞，由此诞生了一个全新的生命体。如果此时酵母菌生活条件良好，生长旺盛，芽细胞尚未与母细胞脱离就又在芽细胞上生出新芽细胞，如此连续出芽，就会形成串生细胞或假菌丝，如图 1-20 所示。

裂殖：酵母菌的分裂繁殖与细菌十分相似，它只出现于少数酵母菌中，例如八孢裂殖酵母（*Schizosaccharomyces octosporus*）。

（2）有性繁殖

酵母菌的有性繁殖产生子囊和子囊孢子。其过程是两个邻近的细胞，各伸出一根管状突

(a) 酵母菌的芽殖过程

1—泡；2—小管；3—核；4—液泡

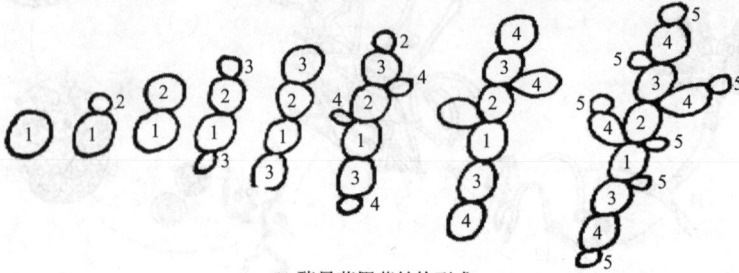

(b) 酵母菌假菌丝的形成

1—第一代细胞；2—第二代细胞；3—第三代细胞；4—第四代细胞；5—第五代细胞

图 1-20　酵母菌的出芽生殖与假菌丝的形成

起，然后互相接触，溶壁形成一个两细胞间的通道，两个细胞核在此配合形成双倍体细胞。然后细胞核进行减数分裂，形成四个或八个子核，每一个子核与其周围的细胞质形成一个孢子。形成子囊孢子的细胞称为子囊。

　　酵母菌形成子囊时，依两个发生接合作用的细胞的形态异同分为同形配子接合和异形配子接合，如图 1-21 所示。

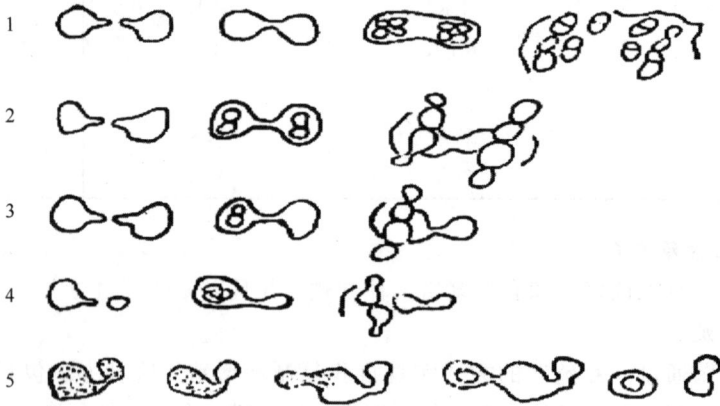

图 1-21　酵母菌的有性生殖

1—八孢裂殖酵母（*Schizosaccharomyces octosporus*）（同形配子接合）；2—巴格氏接合酵母（*Zygosaccharomyces barkeri*）（同形配子接合）；3，4—贝尔斯氏酵母和巴格氏接合酵母（*pearse* 和 *barkeri*）（同形配子和异形配子的中间体）；5—薛氏接合毕赤酵母（*Zygopichia chevalieri*）（异形配子接合）

　　酵母菌有性生殖产生的孢子形状多样，有球形、椭圆形、半球形、帽子形、柠檬形、土星形、镰刀形、针形等。孢子表面有的平滑，有的粗糙；孢子的皮膜有单层的，也有双层的。这些都是酵母菌分类鉴定的依据。

　　酵母菌孢子在适宜条件下萌发的方式也因种类不同而有较大差异，如啤酒酵母的有性孢子萌发时，先吸水膨胀，然后囊壁破裂孢子脱出，并且开始生长发育成新的个体，重新以出芽方式进行无性繁殖；而路氏类酵母则是双倍体细胞萌发破壁，然后双倍体营养细胞借出芽繁殖，产生的双倍体个体再行减数分裂，形成单倍体营养体。因此，不同酵母菌有不同的生活史。

4. 酵母菌的生活史

（1）单倍体型

有的酵母菌的营养细胞只具有单倍体核，如八孢裂殖酵母。

（2）双倍体型

有的酵母菌在其生活史中，双倍体营养阶段较长，而单倍体阶段较短，如路氏类酵母（*Saccharomycodes ludwigii*）。

（3）单双倍体型

有的酵母菌单倍体营养细胞和双倍体营养细胞都可以进行出芽繁殖，如啤酒酵母（*Saccharomyces cerevisiae*）。

二、藻类

藻类种类繁多，目前已鉴定的有上万种。藻类中的不同种在形态上差异显著，有的为单细胞，有的为多细胞，小至几微米，大到长30多米。单细胞和多细胞的微型藻类广泛分布在各种生境中。其共同的基本特征是它们都具有光合色素，能进行放氧的光合作用；尽管有的藻类体型高大，但都没有真正的根、茎、叶分化；在生殖过程中产生孢子或配子，从不形成多细胞的胚。因此，藻类是一类形态不同的大的集合生物类群。一方面由于藻类可用研究菌类微生物的方法和技术进行研究；另一方面由于藻类不同类群带有明显的生物进化印迹，所以广泛受到生物学工作者们的关注。

（一）藻类的特征与分布

1. 藻类的形态特征

藻类有单细胞的，也有多细胞的。单细胞藻类的形状有球形、长棒形、短棒形或纺锤形，与细菌十分相似；多细胞藻类的形状为分枝或不分枝，呈单一或丛生成束的丝状体、管状体。大多数藻类的细胞壁薄而坚硬。所有真核藻类都有含有叶绿素和其他色素的叶绿体，不同藻类的叶绿体形状不同，常为带状、棒状、网状或分散的圆盘形，通常一个细胞中有一个、两个或多个。

2. 藻类的运动

具有主动运动能力的藻类是部分单细胞藻类，它们的运动胞器是鞭毛。藻类的鞭毛通常生于细胞的前端或尾端，有的单生，有的成对，也有的丛生。鞭毛都能使藻体产生主动运动，有利于它们找到适宜的生态位。所有藻类都可借助外力（如水流、风浪、动物活动或物体的移动改变其生态位）运动。有些藻类的营养体不具有主动运动能力，但可以产生具有鞭毛的孢子或配子。

3. 藻类的生理特征

藻类与除蓝细菌外的菌类微生物和原生动物在生理上的显著区别是它们能像高等植物一样进行放氧的光合作用；同时藻类也吸收利用环境中的无机氮、磷、硫化合物和其他元素合成细胞物质。因此，它们是真正的光能自养生物。只有少数藻类能利用小分子有机物（如单糖、小分子有机酸等）作为碳源。所以藻类的代谢生长速率常与下列环境因子有关：

（1）光

对藻类而言，光能是其主要能量来源，而缺乏光则无法启动光合作用并生成构建细胞结构所需的有机物。因此，光被认为是一种至关重要的生态因素。影响藻类生命活动的光因子有光周期、光质（即光的波长）和光照强度。藻类的最适光强范围一般在 2000～10000lx 之间，所以并不是光线越强越有利于藻类生长。

（2）温度

对于多数种类的藻类来说，其最适生长的温度为 18～25℃，但也有的能在 93℃ 的温泉水中正常生活，有的可生长于冰雪中。然而，任何一种藻类都有一个最低和最高生长温度以及一个最适温度。几种藻类生长的最适温度如表 1-6 所示。

表 1-6　不同藻类生长的最适温度

种类	最适温度
冰岛直链藻淡黄亚种（*Melosira islandica* subsp. *helvetica*）	约 5℃
黄群藻（*Synuraceae urelin*）	约 5℃
美丽星杆藻（*Asterionella formosa*）	10～20℃
克氏脆杆藻（*Fragilaria crotonensis*）	约 15℃
镰形纤维藻（*Ankistrodesmus falcatus*）	约 15℃
栅藻、小球藻、盘星藻、空球藻	20～25℃

（3）营养

组成藻类细胞的各种元素主要来自其环境中的无机化合物。但是在多数情况下，藻类生长的限制性营养通常为氮、磷等无机营养物。

（4）毒物作用

在环境保护工作中，研究毒物对藻类生长的影响是很重要的，甚至比研究营养的影响更受重视。当毒物随废水或废物进入自然环境后，会对藻类生长产生毒性限制，造成生态平衡失调。在这种情况下，研究毒物对藻类生长的限制作用比研究营养限制作用更重要。

（5）生物作用

同一生态系统中的其他生物对藻类的影响是多方面的。以藻类为食的动物对藻类的吞食作用可降低藻类生物的现存量，但可提高藻类的生殖率；其他生物与藻类的竞争（如对营养、光和空间等的竞争）和拮抗作用可造成藻类生长的限制；与藻类的共生（如地衣中的真菌）可刺激藻类生长；其他生物产生的藻类生长激素也可提高藻类的代谢和生长速率。

4. 藻类的繁殖

微生物就整个类群而言具有最复杂的生殖类型，生物界中几乎所有的生殖类型在藻类中都存在。

（1）无性生殖

其形式有：①像细菌一样由营养细胞进行分裂生殖；②多细胞藻类可以像霉菌一样产生单细胞的孢子；③多细胞藻类还可由其藻丝片段生长成新的丝状体。

（2）有性生殖

生物界中的有性生殖方式在藻类都能发生。例如：①在其他低等生物中存在的接合生殖；②与高等植物相似的卵式生殖；③有的高等藻类雌雄异株，虽然在外形上看来相似，但每一株只能产生一类配子（或雌或雄），这与雌雄同株者有明显区别。

5. 藻类的分布

自然界已发现的藻类有上万种，它们在地球上几乎所有的生境中都有发现，但是能进行正常生理活动的生境却是有限的。其最重要的生境包括海洋、盐湖、淡水湖、池塘及河流等在内的水体；其次是潮湿的土壤、岩石上可见到光的部分；此外，在很多植物表面和水生动物体表也有发现。在水体中，藻类不仅种类多，而且代谢旺盛，是水体中的主要初级生产者。

（二）环境中重要的藻类

1. 裸藻门

裸藻门（Euglenophyta）的藻类为单细胞，具有鞭毛，能进行活跃的运动，借细胞分裂进行繁殖，细胞壁柔软、不含纤维素，其外膜是一层特化的周质体。更为有趣的是，其前端有胞咽、有凸起的小红斑形成红色的眼点，胞内出现伸缩泡（图1-22），这些都是动物的特征。因此，它们被一些动物学家认为是动物，并认为它们可能是动物的祖先。但它们又有叶绿体，能进行光能自养生活，并且其光合作用以水作为氢供体、产生氧，这些又都是植物的特征。

2. 绿藻门

绿藻门（Chlorophyta）种类众多，主要生活在淡水中，也有的生活在海水里或陆地上。绿藻门的藻类更像植物，它们有明显的细胞核、细胞壁、叶绿体，进行放氧的光合作用，其储存性食物是光合作用产物淀粉。

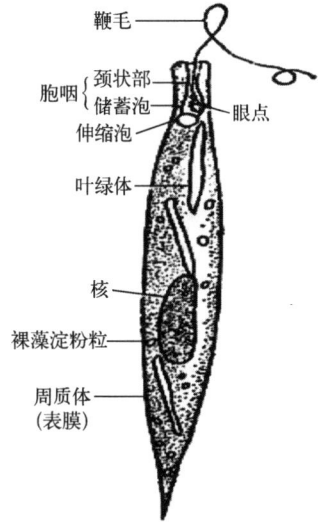

图 1-22　一个裸藻的略图

许多绿藻是单细胞的，群体呈球形、丝状或盘形。绿藻单细胞靠鞭毛运动，有些绿藻细胞含称为固着器的特殊结构，使其附着于水中物体或动植物体上生活。绿藻可以通过裂殖、形成游动孢子和其他方式进行无性繁殖；用同配和异配方式进行有性繁殖。衣藻借形成游动孢子进行繁殖，如图1-23所示。团藻是群体生活的单细胞绿藻，它们可以形成水华，在环境研究中常受到广泛关注。团藻的每个群体由500个至几千个个体组成，单个细胞有鞭毛，其形态类似衣藻（图1-23）。

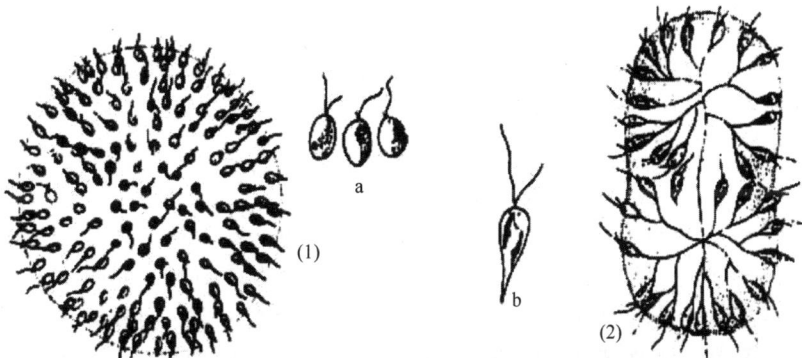

图 1-23　团藻的个体和群体

（1）旋转黄团藻（*Uroglena volvox*）群体及其个体（a）；（2）美洲拟黄团藻（*Uroglenopsis americana*）群体及其个体（b）

　　绿藻门中的丝状藻多属丝藻属、水绵属。丝藻属（*Ulothrix*）常见于流水中，靠丝状体基部附着于固体物上生长，以游动孢子进行无性繁殖；以具有两条鞭毛的同型配子进行同配形成游动孢子进行有性生殖。

　　水绵属的藻类，其最显著的特点是它们具有成螺旋形排列的叶绿体（图1-24），借藻丝断裂进行无性繁殖；有性生殖方式主要是通过同配形成厚壁接合子，合子经减数分裂生成新的丝状体，如图1-25所示。

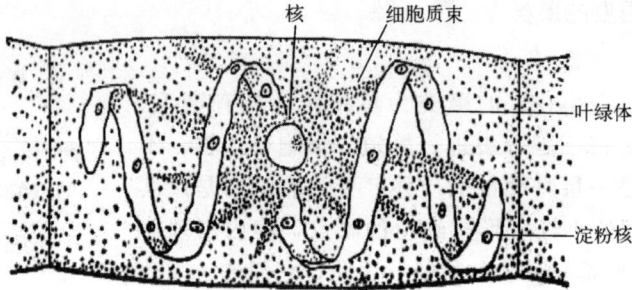

图1-24　水绵的螺旋形叶绿体

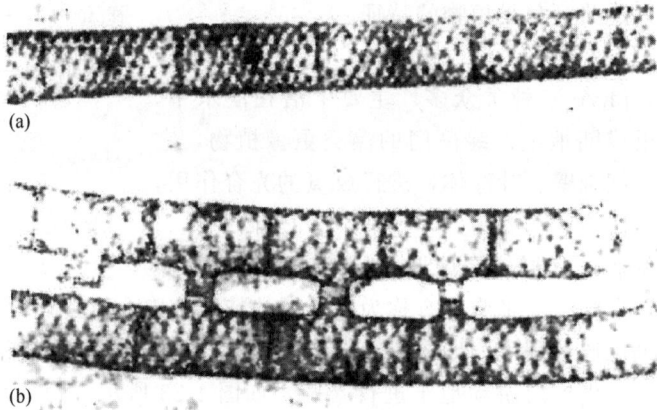

图1-25　水绵属

（a）一根营养藻丝；（b）相结合的藻丝体之间形成受精管

3. 硅藻

　　硅藻（diatom）种类多，常见的有近千种。它们常以单细胞或单细胞群体生活，细胞壁中含有大量硅质及果胶质，表面有各种花纹（图1-26）。硅藻在淡水、咸水和潮湿土壤中都有发现，冷水中较丰富，是北极区浮游生物中最丰富的种类之一。

4. 甲藻门

　　甲藻门（Pyrrophyta）的藻类包括能运动的双鞭藻和不运动但能产生有鞭毛游动孢子的植环藻（Phytodinads）。其细胞呈黄绿色至深褐色，多数为单细胞（如图1-27所示），少数为丝状体，分布甚广，是水中主要的浮游藻类之一。在淡水中生活的种类喜酸性环境。海洋赤潮常由某些甲藻大量增殖引起，甲藻产的毒素可以在其体内积累，死亡解体时集中释放，因而引起中毒事件。甲藻大多数通过细胞分裂繁殖。

　　甲藻具坚固的含有硅质的壁，由两个半面组成，套合在一起像培养皿的底和盖。它的形状极其多样，其中许多外表面有漂亮的图案（图1-27）（Johns-Manville Research Center）。

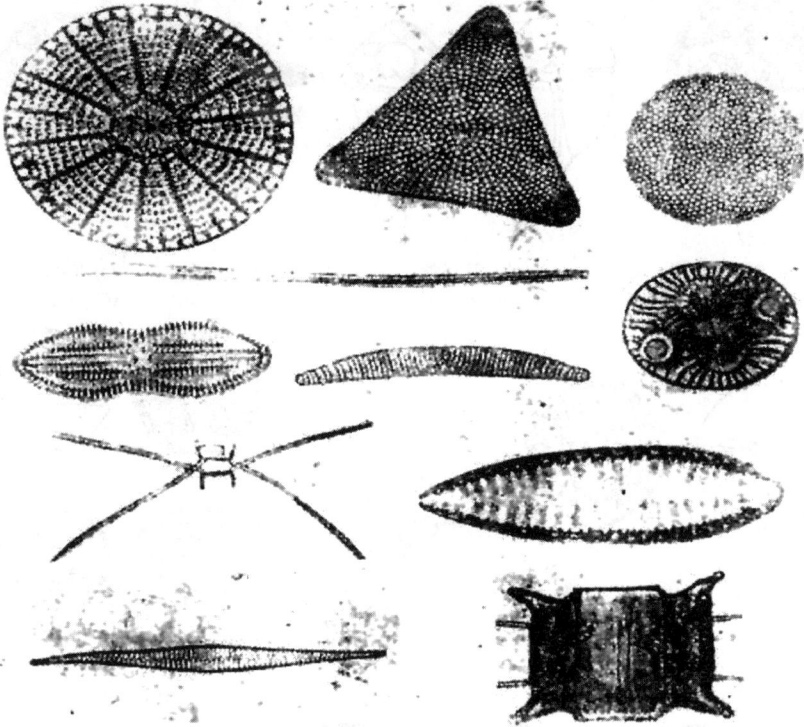

图 1-26 硅藻是大量存在于淡水和海水中的单细胞藻

三、原生动物

原生动物是动物中最简单、最原始的类群，其最简单的定义是单细胞动物。典型的原生动物是单细胞的、缺少真正的细胞壁，并能通过吞食作用获取营养的真核微生物。原生动物在自然界分布非常广泛，种类很多，迄今已知的有 68000 多种。

（一）原生动物的形态

原生动物的形态和大小变化很大。其外形有纺锤形、球形、椭圆形、梭形、喇叭形、鞋底形等，大多数不对称，少数是对称的，两侧对称如蓝氏贾第鞭毛虫（*Giardia lamblia*）、辐射对称的如太阳虫（*Actinophrys*）等。原生动物的大小差别也很大，如杜氏利什曼虫（*Leishmania donovani*）长 $1\sim4\mu m$，而大变形虫（*Amoeba proteus*）长为 $600\mu m$ 或更大，多数原生动物长度为 $10\sim1000\mu m$，还有的肉眼可见，如草履虫（*Paramecium*）。

（二）原生动物的结构

原生动物的细胞由细胞核、细胞质和细胞器组成。原生动物的细胞在机能上与高等动物体相当。它们没有器官、系统分化，但有执行不同机能的细胞器。

1. 细胞核

原生动物的细胞核具有不同的形状、大小和数量。大多数种类只有一个核，有的有两个或两个以上的核。具有两个核的原生动物，有的两个核形态和功能相同；有的两个核大小不同，此时大核司营养和再生、小核司生殖。还有的原生动物有很多构造相同的核。原生动物的各种核都由核膜、染色质、核质和核液几部分组成，其形状有泡状、球状、卵圆形、柱

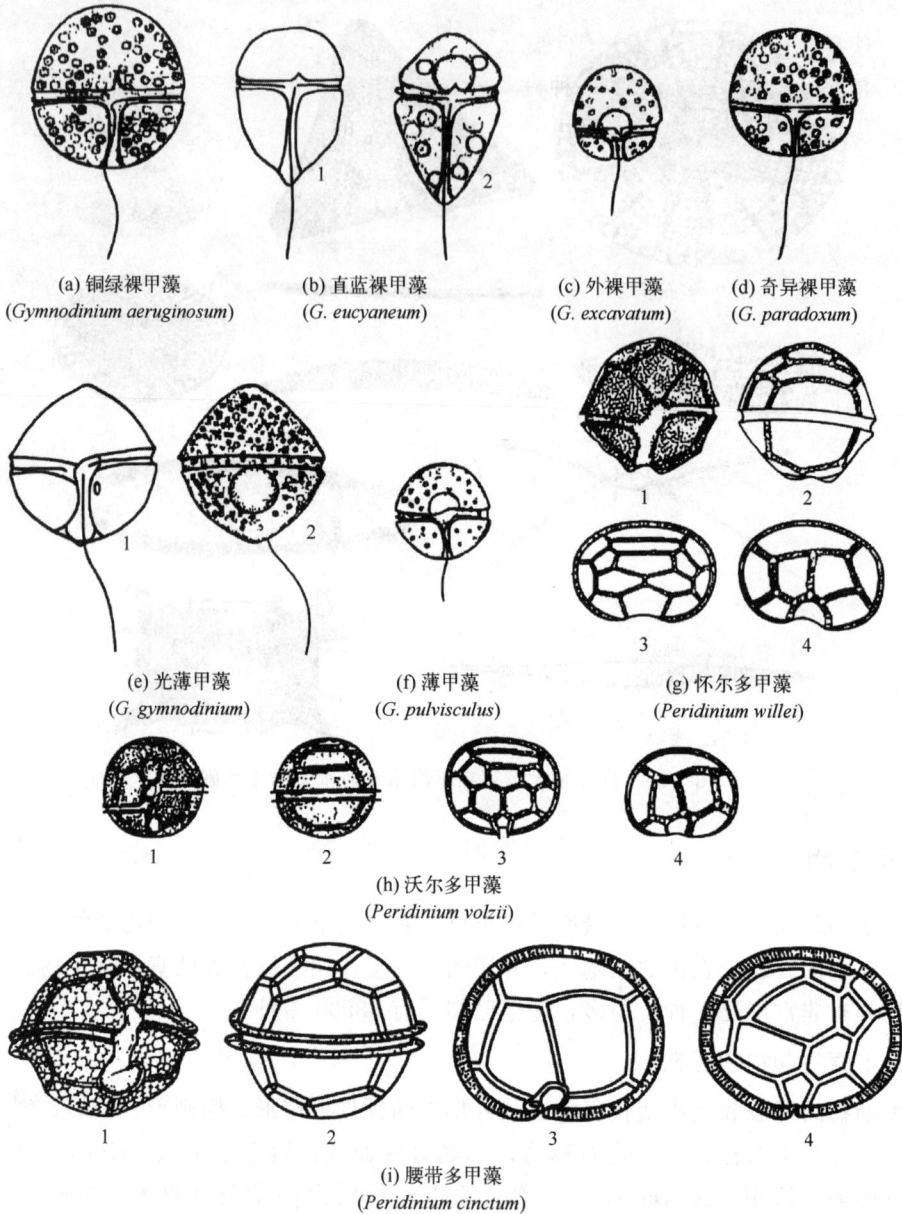

(a) 铜绿裸甲藻
(*Gymnodinium aeruginosum*)

(b) 直蓝裸甲藻
(*G. eucyaneum*)

(c) 外裸甲藻
(*G. excavatum*)

(d) 奇异裸甲藻
(*G. paradoxum*)

(e) 光薄甲藻
(*G. gymnodinium*)

(f) 薄甲藻
(*G. pulvisculus*)

(g) 怀尔多甲藻
(*Peridinium willei*)

(h) 沃尔多甲藻
(*Peridinium volzii*)

(i) 腰带多甲藻
(*Peridinium cinctum*)

图 1-27　单细胞甲藻 (×400～×800, Johns-Manville Research Center)

(b) 1—个体外形, 2—细胞内部结构; (e) 1—正面观, 2—背面观;

(g), (h), (i) 1—正面观, 2—背面观, 3—顶面观, 4—底面观

形、碟形、带状、念珠形、马蹄形和分枝形等多种。

2. 细胞质

原生动物体除细胞核外都是细胞质。大部分原生动物的原生质分为两部分：内质为体积较大的胶体部分，其中散布着核糖体、高尔基体、线粒体、动体（kinetosome）或生毛体（blepharoplast）、食物泡和细胞核等；细胞的表面，也就是外质为一层薄而致密能使身体形状较为恒定的表膜。原生动物的细胞质可以分化成各种胞器，借以行使各种功能。

3. 行动胞器

（1）伪足

伪足是原生动物中最简单的一种行动胞器，是由原生质在体表任何地方突出形成的。原生动物可借形成伪足向前推进，又可借改变形成伪足的部位改变运动方向。伪足还具有捕食作用。根据伪足的形状可分为叶足、丝足和轴足。

（2）鞭毛

鞭毛是长的线状细胞质突起，一般由轴丝和外套组成，起始于埋在体内的基粒上。鞭毛的数量通常为1～8条，也有的很多。

（3）纤毛

纤毛是纤毛虫的行动胞器，其结构与鞭毛相似，但是短、数量多，执行运动机能，并能帮助捕食。

4. 支持与保护胞器

有些原生动物的外质表面渐渐凝集而成表膜，表膜进一步分化成一块块的板，这些板彼此连接形成中间有缝隙的、骨骼似的构造，起支持和保护作用，如板壳虫（Coleps）；板块有的呈覆瓦形排列，如鳞壳虫（Euglypha）；有的形成整片的几丁质壳，如表壳虫（Arcella）；有的还在体内形成类似的支持胞器。

5. 消化与营养胞器

原生动物的营养方式有植物式营养（holophytic）、腐生性营养（saprobic）和动物性营养（saprozoic）三种。

（1）植物式营养

植物性鞭毛虫（植鞭毛虫）依靠色素体进行光合作用获得营养，其色素体具有多种形状和颜色（如绿色、褐色、黄色等），但最常见的为叶绿素。它们也能进行异养生活。

（2）腐生性营养

在鞭毛虫中很多能以死的、腐烂的物质为食。这种腐生性营养又可分为能消化颗粒状腐烂物质的动物式腐生性营养和吸收溶解性腐烂物质的植物式腐生性营养两种。

（3）动物性营养

很多原生动物可以像其他动物一样捕食有机颗粒和比自己更小的微生物体，形成动物性营养方式。例如，动物性鞭毛虫用鞭毛抓住食物；肉足虫靠伪足捕捉食物；纤毛虫还具有取食口器——胞口等。

6. 排泄胞器

原生动物需要排出产生的废物，有的还需排出体内的多余水分（淡水种尤其如此）。因此，大多数种类有专门的排泄器官——伸缩泡。没有伸缩泡的种类则依靠身体表面进行排泄作用。

7. 感觉胞器

原生动物的行动胞器都具有感觉作用。此外，有的还有专门的感觉胞器，如植物性鞭毛虫的前端就有感光器——眼点；有些纤毛虫还有专门起感觉作用的纤毛——感觉刚毛，感觉刚毛不具有行动机能。

（三）原生动物的生态

在地球上，原生动物分布很广，多数可以生活在淡水、海水、潮湿的土壤中以及腐烂的有机物上，也有不少种是寄生的。原生动物体积小，其孢囊又能抵抗干燥，容易被鸟、水生昆虫和其他动物携带，以及借水流和风力传送到各地，所以多数种的分布是世界性的。但是原生动物在一个环境中的生存又受光线、食物、温度和其他理化因素的影响。因此，即使是在两个相邻的水体中也可能有相差甚远的原生动物生物相；在同一环境中，也会因环境条件变化使得生物相发生变化，各种原生动物的生理状态更是如此。一般来说，影响原生动物生物相的因素有：

1. 温度

温度是影响原生动物的重要生态因素。但在其他因素相对稳定的情况下，温度主要是通过影响原生动物的生理状态而影响其个体数量。例如，多数原生动物的生长温度范围为 10~28℃，但在 10℃以下和 28℃以上的环境中，原生动物的种类组成很相似，所以在夏季和冬季水域中原生动物的差别主要是个体数量的差别。

而且，原生动物的营养体虽然只能生活在变化小的温度范围内，但经过数年的室内驯化培养，可使之习惯 70℃的环境，而低温更有利于原生动物生存。原生动物的孢囊则可经受更大的温度变化。

2. 光线

光线是具有叶绿素、能进行光合作用的植物性鞭毛虫的重要生态因素。其他原生动物的分布也直接或间接受光线的影响。

3. 氢离子浓度

不同原生动物对氢离子浓度（pH 值）的忍受范围是有差异的，但多数喜在中性条件下生活。有的可忍受较大的范围，如网状伪足虫（*Leptomyxa reticulata*）在土壤中能生活在 pH4.3~7.8 的范围内、在琼脂培养基中为 pH4.2~8.7。不同 pH 还会影响原生动物的形态，如长度等。

4. 食物

环境中食物的种类和含量对原生动物的分布有重要影响。一般来说，食物的含量是原生动物数量的决定因素；而食物的种类则是决定原生动物能否生存的重要因素，如草履虫就不能生存在没有细菌和其他小型原生动物的环境中。

（四）原生动物的生殖及孢囊的形成

原生动物的生殖可分为有性生殖和无性生殖两种方式。无性生殖是原生动物主要的生殖方式。在适宜的环境条件（如食物、温度、pH、氧气和水分等）下，原生动物以简单的二分裂法进行连续不断的无性繁殖。有性生殖仅发生于：①长时间进行无性生殖，种群比较衰老时；②在环境条件变得不利于其生存时，才借有性生殖形成休眠孢子，以渡过难关。所以严格地说，有性生殖不是原生动物专门的生殖方式。

在一定条件下，原生动物能分泌出一层包围自己身体的胶质膜，形成孢囊。大多数原生动物都可以借形成孢囊进入休眠状态，保护自身免受不良环境因子的影响。这种孢囊称为休眠孢子，待环境变得有利时，虫体恢复各种胞器，包膜破裂、虫体脱出进入正常状态。因此，原生动物形成休眠孢子和细菌形成芽孢一样不是繁殖过程。

除休眠孢子外，原生动物还可形成繁殖孢囊。虫体在孢囊内分裂成 2 个或 4 个小个体，待脱囊出来，这些小个体便成为独立的个体。

（五）原生动物的主要类群

原生动物分为鞭毛纲、肉足纲、纤毛纲和孢子纲 4 个纲，其中孢子纲的原生动物形体小，全部专性寄生。现分述如下。

1. 鞭毛纲

鞭毛纲（Mastigophora）原生动物分为两大类群：一是植物型（植鞭毛虫），二是动物型（动鞭毛虫）。植物型原生动物通常含有叶绿素，可以进行光合作用。

动物型鞭毛虫有几个类群，其共同形态特征是都具有鞭毛，其他方面则各有差异。例如，变形鞭毛虫没有口孔，像变形虫一样用伪足捕捉食物；襟鞭毛虫具有特殊的领状（collarlike）结构；还有的在左右对称的身旁有成对排列的 4 根或 8 根鞭毛，如蓝氏贾第鞭毛虫（*Giardia lamblia*）；而毛领披发虫（*Trichonympha collaris*）是有许多鞭毛的类群的代表（图 1-28）。

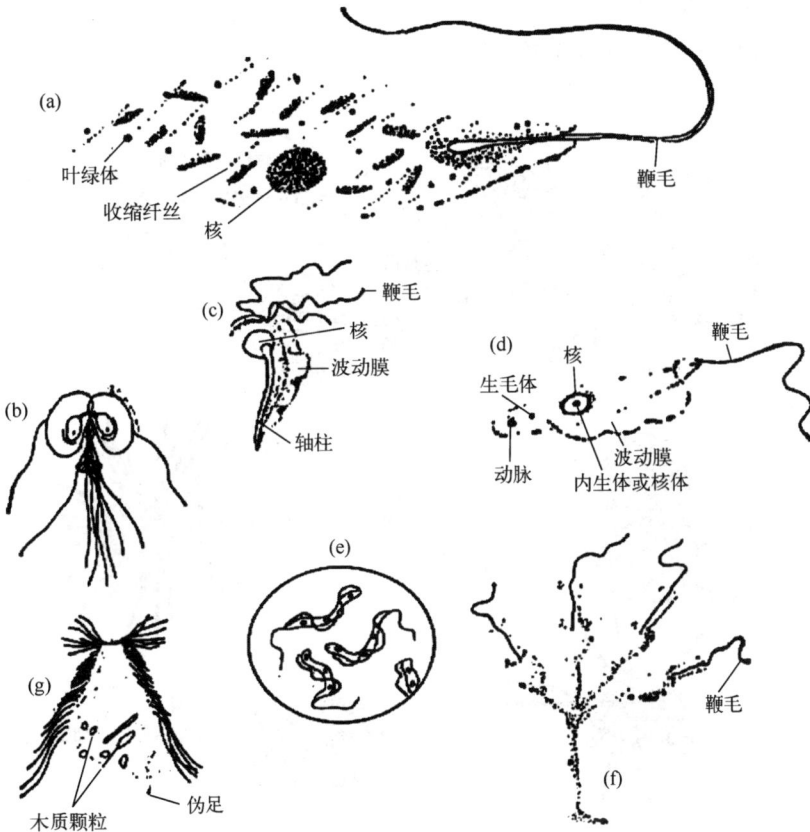

图 1-28　鞭毛原生动物

（a）小眼虫［纤细裸藻（*Euglena gracilis*）］是一种单体的自由生活的具有叶绿素的鞭毛虫；（b）蓝氏贾第鞭毛虫（*Giardia lamblia*）寄生在人体肠道内能引起痢疾；（c）人毛滴虫（*Trichomonas hominis*）也见于人体肠道内，它的病原作用尚未被证实；（d）罗德斯锥体虫（*Trypanosoma rhodesiense*），能引起非洲睡眠病；（e）克鲁氏锥体虫（*Trypanosoma cruzi*）是夏格氏病（Chaga's disease）即美洲锥虫病的病原体；（f）襟虫属（*Codosiga*），是一种群体鞭毛虫，具有透明的原生质领，由于鞭毛的活动将食物微粒驱入领内；（g）披发虫属（*Trichonympha*），是一种栖息在白蚁肠道内的复杂的原生动物，它能将木质纤维转化为白蚁可利用的可溶性碳水化合物（仿 Ralph Buchsbaum）

鞭毛虫中有的能消化结构复杂的有机物，如生活在白蚁肠道内的毛领披发虫具有异常的消化纤维素的能力；有的可引起人类疾病，如蓝氏贾第鞭毛虫可引起小儿痢疾、口腔毛滴虫

41

引起牙龈炎等。多数鞭毛虫以有机物为食，且具有耐污性，因此对有机污染水体有净化作用，在废水生物处理中有指示作用。

2. 肉足纲

肉足纲的重要代表是变形虫（Amoeba）。它们具有柔韧的细胞膜，在正常生活条件下可根据需要随意改变自己的形状，如它们在做趋向运动（选择适宜的生态位）以及摄食或接收环境的物理、化学和机械刺激时，都会改变突起的位置和伸展方向，因此而变形。变形虫的形态和主要结构如图 1-29(a) 所示，其中大变形虫（Amoeba proteus）是个体最大的一种，直径约为 $200\sim600\mu m$。

其他变形虫还有沙壳虫（Difflugia）、表壳虫（Arcella）、有孔虫（Foraminifera）、太阳虫（Heliozoa）和痢疾内变形虫（Entamoeba histolytica）等，如图 1-29(b)～(f) 所示。它们的结构不同，生境也有差异。

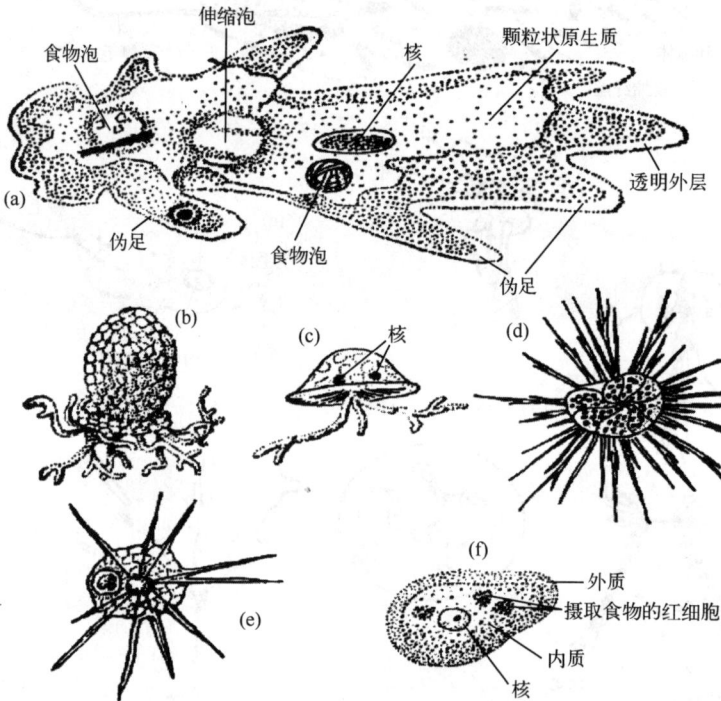

图 1-29　变形虫类原生动物

（a）图解式略图表示变形虫的主要构造；（b）沙壳虫生活在淡水中，以细胞分泌的黏合物和沙粒构造外壳；（c）表壳虫属除以虫体分泌的几丁质样物质形成的介壳外，它与沙壳虫属相似，表壳虫属具有两个核；（d）有孔虫是盐水类型动物，其介壳由白垩质构成，且具有几个室；（e）太阳虫，其外有覆盖于整个细胞的硅质的骨骼，或其身体可被胶状质所覆盖，同时具有由硅质形成的僵直的伪足；（f）痢疾内变形虫是一种在人体内引起痢疾的病原变形虫

3. 纤毛纲（Ciliata）

纤毛虫原生动物生活于淡水池塘和淡水湖中，多以细菌、小型藻类及其他原生动物为食，有的可寄生于人和动物体内。

纤毛虫有数千种。它们的形态多样，纤毛的数量和着生位置不同，营养方式不同，生活方式也有区别。纤毛虫多数为单个自由生活的游泳型原生动物，如草履虫（*Paramecium*）、肾形虫（*Colpoda cucullatus*）、漫游虫（*Litonotus*）、四膜虫（*Tetrahymena*）、裂口虫等（图1-30）。

另有一些纤毛虫行固着生活，虫体有柄可附着于物体上。固着型纤毛虫细胞表面除口缘纤毛外，其余纤毛均退化。固着型纤毛虫又分两类，一类具有可收缩的柄，如小口钟虫、沟钟虫、独缩虫、累枝虫（图1-31）等；另一类则具有不能收缩的柄，如锤吸管虫、壳吸管虫等。

4. 孢子纲（Sporozoa）

孢子虫类原生动物个体小，成虫无运动能力，专性寄生，是人或动物的病原体。如间日疟原虫（*Plasmodium vivax*）、恶性疟原虫（*Plasmodium falciparum*）都可引起人疟疾病；鸡疟原虫（*P. gallinaceum*）能感染雏鸡，鼠疟原虫（*P. berghei*）可引起小鼠疾病。它们都有复杂的生活史。

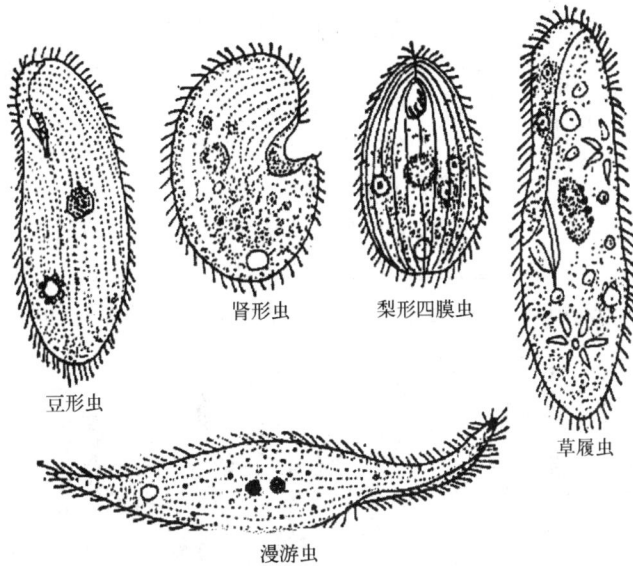

豆形虫　肾形虫　梨形四膜虫　草履虫

漫游虫

图1-30　游泳型纤毛虫

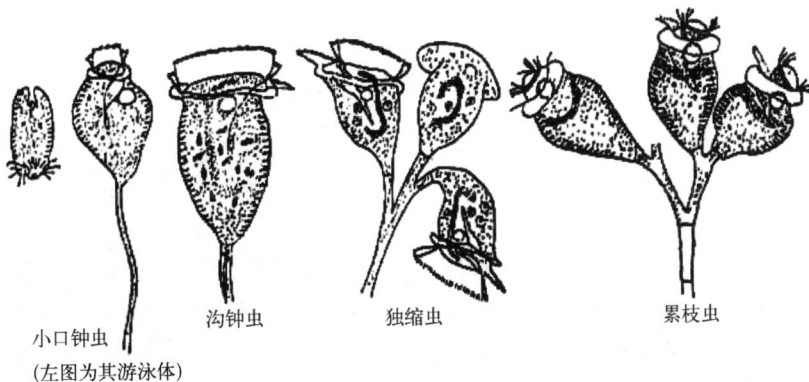

小口钟虫
（左图为其游泳体）　沟钟虫　独缩虫　累枝虫

图1-31　固着型纤毛虫

此类原生动物在医学上有重要研究价值，但在环境研究中应用较少。

（六）原生动物的代表

1. 绿眼虫

绿眼虫（*Euglena viridis*）是鞭毛纲的一种，通常栖息在有机质较多的水沟、池塘或缓缓流动的水中，在温暖的季节里繁殖十分活跃，会让水呈现绿色。

绿眼虫虫体绿色、梭形，长约 $60\mu m$，前端钝圆、后端尖。虫体后半部有一大而圆的核，体表带斜纹，在前部具有一定形眼点。其前端具有胞口，胞口向后连一膨大的储蓄泡；鞭毛从胞口伸出，下端连有两条细的轴丝，轴丝与储蓄泡底部相连。绿眼虫借鞭毛运动（图1-32）。

绿眼虫属植物型原生动物。在有光的情况下，能像植物一样进行光合作用，吸收 CO_2，将 H_2O 和无机盐合成细胞物质；在黑暗中叶绿体消失、眼点退化，利用有机物作为营养。绿眼虫的生殖一般为纵二分裂（图1-33）。在不良环境中它们能形成孢囊。

动物型鞭毛虫无叶绿体，不能进行光合作用。

2. 大变形虫

大变形虫（*Amoeba proteus*）属肉足纲，常生活在清水池塘或水流缓慢、藻类较多的浅水中。它是变形虫中最大的一种，直径约为 $200\sim600\mu m$。其细胞不断变形，结构简单，虫体较均匀透明（图1-34）。

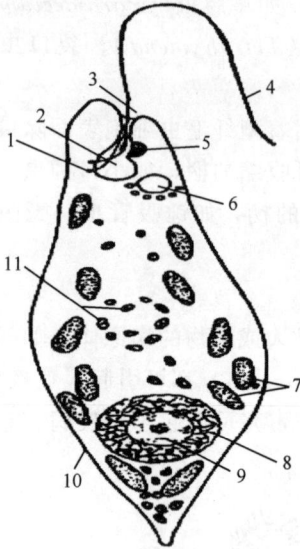

图1-32 绿眼虫全形示图

1—基粒；2—储蓄泡；3—胞口；4—鞭毛；5—眼点；6—伸缩泡；7—叶绿体；8—核；9—核仁；10—表膜；11—副淀粉体

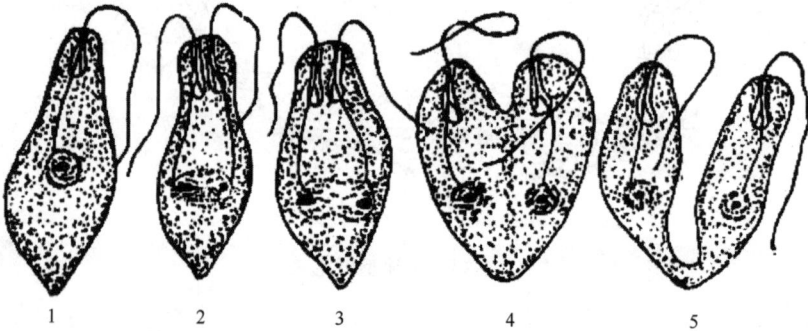

图1-33 眼虫的纵二分裂

变形虫的伪足既是运动胞器，又具有感觉和摄食作用。其生命活动所需能量来自虫体通过呼吸作用对有机质的氧化。其生殖为二分裂方式，是典型的有丝分裂。

其他肉足纲原生动物中，有的形态特殊有趣，如沙壳虫、表壳虫具有外壳；有孔虫的壳具有几个室，太阳虫具有覆盖于整个细胞的硅质骨骼；而痢疾内变形虫可引起人类的痢疾。

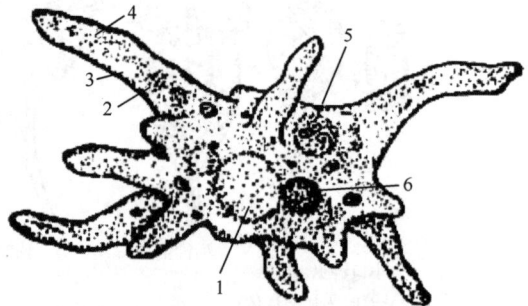

图1-34 变形虫全形示图

1—伸缩泡；2—内质；3—外质；4—伪足；5—食物泡；6—细胞核

3. 尾草履虫

尾草履虫（*Paramecium caudatum*）属纤毛纲，是淡水池沼中最常见的原生动物，体形较大，肉眼可见。草履虫略呈鞋底形，前端圆、后端稍宽，然后变尖，以纤毛为运动胞器，在水中游泳迅速。细胞内质中有伸缩泡、核及若干食物泡等构造。细胞核有两种，一大一小。虫体从前端开始向后并稍向侧延伸有一凹陷的沟，称为口沟，其后端为一漏斗形的通道进入胞内，这一通道叫胞咽，其起点为胞口（图1-35）。

一般而言，草履虫采用两类繁衍方式：一是通过纵向切割的方式（即"横二分裂"）来实现生育过程中的细胞数量增加；二是以结合的形式完成其生物学上的交融行为（"接合生殖"）。当进行接合生殖时，两个草履虫的沟部互相黏合，该部分表膜溶解进行质配，小核脱离大核，拉长为新

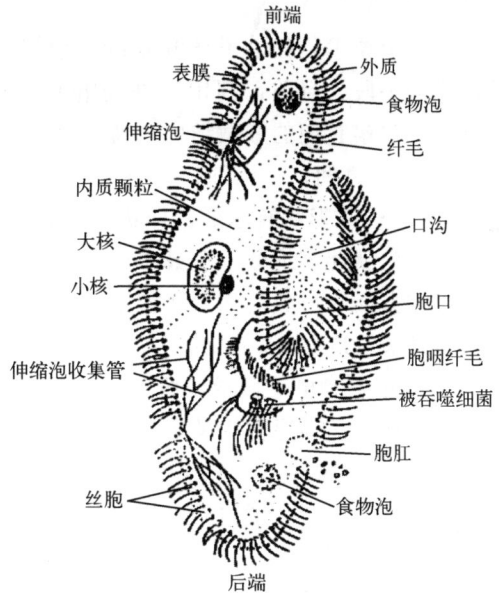

图 1-35　尾草履虫的主要构造示意图

月形，接着大核消失。小核进行二次分裂形成四个小核，其中三个消失，剩下的一个小核再分裂为大小不等的两个核，然后两个虫体的较小核互相交换，与对方的较大的核融合。此后两个虫体分开，融合核分裂三次成为八个核，四个发育为大核，其余四个中三个消失，剩下的一个分裂两次形成四个小核；每个虫体也分裂两次，产生四个草履虫后代。

4. 间日疟原虫

间日疟原虫（*Plasmodium vivax*）属孢子纲，为寄生于人体的疟疾病原体。疟原虫寄生于人体肝细胞和红细胞，在肝细胞中摄取营养进行生长发育，成熟后进行复分裂，并发育成裂殖子。肝细胞破裂后释放出裂殖子，其中一部分被吞噬细胞吞噬，另一部分进入血液侵入红细胞内进行发育繁殖。疟原虫在红细胞内增殖几代后，部分发育形成大小两种配子母体，开始其有性生殖阶段。

疟原虫的有性生殖在按蚊胃中完成。雌性按蚊将疟疾患者的血液连同疟原虫吸入胃中后，大小配子母体分别发育成雌雄配子，交配后成为合子。合子钻入蚊子胃壁发育繁殖产生孢子体，孢子体进入蚊子的唾液腺中。当蚊子再叮咬健康人时，孢子体即进入人体内。因此，按蚊是疟原虫的传播者。

第三节　非细胞型微生物——病毒

病毒有多个定义，但最精炼的定义为：病毒是探索染色体的侵染性的遗传单位。此定义明确指出了病毒的核酸本质，但是不同病毒的核酸组成不同，而且每种病毒只含有一种核酸，即 DNA 或 RNA；也指出了病毒的病原性，即它们可侵染各类细胞生物，但细菌病毒被称为噬菌体、藻类病毒被称为噬藻体。它们通过危害人类、动物、植物和细胞微生物影响人类的健康、生活和生产，因此受到广泛重视。

一、病毒的形态和结构

现代科学技术，如电子显微镜和 X 射线衍射技术的发明与应用，为病毒形态学研究提供了可靠的手段。目前，利用先进的电镜技术，不仅可以观察病毒的形状、测定病毒的大小，还可以观察它们的细微结构。通过对大量病毒的形态观察已知，一般病毒的直径或长度在 20～300nm 之间，个别细长的病毒［如柑橘特里斯德察病毒（*Citrus tristeza* virus）］长度达 2000nm；其形状有球形、杆状和球形头杆状尾三种。病毒的个体很小，在一金黄色葡萄球菌空壳内就能容纳数千个最小的病毒粒子，由此可知病毒的微小。

在结构方面，成熟的病毒颗粒主要由一种或几种蛋白质和核酸构成。蛋白质按特定的排列方式将核酸（DNA 或 RNA）包围起来，形成具有一定形状的外壳，核酸包裹在外壳内。根据 X 射线衍射和电子显微镜研究的结果，并运用立体几何学的对称原理，证明了蛋白质亚基构成的病毒粒子通常为螺旋对称和二十面体对称两种形式。例如：

① 烟草花叶病毒（TMV）为螺旋对称的直杆状病毒，一般长 300nm、宽 18nm，含蛋白质 95％、核酸 5％。蛋白质以相等的螺距盘绕于核酸外，形成外壳；核酸为分子量为 2×10^6 的 RNA，其结构如图 1-36(a) 所示。其他呈螺旋对称的病毒还有很多，形状也不尽相同，如马铃薯 X 病毒（potato virus X，PVX）呈弯曲杆状、流感病毒折叠于球状囊中、噬

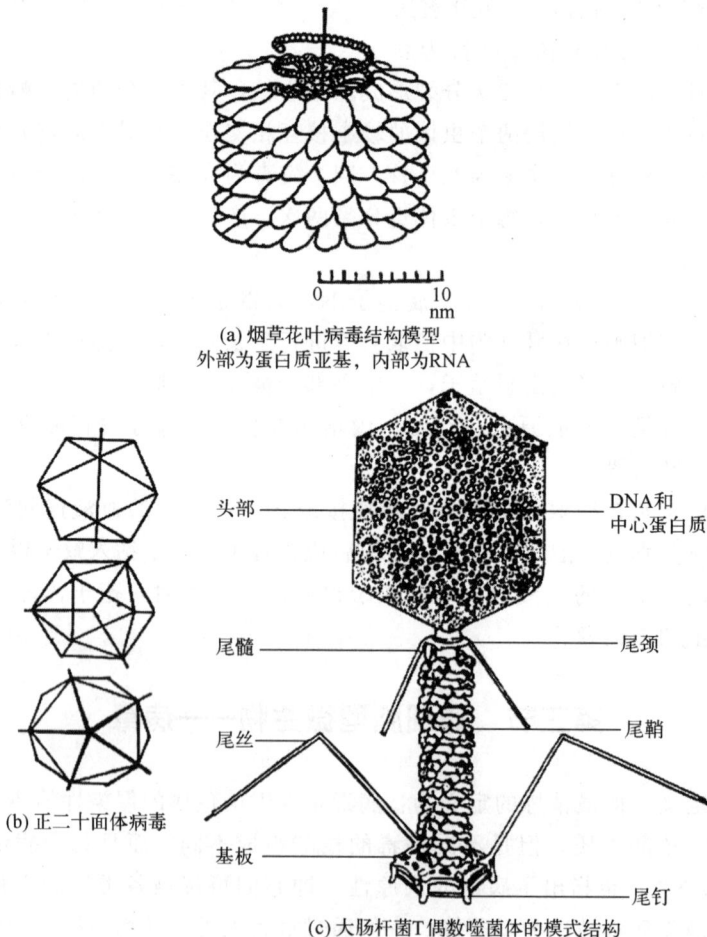

(a) 烟草花叶病毒结构模型
外部为蛋白质亚基，内部为RNA

(b) 正二十面体病毒

(c) 大肠杆菌T偶数噬菌体的模式结构

图 1-36　病毒的结构

46

菌体 fd 呈伸长的纤维状等。

② 许多病毒为二十面体对称，如疱疹病毒的外壳就是由 20 个等边三角形组成的以顶、面、边为轴对称的正二十面体 [图 1-36(b)]。

③ 也有很多病毒为混合对称型，如 RNA 肿瘤病毒和大肠杆菌 T 偶数噬菌体，可能是螺旋对称和二十面体对称的结合。其中，大肠杆菌 T 噬菌体研究得最为清楚，它由头部（含 DNA 和中心蛋白）、尾颈、尾髓、尾鞘（带有尾钉的基板）和尾丝等组成 [图 1-36(c)]。其头部为二十面体，外壳由八种蛋白质组成；其尾部蛋白质亚基呈螺旋排列，尾鞘、尾髓、尾丝各由两种蛋白质组成。大肠杆菌 T 噬菌体的核酸为 DNA。

除蛋白质和核酸外，有的病毒还含有脂类，如番茄斑萎病毒、新城鸡瘟病毒、流感病毒、痘苗病毒、大蚊红色病毒等都含有脂类成分。

病毒核酸（RNA 或 DNA）的作用是在寄主细胞内指导病毒各种组分的合成。病毒的蛋白质分为两类，一是结构蛋白，形成病毒的外壳，起保护作用，并与寄主细胞表面受体蛋白有特异的结合作用，因此对病毒的特异性侵染也有重要作用，如 TMV 颗粒不能侵染万年青，但脱去外壳的 RNA 可以侵染；二是酶蛋白，它们一般位于壳内，可催化水解细胞壁和细胞膜，具有协助侵染作用，有的还具有催化核酸合成的作用。病毒中的脂类在病毒吸附和侵染寄主细胞时都有重要作用。

二、病毒的增殖

病毒的增殖过程包括病毒对寄主细胞的侵染、在寄主细胞内的复制和装配。

1. 病毒的侵染

在病毒与细胞接触时会发生吸附作用，这种在病毒和细胞间的吸附作用是可逆的，但是当病毒与细胞表面有亲和力时，即病毒在找到其寄主细胞表面的受体部位时就变得不可逆了。病毒吸附到寄主细胞后，便将其核酸注入细胞内，从而完成侵染过程。但不同病毒的侵染方式不同。

例如：①植物病毒通过伤口或昆虫刺吸传播，病毒在细胞间的传播是借助其颗粒或核酸通过胞间连丝实现。②动物病毒通过两种方式侵染细胞，一是借助胞饮作用将整个病毒粒子吞入细胞内；二是病毒直接穿过细胞膜进入细胞内。

2. 脱壳

病毒脱壳可能有两种方式，一是在吸附和侵入过程中脱壳，释放出的病毒核酸进入细胞内，而蛋白质外壳留在寄主细胞外，如大肠杆菌 T 噬菌体；二是整个病毒颗粒进入细胞后，在溶酶体的作用下脱壳。

3. 病毒的复制

病毒复制主要指核酸的复制、转录和翻译（蛋白质合成）过程。Baltimore（1971）根据病毒核酸转录成 mRNA 的途径，将病毒复制分为 5 个类型。

① 双链 DNA 病毒的复制。这类病毒的 DNA 复制同细胞生物一样，以 DNA 作为模板通过半保留方式复制出子代 DNA，再转录成 mRNA，然后翻译成蛋白质。

② 单链 DNA 病毒的复制。这类病毒的 DNA 在寄主酶的作用下进行复制，产生 mRNA 的转录过程也是在寄主酶的参与下完成的，然后在 mRNA 的指导下合成蛋白质。

③ 双链 RNA 病毒的复制。双链 RNA 病毒在其自身所携带的转录酶催化下，首先通过半保留式复制产生正的单链 RNA [（＋）RNA]，新合成的正链 RNA 既可作为 mRNA 指导

合成蛋白质，又可作为模板复制子代双链病毒 RNA。

④ 侵染性单链 RNA 病毒的复制。这类病毒的 RNA 既可作为模板复制成负链（－）RNA，再由负链 RNA 作模板合成子代 RNA，又能直接作为 mRNA 指导合成蛋白质。

⑤ 非侵染性单链 RNA 病毒的复制。因这种 RNA 没有侵染性，也不能起 mRNA 的作用，所以称为负链（－）RNA。这类病毒的复制过程比较复杂，其过程为先以（－）RNA 为模板，在转录酶作用下合成（＋）RNA，再在一种 RNA 复制酶的作用下以（＋）RNA 为模板合成子代（－）RNA，同时（＋）RNA 又可作为 mRNA 指导合成蛋白质。

4. 病毒的装配

在复制过程中合成的病毒核酸、蛋白质和其他成分组合成具有一定形态和侵染特性的病毒颗粒的过程称为病毒的装配。病毒的结构不同，其装配过程的繁简也不同，但到目前为止，核酸和蛋白质装配的机理还不清楚。装配成的病毒颗粒离开细胞的过程称为病毒的释放。

三、病毒的培养

病毒的种类不同，其培养方法也有差别；同时随着病毒学研究的进展，其培养方法也在不断改进。以下介绍几种方法：

1. 生物活体培养法

这是早期常用的病毒培养方法，即用病毒感染活的生物体，来证明病毒的存在。例如，采集烟草花叶病斑，将其研碎后过细菌滤器，再用滤液感染健康的烟叶。经过一定时间后观察健康的烟叶上是否出现花叶病斑，由此确定烟草花叶是否由烟草花叶病毒（TMV）造成；同时也可用此法增殖 TMV 病毒。动物病毒则常通过将含有病毒的材料接种给从鼠类到猴子的各类动物来培养富集病毒。

2. 鸡胚培养法

鸡胚培养法是稍后引进的一种病毒培养方法。这种方法是将受精鸡蛋在适当的温度下孵化 5～12 天，然后用无菌操作法取下一小片蛋壳，并通过这一开口接种含有病毒的材料，再将开口处用石蜡封好，置 36℃孵化，使病毒增殖。这种方法常用于培养人源病毒和动物源病毒，如天花病毒、黄热病病毒、流感病毒、腮腺炎病毒和一些其他病毒。此法也可用于某些病毒疫苗的制作。

3. 血浆凝块法

这种培养技术是使血浆在移于体外的组织周围凝结成块，再将病毒接种到此含有活组织块的血浆中进行培养，使病毒复制增殖。经改进后的方法为：将上述凝块封闭在有孔的火棉胶囊中，然后接种病毒培养。病毒在细胞中复制增殖后，释放的病毒通过火棉胶膜扩散到火棉胶外的无细胞液体中，从而获得无宿主细胞的病毒。

4. 细胞培养法

自从 1949 年 Enders 等证明脊髓灰质炎病毒能在猴肾上皮细胞的培养基中培养以来，病毒研究的方法得到较彻底的革新。这种方法使病毒的分子生物学研究得到了发展。而且越来越多的细胞系（cell-line）和细胞类型被加入病毒细胞培养基行列，大大促进了病毒研究和检测技术的发展。

第四节　各类微生物特性比较

以上各节介绍了各类微生物的形态、结构、营养、繁殖、生理和生态特点，现将它们的一些特性比较列于表 1-7 中。

表 1-7　各类微生物特性比较

类群	真菌	藻类	原生动物	放线菌	细菌	病毒
个体形态	酵母菌:单细胞 霉菌:丝状、单细胞、丝状、多细胞	单细胞或多细胞	单细胞,形态多样	单细胞,丝状	单细胞,球杆状、螺旋状	非细胞
细胞大小	酵母菌:$(1\sim5)$ $\mu m \times (5\sim30)\mu m$ 霉菌:宽 $2\sim10\mu m$	一般 $10\sim10^3\mu m$		$0.5\sim1.0\mu m$	一般 $0.5\sim1.0\mu m$	
细胞核	真核	真核	真核	原核	原核	核芯
能量代谢	在线粒体上	在线粒体上		细胞膜上	间体中	无
细胞壁主要成分	聚糖、几丁质、纤维素	同真菌	无	肽聚糖	肽聚糖	无
营养特性	化能异养	光能自养	化能异养	化能异养	光能自养 化能自养 化能异养	寄生
主要类群最适 pH	偏酸	中性	中性	中性	中性	同寄主
繁殖方式	有性 无性:出芽 分裂 孢子	有性 无性:分裂 孢子	有性 无性:分裂	无性孢子	分裂	简单复制
有丝分裂	有	有	有	无	无	无
噬菌体	类似动物病毒	噬藻体		细菌噬菌体	细菌噬菌体,种类多	无

第五节　微生物的分类

微生物分类的目的是将微生物按特性不同分为不同的群和种，以便认识、研究、改良、应用和防治有害微生物。

一、微生物的分类阶元（单位）和命名法

微生物的分类和命名与高等生物一样，其分类阶元为界、门、纲、目、科、属和种。其命名法也采用双名法，即每种微生物的定名需定出属名和种名。对于新发现的微生物物种都要根据它的生态、生理和生化等特征或发现者的姓氏给出一个名称；定名规则为属名在前，

第一个字母大写，种名在后，第一个字母不大写。例如：①细菌中的 *Agrobacterium tume-faciens*（根癌农杆菌）、*Nitrobacter agilis*（活跃硝化杆菌）、*Pseudomonas aeruginosa*（铜绿假单胞菌）等；②真菌中的 *Aspergillus niger*（黑曲霉）、*Penicillium notatum*（点青霉）、*Rhizopus nigricans*（黑根霉）、*Saccharomyces cerevisiae*（酿酒酵母）等；③藻类中的 *Scenedesmus obliquus*（斜生栅藻）、*Euglena acus*（梭形藻）；④原生动物中的 *Amoeba proteus*（大变形虫）、*Paramecium bursaria*（绿草履虫）、*Vorticella microstoma*（小口钟虫）等。新种在按命名规则模式命名后，这个名称就会沿用下去。

二、原核微生物的分类

原核生物包括细菌、蓝绿藻（蓝细菌）和放线菌，其共同特征是具有含胞壁质的细胞壁、没有核膜的核质体（核区）。这一部分微生物的分类系统百年来变化很大，主要原因是在原核生物分类中，对原核生物系统演化的关键认识不够，且缺乏足够的化石资料，因此分类学家对分类依据尚未形成统一观点。

1. 主要分类依据

原核生物，尤其是细菌，个体微小，种类很多，但形态结构简单，而且变化小。因此，目前常用分类方法的依据为形态特征、群体特征、培养特征、生理特征和生化反应等。

2. 原核生物的类群

在过去的一百余年里，细菌分类系统变动较大。根据我国微生物学家王大耜先生提出的分类系统，原核生物被划分为原核生物界。原核生物界分为真细菌亚界和古细菌亚界。真细菌亚界分为薄壁菌门、厚壁菌门和柔膜体门三门，五纲，二十一目。古细菌亚界分为三群，它们大多栖居于极端生态条件下：第一群为生活在极端还原条件下的产甲烷菌群，包括三目四科；第二群为在饱和或近饱和 NaCl 环境中生长的极端嗜盐菌群，包括一科二属；第三群为在热、酸环境中生长的类群，包括两个属。

如果按照原核生物的个体形态、革兰染色特性、生活对氧的依赖性及其生理生化特性，可将它们分为 19 大类群，如表 1-8 所示。

表 1-8　原核生物的类别及科属数

类别名称	革兰染色	所含科属数			备注
		科	已定属	暂定属	
光合细菌	—	3	18	/	
黏细菌	—	8	21	6	
球衣细菌	—	/	7	/	化能异养
芽细菌/柄细菌	—	/	17	/	
螺旋体	—	1	5	/	
螺菌	—	1	2	4	
G⁻好气杆菌及球菌	—	5	14	6	假单胞菌科、固氮菌科各四属；根瘤菌科、甲基单胞菌科、嗜盐菌科各两属
G⁻兼性嫌气杆菌	—	2	17	9	肠杆菌科十二属、弧菌科五属
G⁻嫌气菌	—	1	3	6	属类杆菌科、在动物瘤胃和肠道中（共生）
G⁻球菌及短杆菌	—	1	4	2	奈瑟氏菌科

续表

类别名称	革兰染色	所含科属数			备注
		科	已定属	暂定属	
G⁻嫌气球菌	—	1	3	/	费氏球菌科
G⁻化能自养菌	—	2	17	/	能源物分为：NH_3、NO_2^-、H_2、S^0 和 Fe^{2+}
产甲烷细菌	＋或—	1	3	/	产甲烷菌科
G⁺球菌	＋	3	12	/	小球菌科三属、链球菌科五属、蛋白球菌科四属
产内生孢子杆菌及球菌	＋	1	5	1	在胞内产抗生素及新酶时形成芽孢
G⁺杆菌	＋	1	1	3	乳酸杆菌科
放线菌附属菌	＋	8	31		
		1	2	4	
立克次氏体	—	4	18	/	
支原体		2	2	2	无细胞壁

三、真核微生物的分类

1. 真菌的分类

真菌分类和其他生物分类一样是根据一个或一群真菌有机体与其他真菌相区别或相类似的任何属性，把真菌互相区别或归类。分类的目的是借其属性将它们加以区别，以便于研究、利用和防治。

（1）真菌分类的依据

根据有关科学家长期研究的结果，目前广泛应用于真菌分类的属性有：形态性状、生理性状、有性生殖特点和生态特点等。

（2）真菌的分类系统

由于对真菌系统发育的关键还未完全明了，所以不同分类学家的着眼点有很多不同。因此也出现了多个真菌分类系统，有代表性的有德巴利（H. A. de Bary，1831—1888）系统、阿克斯（J. A. von Arx）系统、威特克（R. H. Whittaker）系统、利达尔（G. F. Leedale）系统、亚历克索鲍罗斯（C. J. Alexopoulos）系统等九大系统。目前采用较多的是安斯沃斯系统，该系统将真菌分为真菌界，下分为真菌门、黏菌门；真菌门分为五个亚门，十八纲，六十六目；黏菌门分为二纲，九目。

2. 自然界常见的藻类分类

根据藻类的色素系统组成、能否利用 H_2S 作为光合作用的氢供体、光合作用能否产生贮藏物质——淀粉、形态特征、运动型和运动形式、细胞结构等可对藻类进行分类。藻类的分类系统较多，许多藻类学家将藻类分为 9 门。其中蓝藻门为属于原核生物的蓝绿藻，也称为蓝细菌，这一门在本章第一节已讨论。

红藻门（Rhodophyta）——红藻：单细胞，丝状或叶片状，含有叶绿素 a，藻胆色素是藻红蛋白和藻青蛋白。营养结构的红色是由于藻红蛋白遮盖叶绿素的绿色所致。淡水的种类由于藻青蛋白占优势而呈蓝绿色。无游动细胞。主要贮藏物质是红藻淀粉。有性循环复杂，是唯一具有有性器官的类群。多数是海洋类型，少数生活在淡水中。

隐藻门（Cryptophyta）：严格的单细胞，通常具有两根不等长的鞭毛，含有叶绿素 a 和叶绿素 c，无有性生殖，贮藏物质为淀粉和类淀粉化合物，含棕褐色藻胆色素。本门是小的类群，具有不定的亲缘关系。

甲藻门（Pyrrophyta）：严格的单细胞，具鞭毛，包括横裂甲藻纲（双鞭甲藻）。两根鞭毛在结构和着生方向上有差别。纤维素细胞壁，有时特化成片状。含有叶绿素 a 和叶绿素 c，由于叶黄素存在而呈棕色、红色或蓝色。贮藏物质为淀粉和油脂。有性生殖罕见。

硅藻门（Bacillariophyta）——硅藻：这一大类群生物的特点是具有明显的硅质细胞壁。单细胞或群体，细胞分裂方式独特和能运动。贮藏物质是 β-1,3-葡聚糖和油脂。含有叶绿素 a 和叶绿素 c，由于类胡萝卜素和叶黄素的存在而呈典型的金褐色。营养细胞双倍体，有性生殖普遍存在。具有经济价值的硅藻土是由古代硅藻的遗骸沉积形成的。只有海洋和淡水两种类型。

褐藻门（Phaeophyta）——褐藻：藻体呈丝状或叶片状，通常是宏观的，常常成团。几乎全是海洋类型。含有叶绿素 a 和叶绿素 c，由于叶黄素的数量超过类胡萝卜素和叶绿素而呈褐色。贮藏物质为昆布多糖、甘露醇和脂肪。有性循环复杂，有性和无性的生殖细胞能动，梨形，具有两根侧生鞭毛。

金藻门（Chrysophyta）：主要是单细胞，有些呈群体。鞭毛体运动，变形体运动或静止。贮藏物质为金藻昆布多糖和油脂。含有叶绿素 a，由于类胡萝卜素和叶黄素的存在呈典型的金褐色。细胞壁由硅质和石灰质片组成，在一些种内形成内生的硅质和孢囊。主要是淡水类型，而有些是优势的海洋类型［例如颗石藻（coccolithophores）］。这是一个分化的类群，有些类型向原生动物过渡。

黄藻门（Xanthophyta）：菌体呈单细胞、群体、丝状或管状。往往归属于金藻门。黄绿色，含有叶绿素 a 和叶绿素 c。贮藏物质为 β-1,3-葡聚糖和油脂。许多种类具有对半盖合的硅化的细胞壁，纤维素稀少或无。运动细胞具有两根长度和结构不等的前端鞭毛。无性生殖产生能动或静止孢子，少数的属有有性生殖。多数是淡水类型。

裸藻门（Euglenophyta）：严格的单细胞，缺乏硬的细胞壁。能运动，具有一根长鞭毛和一根短的不起作用的鞭毛，有眼点和伸缩泡。草绿色的裸藻，含有叶绿素 a 和叶绿素 b，能进行光合作用，贮藏物质为 β-1,3-葡聚糖。无色类型的裸藻营养方式为吞食性（吞噬营养），而且往往把它们划归原生动物。细胞纵裂，缺乏有性生殖。淡水和海洋类型并存。

绿藻门（Chlorophyta）——绿藻：这是一个很大的而且是分化的类群。草绿色，具叶绿素 a 和叶绿素 b。贮藏物质为淀粉。藻体可为单细胞的、四分孢子的、群体的、丝状的、叶片状的、定形群体的、管状的，运动时期是鞭毛体，在前端着生 2～4 根等长的鞭毛。有性生殖普遍，无性生殖产生能动和静止的细胞。淡水和海洋类型兼有。

3. 原生动物类群

原生动物个体小、种类多，目前已知的有 68000 多种。以它们的运动机制为主要依据可将其分为四纲：①以变形虫方式运动的肉足纲（Sarcodina）；②借助鞭毛运动的鞭毛纲（Mastigophora）；③用纤毛运动的纤毛纲（Ciliata）；④孢子纲（Sporozoa）的原生动物是静止的，不具有运动能力，全部寄生，因常由一个单细胞重复分裂形成许多称作孢子的小细胞而得名。以上四纲的主要特征如表 1-9 所示。

表 1-9 原生动物各纲的主要特征

肉足纲:变形虫状运动,如果有鞭毛也仅限于发育阶段。细胞裸露或有内外壳或有骨骼。细胞以二分裂法生殖,多数游离生活。
鞭毛纲:借助鞭毛运动,细胞分裂为纵二分裂。有性生殖少见。
纤毛纲:纤毛运动。具有两种类型的核,即小核和大核。细胞以横裂二分法分裂,多数是游离型生活。
孢子纲:无纤毛和鞭毛,静止(有鞭毛的配子除外)。孢子存在,具一种核,全部寄生。

思考题

1. 原核微生物和真核微生物最主要的区别是什么?
2. 原核微生物细胞有哪些一般结构和哪些特殊结构?
3. 原核微生物的中体和质粒各属于哪一类结构?
4. 细菌有哪三种基本形态?
5. 细菌、放线菌和真菌的培养特征各指的是什么?
6. 简述各类微生物的繁殖方式。
7. 放线菌和霉菌菌丝有何相同和不同?
8. 细菌形成芽孢是不是它们的一种繁殖方式?为什么?形成芽孢的作用是什么?
9. 革兰氏阳性细菌和革兰氏阴性细菌的主要区别是什么?
10. 藻类的细胞结构、生理和生态特性有哪些?
11. 病毒的核酸有哪几种类型?以何种方式生活?
12. 比较细菌、放线菌、真菌、藻类、原生动物和病毒的主要特征。

第二章
微生物的营养及代谢

微生物和其他生物一样，需从外界不断地吸收各种营养物质进行新陈代谢，以获得生命活动所需的物质与能量并排出代谢产物，维持正常的生长和繁殖。新陈代谢由对立统一的两个过程——合成代谢和分解代谢组成，是细胞内发生的各种化学反应的总称。

第一节　微生物的营养需求及营养类型

一、微生物的营养需求

对于微生物而言，所有能支持它们生长发育、繁殖并实现各类生命活动的必需物质被定义为它们的营养物质（nutrients）。这些营养物质包括构建细胞成分的基本元素，也包含着供给细胞生命活动所需的动力等。所以，营养物质是环境微生物生存的物质基础，而营养是生物维持和延续其生命形式的一种生理过程，也是它们保持与发展生命的核心要素。微生物的主要营养物质可分为六大类：碳源、氮源、能源、无机盐、生长因子（生长素）以及水。

（一）碳源物质

碳源（carbon source）一方面为细胞物质合成提供碳元素，另一方面又在细胞中作为能源物质。不同微生物利用不同的碳源，如光能自养微生物和化能自养微生物利用无机碳源如CO_2、碳酸盐等；所有化能异养菌利用有机碳源，可充当有机碳源的物质有糖及其衍生物、脂类、醇类、有机酸、烃类化合物、芳香族化合物以及各种含碳、氢、氧、氮的蛋白质及其水解产物。其中，糖类是微生物最容易利用的碳源。

（二）氮源物质

氮源（nitrogen source）是合成细胞物质中蛋白质、核酸等重要生物大分子的原料。氮源物质有简单的无机氮，如NH_4^+、NO_3^-、NO_2^-、N_2等，也有复杂的有机氮，包括蛋白质及其水解产物如胨、肽、氨基酸等。藻类和多数菌类微生物能利用NH_4^+、NO_3^-作为氮源；化能异养微生物可利用核酸、蛋白质及其水解产物作氮源；只有固氮微生物能利用N_2。

（三）能源物质

能够为微生物的生命活动提供最初能量来源的是辐射能或化学能。辐射能来自太阳光；还原态的无机物质，如NH_4^+、NO_2^-、S、H_2S、H_2、Fe^{2+}等，或有机物质（同碳源物质）是提供化学能的物质。

（四）无机盐

无机盐可为微生物提供除碳、氮以外的各种重要元素。所需浓度在$10^{-4} \sim 10^{-3}\,mol/L$

范围内的，称为大量元素，如磷、硫和钾等；在 $10^{-8} \sim 10^{-6}$ mol/L 范围内的则称为微量元素，如铜、锌和锰等。无机元素的需要量虽少，但在微生物生命活动中的作用却十分重要。就多数微生物而言，在粗放培养条件下，水中和其他营养物质中的微量元素即能满足其需要。

（五）生长因子（生长素）

生长因子是一类需要量很少但对微生物代谢有极重要作用的有机化合物的总称。许多微生物能够自己合成所需的全部生长因子，因而能在只含碳源、氮源和无机盐的培养基中生长。某些微生物则不然，必须在含上述成分的培养基中补加一种或几种生长因子，才能正常生长。生长因子包括维生素、氨基酸，以及嘌呤和嘧啶碱基等。酵母膏、玉米浆、肝浸液等可作为生长因子补加物，许多用作碳源、氮源的天然成分如麦芽汁、马铃薯（土豆）汁、牛肉膏、米糠等也含有丰富的生长因子。

（六）水

微生物细胞中含有很高比例的水，大约占 80%。水在微生物细胞中的作用包括：溶解体内外的物质；构成原生质胶体的一部分；参与多种代谢反应；调节温度等。

微生物在营养需求方面一个显著的特性是它们在利用碳源物质时具有惊人的灵活性。实验表明：所有天然有机物都可以被微生物利用。例如，放线菌可以降解戊醇、石蜡甚至橡胶；一些细菌似乎可利用任何物质作为碳源，而某些细菌则非常挑剔，只能利用少数几种含碳化合物；甲基营养型细菌只代谢甲烷、甲醇、CO、甲酸及相关的一碳化合物作为它们的主要碳源和能源；在天然环境中，复杂的微生物群落常代谢难分解的物质，甚至是人工合成的物质，如农药等。

二、微生物的营养类型

所有生物的生长除需要碳、氢、氧以外，还需要能源和电子供体。根据所需要的能源类型不同，微生物可分为光能营养型和化能营养型两大类；根据所需主要碳源的不同，则可分为自养型和异养型两大类。综合能源和碳源两大因素，可将微生物分为光能自养型、光能异养型、化能自养型和化能异养型四个基本营养类型。

（一）光能自养（photoautotroph）或称光能无机营养（photolithotroph）

能源来自光，利用 CO_2 或碳酸盐作为碳源，以水或还原态无机物作为氢供体同化 CO_2。如根据氢供体的不同可将其分为两类，一类是光合硫细菌，如红硫细菌和绿硫细菌，以 H_2S 作为氢供体，依靠叶绿素或细菌叶绿素，利用光能进行循环光合磷酸化，所产生的 ATP 和还原力用于同化 CO_2。这种光合作用是不产氧的光合作用。另一类是蓝细菌和绿色藻类，它们以 H_2O 作为氢供体，依靠叶绿素，利用光能同化 CO_2 进行非循环光合磷酸化，这种光合作用是产氧光合作用。还有一类是嗜盐古细菌，利用特殊的紫膜进行特殊的光能转换。

（二）光能异养（photoheterotroph）或称光能有机营养（photoorganotroph）

能源来自光，利用简单有机物（如有机酸、醇等）为氢供体来同化 CO_2。紫色非硫细菌，如红微菌属（*Rhodomicrobium*），就是这种营养类型，这种类型的微生物进行的也是循环光合磷酸化和不产氧的光合作用。

（三）化能自养（chemoautotroph）或称化能无机营养（chemolithotroph）

能源来自还原态无机化合物氧化所产生的化学能，碳源是 CO_2 或碳酸盐，可在完全是无机物的环境中生长。其产能的途径是借助于经过呼吸链的氧化磷酸化反应，绝大多数化能自养型菌是好氧菌。化能自养型菌不仅在同化 CO_2 时消耗 ATP，而且当其生产还原力时也需经过逆呼吸链电子传递，消耗 ATP 才能产生同化 CO_2 的还原力。化能自养型菌广泛分布于土壤、水域等环境，在自然界物质循环和转换过程中起重要作用。常见的化能自养型菌有硝化细菌、硫化细菌、氢细菌与铁细菌等。产甲烷细菌和产乙酸细菌虽然其营养类型也是化能无机营养型，但有其特殊性，即它们严格厌氧，利用分子氢将 CO_2 还原为甲烷和（或）乙酸，并获得所需的 ATP。

（四）化能异养（chemoheterotroph）或称化能有机营养（chemoorganotroph）

有机营养型所需的能源、电子供体（氢供体）和碳源都来自有机物。通常情况下，同一种有机物可满足所有这些需要。

目前已知的微生物大多数属于这种营养类型。在化能异养菌中，又根据它们所利用有机物的特性分为腐生型和寄生型两类。前者利用无生命活动的有机物为生长的碳源，后者则寄生于活细胞内并从细胞中获得所需要的营养。寄生型化能异养菌往往是人和动物的致病菌。

尽管某一特定微生物通常只属于上述四种营养类型中的一类，但某些微生物在代谢方面表现出很强的灵活性，会随环境条件的改变而改变其代谢类型。例如，许多紫色非硫细菌在无氧条件下为光能有机营养型，在一般的氧气条件下可氧化无机物获取能量，而在低氧条件下可同时进行光合作用和氧化型代谢。微生物这种在代谢上的灵活性看似复杂混乱，但无疑是它们能够适应不断变化的环境条件的一个优点。

第二节　微生物酶的合成及调节

满足细胞新陈代谢和生长繁殖需要各式各样的代谢途径，每一种代谢途径又都有由各种酶催化的系列反应过程，所以在每个细胞内都存在着许多种酶。只有各种细胞物质处于精细、有序的生物分解和合成过程，才能高速、有效、合理地利用环境中的营养物质。因此，在细胞内随着微生物的生长繁殖，其中的酶也在不断合成，而且通过多种机制调节酶的合成或活性，以使细胞内酶的组成、含量及活性适合微生物在特定环境条件下的代谢方式和速率。

一、酶的合成

从酶的化学特性可知，各种酶的主要成分都是特异的蛋白质，因此其合成过程全部或部分遵循着蛋白质的合成规律，即在 mRNA 的指导下，由氨基酸按一定顺序结合成多肽；多肽按特定方式折叠成为蛋白质的二级和三级结构；多肽与另外的多肽相联合形成活性酶蛋白，对于单成分酶来说就完成了酶的合成，而双成分酶则再由活性酶蛋白与辅酶结合形成全酶。

二、酶的调节

微生物拥有强大的适应性和高精准度的代谢调控机制，这使得数百种酶能够准确且有序地执行极为繁杂的新陈代谢过程。从细胞的角度看，微生物的代谢调控功能明显优于高等动物和植物。原因在于，微生物细胞尺寸较小，但其面临的外部环境变化极大，因此每个细胞需要一套完善的代谢调控体系来确保自身的存活与成长。

有研究表明，大肠杆菌细胞内大约包含超过 2500 种不同的蛋白质，而这些蛋白质中的大部分都参与到正常的生物化学反应中。然而，由于单个细菌细胞只能容纳约十万个蛋白质分子，因此，即使所有蛋白质都被用于生产，也无法为每一种酶提供足够的数量。经过长时间的演变和优化，微生物已经建立起一套高效且精确的代谢调控策略，成功解决了这一难题。具体来说，尽管在基因组中包含制造各类分解酶的信息，但除了一些常用的组成酶（constitutive enzyme）外，大多数酶都是在特定条件下才会被激活的诱导酶（inducible enzyme）。推测这种类型的酶占据了细胞总蛋白质含量的大约 10%。通过这样的代谢调控机制，微生物能够有效地利用有限的资源来生成满足自身生长的必要物质，并实现对代谢产物的精准控制，避免浪费或短缺的情况出现，达到高效率的"经济核算"效果。

许多种类的微生物细胞都具有复杂的代谢调控机制，如调整对营养物质穿过细胞壁的渗透能力、利用酶的位置来控制其与特定底物之间的接触，甚至可以影响整个代谢过程。在这些方法中，最关键的是"精确调节代谢率"这一手段，这主要分为两类：一类是"粗略调控"，也就是决定酶合成的数量；另一类则是"微调"，指的是对已形成的酶分子活性进行调节，这两者通常会紧密协作并相互协同，从而实现最佳的调控效应。

以下将以原核生物为研究对象，深入探讨微生物的代谢调控。

（一）酶活性的调节

在微生物代谢调控的精细网络中，酶活性的调节占据核心地位。它直接作用于酶分子层面，通过动态调节酶的分子活性来调整新陈代谢的速率。这一过程涵盖了酶活性的双重调控模式：激活与抑制。酶活性的激活机制是指在分解代谢的级联反应中，上游中间产物作为激活因子，能够正向增强下游酶的反应速率，促进代谢流的顺畅传递。酶活性的抑制，特别是反馈抑制机制，是生物体为维持代谢平衡而采取的一种高效策略。当某代谢途径的终端产物积累至一定阈值时，这些产物会作为负调节信号，直接靶向抑制该途径起始酶的活性，形成一种负反馈调节，从而减缓或暂停反应进程，避免终端产物的过度堆积。反馈抑制作用直接、高效，并且具有较强的灵活性，允许代谢途径根据环境变化灵活调整其运行状态。

酶活性的反馈抑制类型很多，但其主要的作用方式在于最终产物对反应途径中第一个酶，即变构酶（allosteric enzyme）或调节酶（regulatory enzyme）的抑制。末端产物对变构酶的作用机制，目前普遍认为可以用变构酶的理论来解释。

变构酶是一种多构象变构蛋白，具有两个或两个以上的立体特异性结合位点。其中，能够与底物结合并且具有催化活性的结合位点称为活性中心，而能够与效应物（effector，非底物的代谢产物）结合的位点称为调节中心。变构酶分子结构的变化受其本身与效应物之间特异性结合的影响，进而改变活性中心的性质。当效应物作为活化剂时，能够增强酶活性位点与底物的结合力，促进反应的进行；当效应物作为抑制剂时，会削弱活性位点对底物的亲和力，减缓或阻断反应进程，从而调节代谢流向，减少产物积累。

在代谢调控中，变构酶不仅作用于单一合成途径，还能够对多途径之间的交互实现精准调控。这是因为变构酶除了特异性地结合其底物及本途径中间产物外，还能识别并响应其他代谢通路的产物，据此被激活或抑制（图 2-1），

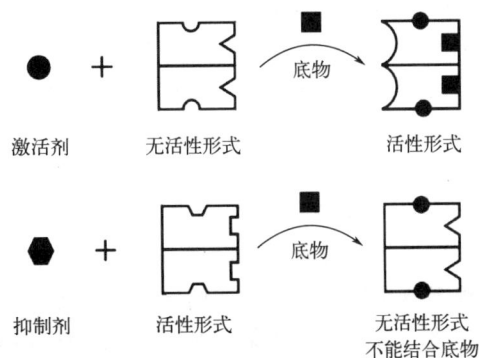

图 2-1 变构酶的激活（上）和变构酶的抑制（下）

从而调节全局代谢流。

总之，反馈抑制机制作为核心调控手段之一，其运作不仅局限于变构酶效应，还存在多种并行交织的调控策略，有待进一步研究和阐明。

（二）酶合成的调节

调节酶合成的过程是一个以调整酶产生数量来控制代谢速度的方法，它是发生在基因层面（尤其是在原核生物中主要是转录层面）上的代谢调节。任何能够刺激酶生成的过程被称为诱导（induction）；相反地，如果妨碍了酶的生产，则称之为阻遏（repression）。这种方法不同于其他如调节酶活性的反馈抑制等手段，它是通过影响酶的产量而不是直接作用于酶的活性来达到代谢调节的目的，这样可以更有效地节省生物合成的原料和能量。通常情况下，酶活性的调节和酶生产的调节是同步并紧密协作的，共同完成代谢的调节任务。

1. 酶合成调节的类型

（1）诱导

基于酶合成与环境中底物或其相关分子存在的关联性，酶可分为组成酶与诱导酶。组成酶作为细胞固有的酶，其生物合成受特定基因编码调控，不易受到环境中底物或其结构类似物波动的影响，如 EMP 代谢途径相关的酶。诱导酶是细胞对外界底物或其结构类似物入侵做出响应时而特别合成的一类酶。比如，*E. coli* 在含乳糖培养基中诱导生成的 β-半乳糖苷酶及半乳糖苷渗透酶即属于此类。诱导物（inducer）是诱导酶合成的触发器，包括底物本身、难以直接代谢的底物类似物及底物前体。具体而言，β-半乳糖苷酶不仅可由其自然底物乳糖诱导，亦能被非利用性类似物如异丙基硫代-β-D-半乳糖苷（isopropylthio-β-D-galactoside，IPTG）高效诱导，且此诱导效力往往超过乳糖本身。

（2）阻遏

在微生物的代谢过程中，如果某个终端产物过多，除了通过前面提到的以反馈抑制的方法来降低其相关重要酶的活性，进而减缓这种物质的产生之外，还可以利用阻遏机制来限制整个代谢路径中的所有酶的生物合成过程，以此更有效地管理代谢并进一步削弱这类物质的生产。这有助于节约宝贵的营养资源和能源。常见的阻遏形式包括末端代谢产物阻遏和分解代谢产物阻遏这两种方式。

2. 酶合成调节的机制

目前，学界普遍接纳 J. Monod 与 F. Jacob 于 1961 年提出的操纵子假说，它为酶合成的诱导与阻遏机制提供了有力的理论框架。在进行深入讨论之前，有必要明确几个核心概念。

① 操纵子（operon）：指由启动基因（promoter）、操纵基因（operator）和结构基因（structural gene）组成的一组功能相关基因。启动子能够被 RNA 聚合酶识别，既是 RNA 聚合酶的结合位点，又可以作为转录的起点。操纵基因位于启动子与结构基因之间，能够与阻遏蛋白结合，进而调控结构基因的转录活性。结构基因是决定多肽的 DNA 模板，其核苷酸序列能够精准指导 mRNA 的合成，后者再由核糖体转化为功能性的酶。整个操纵子的转录标志着 mRNA 分子的合成。

根据调控机制，操纵子可分为两大类：诱导型与阻遏型。诱导型操纵子的转录活性显著依赖于诱导物的存在。当诱导物（一种效应物）存在时，转录频率激增，高效翻译生成大量诱导酶，出现诱导现象。典型实例包括乳糖、半乳糖及阿拉伯糖代谢途径中的操纵子。而阻遏型操纵子则截然不同，其转录高峰出现在辅阻遏物（一种效应物）缺失时，此时转录的抑制作用被解除，使得相关酶的合成启动。精氨酸、组氨酸及色氨酸合成代谢途径中的操纵子便是此类调控机制的典型代表。

② 调节基因（regulator gene）：作为组成型调节蛋白的编码源，通常紧邻其调控的操纵子序列，以确保高效的基因表达调控机制。

③ 效应物（effector）：作为一类低分子量信号媒介，涵盖了糖类及其衍生物、氨基酸、核苷酸等多种化学物质。它们细分为诱导物（inducer）和辅阻遏物（corepressor）两种，通过与调节蛋白的特异性结合，诱导调节蛋白的构象变化，进而精密调控其与操纵基因的结合能力，实现基因表达的精确上调或下调。

④ 调节蛋白（regulatory protein）：属于变构蛋白，具有两个特异性结合位点：操纵基因结合位点和效应物结合位点。与效应物结合会触发调节蛋白的构象转变，发生变构作用。在此过程中，部分调节蛋白与操纵基因的结合力增强，而有些则会减弱。

调节蛋白可分为两类：阻遏物（repressor）与阻遏蛋白（aporepressor）。阻遏物可在无诱导物时与操纵基因紧密结合，而阻遏蛋白前体只有在辅阻遏物存在时，才能转化为活性形态，与操纵基因特异性结合。

（1）乳糖操纵子的诱导机制

E. coli 乳糖操纵子（lac operon）由 lac 启动子、lac 操纵序列及三个结构基因共同构建，这些结构基因分别编码 β-半乳糖苷酶、渗透酶及转乙酰基酶（见图 2-2）。作为负调控（negative regulation）的典范，乳糖操纵子在乳糖等诱导物匮乏时，其调节蛋白——lac 阻遏物与操纵基因稳定结合，从而抑制结构基因的转录。当乳糖作为诱导物出现时，它便与 lac 阻遏物结合，诱发后者构象变化，导致与操纵基因的结合力减弱，进而释放操纵子，启动转录与翻译流程。诱导物耗尽后，lac 阻遏物则重归原位，转录活动随即中止，酶合成停止。同时，已转录的 mRNA 在核酸内切酶的作用下迅速水解，酶合成速率迅速下降。通过诱变技术引入 lac 阻遏物缺陷，可以构建无诱导物依赖、持续合成 β-半乳糖苷酶的突变菌株。

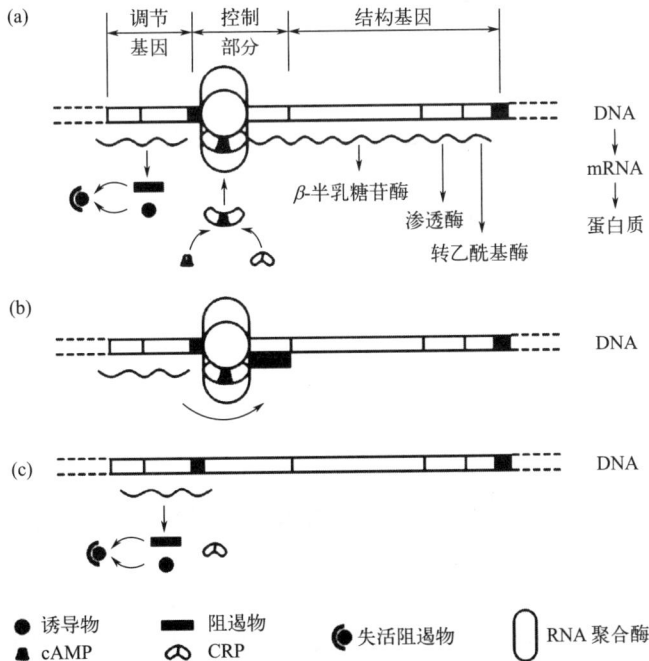

图 2-2　乳糖操纵子的调节示意图

（a）存在诱导物（乳糖）；（b）不存在诱导物；（c）诱导物（乳糖）和阻遏物（葡萄糖）都存在

从图 2-2 中还可看到，lac 操纵子受正调节机制（positive regulatory mechanism）的精细控制。第二种调节蛋白 CRP（cAMP 受体蛋白）或 CAP（分解代谢物激活蛋白）通过直接与启动子基因结合，促进 RNA 聚合酶与 DNA 链的特定结合，进而启动转录过程。CRP 与 cAMP（环化 AMP）间的作用显著增强了 CRP 对启动子序列的结合能力。值得注意的是，葡萄糖能够抑制 cAMP 的生成，这一生理效应间接抑制了 lac 操纵子的转录活动，从而实现了对基因表达的另一层次调控。

（2）色氨酸操纵子的末端产物阻遏机制

色氨酸操纵子的阻遏是代谢调控中针对合成代谢酸类的典型正向调节实例。在合成代谢体系中，为保证氨基酸等小分子终产物的持续合成，催化酶类的基因表达常需解除阻遏，以保持活跃；而在分解代谢中，β-半乳糖苷酶等酶的活性则需严格通过阻遏机制加以控制，以维持适宜的代谢平衡。

$E.coli$ 色氨酸操纵子同样包含启动基因、操纵基因及结构基因。启动基因位于操纵子前端；结构基因内含 5 个基因，负责编码特定功能。调节基因 $trpR$ 远离操纵基因，编码一种称作阻遏蛋白的效应物蛋白。色氨酸存在时，作为辅阻遏因子，与阻遏蛋白紧密结合，形成完全阻遏体，从而阻止结构基因的转录。然而，当色氨酸水平下降时，此阻遏体解离，脱离操纵序列，激活结构基因的 mRNA 合成过程。因此，色氨酸操纵子展现了一种基于末端产物浓度的正向调控机制（见图 2-3）。

如图 2-3 所示，在无末端产物时，阻遏蛋白无法与阻遏物结合，转录与翻译顺畅进行，诱导酶的合成；相反，阻遏蛋白与辅阻遏物结合，构成活性完全阻遏物，阻断后续的转录与翻译过程。

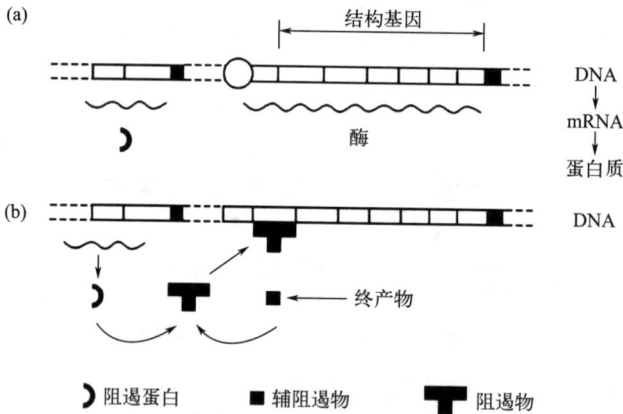

图 2-3　通过末端产物的反馈阻遏对酶合成的正调节
（a）末端产物缺乏；（b）末端产物存在

第三节　微生物的代谢

生物的各种生命活动过程都直接或间接地与某些化学反应有关。"新陈代谢"是指由细胞进行的所有有组织的化学活动，其中包括能量的产生和利用以及细胞物质的分解与合成。大多数微生物生命活动所需的能量依靠放能的化学反应获得，有些微生物则利用光作为它们所需能量的来源，即使如此，光能也必须转化为化学能才能被微生物利用，因此化学能是生物有效的能量形式。生物细胞中很多放能的化学反应都与生物的呼吸作用有关，生物体所产生的能量可用于包括细胞物质合成、组织器官和个体形态的建成、生物的生长繁殖、损伤修复，对营养的吸收和代谢废物的排出，以及运动和细胞现状的维持过程等在内的各种生命活动过程。微生物代谢作用既受环境的影响，同时也会影响其环境的特性。

一、微生物的呼吸类型

呼吸是生物体内的氧化还原过程。在此过程中伴随着氢的转移和电子的得失，给出氢和电子者为氢和电子供体，接收氢和电子者被称为氢和电子受体。根据氢和电子的最终受体的不同，可以将呼吸分为三种类型，即：以分子氧为氢或电子最终受体的为有氧呼吸；以无机氧化物如 SO_4^{2-}、NO_3^- 等为电子或氢的最终受体的为无氧呼吸；以有机物作为氢或电子受体的为发酵作用（见表 2-1）。但并不是每种细菌都可以利用以上三种呼吸形式中的任何一种进行呼吸作用，实际上多数细菌只能利用一种或两种形式进行呼吸。

表 2-1　微生物的三种呼吸类型

有氧呼吸	无氧呼吸	发酵作用
有机物 —碳素流→ CO_2 　电子流↓ 　O_2	有机物 —碳素流→ CO_2 电子流↓ 无机氧化物 （如NO_3^-、SO_4^{2-}）	有机物 —碳素流→ 发酵产物 电子流↓ 中间分解产物 （分子内氧化还原作用）

利用同一种化合物以不同的呼吸方式氧化所放出的能量是不同的，以葡萄糖为例，不同呼吸方式所获得的产物不同，其所产生的能量多少也不同。生物以不同的呼吸方式氧化 1mol 葡萄糖的放能反应如表 2-2 所示。不同微生物所具有的呼吸方式不同，对有机物的利用率也不同。根据微生物呼吸对氧气的依赖程度不同，可将其分为以下三个生理群。

表 2-2　葡萄糖三种氧化过程放能比较

生物氧化方式	电子终受体	反应产物和释放能量
有氧呼吸	分子氧	$C_6H_{12}O_6 + 6O_2 \longrightarrow 6CO_2 + 6H_2O + 668\text{kcal}$
无氧呼吸	无机物	$C_6H_{12}O_6 + 12KNO_3 \longrightarrow 6CO_2 + 6H_2O + 12KNO_2 + 429\text{kcal}$
发酵作用	有机物	$C_6H_{12}O_6 \longrightarrow 2CO_2 + 2C_2H_5OH + 54\text{kcal}$

注：1cal＝4.1840J。

（一）好氧微生物

好氧微生物是那些在呼吸作用中的最终电子或氢受体为分子氧，在无分子氧的环境中不能进行正常生命活动的微生物。它们包括部分细菌、几乎全部的放线菌和真菌，以及全部的藻类和原生动物。

有氧呼吸是通过一系列氧化还原反应获得能量的过程。在此过程中，起作用的酶有氧化酶、脱氢酶、细胞色素氧化酶，氢或电子的最终受体是分子氧。伴随一系列的反应，除产生 CO_2 和 H_2O 等最终氧化产物外，还有一定量的中间代谢产物，如柠檬酸、苹果酸、反丁烯二酸和酒石酸等的积累。

在有氧呼吸中，有机物氧化放出的电子通过传递链最后被 O_2 接收，电子传递链也称为呼吸链，如图 2-4 所示。细菌的呼吸链位于细胞的中体中，所以中体是细菌能量代谢的重要场所。

包括所有藻类、多数真菌和原生动物在内的真核微生物也都具有此种呼吸类型，除酵母菌外它们都是好氧微生物。但是真核微生物的呼吸链和高等生物一样位于线粒体上。

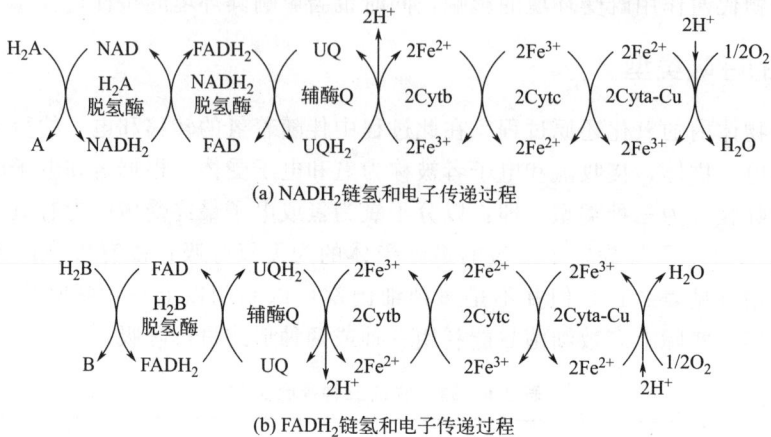

(a) NADH₂链氢和电子传递过程

(b) FADH₂链氢和电子传递过程

图 2-4　微生物有氧呼吸中氢和电子传递过程

注：H_2A 代表需要 H_2A 脱氢酶的底物；H_2B 代表需要 H_2B 脱氢酶的底物

（二）专性厌氧菌

专性厌氧菌亦称嫌气菌、厌气菌。这类微生物只能利用分子氧以外的物质作为氢或电子受体进行呼吸作用，在有氧条件下它们受到抑制或死亡，如个别霉菌和放线菌、部分细菌等。根据试验研究结果分析，这部分微生物细胞中缺少过氧化氢（H_2O_2）酶，在有氧条件下使细胞代谢中产生的 H_2O_2 积累而中毒。厌氧微生物对基质氧化不彻底，产物中含有小分子有机物，所以基质氧化产生的能量少，维持微生物活动消耗基质量大。其产物的种类因菌种不同而异，常见的有机产物有乙醇、乳酸、乙酸、丁醇和甲烷等。

专性厌氧菌广泛存在于无氧环境中，如严重有机污染水体的下层水和底泥中、黏质土壤的深层和泥沼池中等。它们在工业生产中占有重要地位，在高浓度有机废水和废水处理厂剩余污泥的生物处理中也发挥着重要作用。

（三）兼性厌氧菌

这类微生物具有完备的酶系统，它们既能在有氧环境中生长繁殖，又能在无氧环境中正常生活，因此被称为兼性厌氧微生物。但是在不同环境中，它们的呼吸方式和代谢途径不同，代谢产物也不同，部分细菌属于此类，真核微生物中的酵母菌也属于此类。

二、微生物产能方式

不同类型的微生物，其产能的方式可能有所不同。化能异养型微生物通过有机物的氧化产能，其中包括发酵和呼吸两种形式。化能自养型微生物通过氧化无机物产能，而光能自养型和光能异养型微生物则通过光能转换即光合磷酸化获得能量。因此，微生物产能的方式主要是氧化有机物产能、氧化无机物产能和光合作用产能三种。

（一）氧化有机物产能

1. 发酵

发酵（fermentation）是在微生物细胞内进行的一种氧化还原反应。它是在无外加氧化剂的条件下，被分解的有机物作为还原剂被氧化，而另一部分有机物（基质的分解产物）作为氧化剂被还原的生物学过程。发酵是厌氧微生物获得能量的主要方式，其特点是没有外来的电子受体，基质氧化不彻底，产生的能量相对较少。

微生物在发酵葡萄糖的过程中，两个 ATP 是通过基质水平磷酸化的方式产生的。所谓基质水平磷酸化是指基质在氧化过程中产生某些含有比 ATP 水解时放出更多自由能的高能化合物中间体，这些高能物质可以直接将键能转移给 ADP 使之磷酸化，生成 ATP。

2. 呼吸

当基质被氧化时，产生的电子通过一连串的电子载体传输到最后的电子受体，这个生物化学反应被称为呼吸（respiration）。在这个过程中，随着电子从供体转移至受体能量逐渐消耗并将 ADP 转化为 ATP，该过程被称为电子传递磷酸化（它具有类似于光合作用的特性，但是使用的能源有所区别）。通常我们把电子传递磷酸化称作氧化磷酸化或者呼吸链磷酸化。许多微生物利用此方法来生产能量（即 ATP）。依据最后电子受体的属性，我们可以对呼吸做出区分，即有氧呼吸和无氧呼吸。

有氧呼吸以分子氧作为氢和电子的最终受体，基质分解彻底，生成 CO_2 和水，产生大量能量。能够进行有氧呼吸的微生物包括需氧菌和兼性厌氧菌。一分子葡萄糖在微生物发酵过程中产生两个 ATP，而在有氧呼吸过程中，葡萄糖被彻底氧化成 CO_2 和水，产生 38 个 ATP。

无氧呼吸以分子氧以外的物质作为氢和电子的最终受体，它主要包括如下四种类型：以硝酸盐为最终电子受体的反硝化作用；以延胡索酸为最终电子受体的延胡索酸呼吸；以硫酸盐为最终电子受体的反硫化作用；以及以 CO_2 为最终电子受体的甲烷发酵。自然界中，有的微生物还可以利用砷酸盐、硒酸盐等作为最终电子受体进行无氧呼吸。基质在无氧呼吸过程中氧化不彻底，最终生成水、CO_2 和其他还原的化合物，产生的能量低于有氧呼吸。进行无氧呼吸的微生物主要是厌氧菌和兼性厌氧菌。

兼性厌氧菌能在有氧或无氧时利用同一种有机物进行呼吸代谢或发酵代谢。例如，酵母菌在无氧条件下发酵葡萄糖生成乙醇和 CO_2，在有氧条件下则进行呼吸作用，将葡萄糖氧化为 CO_2 和水。微生物在进行发酵作用时若有 O_2 存在，会发生呼吸抑制发酵的效应，这种现象称为巴斯德效应（Pasteur effect）。

（二）氧化无机物产能

有些微生物以无机物作为氧化的基质，在氧化过程中释放出的电子通过底物水平磷酸化或电子传递磷酸化的方式产生 ATP。这些微生物是化能自养型的硝化细菌、硫化细菌、氢细菌和铁细菌等。

（三）光合作用产能

光合作用产能的实质是光合生物将光能（辐射能）转变为 ATP（化学能）。光合作用产能包括循环光合磷酸化、非循环光合磷酸化和嗜盐细菌对光能利用三种。

1. 循环光合磷酸化

循环光合磷酸化是厌氧光合细菌利用光能产生 ATP 的磷酸化反应，它是在光驱动下通过电子的循环式传递而完成的。反应中不产生 O_2，还原力来自无机或有机氢供体，这是细菌型光合作用，是非放氧型光合作用。

2. 非循环光合磷酸化

蓝细菌和藻类同各种绿色植物一样，利用光能进行非循环光合磷酸化，产生 ATP，同

时放出 O_2，是放氧型的光合作用。

3. 嗜盐细菌对光能的利用

嗜盐的盐球菌属（*Halococcus*）和盐杆菌属（*Halobacterium*）等细菌属于古生菌，是生理学上具有高度特异性的类群。它们的细胞膜上有紫色斑块（图 2-5），其中存在着细菌视紫红质，在光照下促使膜的内外两侧形成质子梯度，导致膜电化学梯度的建立，这种电化学梯度的平衡化驱动了 ATP 的产生。因而嗜盐细菌通过紫膜实现了一种特殊的光合磷酸化（图 2-5），经光照得到的能量补充了从底物有氧氧化而得到的能量。

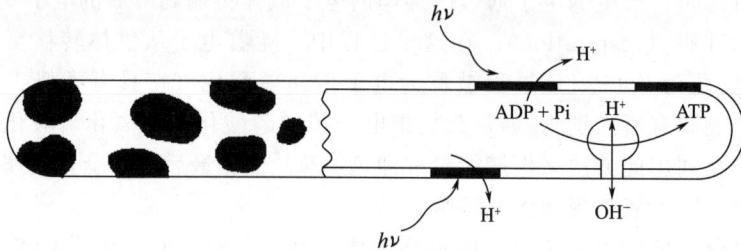

图 2-5　嗜盐菌的紫膜及其光合磷酸化示意图

微生物通过以上途径产生的能量主要用于生物合成，合成各种细胞结构物质和次级代谢产物；同时进行生理活动，如营养物质的吸收、鞭毛运动、细胞质流动。产生的能量还用于生物发光和产热，细菌、真菌、藻类都有可发光的类群，细菌发光的波长在 465～490nm，真菌发光的波长在 530nm。微生物产生的能量转化为热量，成为生物热。因此，微生物在生命活动过程中会散发出来热，例如酵母发酵过程中发酵液温度的上升和有机物堆肥过程中的升温现象都是生物产热的结果。

三、营养物质的分解

在长期进化过程中，微生物形成了多种分解环境中营养物质的机制，以利于其生存；同时，将环境中的有机物转化为无机物，从而使碳、氮、氧和硫等元素在地球上得以不断循环。对环境保护而言，人们利用微生物分解物质的能力，消除环境污染物。现将单糖的分解代谢介绍如下。

（一）双磷酸己糖降解途径（EMP 途径）

该途径的特点是葡萄糖转化成 1,6-二磷酸果糖后，在醛缩酶催化下，裂解成两个三碳化合物，由此再转化成两分子丙酮酸。在此过程中还生成两分子 NADH，并净得两分子 ATP。这条途径是生物界所共有的，许多需氧菌、兼性厌氧菌和厌氧菌都具有这条分解葡萄糖的途径，其总反应式为：

$$C_6H_{12}O_6 + 2NAD^+ + 2ADP + 2Pi \longrightarrow 2CH_3COCOOH + 2NADH + 2H^+ + 2ATP + 2H_2O$$

反应生成的 NADH 不能积存，必须氧化成 NAD^+ 后，才能使反应继续下去。NADH被氧化后的形式因不同微生物和不同条件而异。在无氧条件下，NADH 的受氢体既可以是丙酮酸本身（乳酸菌的乳酸发酵），也可以是丙酮酸的降解产物，如乙醛（酵母菌的乙醇发酵），或无机的 NO_3^-（脱氮小球菌的无氧呼吸）等。在有氧的条件下，NADH 经呼吸链氧化，同时由电子传递磷酸化生成 ATP；丙酮酸则进入三羧酸循环（TCA）被彻底氧化成 CO_2 和水，并生成大量的 ATP。

（二）单磷酸己糖裂解途径（HMP 途径）

单磷酸己糖裂解途径（HMP 途径）也称磷酸戊糖途径或磷酸葡萄糖酸途径。该途径主要包括 6-磷酸葡萄糖脱氢生成 6-磷酸葡萄糖酸，再经脱羧基作用转化为磷酸戊糖，最后通过转移二碳单位的转羟乙醛酶和转移三碳单位的转二羟丙酮基酶等的催化作用，进行分子间基团交换，重复生成磷酸己糖和磷酸甘油醛。HMP 途径的主要特点是：糖直接脱氢和脱羧，不必经过酵解途径，也不经过 TCA 循环。此途径的总反应式为：

$$6\times6\text{-磷酸葡萄糖}+12NADP^++6H_2O \longrightarrow 5\times6\text{-磷酸葡萄糖}+12NADPH+12H^++6CO_2+Pi$$

NADPH 由转氢酶将其上的氢转移到 NAD^+ 上并产生 NADH 后，再进入呼吸链，产生 ATP。HMP 途径能产生多种代谢途径的中间产物，如 5-磷酸核糖是核酸的前体；4-磷酸赤藓糖和 7-磷酸景天庚酮糖可作为合成芳香族氨基酸的前体；3-磷酸甘油醛可与 EMP 途径相通而产生丙酮酸。此外，它还产生较多的 NADPH，可通过呼吸链产生能量。所以这条代谢途径很重要，在大多数需氧和兼性厌氧的微生物中都有这条途径。

（三）脱氧酮糖酸途径（ED 途径）

ED 途径的特点是：葡萄糖转化为 2-酮-3-脱氧-6-磷酸葡糖酸（KDPG）后，经脱氧酮糖酸醛缩酶催化，裂解成丙酮酸和 3-磷酸甘油醛，后者经 EMP 途径后半部酶催化，转化成丙酮酸。ED 途径和 EMP 途径一样，都是由一分子葡萄糖产生两分子丙酮酸，但产生的能量只有 EMP 途径的一半，即产生 1 分子 ATP。总反应式是：

$$C_6H_{12}O_6+NADP^++NAD^++ADP+Pi \longrightarrow 2CH_3COCOOH+ATP+NADH+NADPH+2H^+$$

能利用这条途径的微生物远不如前两者那样普遍，一般存在于好氧生活的革兰阴性细菌中。此途径可以独立存在，也可以与 HMP 途径同时存在。

（四）磷酸酮糖裂解途径（PK 途径）

这是少数细菌在进行异型乳酸发酵时所采用的途径。磷酸解酮酶有两种：一种是己糖磷酸解酮酶，催化 6-磷酸果糖裂解，生成乙酰磷酸和 4-磷酸赤藓糖；另一种是戊糖磷酸解酮酶，它催化 5-磷酸木酮糖裂解，生成乙酰磷酸和 3-磷酸甘油醛。兼有两种磷酸解酮酶系的微生物种类很少，且只有在厌氧条件下才进入这种降解途径。双歧杆菌和胶醋酸杆菌在利用葡萄糖进行醋酸发酵时，采用双重的磷酸解酮酶途径。这种途径较复杂，除两种磷酸解酮酶系外，还有转醛转酮酶系。4-磷酸赤藓糖经一系列酶催化，也生成乙酰磷酸和 3-磷酸甘油醛。3-磷酸甘油醛转化成丙酮酸后，被还原成乳酸。乙酰磷酸则经乙酸激酶催化，生成乙酸和 ATP。乙酰磷酸也可被还原成乙醇。采用双重的磷酸解酮酶途径的总反应式为：

$$C_6H_{12}O_6+ADP+Pi \longrightarrow CH_3CHOHCOOH+CH_3CH_2OH+CO_2+ATP$$

此途径的特点是降解 1 分子葡萄糖产生 1 分子 ATP。

（五）三羧酸循环（TCA 循环）

三羧酸循环又称柠檬酸循环，是葡萄糖降解成丙酮酸后进一步氧化的过程。丙酮酸在丙酮酸脱氢酶复合体的催化下氧化脱羧，并与辅酶 A 作用生成乙酰辅酶 A。脱下的氢交给 NAD^+ 生成 NADH。其反应式为：

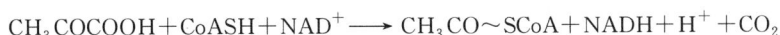

$$CH_3COCOOH+CoASH+NAD^+ \longrightarrow CH_3CO\sim SCoA+NADH+H^++CO_2$$

乙酰辅酶 A 与草酰乙酸缩合成柠檬酸而开始 TCA 循环。其总反应式为：

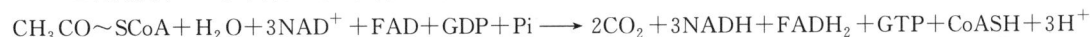

$$CH_3CO\sim SCoA+H_2O+3NAD^++FAD+GDP+Pi \longrightarrow 2CO_2+3NADH+FADH_2+GTP+CoASH+3H^+$$

（六）乙醛酸循环

好氧微生物以乙酸作为唯一碳源生长时，在将乙酸转变成乙酰辅酶 A 后，可以通过 TCA 循环，彻底氧化成 CO_2 和 H_2O，从而获得能量；也可以通过乙醛酸循环，补充 TCA 循环中的四碳化合物和六碳化合物。因此，乙醛酸循环可看作是 TCA 循环的支路。乙醛酸循环中的草酰乙酸经脱羧，转变为磷酸烯醇式丙酮酸，后者经逆 EMP 途径而生成葡萄糖。当脂肪酸降解为乙酰辅酶 A 后，也可通过乙醛酸循环合成四碳二羧酸，再进一步转变为糖类。此外，草酰乙酸和乙醛酸经氨化，分别生成天冬氨酸和甘氨酸，成为蛋白质的组成成分。因此，乙醛酸循环在微生物代谢中也是很重要的。乙醛酸循环的总反应式如下：

$$2CH_3CO\sim SCoA + 2H_2O + NAD^+ \longrightarrow COOHCH_2CH_2COOH + 2CoASH + NADH + H^+$$

四、细胞物质的生物合成

微生物和高等生物一样，在进行分解代谢的同时，也能利用分解代谢或无机物生物氧化或光合磷酸化作用产生的能量，将其分解代谢过程中产生的和来源于其环境的原料（如氨基酸、核苷酸等营养物质）合成细胞结构物质（如脂类、蛋白质、核酸等）和胞内储能物质。而且，微生物细胞内大分子有机物的生物合成是细胞中最重要的耗能过程。

（一）微生物固氮作用

固氮作用是将分子氮固定为化合态氮的过程。在生物中，具有固氮作用是某些原核生物的特性。自 1886 年 M. W. Beijerinck 分离到共生固氮的根瘤菌后，至今所研究过的固氮生物约有 50 多属、100 多种，主要分为自生固氮菌（能独立进行固氮的微生物）、共生固氮菌（必须与他种生物共生才能固氮的微生物）和联合固氮菌（必须生活在植物根际、叶面或动物肠道等处才能进行固氮的微生物）三类（见表 2-3，表 2-4）。

表 2-3　自生固氮菌分类

固氮菌类型	需氧类型	营养类型	典型固氮菌
自生固氮菌	好氧	化能异养	*Azotobacter*（固氮菌属）、*Beijerinckia*（拜叶林克氏菌属）、*Azomonas*（固氮单胞菌属）、*Azococcus*（固氮球菌属）、*Derxia*（德克斯氏菌属）、*Mycobacterium flavum*（黄色分枝杆菌）、*Corynebacterium autotrophicum*（自养棒杆菌）、*Spirillum lipoferum*（产脂螺菌）、甲烷氧化菌
		化能自养	*Thiobacillus ferrooxidans*（氧化亚铁硫杆菌）
		光能自养	*Nostoc*（念珠蓝细菌属）、*Anabaena*（鱼腥蓝细菌属）、*Plectonema*（织线蓝细菌属）
	微好氧	化能异养	*Corynebacterium*（棒杆菌属）、*Azospirillum*（固氮螺菌属）
	兼性厌氧	化能异养	*Klebsiella*（克雷伯氏菌属）、*Achromobacter*（无色杆菌属）、*Bacillus polymyxa*（多黏芽孢杆菌）、*Citrobacter*（柠檬酸杆菌属）、*Erwinia*（欧文氏菌属）、*Enterobacter*（肠杆菌属）
		光能异养	*Rhodospirillum*（红螺菌属）、*Rhodopseudomonas*（红假单胞菌属）
	厌氧	化能异养	*Clostridium pasteurianum*（巴氏梭菌）、*Desulfovibrio*（脱硫弧菌属）、*Desulfotomaculum*（脱硫肠状菌属）
		光能自养	*Chromatium*（着色菌属）、*Chloropseudomonas*（绿假单胞菌属）

表 2-4 共生固氮菌及联合固氮菌分类

固氮菌类型	体系		典型固氮菌
共生固氮菌	根瘤	豆科植物	*Rhizobium*（根瘤菌属）
		非豆科植物	*Frankia*（弗兰克氏菌属）
	白蚁等动物肠道		*Enterobacter*（肠杆菌属）
	植物	地衣	*Nostoc*（念珠蓝细菌属）、*Anabaena*（鱼腥蓝细菌属）、*Tolypothrix*（单歧蓝细菌属）
		满江红	*Anabaena azollae*（满江红鱼腥蓝细菌）
		苏铁珊瑚根	*Nostoc*
		肯乃拉草	*Anabaena*
联合固氮菌	根际	温带	*Bacillus*、*Klebsiella*
		热带	*Azospirillum*、*Beijerinckia*、*Azotobacter paspali*（雀稗固氮菌）
	叶面		*Beijerinckia*、*Azotobacter*

生物固氮反应必须具备四个基本条件：①固氮酶，固氮酶是固氮作用最主要的催化系统，其是由两种金属蛋白质，即钼铁蛋白和铁蛋白构成的复合酶，二者联合催化固氮反应。②电子载体，固氮过程的电子载体是铁氧还蛋白和黄素氧还蛋白。③电子供体，电子供体的性质与来源随微生物生理类型而异。已知的电子供体包括新陈代谢中间产物或最终产物、$NADH+H^+$ 或 $NADPH+H^+$，以及光合作用产生的电子流三类。④能量，能量来自各种生化反应产生的 ATP。整个反应过程可用图 2-6 表示。

除以上基本条件外，生物固氮还受许多环境因素的影响。凡是影响微生物生命活动的环境因素都将成为生物固氮的影响因素，其中环境中的氧和氨是最重要的影响因素。

（1）氧对固氮作用的影响

生物固氮作用可以因为固氮酶和固氮还原酶受氧抑制而受到阻遏。氧的这种抑制作

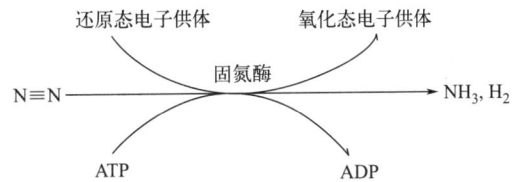

图 2-6 微生物固氮总反应示意

用是它可以使固氮酶受到不可逆的失活。厌氧固氮菌和固氮酶都需要无氧环境，氧不仅阻遏固氮作用，而且影响固氮菌的正常生命活动。兼性厌氧固氮菌在有氧和无氧环境中都能正常生活，但在有氧环境中会失去固氮能力，因此这类微生物显然没有防氧的保护机制。

好氧固氮菌的生活和固氮过程都是在有氧环境中进行的，其正常生长代谢为固氮作用产生必要的能量（ATP）和电子供体。然而，固氮酶受氧抑制，要使固氮酶不失活就必须有防氧的保护机制。常见的方法有：①形成特殊的细胞结构，如圆褐固氮菌、黏质德氏固氮菌等产生具有防氧作用的多糖黏质厚荚膜，蓝细菌则分化出具有特厚细胞壁的异形胞；②有的固氮菌在环境中存在大量氧时能大幅度提高自身的呼吸速率，消耗过多的氧，以保证固氮酶处于一个缺氧环境；③有的固氮菌的固氮酶可与还原性蛋白质结合形成复杂的复合体，增强对氧的稳定性而得到保护；④根瘤菌在根瘤中产生由豆血红蛋白包围的类菌体，使固氮作用受到保护。

（2）氨的影响

氨可以抑制固氮菌的固氮作用，但对离体固氮酶无抑制作用，这说明氨的抑制效应并不在固氮酶本身，而是抑制了固氮酶的产生。为此，有人进行了如下试验，即将固氮菌培养在含氨培养基上，经过一段时间后转移到无化合态氮的培养基上，其细胞生长表现出一段停滞期，表明氨的作用是抑制固氮酶的合成。其他化合态氮的抑制作用可能也是通过将其转化成 NH_3 来实现对固氮作用的抑制，因为 NH_4^+ 对固氮微生物固氮不具有抑制作用。

（二）核酸的生物合成

核酸分为核糖核酸（RNA）和脱氧核糖核酸（DNA），它们都由四种核苷酸组成。DNA 的四种核苷酸为腺嘌呤、鸟嘌呤、胞嘧啶和胸腺嘧啶脱氧核糖核苷酸；而在 RNA 中，四种核苷酸为相应的核糖核苷酸，其中的胸腺嘧啶被尿嘧啶代替。因此在核酸中共有 5 种碱基和 8 种核苷酸。每种核酸都是由四种核苷酸按一定的规律排列，互相连接形成长链，且两条长链按 A-T（或 A-U）、G-C 配对，并以共价键或氢键连接形成一个超螺旋双链。因此，核酸的合成包括核苷酸的合成和双链核酸的合成。

（三）蛋白质的生物合成

蛋白质是细胞的重要组成物质，其中一些是酶的主体。蛋白质的构成单元是氨基酸，所以氨基酸虽不是细胞的组成物质和重要的储存物质，但氨基酸的生物合成对微生物来说仍是十分重要的。因此，微生物的蛋白质合成分为氨基酸的生物合成和蛋白质的生物合成两个步骤。

第四节　微生物的生长

生长（growth）就是指细胞组分的增加。对以出芽或二分分裂进行繁殖的微生物来说，生长会导致细胞数量增加，细胞个体增长到一定程度后会分裂成两个大小基本相等的子代细胞。对多核（coenocytic）微生物而言，细胞核的分裂并不伴随细胞分裂，生长意味着细胞体积增加而个体数目不变。由于微生物个体微小，以个体为对象研究其生长和繁殖十分不便，所以常以群体数量的变化来研究这类微生物的生长。

一、微生物生长测定方法

（一）测生长量

测定生长量的方法有很多，适用于各种微生物。

1. 直接法

（1）测体积

这是一种粗糙的测量方式，适用于初步对比。首先，将菌液经过固定时间的离心处理后，再观察其体积等数据。

（2）称干重

通过离心或者过滤的方式可以测量其干重，通常情况下，这个值是湿重的 10%～20%。对于使用离心方法来说，首先需要把要检测的培养液倒入离心器皿内，接着用水清洗至少 1～5 次，之后再对它进行脱水处理。可以选择在高温环境如 100～105℃下进行干燥，或是利用红外线来进行干燥操作，也可以选择在低温状态下比如 80℃或 40℃实施真空脱水过程，最后计算出干重。例如，单个菌体的大致重量大约是在 10^{-13}～10^{-12}g 之间。

另外一种方法是采用过滤的方式。可以使用过滤纸过滤丝状真菌，用醋酸纤维素膜等滤膜过滤细菌。过滤后，细胞用少量水清洗，然后在 40℃下真空干燥至恒重。举例来说，大肠杆菌在液体培养基中，细胞浓度可达 $2×10^9$ 个/mL，100mL 培养液能够得到 10～90mg 干重的细胞。

2. 间接法

（1）比浊法

可使用分光光度计来检测细菌培养物在生长过程中随着原生质含量的增加而导致浑浊度增高的现象，在 450～650nm 波段内均可进行测定。

（2）生理指标法

生理指标法与生长量有很多相互关联的生理参数，这些参数都可以作为生长测定中的比较值。

① 测含氮量：对于大部分微生物来说，它们的含氮比例是干重的 12.5%，而酵母菌的比例则为 7.5%，至于霉菌则是 6.0%。通过计算这些数据并将其与 6.25 相乘，就可以得到它们总蛋白质的估计值（因为其中包含了各种类型的氮元素，比如杂环氮和氧化型氮）。有多种方法可以用来测量含氮量，例如使用硫酸、过氯酸、碘酸或者磷酸来进行消解实验，也可以采用 Dumas 测氮气的技术。

② 测量碳含量：将少量（干重 0.2～2.0mg）生物样本与 1mL 的水或者无机缓冲液混合，接着使用 2mL 的 2% 重铬酸钾溶液于 100℃ 的环境中煮沸 30min，之后降温到室温，再用水稀释到总共 5mL，最后在 580nm 的光谱范围内检测其光密度数值（以试剂作为空载参考，同时利用已知的标准物质构建标准化曲线），由此可计算出生长数量。

③ 其他物质如磷、DNA、RNA、ATP、DAP（2,6-二氨基庚二酸）和 N-乙酰胞壁酸的含量，以及酸产量、气体产量、CO_2 产量（以标记葡萄糖为底物）、氧气消耗量、黏度和热量产生等参数，均可用于评估生长情况。

（二）计繁殖数

相较于测量生长速度，计算繁殖数需要考虑微生物的个体数量。因此，此方法主要适用于对单细胞或丝状微生物产出的孢子进行计算。

1. 直接法

直接法是一种在显微镜下对细胞进行直观观察并计数的技术，其得出的结果包括死亡细胞的总量。

（1）比例计数法

比例计数法是一种粗略的计数方法。将含有已知颗粒（如霉菌孢子或红细胞等）浓度的液体与待测细胞浓度的菌液按照一定比例混合均匀，然后在显微镜视野中分别数出它们的数量，最后计算出未知菌液中的细胞浓度。

（2）血细胞计数板法

这是用来测定一定容积中的细胞总数目的常规方法。

2. 间接法

活菌计数的方式之一是根据活细胞在培养基中生长繁殖导致浑浊或在平板培养基上形成菌落的现象而设计的一种方法。

（1）液体稀释法

采用液体稀释法对未知的细菌样本进行十倍级别的递增稀释处理。依据预估值，分别自三个相邻的十倍稀释级别提取 5mL 样本，并将其加入至三套共计 15 只盛满培养基的试管内（每管注入 1mL）。经过培育后，统计每一个稀释等级下生长出的试管数量，接着参考 MPN（最可能数）表格，最后按照样本的稀释比例就能推算出生长出来的活菌总量。

（2）平板菌落计数法

这是应用最为广泛的一种活菌计量方法。需要使用特定量的稀释菌液来混合适当的固态培养基，或者将其涂抹到已经冷却并固定了的固态培养基表面。经过一段时间的恒温培育之后，可以通过观察平板上的（内部的）细菌形成的菌落数量，并将这个数字乘以菌液的稀释倍率，从而得出原始菌液中的微生物总数。

除了使用平板菌落计数法来计算活细菌数量之外，利用特定的染料也可以通过简单的步骤和设备在显微镜中实现对活细菌的计数。比如，对于酵母活细胞的计数，可以通过使用美蓝染色液将其染色并随后在显微镜下观察，这样就能分辨出活着的细胞呈现无色状态，而死亡的细胞会显示出蓝色。另外一种更先进的方法则是采用特殊的滤膜过滤含有细菌的样本，然后经过吖啶橙染色并在紫外线下的显微镜中查看细胞的荧光反应，只有存活的细胞能发出橙色的荧光，而已经死亡的细胞则会出现绿色的荧光。

以上阐述了多种主要技术用于测量微生物的增殖速度或者推算它们的数量。这些方法包括通过重量来衡量干燥后的质量、利用浊度仪检测溶液浑浊程度、分析样品中的氮含量、借助计数板统计所有细菌的数量，以及应用平板培养基上的菌落形成单位（CFU）估算活跃的细菌数量等。需要注意的是，每种方法都存在自身的利弊及适用场景，因此，在实际操作中，应依据自身的研究主题与目标选择最合适的手段。

二、微生物的群体生长规律

由于从技术上研究细菌个体的生长规律相当困难，在无限环境中细菌在液体培养中生长和繁殖难以分开。因此通常以群体增长作为衡量细菌生长的指标。

在适宜的培养基上培养单细胞微生物时，其生长速度会随培养时间的变化而变化。如果在其生长过程中定时取样分析其中的细胞数目，可绘制出细胞数量随时间变化的生长曲线。生长曲线代表着单细胞微生物从生长开始到死亡的整个过程的动态变化。

分析细菌的生长曲线可将其划分为延迟生长期、对数生长期、稳定期和加速死亡期，如图 2-7 所示。

1. 延迟生长期

延迟生长期也称停滞期、缓慢生长期和调整期。当将细菌转入新的培养液中时，多数情况下细菌不立即繁殖，而是需要一段适应新环境的时间。在这段时间内，细胞数量增加很少，有时会出现短时减少现象，但是活细胞体积在增大，并且有少数细胞

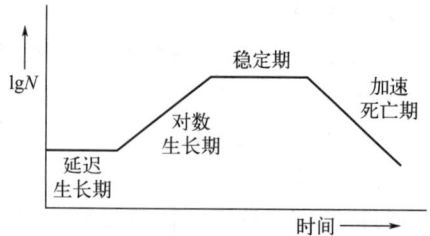

图 2-7　细菌生长曲线

开始分裂繁殖。延迟生长期的长短与微生物的遗传特性有关，与接种物的菌龄有关，处于对数生长期的培养物作菌种延迟期就短；此外也与接种量有关，与新旧环境的差异也有关。

延迟生长期在多种微生物混合培养的活性污泥中更为明显。如果种泥被接种到有毒或含难降解有机物多的废水中，污泥中的微生物组成往往会发生较大变化，延迟期可长达数天。而在一般的实验室纯种培养中，延迟期短者几分钟，长者也只有几小时。

2. 对数生长期

对数生长期又称指数生长期和旺盛生长期。经过停滞期调整后的微生物，已适应了新的环境，其生长繁殖达到鼎盛状态，世代时间最短。由于单细胞微生物繁殖多为裂殖，群体增长为每隔一个世代时间增长一倍。如果起始数量为 X_0，t 时数量可由下式计算：

$$x_t = x_0 \times 2^n \text{ 或 } x_t = x_0 \times 2^{t/t_d}$$

式中，x_t 是 t 时的数量；n 为时间 t 除以世代时间（t_d）之商，即世代数。

3. 稳定期

许多微生物在一次性液体培养中，对数生长期并不长。因为对数生长期微生物迅速增长，大量消耗培养液中的营养物，使系统中的营养供应失去平衡。同时，微生物排入环境中的有害代谢产物增多，使微生物代谢活动受到限制。因此，繁殖速度降低，死亡率增高，达到新细胞的增加数与个体死亡数的平衡，活细胞数达到相对稳定。

这一时期可维持较长时间。在这一时期，细胞内开始积累储存物质，如糖原、脂肪、聚 β-羟基丁酸和异染粒等。大多数芽孢细菌在此时芽孢的比例增大。

4. 加速死亡期

由于培养液中营养物远不能满足其中微生物的需要，多数微生物个体处于内源呼吸状态，所以活细胞逐渐减少，死亡加速，细胞密度迅速降低。

三、生长期之间的过渡期

通过实验可以发现，培养物是逐步地从一个生长期进入下一个生长期的。这就是说，在一个微生物群体中，并不是所有细胞在接近某一生长期的终点时都处于完全相同的生理状态，每个个体达到其发展迅速的生理状态需要一定的时间。在纯种培养中是这样，在混合培养中更是如此。

从事微生物工作的人员必须会计算生长速率和世代时间。例如，在试验中要预计某一细胞群生长达到一定数量水平所需时间时，正确理解正常生长曲线的完整意义是很重要的。必须明确，在延迟期也并非没有任何细菌个体在繁殖，造成数量增长延迟的是绝大多数个体处于逐渐适应和个体发育的阶段；一般来说，对数期的细胞生理状态最为一致，其生活条件也比较清楚，因此常用以研究细菌的新陈代谢；稳定期也不意味着群体中个体不变，而是繁殖率和死亡率达到了相对平衡；同样，在加速死亡期也存在繁殖，只是死亡率大于繁殖率。

造成微生物群体不同生长状态的原因与微生物本身的特性有关，但更重要的是环境理化条件的变化。

思考题

1. 微生物有哪些主要的营养类型，各有什么特点？在有机废水生物处理中起主要作用的是哪些营养类型的微生物？它们的作用是什么？

2. 微生物不同呼吸过程的主要区别是什么？说明发酵的特点。

3. 微生物通过哪些作用影响其环境的质量？

4. 在微生物培养过程中，如果要缩短生长的停滞期，可以在菌种、培养基和其他方面采取哪些措施？

5. 写出固氮微生物的固氮反应式，简述固氮酶的结构组成和催化特点。

6. 简述不同营养类型的微生物在不同条件下产生 ATP 和还原力的方式与特点。

7. 比较红螺菌和蓝细菌光合作用的异同。

8. 微生物的能量代谢是怎样实现的？与化学反应相比有什么特点？

9. 画出大肠杆菌乳糖操纵子模型简图，标出各个部分，简述其生物学特征。

10. 用来测定细菌生长量的直接计数法和间接计数法包含哪些具体的方法？并从实际应用、优点、使用的局限性三个方面加以具体分析。

11. 什么是微生物的新陈代谢？分解代谢和合成代谢有何差别和联系？

第三章
微生物菌种的选育

第一节 微生物遗传和变异

一、遗传的物质基础

1928 年，Fred Griffith 关于致病的肺炎链球菌毒性转移的早期工作就首次表明了 DNA 是遗传物质。Griffith 发现，如果将有毒的细菌煮沸杀死后注射进小鼠，小鼠不会被感染，而且也不能从该动物中分离获得肺炎链球菌；但是当他将已杀死的有毒细菌和活的无毒菌株混合注射时，小鼠死亡，并且可以从死鼠中分离到活的有毒细菌。Griffith 将这种无毒细菌转变为有毒致病菌的现象称为转化。

Oswald T. Avery 和他的同事后来便着手寻找热杀死的有毒肺炎链球菌中究竟是哪种成分与 Griffith 观察到的转化有关。这些研究者们用水解 DNA、RNA 或蛋白质的酶来选择性地破坏有毒肺炎链球菌抽提物的细胞成分，然后将无毒的肺炎链球菌株与经处理的抽提物混合，进行转化实验。研究结果表明，只有 DNA 被破坏的抽提物，无毒细菌变成有毒病菌的转化被阻断，从而提出了是 DNA 携带转化所需要的信息。此后，这一观点被多人的实验证实，也就得到了广泛认同。

作为遗传物质必须具备两个条件：①必须能稳定地传给其后代；②能指导细胞内蛋白质的合成，因为每种酶的主要成分都是蛋白质，而酶的种类和活性控制着生物体内的生化反应，也就控制着生物的代谢作用和生理特性。现代科学研究证明，DNA 是经过复制合成的，可保证生物遗传性状稳定遗传给后代；DNA 控制着 RNA 的合成，RNA 又指导蛋白质的合成，也就是说，DNA 间接控制蛋白质合成，完全具备作为遗传物质的两个条件。

细菌遗传性状的表达过程可总结为：

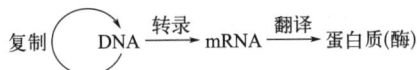

$$\text{复制} \bigcirc \text{DNA} \xrightarrow{\text{转录}} \text{mRNA} \xrightarrow{\text{翻译}} \text{蛋白质(酶)}$$

由微生物的酶系统决定：①微生物的生理特性；②微生物的形态特点。

二、 DNA 的突变及修复

在相当长一段时间内，人们不接受关于微生物能够改变遗传性状的观点，认为微生物在形态和生理上的变化是其在不同环境条件下生活或处于不同生理阶段具有多样性的结果，即为表型适应现象。直到 1952 年，Lederberg 的突变试验才为微生物 DNA 突变提供了无可辩驳的证据。

（一） DNA 突变的证明

在证明试验中，Lederberg 使用了影印法，过程为：①将纯种细菌接种于不含有限制因素（如噬菌体）的无菌平板培养基 I 上，长出菌落后，用略小于培养皿的无菌丝绒圆垫压在长有菌落的琼脂平板表面，这时丝绒毛面就带来自平板上的所有菌落的菌种。②将带菌的丝绒圆垫分别压接在不接种噬菌体的无菌琼脂平板 II 和已接种噬菌体的无菌琼脂平板 III 上。经培养后，在平板 II 上长出了与平板 I 同样数量的菌落，而在平板 III 上仅长出少数菌落。③选取平板 II 中与平板 III 对应位置的几个抗性菌落接种于液体培养基中，培养物转接入平板 IV 上。重复上述操作①和②，在平板 V 和 VI 的相应位置上几乎都长出了菌落。重复若干次，获得大量的目标抗性菌株，如图 3-1 所示。

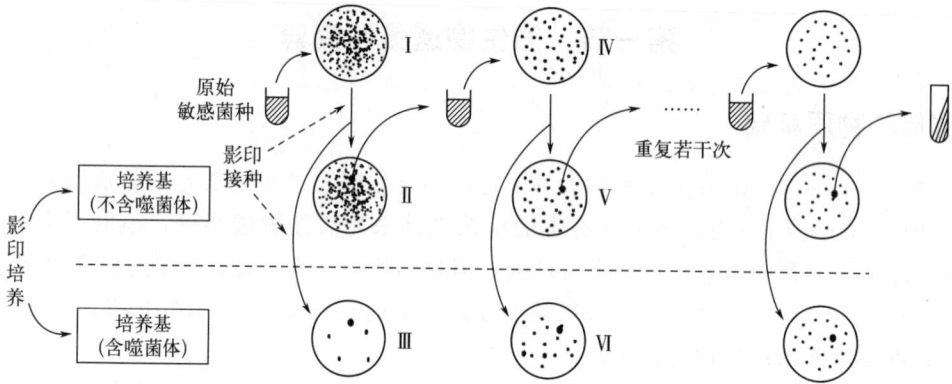

图 3-1　平板影印培养法

这一试验令人信服地证明了噬菌体抗性菌株的产生并非表型适应，这一特性可遗传给它们的后代，因此是基因突变的结果。这种突变是在非人为因素下自发产生的，因此称为自发突变。此后，又证明了多种选择因素对微生物的诱发突变效应。

（二）诱发突变

微生物选择因子可引起微生物发生形态和生理突变的事实，为微生物学家们获得新的有利于人类生活、生产和健康的微生物开辟了新途径。因此用诱变剂处理微生物细胞来提高突变率就成为人们获得新的有益微生物的重要手段。这种使用诱变剂提高微生物突变频率的方法就称为诱发突变，产生的突变体称为诱发突变株。

（三） DNA 突变的类型

DNA 突变包括点突变、缺失突变、倒位突变、码组移动突变和沉默突变。在多数情况下，突变可以使微生物获得新的性状，是生物进化的重要原因之一。

1. 点突变

点突变是由于 DNA 链中某一碱基对发生转换（transition）或颠换（transversion）的结果。转换是 DNA 链中一定位置上的一个嘌呤被另一嘌呤所置换，或一个嘧啶被另一嘧啶所置换的结果，如腺嘌呤（A）被鸟嘌呤（G）所置换、胸腺嘧啶（T）被胞嘧啶（C）置换。颠换是指 DNA 链上碱基对中一个嘌呤被一个嘧啶所置换，或一个嘧啶被一个嘌呤所置换，如 A 被 T 置换、C 被 G 置换。

2. 缺失突变

缺失突变是由于 DNA 链上失去一段碱基引发的突变，这一段可能是一个基因或几个基因，也可能是一个或几个碱基对。

缺失突变与点突变的区别在于，前者基本不能发生回复突变，而后者可以。

3. 倒位突变

倒位突变是由于 DNA 链上某一段碱基的排列顺序发生前后倒置而引发的突变，如原来的顺序为……ABCDEF……变成了……DEFABC……，由此指导合成新的蛋白质分子。

4. 码组移动突变

如果在 DNA 的复制过程中，由于某种因素的影响使 DNA 链上增加或减少了一个或几个碱基对，就会使 DNA 链上的碱基序列发生改变，构成新的三联密码组，例如，原 DNA 碱基序列为 CAT′CAT′GTA′GAT……，当在前面加入一个碱基 T 时，其序列就变为 TCA′TCA′TGT′AGA′T……；而当前面失去碱基 C 时，其序列就变为 ATC′ATG′TAG′AT……。在 DNA 链中间加入或减少一个或几个核苷酸时，同样会使其后的三联密码组发生变化造成突变。

5. 沉默突变

沉默突变指的是由于点突变等改变了微生物的基因型，但没有发生表型变化的突变。例如，在 DNA 链上 AAA 变成 AAG 时，因改变前后的三联体为简并的密码子，它们编码的是同一种氨基酸——赖氨酸，所以由突变前后的 DNA 指导合成的蛋白质不变，也就不出现表型变化。这种突变称为沉默突变。

三、基因重组

基因重组（gene recombination）是指外源 DNA 引入细胞后和细胞内原有 DNA 进行重新组合的过程。重组后的 DNA 可使引入的 DNA 所具有的遗传性状在微生物形态或（和）生理性状方面得到表现。因此，基因重组也是生物进化的重要原因之一。微生物通常通过转化、转导、接合和转染等途径实现基因重组。

1. 转化

转化（transformation）是受体菌直接吸收来自供体菌的 DNA 或 DNA 片段，并将其整合到自己的基因组中而获得供体菌部分遗传性状的过程。

转化过程必须具备以下条件：①受体菌和供体菌必须具有某些不同的遗传性状，而且受体菌是可以转化的。②满足转化的生理条件。例如，大肠杆菌的转导和接合早已发现，但其转化的特性直到在 1970 年发现了可转化的受体菌以后才被证实；此菌的遗传基因决定了它既不产生限制性内切酶，也不产生修饰酶，所以当外源 DNA 进入细胞后，不会被内切酶破坏。而且，要使菌体具备能够让外源酶吸附和侵入的能力，还须将菌体经低温处理并加入 Ca^{2+}，使细胞壁处于激活的生理状态。也就是说，作为受体菌必须具备吸附和让外源 DNA 进入细胞的能力；胞内不存在破坏外来 DNA 的酶；具有将外源 DNA 进行重组的酶系统；受体菌处于感受态；而且，外源 DNA 必须是高分子量的、均一的。

2. 转导

转导（transduction）是指以温和噬菌体为媒介，将外源 DNA 传递给受体菌的过程。在转导过程中必须具备：①DNA 受体菌和供体菌必须都可被同种温和噬菌体侵染；②受体菌具有将供体菌 DNA 的一个片段整合入自己 DNA 的能力。

转导可以是普遍性的，也可以是局限性的。在普遍性转导中，温和噬菌体可以携带供体菌基因组中的任何一部分，并将其转移给受体菌。在局限性转导中，温和噬菌体只能携带部分供体菌基因，并在侵染受体菌时转移给受体菌。

3. 接合

接合（conjugation）是指受体菌和供体菌的完整细胞直接接触而将供体菌的大段 DNA（包括质粒）的遗传信息传递给受体菌的基因重组过程。决定这两个菌性别的因子称为 F 因子或致育因子。F 因子是一种染色体外的小型独立环状 DNA 单位，它具有自身复制和在相关细胞间转移的能力。具有 F 因子的菌株称 F$^+$ 菌株，不具有 F 因子的菌株称 F$^-$ 菌株。

接合的经典试验是取两株营养缺陷型的 *E.coli* 突变型品系：品系 A 是 Met$^-$、Bio$^-$，品系 B 是 Thr$^-$、Leu$^-$、Thi$^-$。把它们在完全培养基上混合培养过夜，然后将培养物离心洗涤，去除培养物中的完全培养基，再将菌体涂布到基本培养基上培养，就会长出菌落，出现频率大约为 10^{-7}，也就是说，在基本培养基上涂布 10^7 个左右的亲体细胞就会出现一个 Met$^+$、Bio$^+$、Thr$^+$、Leu$^+$、Thi$^+$ 的原养型菌落。而将两种品系的亲体分别涂布在基本培养基上培养时不出现任何原养型菌落。因此，可以说明品系 A 和 B 在混合培养中进行了遗传物质的杂交重组。

对于以上结果是否为转化的结果，也就是说，是否在混合培养过程中一种亲体细胞裂解产生的 DNA 片段被另一种亲体吸收结合而产生了原养型菌株，B. D. Davis（1950）作了如下确证实验。

Davis 在一个中间用烧结玻璃细菌滤片隔开的 U 形玻璃管的两边都加入完全培养基，再分别接入亲体细胞 A 和 B，使它们各自增殖到接近饱和状态，然后采用在 U 形管的一端交替地吸和压的办法，使培养液中细胞以外的物质混合，再培养一段时间。培养结束后，分别取两边的培养物进行离心洗涤，再分别接种于基本培养基上培养，结果是两者都不能出现原营养型菌落。这一试验进一步说明了原养型菌落的出现是接合的结果。

4. 转染

转染（transfection）是指用噬菌体 DNA 作为载体，在体外插入一段外源 DNA 片段而达到重组目的。通过噬菌体感染细胞，将外源 DNA 传入受体菌内而复制，从而将外源 DNA 上的遗传信息传递给受体菌。

以上四种 DNA 重组方式都已成为遗传研究的重要手段。

第二节　菌种选育

在环境科学研究和环境保护中，菌种选育的目的是：①得到在污染控制中所需的特效菌种。例如，对难降解有机污染物具有特效降解性和使有毒有机物脱毒的菌种，将它们用于废物处理或污染环境的修复，以提高净化效率。②获得替代农药的微生物。例如利用杀菌、杀虫微生物制造微生物农药，取代或部分取代化学农药，减少化学农药对环境的污染。③获得能增强土壤肥力的微生物，如选育高效固氮、溶磷、解钾微生物，生产微生物菌肥，减少农业生态环境的化肥污染。④获得动物、植物生长刺激剂产生菌，减少肥料、饲料、饵料的投入，提高生产效益等。因此，菌种选育工作是环境微生物学中的一项重要工作。

一、菌种的分离与筛选

要得到在某一方面需要的优秀菌种，可以根据资料报道直接向有关单位（如各菌种保藏中心、有关科研和生产单位）索取或求购，并通过性能鉴别选取优秀菌种使用。但现有菌种资源有限，而且已有菌种因为各种原因，在实际应用中也不一定完全适合要求，所以从环境样品中分离、纯化、筛选菌种永远是必需而重要的工作。

（一）菌种分离与筛选原理

自然界，尤其是土壤和水体是微生物资源的宝库，而且不同土壤和水体中存在的微生物种类不同。长期遭受污染的土壤、水体以及污水输送水道的底泥、污水和剩余污泥，则是污染控制用菌种的重要来源。

根据自然选择理论和微生物特性与其环境条件相关的特点，筛选者可根据欲得到的菌种特性要求，选择含菌环境样品的来源。但是在各种环境中，每一种微生物都与多种其他微生物混杂地生活在一起组成微生物群落。一般来说，环境对微生物的压力越大，其微生物群落组成越简单，而某种特别适应该环境的种类在群落中所占的比例越大，就越容易被分离。

因此，只要依照对菌种特性的要求，通过充分调查可确定相应微生物的生存环境特点，灵活而有目的地进行采样，制定有效的筛选方法，就能快速、准确地从环境样品中分离筛选到所需要的菌种。

（二）菌种分离与筛选的步骤与方法

菌种的分离和筛选是一项繁杂的工作，一般包括以下几步工作。

1. 环境样品（种源）的调查分析

通过对环境样品的调查分析，确定最好的种源，并采集样品。

2. 目的菌种的富集培养

如果采样环境对所需菌种有很强的选择性，且不利于其他微生物的生长繁殖，则可直接进行分离筛选。如果采样环境选择性不强，允许多样微生物良好生长繁殖，所需菌种在其中不具有较大优势，就应该先进行富集培养，再进行分离和筛选。富集培养的原则是使培养条件对目标菌以外的其他微生物的压力越来越大，而对目标菌选择性压力较小，使目标菌在群落中优势生长。方法是将样品接种到有利于目标菌生长的培养基内，进行培养，并在连续转接中不断增加对非目标菌的压力，直至目标菌在培养物中占绝对优势。

3. 菌种的分离纯化

菌种的分离纯化多用琼脂平板法，其主要操作步骤是：①将富集培养物或环境样品用无菌水连续稀释到所需稀释度。②将适宜的稀释液在无菌琼脂平板上各接种 0.5mL，涂布均匀，置培养箱内培养，直至长出菌落。③选择菌落数适宜的平板，对菌落进行是否纯种观察；若为纯种菌落，则可转入斜面培养，然后保存待检验。纯种观察方法为取菌落一部分涂片、染色、镜检，观察菌体形态是否一致。④如为非纯种菌落，则在无菌琼脂平板上作划线分离，待得到纯种菌落后再转接入斜面，培养得斜面菌种。第③和④步所得菌种为一次原菌种。

在菌种分离纯化中最好使用具有选择压力的培养基，这样更易于检出所需菌种。

4. 菌种的筛选

菌种的筛选最重要的是选定鉴别指标，如：①固氮菌固氮能力的有无或强弱；②化合物降解菌，常选择菌种对特征化合物的降解能力作指标。鉴别用培养基多用液体培养基。

筛选步骤如下：

① 将分离到的一次原菌种分别接种到鉴别培养基中，在适当条件下培养，定时取样分

析产物的生成量或特征化合物的降解量。

② 对培养物进行显微观察，确定培养物中的微生物是否为同种微生物。

③ 进行效果分析，分析试验菌种是否为目标菌。

④ 将纯培养的有效菌接入斜面，培养得菌种；非纯种有效者，进行再分离鉴别，有效者做斜面菌种。此步所得菌种为二次原菌种。

5. 复筛

挑选二次原菌种中优良者，重复以上菌种筛选过程。注意每株菌必须至少做两个重复（平行），优秀者即为三次原菌种。

6. 菌种性能鉴别

对三次原菌种进行理化试验、性能试验、应用条件试验和菌种鉴定，以确定该菌种是作为应用菌株还是作为育种的出发菌株。

二、诱变育种

诱变育种是指利用物理或化学诱变剂处理均匀而分散的微生物细胞群，促进其突变率显著提高，然后采用简便、快速和高效的筛选方法，从中挑选出少数符合育种目的的突变株，以供生产实践或科学实验使用。在上述诱变与筛选两个主要环节中，筛选的重要性尤为突出。诱变育种在实践中具有极其重要的意义。

（一）选择简便有效的诱变剂

诱变剂的种类很多，在物理因素中，有非电离辐射类的紫外线、激光以及能引起电离辐射的 X 射线、γ 射线和快中子等。化学诱变剂的种类极多，主要有烷化剂、碱基类似物和吖啶类化合物。其中的烷化剂因可与巯基、氨基和羧基等直接发生反应，所以更易引起基因突变。最常用的烷化剂有 N-甲基-N'-硝基-N-亚硝基胍（NTG）、甲基磺酸乙酯（EMS）、甲基亚硝基脲（NMU）、硫酸二乙酯（DES）、氮芥、乙烯亚胺和环氧乙烷等（见表 3-1）。

表 3-1　常见的化学诱变剂

名称		分子式
烷基硫酸酯类(alkyl sulfate) 硫酸二乙酯(diethyl sulfate)	DES	$C_2H_5O-\overset{\overset{O}{\|\|}}{\underset{\underset{O}{\|\|}}{S}}-OC_2H_5$
烷基磺酸烷酯类(alkyl alkanesulfonate) 甲基磺酸乙酯(ethyl methane sulfonate)	EMS	$CH_3-\overset{\overset{O}{\|\|}}{\underset{\underset{O}{\|\|}}{S}}-OC_2H_5$
乙基磺酸乙酯(ethyl ethane sulfonate)	EES	$C_2H_5-\overset{\overset{O}{\|\|}}{\underset{\underset{O}{\|\|}}{S}}-OC_2H_5$
甲基磺酸甲酯(methyl methane sulfonate) 亚硝基化合物类(nitroso compounds)	MMS	$CH_3-\overset{\overset{O}{\|\|}}{\underset{\underset{O}{\|\|}}{S}}-OCH_3$
N-甲基-N'-硝基-N-亚硝基胍(N- methyl-N'-nitro-N-nitrosoguanidine) NG（NTG、MNNG）		$O=N-\overset{\overset{CH_3}{\|}}{N}-\overset{\overset{H}{\|}}{\underset{\underset{NH}{\|\|}}{C}}-N-NO_2$

续表

名称		分子式
二乙基亚硝基胺(diethyl nitrosamine)	DEN	$O=N-\overset{\displaystyle C_2H_5}{\underset{}{N}}-C_2H_5$
N-甲基-N-亚硝基脲 (N-methyl-N-nitrosurea)		$O=N-\overset{\displaystyle CH_3}{\underset{\displaystyle\underset{O}{\parallel}}{N}}-C-NH_2$
N-亚硝基-N-甲基氨基甲酸乙酯 (N-nitroso-N-methyl-urethane)	NMU	$\overset{\displaystyle ON}{\underset{\displaystyle H_3C}{\diagdown}}N-COOC_2H_5$
环氧化合物类(epoxides) 　环氧乙烷(ethylene oxide)	EO	$\overset{\displaystyle H\quad H}{\underset{\displaystyle O}{HC-CH}}$
二环氧丁烷(diepoxybutane)	DEB	$\underset{\displaystyle O\qquad\quad O}{HC-C-C-CH}$
乙烯亚胺类(ethyleneimine) 　乙烯亚胺(ethyleneimine)	EL	$\overset{\displaystyle H\quad H}{\underset{\displaystyle\underset{H}{N}}{HC-CH}}$
三亚乙基三聚氰酰胺 (triethylene melamine)	TEM	
重氮化合物类(diazo compounds) 　重氮甲烷(diazomethane)	—	$N^-=N^+=CH_2$
β-内酯类(β-lactones) 　β-丙酸内酯(β-propylactone)	—	$\overset{\displaystyle H\quad H}{\underset{\displaystyle O-C=O}{HC-CH}}$
硫芥类(sulfur mustards) 　芥子气(mustard gas)	SM	$HS\overset{\displaystyle CH_2CH_2Cl}{\underset{\displaystyle CH_2CH_2Cl}{}}$
氮芥类(nitrogen mustards) 　氮芥(nitrogen mustard)	NM	$HN\overset{\displaystyle CH_2CH_2Cl}{\underset{\displaystyle CH_2CH_2Cl}{}}$

　　有些烷化剂，如氮芥、硫芥和环氧乙烷等除了能诱发各种点突变外，还能诱发一般只有辐射才能诱发的染色体畸变，所以它们也被称为拟辐射物质。

　　由于一切生物的遗传物质基础都是核酸尤其是 DNA，所以任何能改变核酸结构的因素都可引起核酸生物学功能的改变，例如会引起生物的"三致"（致突变、致畸变、致癌变）。同样，凡能引起核酸其他功能改变的因素，一般也能引起突变。这是"生物化学统一性"法则的一个具体例证。具体地说，凡有致突变效应的因素，一般都有致癌、致畸效应，反之亦然；凡对原核生物有效的因素，一般对非细胞生物和真核生物也有效；凡能引起易鉴别出的选择性突变的诱变因素，一般也能引起难以检出的非选择性突变；凡能引起负变的因素，一般也可引起正变；凡能引起回复突变的因素，一般也能引起正向突变；凡能诱导溶源菌裂解的因素，一般亦能引起突变等。这样，我们就有可能利用最简单、方便和快速的生物模型来研究最复杂、烦琐、迟缓或难以检出的有关生物学问题了。

在选用理化因子作诱变剂时，同样效果下，应选用最方便的因素；而在同样方便的情况下，则应选择最高效的因素。在物理诱变剂中，尤以紫外线为最方便，而在化学诱变剂中，一般可选用诱变效果最为显著的"超诱变剂"。

有了合适的诱变剂，还需采用简便有效的诱变方法。紫外线的照射最为方便，一般可在没有可见光（只有红光）照射的接种室或箱体内进行。紫外灯（功率一般为 15W）的照射距离一般为 30cm。由于其绝对剂量较难测定，一般以杀菌率或照射时间作为相对剂量。在上述条件下，照射时间一般不短于 10～20s，也不会长于 10～20min，故操作方便。常常可取 5mL 单细胞悬液放置在直径为 6cm 的培养皿中，在无盖条件下进行照射。为使照射更加均匀有效，最好同时用电磁搅拌器或其他方法使悬液均匀搅动。化学诱变剂的种类、浓度和处理方法，尤其是中止反应的方法有很多，实际工作时可参看有关书籍。这里要介绍的是一种较为有效的简易处理方法，大致操作步骤是：先在平板表面涂上一层出发菌株细胞，然后在平板上均匀地放上几颗很小的诱变剂颗粒（也可放吸有诱变剂溶液的滤纸片），经培养后，在制菌圈边缘挑取若干突变菌落，分别制成悬浮液，然后将其涂在一般平板表面使长出许多单菌落，最后可用影印培养法或逐个检出法选出突变种。

（二）挑选优良的出发菌株（original strain）

出发菌株被用以培育新的品种。挑选适当的出发菌株可以提升育种的效果。然而，当前对于如何选择适合的出发菌株仍主要依赖于实践经验。比如：①优先使用已经过筛选和自然突变产生的菌株；②利用具备优良特性的菌株，如生长迅速、需求养分较低且产生孢子的能力强等；③某些菌株在经历一次特定变化之后，可能会变得更加易受其他诱导因素的影响，因此有时可以选择经历过这种变化的菌株作为初始菌株；④在研究细菌的过程中，发现了被称为增强型突变菌株的特殊类型，它们的反应度相比原始菌株有了显著增加，所以这些菌株非常适合作为出发菌株；⑤当需要寻找能够生成核酸或者氨基酸的出发菌株时，建议选择那些至少能积累一定数量所需产物的菌株，但在寻找制造抗生素的出发菌株时，则应首选曾经经由多次诱导并且效果有所提升的菌株作为出发菌株，等等。

（三）处理单孢子（或单细胞）悬液

在诱导变异的育种过程中，必须保证所处理的细胞是单独且均匀分布的悬浮状态。这样做的原因在于，一方面，分散状态的细胞可以均匀地接触到诱变剂；另一方面，又能防止产生不纯的菌落。

在某些微生物中，即使用这种单细胞悬液来处理，还是很容易出现不纯的菌落，这是由于在许多微生物的细胞内同时含有几个核的缘故。有时，虽已处理了单核的细胞或孢子，但由于诱变剂一般只作用于 DNA 双链中的某一条单链，因此某一突变还是无法反映在当代的表型上。只有当经过 DNA 的复制和细胞分裂后，这一变异才会在表型上表达出来，于是出现了不纯菌落，这就叫表型延迟（phenotypic lag）。这类不纯菌落的存在，也是诱变育种工作中初分离的菌株经传代后很快出现生产性状"衰退"的主要原因。

鉴于上述原因，在对霉菌或放线菌进行诱变时，应处理它们的孢子；对芽孢杆菌则应处理其芽孢（因芽孢只有一个核质体，而营养体一般却有两个核质体）。

细胞的生理状态对诱变效果也会产生很大的影响。细菌一般以指数期为最好；霉菌或放线菌的分生孢子一旦形成，一般都处于休眠状态，所以培养时间的长短对孢子的影响不大，但稍加萌发后的孢子则可提高诱变效率。

在实际工作中，要得到均匀分散的细胞悬液，通常可用无菌的玻璃珠来打碎成团的细胞，然后再用脱脂棉过滤。至于诱变后出现的不纯菌落，则可用适当的分离纯化方法加以纯化。

（四）选用最适剂量

各种诱变剂有不同的剂量表示方式。剂量在这里一般指强度与作用时间的乘积。化学诱变剂常以一定温度下诱变剂的浓度和处理时间来表示。在育种实践中，还常以杀菌率来作为诱变剂的相对剂量。

因为诱变剂通常被用于提升突变率、扩大产量差异的范围以及将产量差异转向正面的趋势，所以在增加诱变率的同时，能够扩展差异范围并推动差异转向正面的剂量就是适当的剂量。

为了确认合适的诱变剂用量，通常需要多次尝试，一般来说，微生物的突变率随着用量的增加而增加，但达到一定程度后，增加用量反而会导致突变率下降。

（五）充分利用复合处理的协同效应（synergism）

复合应用诱变剂通常会产生一定程度的互补影响，这对于培育新品种具有重要的指导意义。这种混合方法主要包括以下几种：一是前期采用两个或多个不同的诱变剂；二是反复利用同一类型的诱变剂；三是同时运用两个或更多的诱变剂。我们推测，若能够通过结合起效方式各异的诱变剂实施混合处理，可能会有更佳的效果出现。

三、基因重组育种

基因重组育种是通过杂交、转导、转化等手段使某种微生物获得其他微生物的 DNA 片段，引起自身 DNA 变化而发生性状变异的育种技术。

（一）杂交育种

微生物间的杂交是两个具有不同性状的个体一起培养时，一个个体获得另一个体部分基因或整套基因而发生的重组。例如，酵母菌杂交通常是通过两个细胞接触、溶壁，经过质配和核配形成合子，然后经减数分裂形成新个体，这样的新个体有的就具有了双亲的优良性状。此过程经历了一整套基因重组的过程。再如，细菌杂交多是通过性纤毛进行基因传递的，即两个细菌接近时，具有致育因子 F 的个体的性纤毛与另一细菌接触形成通道，前者的部分基因通过性纤毛进入另一细菌细胞中发生重组。这就使一个个体的基因与另一个体部分基因重组。

微生物杂交的方法是：①获得具有不同性状标记的两株纯种菌；②将两株菌同时接种于同一培养基中培养；③从培养物中分离、纯化、筛选杂种菌株（方法如诱变育种）。

（二）转化育种

在转化基因重组育种中，是将一株微生物（供体菌）的具有控制一定性状的 DNA 抽提出来，然后将其与 DNA 接受菌（受体菌）混合，培养受体菌。在受体菌培养中，供体菌的 DNA 片段进入受体菌细胞后，如果能整合到受体菌 DNA 上，就能使受体菌获得供体菌的某些特性。

在实验中，供体菌 DNA 可以是纯化的，也可应用供体菌全细胞提取物；受体菌必须经过一定处理后处于感受态，才能更易接受供体菌的 DNA 片段。转化后形成的杂合子可按照杂交育种中的分离、纯化和筛选方法获得有用菌株。

（三）基因转导育种

基因转导常以噬菌体作为基因的载体（或称媒介），将供体菌部分 DNA 传递给受体菌。这种方法成功的关键是选择一种合适的噬菌体，它应该是既能感染供体菌，又能感染受体菌的温和噬菌体。

试验中，首先使噬菌体感染供体菌，将噬菌体的 DNA 掺入寄主细胞（供体菌）DNA 中，与寄主 DNA 协同进行复制，但不繁殖为成熟的噬菌体。当它们受到某些环境因素（如紫外线）的作用后，原噬菌体 DNA 脱离寄主染色体而复制形成大量成熟噬菌体，使寄主细胞崩解，放出的噬菌体就可能带着寄主细胞染色体上的少数基因。当这些噬菌体感染受体菌时，也就将供体菌的基因掺入了受体菌染色体，使受体菌获得了供体菌的某些特性。

这种方法的优点是，它克服了转化中供体菌 DNA 进入受体菌后，易被受体菌 DNA 酶破坏而难以成功的缺点。

四、基因工程育种

基因工程，作为基因水平上的遗传工程（genetic engineering），可以人为将所需的供体生物 DNA 提取出来。在体外环境中，利用特定的工具酶系进行精准切割，随后将这些片段与适宜的载体 DNA 拼接，形成重组 DNA 分子，引入高效生长繁殖的受体细胞内，实现外源遗传信息的稳定整合与表达，从而获得新物种。

基因工程的主要操作步骤如图 3-2 所示。

（一）目的基因的取得

获取具有实际价值的目的基因有以下三种方式：①从特定的供体细胞获取（包括动物、植物和微生物等）；②提取 mRNA，反转录获得 cDNA（complementary DNA，即互补 DNA）；③使用化学方式构建特定功能的 DNA。

（二）载体的选择

载体的选择要求如下：①是一个有自我复制能力的复制子（replicon）；②能够在受体细胞中大量增殖，复制率较高；③具有单一的限制性内切核酸酶切口；④具有选择性遗传标记，便于"工程菌"或"工程细胞"的识别。目前有条件作为载体的，对原核受体细胞来说，主要有细菌质粒（松弛型）和 λ 噬菌体两类；对植

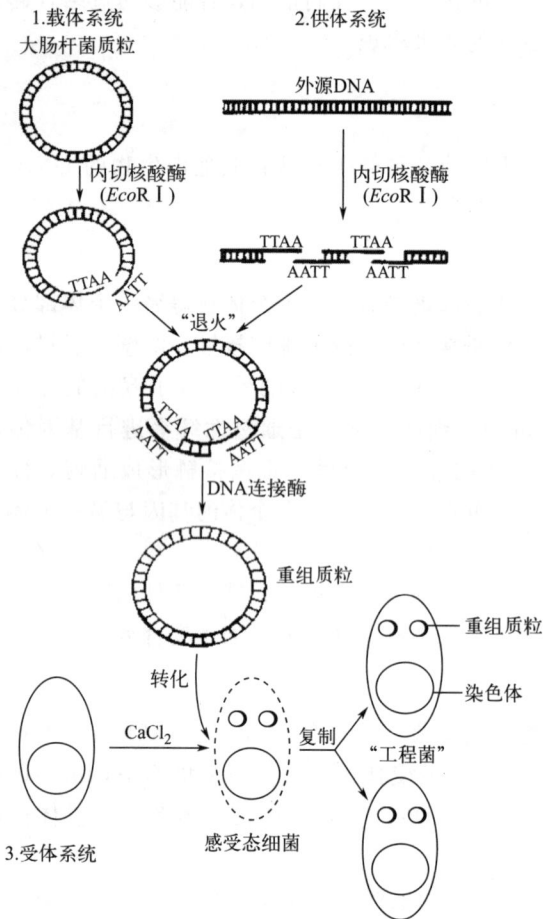

图 3-2　基因工程的主要操作步骤示意图
（引自周德庆，微生物学教程，1993）

物细胞来说，主要是 Ti 质粒。

（三）目的基因与载体 DNA 的体外重组

为使两个 DNA 产生互补的黏性末端，可以利用限制性核酸内切酶在 DNA 的 $3'$-末端加上 polyA 或 polyT。在温和条件下（5～6℃），将这些分子混合并诱导"退火"过程。由于每种特异性核酸内切酶切割产生的 DNA 片段黏性末端均含有一致的核苷酸序列，具有互补碱基序列的黏性末端会因氢键作用而相互吸引，形成双链结构。目的基因与载体 DNA 片段通过外界连接酶精准结合（形成共价键），最终形成一个具有复制能力的完整环状重组载体——嵌合体（chimera）。

（四）重组载体引入受体细胞

重组载体基因扩增与表达潜能的激活需依托于受体细胞。这些受体细胞的范畴广泛，涵盖微生物、动物及植物细胞等，其中 *E. coli* 最为广泛。此外，枯草芽孢杆菌（*Bacillus subti-lis*）和酿酒酵母（*Saccharomyces cerevisiae*）也越来越多地被用作基因工程受体。

将重组载体导入受体细胞的方法多样，采用质粒载体时，常借助转化技术；若载体为病毒 DNA，则实施感染策略。理想状态下，此类重组载体一旦进入受体细胞，便能自主复制，实现高效扩增，并驱动受体细胞展现供体基因赋予的特定遗传特征，成为"基因工程菌"。

第三节　菌种的保藏

菌种属于国家宝贵的生物资源，菌种保藏（conservation）是微生物学研究的重要基础工作。保藏策略虽然多样，但核心原理基本一致。需选取具有代表性的优良纯种的休眠体，包括孢子、芽孢等，提供适宜长期休眠的生长环境，包括低温、干燥、避光、缺氧等，并提供较少的营养物质，可以适当添加保护剂，调节酸碱度适宜，以保证菌种的活性及遗传稳定性。水是生命之源，在一切生命活动及相关生化反应中不可缺少。因此，在菌种保藏中，需要通过添加五氧化二磷、无水氯化钙及硅胶等，严格控制水分含量。此外，可以通过提高真空度，达到减少水分和降低氧气含量的目的。

温度也是菌种保藏的重要因素。当温度低于 $-30℃$ 时，大部分微生物无法生长。在水溶液中，微生物介导的酶促反应最低可以在 $-140℃$ 进行。在低温下，微生物细胞中的水分会形成冰晶，进而造成细胞膜等细胞结构损伤，其中对无细胞壁及体积较大的微生物影响更大。速冻方式可以减小冰晶的体积，从而减低微生物细胞损伤，但当温度逐渐升高时，随着冰晶的增大，其对微生物细胞的损伤也会增强。微生物种类各异，其最适冷冻与复温速率差异较大。例如，酵母菌适宜以每分钟 10℃ 的速率缓缓冷冻，而红细胞则需高达 2000℃/min 的快速冷冻以维持其完整性。冷冻介质的选择亦对细胞存活率至关重要，其中，约 0.5mol/L 的甘油或二甲亚砜能有效渗透细胞内部，减轻因脱水造成的伤害，保护细胞结构；相反，大分子物质如糊精、血清白蛋白、脱脂牛奶或聚乙烯吡咯烷酮（PVP）等，虽不能直接渗透细胞，却可通过在细胞表面形成保护层，间接预防细胞膜受冷冻损伤。一般来说，较低温度的保藏效果更好，液氮保存（$-195℃$）强于干冰保存（$-70℃$），$-70℃$ 强于普通冷冻（$-20℃$），而 $-20℃$ 又强于冷藏（4℃）。

除维持微生物优良性状的稳定外，还需要兼顾保藏方法的适用性。不同的保藏方式（见表 3-2）的原理和侧重点各异，要按需选择。

表 3-2　菌种保藏法

	生活态	传代培养保藏法	连续在培养基上移种	/
			连续在活宿主上移种	/
菌种保藏法		干法	藏在玻璃管内	滴入小试管,再放入大试管干燥器中
				封入安瓿:菌液直接真空干燥法、冷冻真空干燥法
	休眠态		吸附在合适的载体上	细粒状载体:土壤、沙粒
				球块状载体:硅胶、瓷球
				薄片状载体:滤纸片、明胶小片、血清蛋白小片
				有机基质:曲料、麦粒
		湿法	固体斜面	/
			半固体琼脂柱	/
			液体介质	蒸馏水、糖液、其他悬液

表 3-2 中介绍的各种保藏法的有关技术细节可参阅专门参考书。现将实验室中最常用的五种菌种保藏法的比较列于表 3-3。

表 3-3　几种常用菌种保藏方法的比较

方法名称	冰箱保藏法（斜面）	冰箱保藏法（半固体）	石蜡油封藏法	砂土保藏法	冷冻干燥保藏法
主要措施	低温	低温	低温、缺氧	干燥、无营养	干燥、无氧、低温、有保护剂
适宜菌种	各大类	细菌、酵母菌	各大类	产孢子的微生物	各大类
保藏期	3～6 个月	6～12 个月	1～2 年	1～10 年	5～15 年以上
评价	简便	简便	简便	简便有效	烦琐而高效

思考题

1. 微生物基因突变的方式及影响因素有哪些？
2. 在微生物育种时，出发菌株应该怎么选择？
3. 如何防止菌种衰退？
4. 微生物菌种保藏的原理是什么？基于这些原理，菌种保藏可分为哪些方法？

第四章
污染微生物控制

微生物作为人类环境中的重要生物类群，它们无处不在，与人共存。因此，微生物也就与人类之间形成了复杂的关系。其中一些微生物的生命活动对人类有益。例如，人类肠道中的正常微生物群不仅有助于人类对食物的消化、吸收和利用，而且有的可产生人类自身不能合成的必需维生素，对人类健康是不可缺少的；自然界和污染控制系统中的微生物可以快速转化和净化污染物，有助于保持自然生态系统的环境质量、促进污染环境质量和功能的恢复，对环境污染的防治具有重要作用；有的微生物还是人类食物、生活和生产资料、医药制品等的生产者；有的还可作为动植物病虫害的防治剂以及农、林、牧业生产的促进剂。

另一方面，微生物也对人类的生存和发展起着制约作用。例如，有的微生物是人类、动物、植物的病原体，它们不仅使人类遭受疾病的痛苦，而且使农牧业生产蒙受损失。再者，在被耗氧有机物污染的水体中，微生物的作用又会因降低环境的氧化还原电位，使环境进一步恶化，而降低其功能，甚至使得一些河流变成了"黑龙河"。此外，微生物在不合适的空间和时间大量生长繁殖还会引起人类食品、生活材料和生产资料的破坏。

因此，研究微生物控制的原理和技术对社会经济的可持续发展是非常必要的。

第一节　概述

基于以上理由，人们倾向于将微生物分为有益微生物和有害微生物。人们通常将病原微生物归入有害微生物，但是又发现，即使是有益微生物，当其生活在不适当的场所也会造成危害。因此，人类控制微生物的目的主要有以下几方面：

① 防止疾病的传染和传播；
② 防止不需要的微生物的污染和生长；
③ 防止微生物引起生产和生活资料的变质和腐败；
④ 便于对微生物种群特性和应用进行研究。

因此，微生物学、卫生学和环境科学工作者一直致力于研究控制微生物的有效方法，采用一切可利用的手段防止病原微生物的传播和繁殖，以保障动植物健康成长，保障人类免受疾病的困扰；防止由于微生物的破坏引起生产资料和生活资料的变质和腐败。

在微生物控制中，人们常利用物理技术、化学试剂和生物技术来杀死有害微生物或抑制有害微生物的生长繁殖。这就需要我们了解微生物控制技术，以及了解杀死或抑制微生物的机理及影响杀菌和抑菌作用的因素。

一、生物控制术语

术语在讨论微生物的控制时显得特别重要，因为像消毒剂和防腐剂这样的词汇常被随意使用。特别是如果某种方法在某种条件下可杀死微生物，而在另一种条件下只能抑制微生物的生长时，情况则更为混乱。

控制微生物在餐具、手术器械等非生物器具上的生长无疑具有重要的实际应用意义。有时需要杀灭某一物品上的所有微生物，而有时只需消灭其中的部分微生物。灭菌（sterilization）是指所有的活细胞、芽孢和孢子、病毒和类病毒都被杀死或从某物体上消除。灭菌后的物品没有活的微生物、芽孢和孢子及其他感染性因子。能够用来进行灭菌的化学试剂称为灭菌剂（sterilant）。消毒（disinfection）是指杀死、抑制或清除病原微生物，主要目标是消灭潜在的病原菌，但实际上也减少了总的微生物数量。消毒剂（disinfectant）通常为化学试剂，一般用于对非生物体进行消毒。消毒剂不能杀死芽孢及某些微生物，不能用于灭菌。卫生消毒（sanitization）与消毒密切相关，在卫生消毒过程中，微生物数量减少到公共健康安全水平以下，就达到了卫生标准，非生物体一般是通过部分消毒进行清洁，例如，在餐馆，微生物消毒剂（sanitizer）用来清洗餐具；在医院中，其常用于对皮肤进行消毒。

防腐（antisepsis）是利用物理或化学方法防止感染或化脓，通过杀死或抑制病原微生物来防止其在生物组织上生长。该方法也减少了总的微生物数量。防腐剂的毒性小于消毒剂，是为了避免杀死过多的组织细胞。

尽管这些试剂常根据其对病原菌的影响进行定义，但必须注意，它们也能杀死和抑制非病原菌，在许多情况下，它们减少微生物总体数量（而不仅仅是针对病原菌）的能力十分重要。

二、微生物死亡的形式和死亡率

在某些致死因子的作用下，微生物群体并非立即被全部杀死，与群体生长一样，微生物群体死亡通常呈指数或对数方式进行，即细菌数将在恒定的时间间隔以相同的级数下降（见表 4-1）。若以致死因子作用时间为横轴，以活菌数对数为纵轴，可得到一条直线。当活菌数大量减少后，微生物死亡速度下降，这是因为存活下来的微生物具有较强的抗性。为了研究致死因子的效力，必须能够判断微生物何时死亡，这是个难题，对单个细菌逐一判断几乎是不可能的。当将细菌接种到其在正常情况下可以生长的培养基中后，该细菌如果不能生长，就认为它已死亡。对于病毒，若它不能感染其正常宿主就认为其已死亡。

表 4-1　理论上微生物致死实验　　　　　　　　　　单位：个/mL

处理时间 /min	微生物数量 （每分钟加热开始时）[①]	1min 内被杀死的微生物数量 （总数的 90%）[①]	加热 1min 后活的 微生物数量	存活微生物 数量的对数
1	10^6	9×10^5	10^5	5
2	10^5	9×10^4	10^4	4
3	10^4	9×10^3	10^3	3
4	10^3	9×10^2	10^2	2
5	10^2	9×10^1	10	1
6	10^1	9	1	0
7	1	0.9	0.1	-1

① 该试验的假设前提是起始样品中微生物细胞浓度为 10^6 个/mL，每加热 1min 有 90% 的细胞死亡，加热温度为 121℃。

三、影响抗微生物剂作用效果的条件

杀死微生物和抑制微生物并非易事，因为抗微生物剂（能杀死或抑制微生物的试剂）的作用效果至少受到六种因素的影响。

1. 微生物群体数量

因为在每一时间间隔中，相等级数的微生物被杀死，所以大量微生物的致死时间比少量微生物要长。同样的原理也可以应用于化学的抗微生物剂。

2. 微生物群体组成状况

不同微生物对致死因子的敏感性不同，所以同一致死因子对不同种类和状态微生物的作用效果明显不同。例如，芽孢和成熟细胞分别比营养体细胞和幼龄细胞更具抗性。某些种类微生物较其他种类对不利影响更具有耐受性，如结核分枝杆菌可引起肺结核，这种细菌比大多数其他细菌的抗性强得多。

3. 抗微生物剂的强度和浓度

通常，化学或物理试剂的浓度或强度越高，微生物的死亡速度越快。但各种试剂作用效率并不与其浓度和强度直接相关。在一个较小的范围内，小幅度提高浓度或强度能增加抗微生物剂的致死效应，而超过某一点时，继续增加浓度和强度并不能提高杀死微生物的速度。有时，某种试剂在低浓度下更有效，如 70% 的酒精比 95% 酒精的杀菌效果更好，因为它的活性由于水的存在而提高。

4. 作用时间

抗微生物剂的作用时间越长，微生物死亡的数量越多（如图 4-1 所示）。为达到灭菌目的，作用时间必须足够使微生物存活率降低至 10^{-6} 或更低的水平。

5. 温度

提高温度能加强化学物质的作用效果。通常情况下，较低浓度的灭菌剂和消毒剂可在较高温度下使用。

6. 微生物所处环境

我们所要控制的微生物并非与世隔绝，而是处于一定的环境中。不同的环境因子或者对微生物起保护作用，或者能起到加速其死亡的作用。例如，在酸性条件下加热灭菌效果好，因而像水果和番茄等这样的酸性食物和饮料比具有较高 pH 的

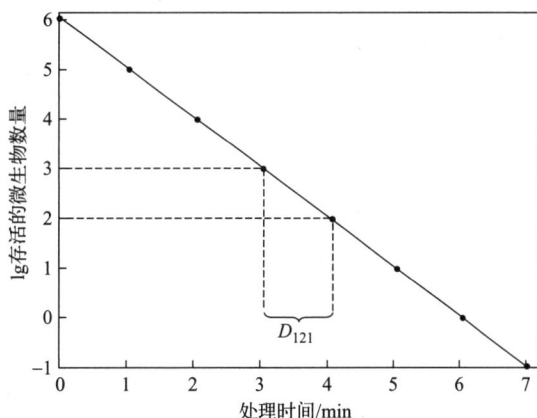

图 4-1 微生物死亡的方式

图中显示在 121℃ 条件下加热时，随着加热时间延长，存活的微生物数量呈指数方式下降。

其中 D_{121} 值为 1min

牛奶更容易灭菌。另一种重要的环境因子是某些有机物，它们能保护微生物，对抗加热和化学消毒剂的作用。生物膜（biofilm）就是一个很好的例子，表面生物膜中的有机物将保护组成生物膜的微生物，因而生物膜及其微生物通常是很难除掉的。因此，在对某物品进行灭菌或消毒处理前，有必要先对其进行清洗。在饮用水的制备过程中也要注意，由于城市供水中有较高含量的有机物，需要加入较多的氯进行消毒。

四、杀灭和抑制微生物因子的作用方式

杀灭和抑制微生物的因子多种多样，所以损害微生物的方式也呈多样性，而且有的杀菌剂在低浓度时也会表现为抑菌作用。因此，掌握特定因子的作用方式和它们发挥最大效率时的条件，对实现经济有效的微生物控制是十分必要的。一般认为有害因子对微生物的作用方式有以下几种。

1. 损伤或抑制细胞壁合成

细胞壁是菌类微生物和藻类微生物的重要组成部分，它除参与某些生理过程外，还为细胞提供保护作用。因此，细胞壁的损伤会引起微生物的死亡，而抑制细胞壁的合成会使之失去繁殖能力。

例如存在于眼泪、白细胞、黏性分泌物以及其他天然物质中的溶菌酶能够破坏革兰阳性菌的细胞壁。细胞壁破坏后就会发生溶菌作用，引起微生物死亡。再例如有些抗生素（如青霉素等）可以抑制生长中的细菌合成细胞壁，结果产生无细胞壁的原生质体，除非在特殊条件下，否则原生质体很容易因发生溶菌作用而死亡。

2. 改变细胞膜的透性

在所有微生物细胞中，细胞膜可以有选择地向胞内输送营养物质和将代谢废物排出胞外，而且在维持细胞组分的整体性方面具有重要作用。细胞膜的损伤会抑制细胞的生长或引起细胞死亡。

很多化合物，如酚类化合物、合成去垢剂、各类肥皂和季铵化合物等都可以破坏细胞膜的选择性通透功能，从而使细胞组分流失，并且环境中对细胞无用的物质大量流入，使细胞生长受到抑制或死亡。这种作用很容易通过实验证实，如：将经过洗涤的细菌细胞悬浮在酚的水溶液中，隔一定时间取样、去除细胞，分析无细胞样品中的氮和磷化合物即可。

另外，细胞膜上通常载有多种酶，改变细胞膜的结构会影响这些酶的功能，从而对微生物产生不利影响。

3. 改变蛋白质和核酸分子结构

蛋白质（包括酶蛋白）和核酸是微生物体内的重要生命物质，改变这些大分子物质的结构就会使细胞遭受损害。例如高温和一些高浓度化学药剂，能使这些生命物质发生不可逆的变性，从而使细胞死亡。

4. 抑制酶的作用

每一个微生物细胞内都含有数百甚至上千种酶，生物新陈代谢过程中的生化反应都是在它们的催化下完成的，没有酶就没有生命活动，失去部分酶也会使代谢不完全，从而失去繁殖能力。而且，微生物的各种酶都可能成为抑制攻击的潜在目标，所以细胞中的酶系极易受到损害。

例如：氰化物抑制细胞色素氧化酶，氟化物抑制糖酵解酶，三价砷化合物可阻断三羧酸循环，二硝基酚破坏氧化磷酸化作用等。总之，抑制剂可以通过多种方式抑制酶的作用。

5. 抗代谢作用

微生物在生长繁殖过程中，需要通过不同途径合成各种细胞结构物质，如果某种关键物质的合成过程受到有害因素的干扰，微生物的生长就会受到抑制，有害因素的这种作用称为抗代谢作用。例如，对氨基苯磺酰胺能抑制细胞内叶酸的合成，其原理可能为叶酸的主要成

分之一是对氨基苯甲酸，它的化学结构类似于对氨基苯磺酰胺，磺胺与对氨基苯甲酸竞争性地与相应酶的活性中心结合，从而抑制代谢中不可缺少的叶酸合成，使微生物的生长受到抑制。

能够起抗代谢作用的物质有很多，它们都是微生物代谢中所需正常物质的类似物。

6. 抑制核酸合成

抑制核酸合成的物质可分为两类：一类物质抑制和干扰核酸合成材料嘌呤和嘧啶核苷酸合成；另一类干扰由核苷酸聚合成核酸。它们都能使微生物失去核酸的合成能力，进而使其生长繁殖无法进行。

7. 使微生物降低或失去生化反应能力

很多不利环境因素可使微生物降低或失去生化反应能力。其中，失水干燥可使微生物失去多数生化反应的介质，水也是水解反应的参与者；偏离微生物生长最适温度也可使微生物细胞内的生化反应速率降低，偏离过大还会使生化反应停止，由此也可抑制微生物生长，甚至使生长停止。过高的温度还会杀死微生物。

第二节　微生物的物理因素控制

用于控制微生物生长和杀灭微生物的物理因素有温度、干燥、渗透压、辐射、电、表面张力等。而且不同微生物对物理因素的抗性不同，同种微生物处于不同生理状态时对物理因素的抗性也不同。因此，控制微生物生长和杀灭微生物时，应考虑微生物种类、微生物生理阶段和控制目的，据此采用不同的控制方法和强度。

一、温度

温度是各种微生物生长的重要依赖因子，不同微生物具有不同的最适生长温度范围和生存温度范围，据此可将微生物分为中温微生物、嗜热（或耐热）微生物、嗜冷（或耐冷）微生物（见表4-2）。微生物的生活环境温度偏离最适温度越大，对其抑制作用越强。超出微生物的生存温度范围可发生两种效应，一般来说，低温会使微生物受到严重抑制而处于休眠状态，所以低温常用于保藏菌种；高温则会引起微生物死亡，所以高温常用于消毒和灭菌。

表 4-2　微生物的最适生长温度和生存温度　　　　　　　　　　　单位：℃

微生物	最适生长温度	生存温度
低温菌	10～20	−5～30
中温菌	35～40（人体寄生） 18～35（腐生）	10～45
高温菌	50～60	25～85

运用高温杀灭微生物，主要是使微生物体内的蛋白质、核酸等大分子物质发生不可逆的变性。常用的方法有湿热法、干热法和灼烧法。

1. 灼烧法

灼烧是将带菌的物体和器具直接在火焰上灼烧，以达到致死微生物的目的。此法可杀灭一切微生物，适用于带有病原体微生物的无用固体废物以及接种针、接种环、接种铲等小型金属和玻璃用具的灭菌。

2. 湿热法

湿热法是用高压饱和蒸汽杀灭微生物，这是一种非常可靠的灭菌方法。一般来说，在一个密闭的容器中，随着压力升高，水的沸点也升高，也就使蒸汽具有更高的温度，蒸汽温度随压力变化而改变（见表 4-3）。因此，在有条件的地方常用高压蒸汽对培养基、水和一些用品、用具及衣物进行灭菌。

表 4-3 高压蒸汽的温度

蒸汽压力/psi	温度/℃
0	100
5	109
10	115
15	121.5
20	126.5

注：1psi＝6894.76Pa。

用高压蒸汽灭菌时应注意：①开始时，当灭菌器内压力达到约 0.1MPa 时，将其中的蒸汽连同原存空气放空，以保证灭菌器内为纯蒸汽；②在灭菌过程中，要不断放气，以保证灭菌器内蒸汽大部分为新生态的，才能使温度与压力符合表 4-3 的关系；③在灭菌结束后应缓慢放气降压，放气过快会引起水和培养基暴沸，丢失水分污染瓶口。

灭菌的目的是杀死包括细菌芽孢在内的一切微生物。微生物的类群不同其抗热性也不同，所以应根据灭菌对象中所生存的微生物不同，合理地采用灭菌温度和灭菌时间。几种细菌芽孢对高温的抗性如表 4-4 所示。

表 4-4 湿热杀死细菌芽孢的时间

细菌	杀死所需时间/min							
	100℃	105℃	110℃	115℃	120℃	125℃	130℃	134℃
炭疽芽孢杆菌	2～15	5～10						
枯草芽孢杆菌	许多小时			40				
腐败厌气微生物	780	170	41	15	5.6			
破伤风梭菌	5～90	5～25						
韦氏梭菌	5～45	5～27	10～15	4	1			
肉毒梭菌	300～530	40～120	32～90	10～40	4～20			
土壤细菌	许多小时	420	120	15	6～30	4		1.5～10
嗜温细菌		400	100～300	4～110	11～35	3.9～6.0	3.5	1
生孢梭菌	150	45	12					

如果不具备高压蒸汽灭菌的条件，也可以用常压间歇灭菌法，即在 100℃下蒸汽灭菌 40min，杀死微生物的营养体，但微生物的孢子难以死亡；然后在适温下培养 20h，使孢子萌发为营养体，再在 100℃下蒸汽灭菌 40min，连续 3 次可达到灭菌目的。

某些物品（如注射器、针头、衣物）和水也可用煮沸的方法杀菌。这是杀灭微生物病原体的有效方法，严格说这属于消毒作用。

　　3. 干热灭菌

　　干热灭菌是用加热后的空气灭菌的方法，常在电热恒温烘箱中进行。因为在失水的情况下，微生物对高温的敏感度降低，所以杀灭微生物需要比湿热更高的温度，常用 160～170℃、2h 灭菌。这种方法适合于实验室某些玻璃器皿（如培养皿、试管、移液管、三角瓶等），以及一些高沸点油类和粉剂等的灭菌。

二、干燥

　　微生物体内的生化反应绝大多数都离不开水，干燥可以使微生物失去其生化反应所依赖的水分，引起代谢停止，使其失去生长能力。在干燥的环境中有的微生物还会因不适应而死亡，所以可以用干燥法控制微生物。

　　在干燥环境中，微生物存活时间一般：

　　① 与微生物的种类有关。

　　② 与被干燥的微生物所附着的材料有关。

　　③ 与干燥程度有关。

　　④ 与干燥过程的温度条件相关。

　　⑤ 与微生物的生活状态相关，如微生物的孢子干燥后可无限期地保存活力。因此，常用冷冻干燥法长期保存微生物菌种。也常用干燥法保存粮食和其他物品。

　　由此可知，干燥主要是一种抑制微生物生长代谢的方法，而不是杀灭微生物的方法。

三、渗透压

　　如果将两种具有不同浓度的溶液用一个半透膜隔开，膜两侧的水分子就会从低浓度的一侧向高浓度一侧运动，最终使两侧溶液浓度达到平衡。这种由水分子定向运动对半透膜产生的压力称为渗透压。

　　每个微生物细胞都具有将细胞质包围起来的细胞膜，细胞膜皆为半透膜。因此，如果将微生物置于一种高浓度溶液中，细胞内的自由水就会通过细胞膜向其环境中定向运动，使细胞脱水，这个过程会使有细胞壁的微生物产生质壁分离，也会使没有细胞壁的原生动物发生收缩。微生物环境中溶质浓度越高，细胞失水就越多、越快，使微生物生命活动受到的抑制就越强，严重时会使微生物休眠，有的还会引起死亡。

　　不同微生物适宜生长的环境渗透压不同，一般高浓度的盐（10％～15％）和高浓度的糖（50％～70％）对大部分微生物都具有抑制作用，也可导致部分微生物死亡。这就是盐渍或用浓糖溶液保存食物的机理。

四、辐射

　　辐射是指能量以波或粒子的形式在空间传输。辐射能传递给细胞物质后，会使细胞内的分子或大分子上的某些基团获得能量发生化学变化，也会引起细胞失水，因此干扰细胞的正常代谢。用于控制微生物生长的辐射，目前应用较多的有紫外线、γ 射线、X 射线、阴极射线等。但不同射线抑制或杀死微生物细胞的机理不尽相同。

　　1. 紫外线

　　紫外线是日光的一部分，它包括日光中波长 2000～4000Å（1Å＝0.1nm）的光，也可由特制紫外灯发出。试验证明紫外线是日光中对微生物损伤最大的部分，而紫外光中波长在2650Å左右的光波具有最大的杀菌效应。日光中到达地面的紫外线的波长大约在2870～3900Å，所以日光的杀菌力有限。常用来杀菌的紫外线是波长在2600～2700Å的紫外灯光，它广泛用于各类无菌室、医院手术室和特殊用水的消毒杀菌。

用紫外线杀菌固然与其高能有关，但更重要的是许多微生物细胞物质，尤其是核酸分子可以吸收紫外线，并且在紫外线作用下，核酸中两个相邻的嘧啶聚合在一起，形成嘧啶二聚体，造成DNA的复制被抑制，导致微生物突变或死亡。如果细菌悬浮液在紫外线下暴露数分钟后接种培养，会看到只有少数存活（在平板培养基上形成菌落）；如果经紫外线照射后，再在可见光下暴露数分钟，那么样品中微生物的存活数会增高，这种可见光的作用称为光复活作用。在菌种诱变试验中，常用光复活作用提高微生物的存活率和突变菌株的获取率。

用紫外线进行工作空间的灭菌时，紫外线还可使空气中的氧臭氧化，增加空气中臭氧浓度，利用臭氧的强氧化作用杀灭微生物。

2. X射线

X射线具有相当大的能量和穿透力，波长在1.0～100Å之间，对包括人在内的所有生物都具有致死作用。但是X射线制造非常昂贵，其发射源从发射点发出的射线是直线向各个方向发射，目前还缺乏有效的控制方法，所以用X射线控制微生物还极少应用。

然而，小剂量的X射线可以引起微生物变异，所以目前已广泛用于突变育种试验。

3. γ射线

γ射线（0.01～0.1Å）与X射线非常相似，只是它的波长更短，对物体的穿透力更强。目前主要是研究利用放射性同位素（如^{60}Co）试验的副产品γ射线，将其作为生物试验中的γ射线源。一般是用来对相当厚或体积相当大的材料（如打包食品等）进行消毒。但是应用时要特别小心，并要十分注意对操作人员的保护措施。

4. 电流

关于以不同频率的电流杀灭微生物的方法已进行过不少研究。当电流通过含有微生物的液体时，可以将部分细菌杀死。微生物死亡的原因可能是：①电流产生热量使温度上升，造成细胞死亡；②电流使菌悬液产生化学变化，产生具有杀菌作用的物质（如氯气、臭氧等）。虽然已经设计出利用电流杀灭微生物的仪器，并且已用于牛奶、果汁和水的消毒，以代替巴氏消毒，但电流杀灭微生物的实际应用还是受到了限制。

五、过滤

对于那些不适合通过加热或者其他方式消毒的液态物品或溶质，通常会采用过滤的方式来移除其中可能存在的细菌。虽然这不是一种直接抑制或消灭细菌的技术，但它确实能有效地把细菌从液体中分离出来，从而实现对液体的无菌化。过滤除菌效果的关键是选择合适的滤器和滤膜（图4-2和图4-3），并注意液体接收器的无菌处理。但是用这种方法去除病毒还没有有效的滤器，因此，过滤法不能保证处理后的液体中不存在病毒。

过滤法也常用于去除空气中的微生物，使某一空间（如药品的制剂车间）内空气中的微生物数量降低到允许的密度以下。

目前，在世界范围内，用于控制微生物的物理方法有很多，它们各有自己的特点、用途和局限性，常用的几种方法列于表4-5中。

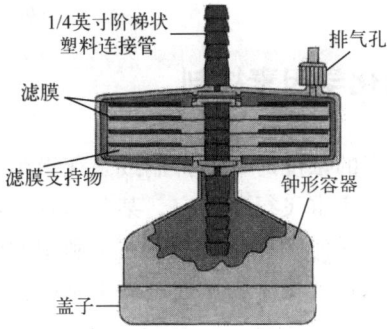

(a) Millipak-40
过滤器剖面图

(b) 全套过滤装置图
①三角瓶中装有待灭(除)菌液体培养基；②在蠕动泵的作用下，样品通过过滤器；③滤液由无菌容器收集。也可采用其他各种类型的过滤装置

图 4-2　膜过滤除菌装置（一种为液体培养基除菌的膜滤器装置）

1in（英寸）＝0.0254m

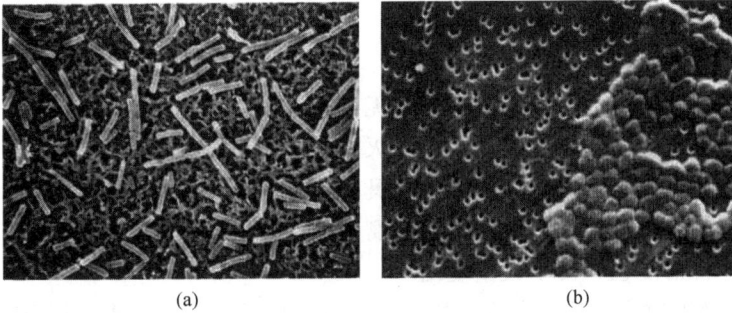

(a)　　　　　　　　　　　(b)

图 4-3　滤膜放大图

（a）孔径为 0.2μm 的 Ultipor 尼龙滤膜显微图（×2000），膜上有被过滤截留的巨大芽孢杆菌（*Bacillus megaterium*）；（b）孔径为 0.4μm 的聚碳酸酯滤膜显微图（×5900），膜上被过滤截留的细菌为粪肠球菌

表 4-5　物理因子控制微生物

	方法	用途	局限性
湿热	高压蒸汽灭菌器	工具、纱布、用具、医疗器械、培养基及其他液体	对蒸汽不能穿透的材料中的微生物无效；不能用于热敏材料
	常压蒸汽或沸水	杀灭卧具、工具、餐具、衣物等上不形成孢子的病原体(消毒)	一次处理不能保证达到无菌
干热	干热灭菌器	杀灭玻璃器皿、金属器皿和高沸点油类中的微生物	不适于不耐长时间高温的材料
	焚烧	处理带菌的固体废物	有可能污染大气
辐射	紫外线	控制空气污染；表面消毒	穿透能力低，刺激眼睛和皮肤
	电离辐射	消毒热敏材料和其他医疗设备	费用高、需特殊设备
过滤	膜滤器	热敏液体过滤	液体中悬浮颗粒要少
	纤维过滤器	空气除菌	费用较高
其他	超声波	消毒轻巧而清洁的仪器	单独使用无效
	冲洗	手、皮肤、物体	只减少微生物量

第三节 微生物的化学因素控制

很多生物的代谢产物和人工合成化合物在适当的浓度时都能抑制或杀死微生物。这些化合物用于室内外环境、手术室、汽车和火车车厢、宇宙飞行器舱室、某些器具，甚至人的皮肤和口腔等的消毒。由于环境中微生物种类繁多，任何一种化学因子在可利用的浓度条件下都不可能达到消除一切微生物的效果。因此，了解各类化学物质控制微生物的机理、主要作用对象、显效条件和用途是很重要的。

一、杀菌剂的选择

鉴于不同杀菌剂的使用条件不同、作用方式不同、杀灭或抑制的微生物种类也不同，所以应该根据控制微生物的目的选择最理想的药剂，以达到高效、快速和低费用等目的。作为控制微生物的理想化合物，应该具备以下特性：

① 对微生物杀灭或控制能力强，而且广谱。

② 可溶于水，并易达到实际应用浓度。

③ 化学性质稳定，在贮存中不易失效。

④ 对人和其他动物（如家禽、家畜等）无害。

⑤ 不易与外来化合物结合并因而失去杀灭或抑制微生物的活性。

⑥ 在室温或体温条件下，对病原微生物具有较强的杀灭或抑制作用。

⑦ 对微生物细胞渗透力强，但对物品无腐蚀作用，并且不污染环境。

⑧ 无异味、价格便宜，便于大量使用。

目前常用于微生物控制的化合物有酚类化合物、醇类、卤素、重金属及其化合物，如染料、去垢剂、季铵化合物、酸和碱、戊二醛、甲醛、环氧乙烷、次氯酸钠、二氧化氯、β-丙内酯等。

在微生物控制中，化学药剂的选择一般来说要考虑以下因素：

（一）被处理材料的性质

被处理的材料不同，其化学性质也不同，与微生物控制剂的反应性也就不同。为了防止被处理物质在与微生物控制剂接触中受到损害，了解其性质是十分必要的。

例如，当选择用于手和人体其他部位皮肤的消毒剂时，若对皮肤有腐蚀作用，能严重损害皮肤组织的药剂，即使具有很好的消毒效果，也不能采用。但这类消毒剂用于器具消毒可能是适宜的。

（二）被控制微生物的特性

微生物的种类不同以及同种微生物所处的生理状态不同，它们对药物的敏感性和抗性也不同。细菌、真菌、藻类、原生动物和病毒对化学药剂的敏感性是不同的，而各种孢子则比其营养体具有更强的抗性，同时革兰阳性菌和革兰阴性菌之间也存在差别。例如，金黄色葡萄球菌对阳离子杀菌剂的敏感性就比大肠杆菌敏感得多。因此，选择的药剂必须是对所要杀死或抑制的微生物最有效的。

（三）环境条件

利用化学药剂控制微生物，其效果受多种因素影响。温度、pH、时间、外来有机物浓度等对杀菌效力和速度都有影响。因此，需了解在使用条件下对所选择的药剂效力的影响和在使用条件下最有效的药剂，同时还应考虑在药剂使用条件下，待杀灭微生物所处的生理状态。综合以上因素才能取得满意的控制效果。

二、杀菌剂的使用

杀菌剂的种类很多，以下按照它们的特性分类介绍。

（一）酚类

苯酚（石炭酸）是著名的广谱有效的杀菌剂。1860 年，李斯特医生在他的医疗工作中使用了酚，从而发展了灭菌外科技术，并且提供了此后评价其他消毒剂杀菌活性的标准。在使用苯酚的同时，还发现有的酚类衍生物比酚具有更强的杀菌作用，从而形成了酚类杀菌剂系列。如图 4-4 所示为几种常用酚类杀菌剂的化学结构。

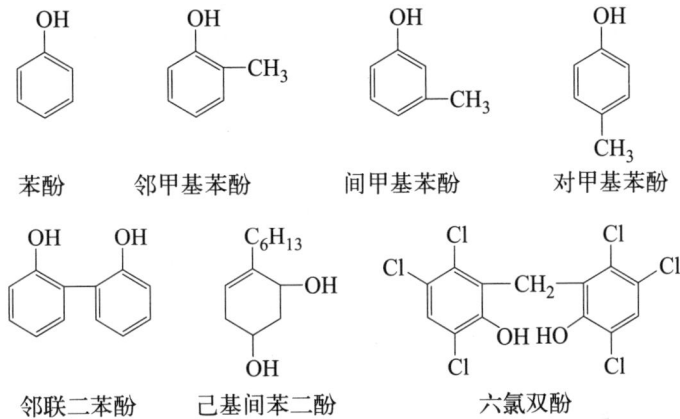

图 4-4　酚及其化合物

酚类的杀菌机理主要是使细胞蛋白质变性，损伤细胞膜。酚类物质既可杀菌，又可抑菌，其杀菌和抑制微生物的效应取决于所使用的浓度。例如，2%～5%的苯酚溶液可用于痰、尿、粪便和被污染器具的消毒。三种甲基酚具有大体相同的杀菌效力，因此常用它们的混合物作为消毒剂，其应用范围与苯酚相近，但杀菌力要比苯酚强数倍。己基间苯二酚具有更强的杀菌效力，其制品常用作一般防腐剂。以苯酚的杀菌系数为 1.0 计，几种酚衍生物对伤寒沙门氏菌、金黄色葡萄球菌、结核分枝杆菌和白色假丝酵母的杀菌系数如表 4-6 所示。

表 4-6　酚衍生物的杀微生物活性（杀菌系数）（此为 37℃ 时的酚浓度）

名称	伤寒沙门氏菌	金黄色葡萄球菌	结核分枝杆菌	白色假丝酵母
苯酚	1.0	1.0	1.0	1.0
2-甲基苯酚	2.3	2.3	2.0	2.0
3-甲基苯酚	2.3	2.3	2.0	2.0
4-甲基苯酚	2.3	2.3	2.0	2.0
4-乙基苯酚	6.3	6.3	6.7	7.8
2,4-二甲基苯酚	5.0	4.4	4.0	5.0
2,5-二甲基苯酚	5.0	4.4	4.0	4.0
3,4-二甲基苯酚	5.0	3.8	4.0	4.0

名称	伤寒沙门氏菌	金黄色葡萄球菌	结核分枝杆菌	白色假丝酵母
2,6-二甲基苯酚	3.8	4.4	4.0	3.5
4-正丙基苯酚	18.3	16.3	17.8	17.8
4-正丁基苯酚	46.7	43.7	44.4	44.4

（二）醇类

乙醇是一种常用的杀菌剂，它能有效地杀死微生物的营养体，最有效的浓度为70%的水溶液，但它对细菌的芽孢几乎没有作用，所以乙醇只能用作消毒剂，而不能用乙醇造成一个无菌环境。其他浓度的乙醇也具有杀菌作用，不同浓度的乙醇对酿脓链球菌的致死作用如表4-7所示。

表 4-7　不同浓度的乙醇对酿脓链球菌的致死作用

乙醇		处理时间																
		s					min											
体积分数/%	质量分数/%	10	20	30	40	50	1	$1\frac{1}{2}$	2	3	$3\frac{1}{2}$	4	5	10	15	30	45	60
100	100	+	+	+	+	+	+	−	−	−	−	−	−	−	−	−	−	−
95	92	−	−	−	−	−	−	−	−	−	−	−	−	−	−	−	−	−
90	85	−	−	−	−	−	−	−	−	−	−	−	−	−	−	−	−	−
80	73	−	−	−	−	−	−	−	−	−	−	−	−	−	−	−	−	−
70	62	−	−	−	−	−	−	−	−	−	−	−	−	−	−	−	−	−
60	52	−	−	−	−	−	−	−	−	−	−	−	−	−	−	−	−	−
50	42	+	+	−	−	−	−	−	−	−	−	−	−	−	−	−	−	−
40	33	+	+	+	+	+	+	+	+	+	+	−	−	−	−	−	−	−
30	24						+	+	+	+	+	+	+	+	+	+	−	−
25	20						+	+	+	+	+	+	+	+	+	+	+	−
20	16						+	+	+	+	+	+	+	+	+	+	+	−

注：+表示生长，−表示不生长。

甲醇也具有杀菌作用，但其杀菌效力不如乙醇，而且对人体毒性大，其蒸气能造成人眼睛永久性损伤，因此通常不用甲醇作杀菌剂。较高级的醇类，如丙醇、丁醇、戊醇及其他醇类，具有比乙醇更强的杀菌力。事实上，随着醇的分子量增加，杀菌力逐渐增强，如表4-8所示。但由于分子量比丙醇大的醇类水溶性逐渐变小，所以不适合用作消毒剂。

表 4-8　醇类的酚系数

醇类	酚系数	
	对伤寒沙门氏菌	对金黄色葡萄球菌
甲醇(CH_3OH)	0.026	0.03
乙醇(CH_3CH_2OH)	0.04	0.039
正丙醇($CH_3CH_2CH_2OH$)	0.102	0.082

续表

醇类	酚系数	
	对伤寒沙门氏菌	对金黄色葡萄球菌
异丙醇[$(CH_3)_2CHOH$]	0.064	0.054
正丁醇[$CH_3(CH_2)_2CH_2OH$]	0.273	0.22
正戊醇[$CH_3(CH_2)_3CH_2OH$]	0.78	0.63
正己醇[$CH_3(CH_2)_4CH_2OH$]	2.3	
正庚醇[$CH_3(CH_2)_5CH_2OH$]	6.8	
正辛醇[$CH_3(CH_2)_6CH_2OH$]	21.0	0.63

醇类杀菌的机理是：①醇是蛋白质的变性剂，这是主要原因；②醇是脂溶性试剂，可以损伤微生物的细胞膜；③高浓度的醇是脱水剂，可以引起微生物细胞干燥，使微生物活性受到抑制。醇在较高浓度（>70%）时杀菌效力减弱的原因可能是使细胞中的蛋白质水分降低，对其变性剂抗性增强的结果。

（三）卤素

碘是卤素中最古老和最有效的杀菌剂之一，它在1830年就得到了美国药典认可，至今已有一百多年的使用历史。碘微溶于水，易溶于醇或碘化钾、碘化钠的水溶液，外科常用的碘酒就是碘、碘化钠、乙醇的水溶液。可供杀菌消毒的几种制品的配方有：

① 2%的碘加2%的碘化钠溶于乙醇中。

② 7%的碘加5%的碘化钾溶于83%的乙醇中。

③ 5%的碘和10%的碘化钾溶于水中。

碘具有高效杀菌作用，而且具有杀灭各种细菌的独特本领，并且具备杀死细菌芽孢的能力。当用于杀芽孢时，其效力显著受外界环境条件（如有机物含量和脱水程度）的影响。此外，碘还具有杀真菌和病毒的作用。碘液的主要用途是对皮肤进行消毒，同时也可用于水和餐具消毒，其蒸气也可用于空气消毒。

除碘外，卤素中的氯（或氯气）及其化合物如次氯酸、二氧化氯和氯胺等也是用途广泛的消毒剂。

氯气和压缩的液态氯普遍用于较大场合（如自来水厂、污水生物处理厂二级出水等）的消毒，但是氯气难以控制，所以不适于在小的场合使用。

次氯酸盐，如次氯酸钙[$Ca(ClO)_2$]、次氯酸钠（$NaClO$）是家庭、餐饮业和工业上广泛使用的消毒剂，其剂型有粉剂和溶液两种。使用时，可按用途配成不同浓度，如5%～70%的次氯酸钠溶液，可用于乳品厂、餐饮业设备器具消毒；浓度为1%的次氯酸钠溶液，可用于个人卫生和家庭用消毒剂；5%～12%的次氯酸钠溶液，可用作家庭漂白剂、消毒剂以及乳品和食品加工业的卫生剂。此外，次氯酸盐也被尝试用于减少产褥热的发病率和医生诊断病人前的洗手液等。

氯胺类化合物也是用作消毒剂、卫生剂或防腐剂的氯化物。这类化合物中最简单的是一氯胺（NH_2Cl），而氯胺-T和二氯偶氮脒则是这类杀菌剂中化学结构比较复杂的化合物，其结构如图4-5

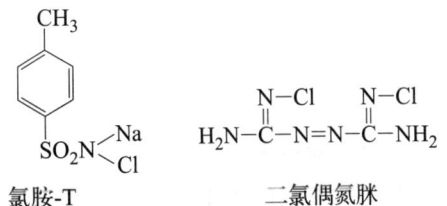

图4-5 氯胺-T和二氯偶氮脒的结构

所示。氯胺类杀菌剂的优点是稳定性好，持续释放氯，较次氯酸稳定。

氯及其化合物的杀菌作用是通过形成次氯酸，次氯酸再分解产生新生态氧，而新生态氧具有很强的氧化作用，可以杀灭微生物。

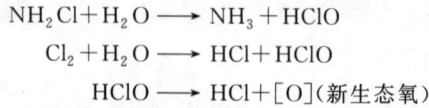

$$NH_2Cl + H_2O \longrightarrow NH_3 + HClO$$
$$Cl_2 + H_2O \longrightarrow HCl + HClO$$
$$HClO \longrightarrow HCl + [O]（新生态氧）$$

氯也可以直接与细胞膜和酶作用，杀死微生物。

（四）重金属及其化合物

大多数重金属，不论是单质还是能在水中解离出重金属离子的重金属化合物，都会对微生物产生有害作用。其中最有毒害的，也是最常用于微生物控制的是汞、银、铜及其化合物。

某些金属，特别是银，在极微量的情况下对微生物就有致死效应。毒物在极微量情况下的致死效应叫作微动作用（oligodynamic action）。这些微量金属离子的杀菌效应被认为是由于某些细胞蛋白质对这类离子具有高度亲和力。因此，来自稀溶液的重金属离子可在细胞中大量积累，引起蛋白质变性和微生物死亡。所以具有微动作用的金属，特别是银，已在许多领域用来控制微生物菌群。例如，供水处理、绷带消毒、软膏之类防腐剂以及各种织物的浸泡等。

许多重金属化合物也都是有效的杀菌剂或防腐剂，其中最重要的是汞、银和铜的化合物。常用的一些化合物和它们的用途列于表 4-9。

表 4-9　用于控制微生物的几类金属化合物

重金属	化合物	用途
汞	无机化合物： 升汞 甘汞 氧化汞 氨基氯化汞	稀释 1：1000 时，用作杀菌剂。由于有腐蚀性，对动物毒性大，有有机物时效力降低，所以使用受到一定限制；不溶性化合物可以制成软膏作防腐剂
	有机化合物： 汞溴红 袂塔酚(硝基汞甲酚) 硫柳汞	比无机汞化合物刺激性小，毒性较低；可用作皮肤和黏膜防腐剂；具有杀菌和抑菌作用
银	胶体银化合物： 硝酸银 乳酸银 苦味酸银	系用蛋白质和金属银或氧化制成的胶体银化物；抑菌或杀菌力来自其释放的银离子；可作防腐剂。这些化合物中以硝酸银使用最广泛。在 1：1000 稀释度下可杀死大多数微生物
铜	硫酸铜	对藻类和真菌比对细菌更有效；浓度为百万分之二时可以阻止藻类生长，常用于游泳池和水库，配成波尔多液可用于预防真菌植物病害

（五）染料类

在染料中，作为杀菌剂的化合物较多，特别重要的是三苯甲烷染料和一些嘧啶的衍生物。

1. 三苯甲烷染料

这类染料包括孔雀绿、亮绿和结晶紫。结晶紫在 1：200000～1：300000 的稀释度下就能抑制革兰阳性球菌，但必须 10 倍于以上浓度才能抑制革兰阴性的大肠杆菌。这说明结晶紫对革兰阳性菌的亲和力要比对革兰阴性菌强得多，这也是革兰染色反应的机理之一。孔雀绿在 1：1000000 的稀释度时能抑制金黄色葡萄球菌，而抑制大肠杆菌则需要 1：30000 的稀释度。结晶紫也可用于控制真菌，如杀死丛梗孢属（*Monilia*）和色串孢属（*Torula*）需 1：10000 的稀释度，而抑制它们则只需稀释 1：1000000 倍即可。

三苯甲烷染料不仅可用于控制微生物，而且可在低浓度（如作 1：100000 稀释）下制作选择培养基，用于有目的地培养革兰阴性菌，并且可用于某些细菌，如三种布鲁氏杆菌的鉴定。

2. 嘧啶染料

嘧啶染料有嘧啶黄和原黄素。它们具有选择性抑菌作用，如对革兰阳性菌细胞抑制效果较好，而对真菌抑制活性很小。以前此类药物多用于烫伤和创伤的治疗以及眼科敷用和冲洗膀胱等，但在抗生素和化学疗法大量出现后，已很少使用。

（六）合成去垢剂

去垢剂是通过抑制表面张力或湿润作用使物体表面清洁的化合物，有些还具有杀菌或抑菌作用。常用的有肥皂、香皂和人工合成洗涤剂。人工合成洗涤剂主要有以下三种类型：

1. 阴离子去垢剂

它们是能解离出阴离子的洗涤剂，如十二烷基磺酸钠（$C_{12}H_{25}SO_3Na$），日常用的肥皂（$C_9H_{19}COONa$）也属阴离子去垢剂。

2. 阳离子去垢剂

它们是能解离出阳离子去垢残基的洗涤剂，如十六烷基吡啶氯化铵。

3. 非离子型去垢剂

这类去垢剂不电离。

肥皂和非离子型去垢剂不具有明显的抗微生物的作用。它们使皮肤、衣物表面微生物减少，主要是通过洗涤将微生物陷于泡沫中，再通过漂洗将微生物带走，也就是说它们对微生物的去除属于机械去除作用。

阴离子去垢剂和阳离子去垢剂不但能通过机械去除作用减少衣物表面的微生物，而且对微生物具有杀灭和抑制作用。一般认为，阳离子去垢剂比阴离子去垢剂具有更强的杀菌效力。

（七）季铵化合物

大多数具有杀菌力的阳离子去垢剂属季铵盐类化合物，其结构如图 4-6 所示。图中 R^1、R^2、R^3、R^4 都是含碳基团，X^- 是带负电荷的离子，如 Br^- 或 Cl^-。由于含碳基团和带负电离子的变化，使季铵盐成为系列物质。

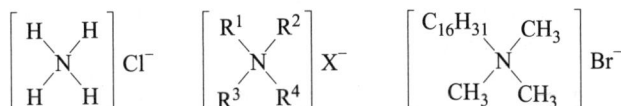

$$\begin{bmatrix} H & & H \\ & N & \\ H & & H \end{bmatrix} Cl^- \qquad \begin{bmatrix} R^1 & & R^2 \\ & N & \\ R^3 & & R^4 \end{bmatrix} X^- \qquad \begin{bmatrix} C_{16}H_{31} & & CH_3 \\ & N & \\ CH_3 & & CH_3 \end{bmatrix} Br^-$$

图 4-6 季铵盐化合物的化学结构

季铵化合物对革兰阳性细菌具有特别强的杀菌力，对革兰阴性细菌也很有效，还能杀灭真菌和病原性原生动物，所以属广谱杀菌剂。季铵化合物对一些病原细菌的杀菌浓度如表 4-10 所示，它们在稀释 1∶200000 倍时仍具有抑菌作用。

表 4-10　三种季铵盐化合物的杀菌浓度

微生物	致死浓度（稀释倍数）		
	溴化十六烷基三甲铵	十六烷基吡啶氯化铵	苄烷铵
葡萄球菌	20 000 35 000 218 000	83 000 218 000	18 000 20 000 38 000 50 000 200 000
酿脓链球菌	20 000	42 000 127 000	40 000
大肠杆菌	3 000 27 500	66 000 67 000	12 000 27 000
伤寒沙门氏菌	13 000	15 000 48 000 62 000	10 000 20 000
铜绿假单胞菌	3 500 5 000		2 500
普通变形杆菌	7 500	34 000	1 300

季铵化合物在卫生和消毒方面已广泛使用，其作用机理还不完全了解，有人认为其作用机理可能包括对酶的抑制、使蛋白质变性、破坏细胞膜引起生命物质外漏等。

（八）酸和碱

每种微生物对其环境的 pH 都有自己的最适值和生长忍受范围，在 pH 偏离最适值时其生长会受到抑制；在其忍受限以外的 pH 条件下，则导致死亡。无机酸在水溶液中会逐渐解离，如 HCl 和 H_2SO_4，可解离产生 H^+、Cl^- 或 SO_4^{2-}。它们对微生物的致死机理，最终在于氢离子的作用。有机酸与无机酸不同，有机酸的电离程度低，靠其电离产生的氢离子常不易使微生物致死。因此，某些有机酸对微生物的高效致死作用与其分子的性质有关。

碱性物质对微生物的抑制作用，同样依赖于碱的解离程度和 OH^- 浓度。不过，碱性物质的另一个因素，即碱中的金属离子，尤其是重金属离子的毒性效应也是不可忽视的。

一般来说，碱对革兰阴性菌和病毒的作用强于对革兰阳性菌和原生动物。氢氧化钠溶液和石灰水常用作消毒剂。强酸和强碱也用作杀孢子剂。但是，由于它们都具有较强的腐蚀性，所以应用受到限制。

（九）戊二醛

戊二醛是一种饱和二醛，它是一种广谱抗菌剂，2% 的戊二醛溶液不但能杀死细菌和真菌的营养体，而且能杀死霉菌的孢子、细菌的芽孢和病毒。其在医疗上常用于泌尿科器械、有透镜的医疗器械以及其他医疗装置的灭菌。

（十）气体化学消毒剂

常用的气体化学消毒剂有环氧乙烷、β-丙内酯和甲醛（HCHO）等。它们常用于不耐高温和不适合用液体化学消毒剂消毒的材料以及密闭空间中空气的微生物控制。其方法是在适当的温度条件下，将要消毒的物品置于密封环境中，充满消毒气体，处理后再用无菌气体代换其中的消毒气体或使其自行消散，也可用于小体积的空气灭菌。下面介绍利用甲醛灭菌。

高浓度的甲醛只在较高温度下才是一种稳定的气体，市售甲醛水溶液浓度为 37%～40%，称为福尔马林。甲醛灭菌受环境温度和湿度影响很大，一般在 22℃、相对湿度保持 60%～80%条件下效果最好。

三、协同消毒

协同消毒（synergism of disinfection）是在消毒过程中，采用两种以上的消毒剂或消毒方法，加速和提高消毒效果。协同消毒可克服单独使用某一种消毒剂或消毒方法带来的不足。但是，并不是任何两种消毒剂同时使用都具有协同作用。现已知具有协同消毒作用的消毒剂配合有：

（一）卤素化合物之间的协同消毒

已知次氯酸钠、二氯或三氯异氰尿酸、氯胺-T、氯胺-B 和氯化三磷酸钠分别与少量的 KBr 或 NaBr 固体混合在一起，不仅储存性能稳定，而且投入水中后可形成 HOCl 和 HOBr，两者可起到协同消毒作用，提高杀菌效果，减少消毒剂用量。

此外，在对污水处理厂二级出水消毒中，杀死大肠杆菌、大肠杆菌 f_2 噬菌体和脊髓灰质炎 Ⅱ 型病毒，单独用二氧化氯（ClO_2）效果不佳，但将 ClO_2 和 Cl_2 联合使用就较好。例如，单独用 ClO_2 12mg/L 或 Cl_2 25mg/L，在 2min 内可达到满意效果，但二者结合使用（ClO_2 2mg/L 和 Cl_2 8mg/L）也可获得同样效果。

（二）产生自由基的协同消毒

已知抗坏血酸（维生素 C）有灭活病毒的作用，但用量较高（200～1000mg/L）。铜虽有杀菌作用，但速度慢、剂量高。如果将二者配合使用，Cu^{2+} 可催化抗坏血酸自动氧化产生 OH·自由基，而呈现很强的杀菌力。如果再加入双氧水（H_2O_2），则可进一步提高杀菌效果。例如，在含有大肠杆菌的水中，先加入 H_2O_2 10mg/L，然后加入抗坏血酸 10mg/L 和 Cu^{2+} 0.5mg/L，就可达到满意的消毒效果。

（三）氧化剂与金属离子的协同消毒

Zsoldos 等为提高饮用水的消毒效果，曾试验用 $S_2O_8^{2-}$（100mg/L）与 Ag^+（10～100mg/L）协同消毒水，达到满意效果。他们认为 Ag^+ 与 $S_2O_8^{2-}$ 反应可产生 SO_4^{2-} 和 Ag^{3+}。Ag^{3+} 具有强的杀菌力，比游离氯效果更好，并因此申请到美国专利。

（四）化学药剂与物理方法的协同消毒

化学消毒剂与物理方法协同消毒可减少化学消毒剂用量，节约消毒费用。例如：单用 Ag^+ 50μg/L 消毒被大肠杆菌污染了的水样，接触 10min，只杀死 87.7%～91.6%；单用超声波（强度 820kHz，30V/cm^2）3～5min，只能杀死 20.4%～51.7%。但是，投加 Ag^+ 50μg/L，超声波处理 5min 就能把同样体积水中的大肠杆菌全部杀死。

此外，O_3 和超声波、O_3 和紫外线、三氯乙烷和 O_3 协同消毒也都达到了良好的效果。可见协同消毒是一种优秀的消毒形式，在寻找新的消毒剂和消毒方法中，考虑和应用协同消毒效应，将更有利于试验的成功。

第四节 消毒剂和防腐剂的评价

目前市场上的消毒剂和防腐剂种类繁多，用途也不尽相同，常用药剂及其用途如表 4-11 所示。正确评估消毒剂和防腐剂的效能是合理选择和利用的重要前提。验证消毒剂和防腐剂商品标签上说明的质量标准和使用说明，对于正确使用和保证使用效果也是必要的。

表 4-11 控制微生物的化学药剂及其用途

化学药剂	用途	局限性
酚及酚类化合物	一般消毒剂	效力低,有刺激性和腐蚀性
醇类:乙醇和异丙醇	皮肤和体温表消毒	用作消毒
碘类	皮肤消毒	对黏膜有刺激性
氯	水的消毒	有机物可使作用效果降低与 pH 有关,用量不当时产生异味
硝酸银	用于烧伤	可能有刺激性
汞制剂	皮肤消毒	作用缓慢,有毒性
季铵化合物	皮肤消毒	无杀孢子作用
甲醛	用于仪器灭菌烟熏法	穿透性差,有腐蚀作用
戊二醛	用于仪器灭菌烟熏法	稳定性差
环氧乙烷	用于怕热材料、仪器和大型设备的灭菌	易燃,纯净的环氧乙烷可能会爆炸
β-丙内酯	用于仪器和怕热材料的灭菌	缺少穿透力

消毒剂和防腐剂的评价包括：①根据药剂的使用说明，确定试验用剂量；②根据药剂的使用说明，确定受试微生物。实验方法有以下几种：

1. 试管稀释培养法

此法是将消毒剂或防腐剂水溶液在试管中进行连续稀释，取几个适宜的稀释度，向各管中分别加入一定量的受试微生物细胞。使微生物与药剂接触作用一定时间后，再向各管中加入适量的灭菌培养基，培养后观察生长情况。这种试验可确定药剂的有效浓度，也可确定药剂的作用方式，即是抑菌还是杀菌。必要时，每个稀释度可作平行样。

2. 试管稀释琼脂平板法

此法是将试管稀释培养法中，从药物与微生物接触作用后的各管中，吸取一定量的菌悬液（如 0.1mL 或 0.2mL）接种于无菌琼脂平板上，涂匀后培养一定时间，待长出菌落后进行菌落计数。它不但可以满足试验方法 1. 中的目的，还可计算一定剂量下在一定时间内的微生物致死百分比。

3. 琼脂培养基添加法

将化学药剂加入琼脂培养基中，制成平板，再接种受试微生物，培养后观察微生物菌落的减少或微生物完全不生长等情况与药剂浓度的关系。

4. 制成琼脂平板检验化学药剂

将受试微生物加入融化了的琼脂培养基中，制成琼脂平板，然后在这种平板上放入待检化学药剂。药剂加入的方法有：①纸片法，此法是将滤纸片浸入药剂试液中，然后取出风干备用。试验时将吸有药剂的纸片贴于带菌的平板上，培养后观察纸片周围的抑菌圈。②杯碟法，此法是将具有一定容积的小管放到带菌的平板上，形成小杯，在管中加入药剂试液，进行培养。培养一定时间后，取出并观察小管周围的抑菌圈。

5. 酚系数法

酚是利用较早的消毒剂，并且应用广泛。酚系数法是以酚为标准，通过试验确定其他消毒剂的消毒能力。此试验所用实验微生物为伤寒沙门氏菌或金黄色葡萄球菌。试验对象为对微生物作用方式与酚类似的消毒剂。其方法是：

向一系列装有 5mL 不同浓度的被检消毒剂的试管中加入培养 24h 的试验菌肉汤培养物 0.5mL。同时，用同法配制一系列浓度的酚溶液，每管中加入同体积的试液和试验菌肉汤培养物。所有试管都放在 20℃的水浴中，作用 10min 后，用接种环挑取一环分别接入装有灭菌培养基的试管中，培养后检查生长情况。找出消毒剂致死微生物的最大稀释度和酚致死微生物的最大稀释度，即可计算酚系数。例如消毒剂 X 的酚系数试验如表 4-12 所示，由试验结果可知，X 消毒剂的酚系数为 150：90＝1.67。

表 4-12　X 消毒剂酚系数实验结果举例

消毒剂 ＼ 浓度	1：90	1：100	1：125	1：150	1：175
X 消毒剂	0	0	0	0	＋
酚	0	＋	＋	＋	＋

值得注意的是，目前尚无一种能够适用于评价所有化学消毒剂的简单有效的微生物学方法。因此，对每一具体的化学药剂，都要仔细选择试验方法，才能获得符合实际情况的有意义的结果。

思考题

1. 简述控制微生物的目的和重要性。
2. 微生物实验室常用的灭菌方法有哪些？
3. 比较干热灭菌和湿热灭菌方法的异同和用途。
4. 化学抗微生物剂应具有哪些特点？
5. 试举例说明日常生活中防腐、消毒和灭菌的实例及其原理。
6. 说明微生物营养体与其孢子抗热性不同的原因。

第二篇
微生物生态学

微生物生态学（Microbial Ecology）是研究微生物与其周围生物和非生物环境之间相互关系的一门学科。微生物生态学研究内容包括微生物在自然界中的分布、种群组成、数量及生理生化特性，微生物之间及其与环境之间的关系和功能，以及微生物与动植物之间的相互关系和功能等，还包括在极端自然环境中微生物的种类、生命机理和作用以及这些微生物在实际中的特殊用途等。

目前，环境污染问题日益严重，对人类健康、工农业生产和生态平衡构成了重大威胁。而微生物生态学作为微生物学在环境污染控制和环境微生物检测中的理论基础，主要研究：①污染控制中微生物理论及技术的应用，以提高环境污染微生物控制水平；②改进环境微生物检测技术等。由于微生物生态学是研究自然环境中的微生物学，各种生物因素和非生物因素的相互作用十分复杂，所以必须用一些实验模拟和数学模型，并借助计算机技术来研究和描述这些相互作用，这一部分也是微生物生态学的重点内容。

研究微生物生态学的目的是通过研究，充分了解和掌握微生物生态系统的结构和功能，更好地发挥微生物的作用，以充分利用和保护微生物资源；了解环境条件的变化对自然界微生物群体生长和代谢的影响；了解微生物在自然界中所起的作用，并利用有关的微生物为人类服务，提高生产效率、保护人类健康和维持生态平衡。

第五章
微生物生态学研究方法及意义

第一节　微生物生态学研究方法

一、微生物生态学传统的研究方法

微生物生态学的核心在于探索微生物与周围环境之间的相互作用过程及其规律。然而，因为微生物具有独特的性质，人们无法对其所有种类一一展开进行详细的分析和探究。因此，有必要选择特定的目标来深入了解特定类型微生物的特征、数量和功能等，有时需要通过纯化培养的方式进一步开展相关研究。基于这些需求和属性，学者们已经总结出一系列有效的策略和工具，如样品的采集、富集培养和分离，直接计数（显微计数等），活菌计数（CFU法），最可能数法（MPN法，最大概率数法）等。

1.样品的采集、微生物富集培养和纯种分离

根据不同的目的和要求，样品的采集也有不同的方法。

样品采集后就要进行各种微生物菌量的计数或进行富集培养和微生物菌种的分离。所谓富集培养就是根据研究目的，用一定的选择性培养条件使特殊微生物的数量得到提高，以便于进行分离。一般只要进行2～3次的富集培养就可达到要求。然后通过进行平板划线分离纯化，获得纯培养的微生物菌种。

2.直接计数（显微计数）

通过运用光学显微镜对样本中存在的微生物进行计数或者测量其长度，可以估算出它们的生物质量。有时候，我们可能需要对样本进行着色处理以便于观测，或是对其进行适度的稀释。

该方法既简易又迅速，但它的局限在于仅能抽取极小部分的样本，这无法全面反映微生物所在环境的全貌，这也是该技术的一大不足。

3.最大概率数法

为了探究微生物生态系统中的微生物群落构成及功能，有必要进行各种微生物数量的测定。除了可以直接用显微镜计数外，还可采用最大概率数法（MPN法，又称多管培养法），即将样品用无菌生理盐水系列稀释，取一定稀释度的液体（通常需制作5个稀释度）接种于培养基中，经过一定时间培养后，观察各稀释度的生长情况。通过统计方法，根据各稀释度的生长管数来求出样品中微生物的数量。通常最大概率数法采用3管或5管的方法。

这种方法适用于定量测定样品中诸如好氧异养菌总量、厌氧异养菌总量、硝化及反硝化菌总量、硫酸盐还原菌总量等。

4. 活菌计数法

常用的活菌计数方法是稀释平板法，即对采集的样品进行适当稀释，使每个平板上仅生长一定数量的微生物。通常情况下，每个平板形成 30～300 个菌落为有效范围。这种方法的主要优势在于可以测定自然样品中的活微生物数量，并鉴别真菌、放线菌和细菌。但该方法也存在诸多缺陷，多种因素可能导致计算误差。例如，许多自然微生物细胞聚集在一起，普通方法难以分离，产生的单个菌落可能由多个细胞增殖而成，而非单个细胞形成；部分微生物在平板上只能形成微小菌落，不易肉眼观察；实验室通常使用的培养条件难以满足所有微生物的生长需求，且有限的培养基种类也无法满足所有微生物的需求。此外，平板上形成的丝状微生物菌落难以确定来源是孢子还是菌丝。尽管如此，该方法仍被广泛应用于微生物生态学研究中，特别是适用于细菌生态学研究。

5. 代谢活力的测定

微生物代谢活力的测定主要是为了了解一个环境中微生物的物质转化能力，常用的方法有：①测定 ^{3}H 标记的胸腺嘧啶掺入微生物群体 DNA 中的速率；②用带有放射性标记的各种污染物作为微生物生长的底物，测定微生物对这些污染物的分解速率；③分析某些特殊酶类的酶活力；④测定自然样品中的 ATP 含量也可以反映微生物代谢活力的大小，同时更能表达生物量的大小；⑤最广泛用于测定代谢活力的方法是估计整个微生物群体的呼吸作用和藻类的光合作用，测定的对象是 O_2 和 CO_2 量的变化。

过去，人们在研究微生物生态学过程中惯用的方法是以感官观察为基础，通过一些实验将搜集的资料加以分析和解释，并进一步归纳、假设和推理。在此过程中，其结果大多数是描述性的，数据基本是孤立的。近年来，人们开始将数学方法应用于微生物生态学研究中，以统计数据和建立生态模型来定量描述微生物生态学问题。

此种方法始于在实验室内构建一种被简化的人造环境，即我们常说的模拟测试。使用的样本可能包括天然水体、土壤、植物落叶等各类物质。其设定的基本参数也尽可能接近实际的环境状况。接着，将这个繁杂且变化的自然生态环境拆解为若干个较小但相对简单的亚系统。这些亚系统间的相互作用和内部各要素的影响都可通过数学公式来表达。因为这类仿真测试都是在人为调控下执行的，所以能有效减少真实的生态进程所需时间，同时能在更短的时间内探索出生态进化过程中的规律，并对未来生态发展走向做出预判。

二、微生物生态学分子生物学研究方法

现代分子生物学技术在生态学研究中的应用大大推动了微生物生态学的发展，促使微生物分子生态学的形成。微生物分子生态学方法弥补了传统的微生物生态学方法的不足，使人们可以避开传统的分离培养过程而直接探讨自然界中微生物的种群结构及其与环境的关系。微生物生态学研究中采用的分子生物学方法主要有核酸探针杂交技术、聚合酶链式反应（PCR）技术、rRNA 基因同源性分析方法、梯度凝胶电泳技术等。这些技术的应用取得了一系列重要的成果，大大促进了微生物生态学的发展，并在分子水平上阐明了生态问题的机制。

1. 核酸探针杂交技术

核酸杂交技术快速，能灵敏地探测出环境微生物中特殊的核酸序列，并通过光密度测定法直接比较核酸杂交所得到的 DNA 定量结果，从而反映出相关微生物的存在及功能。标记核苷酸探针可直接探测溶液中以及固定在膜上或细胞或组织内的同源核酸序列。探针可以是长探针（100～1000bp），也可以是短探针（10～50bp）。杂交方式可以是菌落杂交、狭缝杂

交或原位杂交。Guo 等应用核酸杂交方法研究了被燃油污染及未污染的土壤中提取的细菌 DNA，结果表明，由被污染的土壤提取的细菌 DNA 中各种烃的降解基因的检出率显著高于未污染的样品，且定量分析结果表明污染越严重，这种降解基因的含量也越高。因而可以用该方法评价土壤的燃油污染程度。澳大利亚的 Pollard 采用核酸探针杂交方法进行活性污泥中特定微生物的生长速率测定，具体是将放射性标记的胸腺嘧啶投加于活性污泥处理系统中，使细菌在分裂时自然掺入放射性标记，然后提取活性污泥的总 DNA，最后把特定细菌的特异性核苷酸探针固定于杂交膜上，与活性污泥总 DNA 进行杂交，根据放射性强度可以定量分析特定细菌的 DNA 量。结果表明用该方法可以进行活性污泥中细菌种群动力学的研究。

2. PCR 技术

在环境检测中，靶核酸序列往往存在于一个复杂的混合物如细胞提取液中，且含量很低，对于探测这种复杂群体中的特异微生物或某个基因，杂交就显得不够敏感。使用 PCR 技术可将靶序列放大几个数量级，再用探针杂交检测被扩增序列，以定性或定量研究分析微生物群落结构。PCR 技术常与其他技术结合使用，如 RT-PCR、竞争 PCR、槽式 PCR、随机扩增多态性 DNA（RAPD）、扩增核糖体 DNA 限制性分析（ARDRA）等。

Selvaratnam 等利用 PCR 技术检测处理废水的间歇式反应器中降解酚（含 $dmpN$ 基因）的假单胞菌（$Pseudomonas$），不仅检测出微生物具有降解酚的能力，还测量出 $dmpN$ 基因的转录水平，从而确定了该假单胞菌特殊的分解活性。研究结果表明，转录水平、酚浓度、通气阶段之间存在正相关。

竞争性 PCR（competitive PCR）是一种定量 PCR 方法。竞争性 PCR 曾被用来测定受多环芳香烃污染的沉积物中编码邻苯二酚-2,3-加双氧酶的 $dmpB$ 基因浓度。通过对 PCR 扩增的 $dmpB$ 基因片段进行人工改造，使其带有一个 40bp 大小的缺失，作为 PCR 扩增的竞争模板。因此，竞争模板的 PCR 产物就比目的基因模板的 PCR 产物短，通过与竞争模板的浓度进行比较，可定量分析沉积物中 $dmpB$ 基因的浓度。

有人将 PCR 技术和限制性酶切技术结合使用，检测萘降解基因 $nahAc$ 在自然沉积物中的存在情况。酶切 $nahAc$ 基因的 PCR 扩增产物，通过对酶切产物的分析，探测该基因的多态性。Erb 等曾用 PCR 技术扩增从受多氯联苯（PCB）污染的沉积物中提取出的总 DNA 中的 $bphC$ 基因，对 PCB 降解途径中的 $bphC$ 基因做进一步研究。结果显示 $bphC$ 基因具有限制性多态性，这表明该沉积物中降解 PCB 的微生物群落具有生物多样性，而未受 PCB 污染的湖水的沉积物中 $bphC$ 基因数量则相对较少。

RAPD 技术也是应用比较广泛的一种分析方法。RAPD 分析用于探测含有混合微生物种群的各种生物反应器中的微生物多样性。利用 RAPD 分析得到的基因组指纹图谱，用于比较分析某一时空内微生物种群的变化以及小试和中试规模的反应器内微生物群落变化是有用的，但还不足以用来估测群落的生物多样性。用 RAPD 分析检测实验室规模的油性淤泥培养料中的细菌菌群，发现用添加油脂淤泥的培养料比原来的培养料更适合于不同的微生物种群生长。

3. rRNA 基因同源性分析方法

rRNA 基因同源性分析方法是综合应用多项分子生物学技术对细菌中的 rRNA 基因进行分析，从而揭示微生物多样性。这是分子微生物生态学中最重要的方法之一，取得的成果也最多。其具体操作如图 5-1 所示。

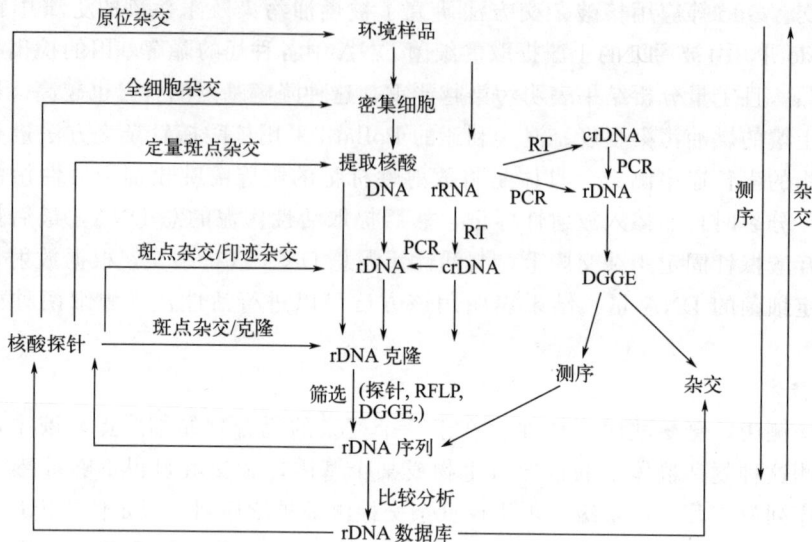

图 5-1   16S rRNA 在分子生态学中的应用

在 rRNA 基因同源性分析方法中，所使用的技术主要包括环境样品总 DNA 的提取、引物及探针的设计、PCR 扩增、梯度凝胶电泳［包括变性梯度凝胶电泳（DGGE）和温度梯度凝胶电泳（TGGE）］、限制性酶切片段长度多态性（restriction fragment length polymorphism，RFLP）、基因文库的筛选、序列测定、序列分析及系统进化树构建、斑点杂交、全细胞原位杂交及网式探针（nested probe）杂交等。这些技术可根据研究目的及对象的不同单独使用或组合使用。

rRNA 基因分析方法在微生物多样性及微生物生态学研究中具有革命性的意义，极大地推动了微生物多样性的研究，使人们对不可培养微生物群体有了全新的认识。

rRNA 基因同源性分析方法的首次应用是分析海洋浮游微生物的群体，这是一群丰富的不可培养的细菌 SAR11，其 rRNA 序列有 12.5％与已知 rRNA 基因数据库序列不同。通过 RFLP 方法分析了 51 个克隆，有 47％不同于已知菌群。

以活性污泥法处理废水是当今环境保护中最重要的技术方法和工艺之一。但是，对其中的微生物共生体的群体结构和功能的相关性却知之甚少。活性污泥沉积物可以看作是固定化的生物膜，这个生物膜可共代谢很多有机化合物和环境污染物。网式探针杂交法（nested probe hybridization）正适合研究这个非常复杂的共生体。使用对不同分类单元特异性的探针进行自上而下的过筛（top-to-bottom）研究：第一轮杂交使用具有细菌域或古菌域特异性的探针，发现绝大多数细胞与细菌探针结合；第二轮用变形杆菌纲各亚纲（α、β、γ）及其他谱系的探针进行杂交，发现每个探针都能探测几种形态类型。结果表明，依赖培养的技术明显不适合分析活性污泥中的微生物群落结构，因为原位杂交中大多数细胞与 β-亚纲探针杂交，而在平板上的菌落则大部分与 γ-亚纲探针杂交；第三轮杂交是用属的特异性探针杂交，结果发现，原位杂交的细胞只有 1％～10％与不动杆菌（Acinetobacter）的探针结合，而在营养平板上，则有 30％～60％的菌落与之杂交。这说明传统的培养技术不适于描述微生物的群落结构，而这样的一套探针可用来分析各种生态体系。

rRNA 方法还广泛应用于土壤细菌的检测、基因工程菌的安全性检查、环境中微生物间基因转移的研究等诸方面。

16S rDNA 序列同源性分析还用于研究微生物的生物多样性和系统发育的关系。日本理化所的 Kudo 采用 16S rDNA 序列同源性分析方法对 46 种可降解 PCB 的细菌进行了生物多样性和分子进化的研究，结果表明，这些降解 PCB 的细菌基本上可以分为 6 种类群，表明了它们的生物多样性和亲缘关系，并绘制了 PCB 降解菌的系统发育树。张德民等对多株紫色非硫光合细菌进行了 16S rDNA 的 PCR 扩增和序列测定，并与从基因库调出的紫色非硫光合细菌菌株的 16S rDNA 序列同时进行同源性分析。结果表明，紫色非硫光合细菌在进化起源上具有非常复杂的关系，某些类群与非光合细菌的起源相互交织在一起，很难确定它们之间的进化上的起源关系，但是 16S rDNA 序列同源性分析结果与表观形态特征的鉴定结果是一致的，并根据这个数据确定了两个新种在紫色非硫光合细菌系统发育及分类中的位置。

4. 变性梯度凝胶电泳技术

变性梯度凝胶电泳（denaturing gradient gel electrophoresis，DGGE）的原理是使用一对特异性引物，对微生物自然群体的 16S rRNA 基因进行 PCR 扩增，产生了长度相同但序列有异的 DNA 片段，然后用 DGGE 分离 DNA 混合物。

最初，Muyzer 利用 DGGE 技术来分析微生物群落的基因变异情况，以此揭示自然界中微生物种类的遗传特性。近期，该技术也被用于高效收集及挑选出具有特定特性的微生物菌株，这不仅减少了对于大量相似但有微小差异的菌株所需要进行的复杂表观检测步骤，同时也极大地减轻了工作负担。

在实际操作过程中，通常必须融合传统的方法与分子生物学的技术才能深入理解复杂环境中的微生物种类及其群体构造。来自挪威的 Øvreås 等在他们的实验中运用了经典的分离培养方法并配合最新的分子生物学手段来评估两组不同微生境下的可繁殖菌类数量、整体菌种多样化程度以及微生物群体构成情况。他们发现，有机质含量高的土壤内可繁殖菌类的数量和整体菌种多样性都显著高于沙质土壤；同时，这两种土壤内所有菌类的总数也明显超过它们对应的可繁殖菌类的数量，这也暗示着在做微生物多样性的检测时，我们应该选择整个微生物群落的总 DNA 而不是单个纯培养菌株的 DNA。

第二节　研究微生物生态学的意义

通过深入探究微生物生态学领域，我们能够揭示出微生物基因演化的过程、微生物基因与代谢之间的关联以及它们如何应对环境变化等诸多问题。使用 PCR 技术分析样本中存在的微生物及其相关基因可以有效地发掘微生物种类的丰富度并维护它们的遗传资源和基因库，所以研究微生物生态学具有深远且实际的重要价值。

（1）我国地域广阔，自然环境多样，微生物资源丰富，因此进行各种自然环境微生物生态调查，对于发现对环境保护有重要作用的新微生物菌株具有实际意义。

（2）生物体在生态环境内扮演着关键角色，它们负责各种元素（例如碳、氮、磷、氧、硫、铁及氢）的转化与循环过程，部分生物甚至对纤维素的消化、氮气固定以及特定化学反应有独特的贡献。这种转化、循环的功能对于维护生态系统的稳定至关重要。此外，大自然也拥有一些特定的微观环境，比如低温、高温、强酸、强碱、高渗透压、高辐射等，在这样的极端条件下，微生物的生命活动维持并影响到当地生态体系的平衡，同时也为探究其抵抗恶劣条件提供了好样本。更进一步的是，这类微生物在环保领域和生活应用上有着特别的价值。

（3）微生物在土壤环境中对于增强土壤肥力、抵抗病原菌以及提升农作物产量有着重要的影响。

（4）微生物因其体积极小且拥有庞大的细胞表面积而具备强大的生理和化学反应力，能够快速适应各种环境并对其进行高效清理。此外，它们也容易对基因进行改良以满足特定需求。同时，它们的生长非常迅速，这使得它们可以实现深度清洁而不引发任何次级污染问题。微生物深度清洁仅需在正常温度与压力条件下实施，所需设备相对简单。而且，在清除污染物质的过程中，这些微生物会生成一些有益的产品，因此它们的应用对于解决日益严重的环境污染问题至关重要。特别是近年来生物科技的进步，尤其是基因工程技术的使用，已经成功创建出新型的可分解多类污染物质的微生物菌种，为人类应对环境污染提供了全新的解决方案。

（5）大量的环境毒素或者由微生物转化的特定有害物质会对人类健康及生态环境造成严重破坏，部分毒素及其衍生的代谢副产品可能引发细胞癌变。因此，研究微生物如何处理这些有毒物质的方法，以及其分解效率与速度对于环境医学和环保策略的制定具有重要的指导意义。

（6）在自然生态系统中，存在着大量可对人类和动植物造成疾病的细菌。这些细菌部分会在自身生长的同时释放出有害物质或者改变周围的环境因素，从而阻碍其他生命体的繁殖与存活。因此，对于这类具有潜在威胁性的微生物，我们必须采取措施来限制它们的发展与传播。

（7）鉴于科技进步和生活需求所带来的大量人造化学物质被释放至自然环境，其在生态系统中的滞留时间值得我们高度重视。在多数发达国家，所有进入自然环境的化学制品都需要先经过微生物分解测试，以评估它们可能对生态环境造成的影响。

（8）使用微生物进行环境监测既节省时间和精力，又能降低成本，且应用范围广泛。

所有微生物学理论和技术应用都建立在微生物生态学基础上，因此，对微生物生态学的研究具有极其重要的价值。

思考题

1. 微生物在生态系统中的地位怎样？
2. 简述传统的微生物生态学研究方法及其优缺点。
3. 试述现代分子生物学研究方法在微生物生态学研究中的作用。
4. 微生物生态学的研究意义何在？

第六章
微生物与环境的相互关系

第一节　微生物生态系统及其特征

一、微生物生态系统

微生物生态系统（microbial ecosystem）是指由微生物系统及其环境（包括动植物）所组成的具有一定结构和功能的开放系统。根据自然界中主要环境因子的差异和研究范围的不同，微生物生态系统大致可分为：

1. 陆生微生物生态系统

此类微生物生态系统主要是土壤微生物生态系统。土壤生态系统是人类生产和生活资料重要的来源之一。微生物对土壤的形成、土壤肥力和生物质（biomass）的生产都有非常重要的作用。

2. 水生微生物生态系统

地球表面约有71％为水所覆盖，水是一种良好的溶剂，其中溶解有 O_2 及 N、P、S 等无机营养元素，还含有不少的有机物质，是微生物重要的生存场所和发源地。

微生物在水体中的作用明显：①微生物在水体自净中起着重要作用；②微生物可提高水体生物生产力；③微生物在水体污染严重的情况下也可引起水体富营养化或导致水体发臭。因此，研究水生微生物生态系统具有重要的社会、环境和经济意义。

3. 空气中的微生物传播

尽管微生物无法在空气环境中进行良好的生长繁殖，但它们的确能通过大气这一媒介有效地扩散并引发各种疾病问题。所以，深入了解微生物如何在大气环境中移动及其行为模式的变化对于理解大气污染状况、预防由有害微生物（包括致病细菌和腐烂细菌）引起的动物和人类健康威胁至关重要。这不仅具有深远的理论价值，也具有实际应用的重要性。

4. 根部微生态环境

根部周边微生态环境是独特的生物群落，其主要由植物根系所处的特殊环境和其中的特异微生物构成，共同构筑起根部的微生态环境。通常情况下，这个微生态环境的健康状况决定了植物正常的生命活动。部分根部微生物会与特定植物形成互利共生的联系，例如固氮细菌与豆类作物；而另一些则无法独立生存，必须依赖根部微生态环境才能存活并繁衍后代，比如许多菌根菌种。深入了解根部微生态环境对于推动林业的发展、维护林木健康、提升牧场产出率、增加农田粮食产量乃至处理环境污染问题都有深远的影响。

5. 肠道微生态系统

人体及动植物体内都含有大量的微生物，特别是在人类和反刍动物的肠胃中，其微生物的多样性和数量尤为显著，这些微生物共同构成了一个独特且功能各异的肠道微生物生态系统。大部分生活于人或动物肠胃中的微生物都是有益的，例如瘤胃微生物能生成纤维素酶以协助消化纤维质食品；另外一些肠道细菌还能为人或动物供应必要的维生素和其他营养物质。然而，一旦这个肠道微生物生态系统的平衡被破坏，就可能会严重损害人或动物的健康。因此，深入了解并研究这种肠道微生物生态系统，不仅有助于推动畜牧业发展，而且也能改善人们的健康状况。

6. 极端环境微生物生态系统

极端环境包括高温、低温、高盐、高碱、高酸、高压等环境。在各种极端环境中，经常只有微生物存在。因此，研究极端环境微生物生态系统，了解极端环境因子对微生物种群、群落分布和结构组成及其功能的限制性作用规律，对研究微生物分类、生物进化甚至是生命的起源，以及对于开发微生物资源和应用这些微生物的特殊基因、特殊功能的酶（耐热酶、耐碱酶等）及其新的生物产品，在理论上和实践上都有重要意义。

7. 活性污泥和生物膜微生物生态系统

活性污泥和生物膜都是废水生物处理的主体，存在于废水生物处理系统中。废水生物处理系统是半人工生态系统，其处理能力和出水质量的优劣常与其中生存的微生物群落的种群组成和活性有关，而微生物的组成和活性又取决于生态系统的理化条件。所以研究废水生物处理系统中微生物之间、微生物与环境条件之间的作用规律，对提升处理厂废水处理水平和设备、工艺改革具有重要的指导意义。

二、微生物生态系统的特征

由于微生物具有个体微小的形态特征和生理类型多样的特性，使它们对生境具有比高等生物更强的适应性，所以其生态系统也就具有与高等生物生态系统不同的特征。

1. 微小生境

高等生物通常需要一个较大的生境，如老虎常占据一个山梁，鲸类动物常需要一个海域，就是一只野兔也需要一片草地或田园才能满足它们活动和对食物的需求。但是，微生物个体微小，所以能在微小环境中生存，并执行其特定功能，如人类或高等动物的口腔或肠胃、一个小水坑或一小块沃土都可以成为某些微生物的生活环境，其在其中生长、繁殖并执行各自的功能。

在环境微生物学研究中，关注微小生境的存在是十分重要的，因为它对其所处大生境的研究具有重要影响。例如：①在土壤中可因为植物根毛脱落、根的分泌物使贫瘠土壤中形成富营养的微小环境；在肥沃的土壤表层可具有有机营养缺乏的微小环境而使化能自养菌生存；在旱田土壤表层也可存在缺氧的微小环境等。②在清洁水体中既可因固体物质表面吸附形成富营养的微小环境；也可因植物残体的进入，形成富营养的微小环境。③在废水活性污泥法生物处理中，微氧的微小环境常可引起浮游球衣细菌造成的活性污泥膨胀。因此，了解和重视微小环境的影响对环境微生物监测结果的可靠性和废水生物处理厂的正常运行都是十分重要的。

2. 生境营养类型的多样性

微生物生理类型多，具有整个生物界所具有的所有生理类型，所以就整个微生物群体而言，能够利用所有可生物利用的物质。因此，微生物能够在所有生境中生活，但是在不同生境中生活的微生物类群不同。例如，在潮湿的岩石上可以生长地衣；在富营养化的水体中藻类可优势生长；在酸性土壤中真菌在与其他微生物竞争中常处于优势，所以一些微生物可作为环境特性和污染状况的指示者。微生物还可以在不同营养物浓度条件下生活，但是营养物浓度不同其中的微生物的密度也不同，所以从某个环境中的微生物的密度可了解该环境的营养状况。例如，常用异养细菌密度表征水体和土壤的有机营养状况（或有机污染程度）。

某些有毒物质也可被微生物利用或转化，其中有些有机毒物可被某种或某些微生物用作能源和碳源物质；有的难降解有毒有机物可通过共代谢作用被一些微生物利用。所谓共代谢作用是指某种微生物对一种难降解有机物的降解和利用取决于另一种营养物的存在；或者是某种微生物对一种难降解有机物的利用取决于另一种微生物的存在。

3. 环境的氧化还原电位变化大

高等动物和高等植物的呼吸作用都严格依赖分子氧，在无分子氧的环境中不能生存，但在微生物中的一些种类可在完全无分子氧的情况下进行厌氧生活。所以在某些无氧环境中，生物群落完全由微生物组成，微小环境的氧化还原电位直接受这些微生物的影响。

4. 环境温度范围大

有些微生物可以在高等生物难以存活的高温环境中生长繁殖，如在美国黄石公园温泉中分离到一株热溶芽孢杆菌（*Bacillus caldolyticus*）可以在 $92\sim93℃$ 下存活；又如在太平洋 2500m 深处分离到一株高温菌，在密闭容器内将海水加压到 265 个大气压时，其在 250℃ 仍能繁殖（其代时为 40min）。而在垃圾堆肥过程的高温期，起作用的主要是能在 45℃ 以上生活的高温微生物；能在低温（如 0℃ 以下）生活的微生物种类也很多。

此外，微生物对环境盐度、压力、渗透压以及毒性的适应性也很强，这就使得微生物生境极具广泛性。

第二节　自然环境中的微生物群落

微生物是自然界分布最广的生物类群之一，可以说在任何有生物存在的地方都有微生物存在。在自然界中，微生物的主要栖息场所有土壤、各种水体、大气、动植物体表面和体内等。以下主要讨论微生物在土壤、水体和空气中的分布。

一、土壤中的微生物群落

（一）土壤中的主要微生物

1. 土壤中的细菌

土壤细菌在多数情况下占优势。这不仅是因为细菌营养类型多、呼吸机制复杂，而且细菌代谢旺盛、繁殖快，所以在多数土壤中细菌的个体数量总是最多。在 1g 肥沃土壤中其数量常达几十万到两亿个，其中还不包括具有特殊营养要求的异养细菌、自养细菌和专性厌氧菌。即使如此，以每个细胞平均体积为 $1\mu m^3$，表层土每克含 10^8 个个体计，则细菌可占土壤总体积的 0.01%；以细菌个体湿重为 $1.5\times10^{-12}g$/个计，则每公顷表层土壤中活菌重约为 300kg。

在土壤中普遍存在的细菌有 20 多个属，其中杆菌多于球菌，革兰阳性菌多于革兰阴性菌，多数芽孢杆菌都可以在土壤中找到。土壤中细菌群落的形成不仅受土壤环境条件的影响，而且也是群落自我调控的结果。例如：①蛭弧菌常附着在较大的细菌细胞上营寄生生活，当其他细菌大量存在时，就贪婪地取食，引起宿主细菌大量减少。②黏细菌的营养体为柔软的棒状，滑行运动。与其他细菌不同的是，它有一个生活史，其中包括一个静止期，在静止期形成一个特殊的子实体，当静止细胞恢复代谢时可分泌溶菌酶，以杀死其他细菌作为自己的营养。

2. 土壤中的放线菌

放线菌全部异养，已知的除星状诺卡氏菌（*Nocardia asteroides*）外全部好氧，所以在土壤中它们主要生活在有机质丰富、供氧条件良好的土壤上层。土壤中常见的放线菌有近20属，其数量仅次于细菌，有时还会多于细菌。

在土壤中放线菌的发育较细菌和霉菌慢，所以对营养竞争力差。如果以土壤在施有机肥后，细菌、放线菌和真菌的数量达到高峰或增殖高峰的时间计，从短到长其顺序是细菌、真菌、放线菌。试验证明放线菌的有机营养物类型广泛，它们对纤维素、几丁质、固醇类等结构复杂的难降解天然有机物有较强的利用能力。因此，在土壤中放线菌对促进碳循环和腐殖质形成具有重要作用；不少放线菌能产生抗生素，对防止动植物病害和人体病原菌的传播、调节土壤微生物群落组成具有重要作用。

也有一些放线菌能引起植物病害，如疮痂病链霉菌（*Streptomyces scabies*）可引起马铃薯疮痂病、甘薯链霉菌（*Streptomyces ipomoea*）可引起甘薯和马铃薯疮痂病。而引起人类、牲畜皮肤病和肺病的是星状诺卡氏菌。

3. 土壤真菌

土壤中真菌的个体数总是少于细菌和放线菌。但是在多数情况下真菌的生物量大于细菌，在肥沃的表层土壤中其湿重常可达到 $500\sim5000kg/hm^2$。

土壤中的霉菌和放线菌一样全部为化能异养型，几乎全部好氧，主要生活在有机质丰富、供氧条件好的表层土壤中。已知土壤中常见的霉菌有毛霉属（*Mucor*）、木霉属（*Trichoderma*）、毛壳属（*Chaetomium*）、曲霉属（*Aspergillus*）、青霉属（*Penicillium*）和镰孢霉属（*Fusarium*）等。

酵母菌在土壤中的分布也很广泛，常见的有14个属，如假丝酵母属（*Candida*）、毕赤酵母属（*Pichia*）、汉逊酵母属（*Hansenula*）、裂殖酵母属（*Schizosaccharomyces*）、油脂酵母属（*Lipomyces*）、红酵母属（*Rhodotorula*）、隐球酵母属（*Cryptococcus*）、德巴利酵母属（*Debaryomyces*）、拟球酵母属（*Torulopsis*）等。在不同土壤中酵母菌的数量变化很大，一般每克干土壤所含酵母菌为 $2\times10^2\sim1\times10^5$ 个。

土壤真菌，尤其是霉菌对不利环境的耐受力较强，它们的孢子、菌核和菌索耐受力更强，因此可广泛分布于各种类型的土壤中。霉菌有两种主要的生活方式：一是腐生，腐生菌可有效地分解利用有机物，对土壤物质的转化和循环起着重要作用；二是寄生，植物寄生菌常引起植物病害，造成作物减产，动物寄生菌常引起动物疾病，但是有的可用于害虫防治。此外，真菌中有些霉菌能产生毒素，它们常使农产品失去或降低利用价值，危害人体健康。

4. 土壤中的藻类

包括蓝细菌（蓝绿藻）在内的藻类是土壤中含叶绿素的微生物，在营养上都能进行光能自养生活。在自养生活中，光以及无机氮、磷、硫化合物和其他无机营养物、水及二氧化碳是不可缺少的。但在黑暗条件下有的藻类也可同化简单有机物。

藻类广泛分布在世界各地的土壤中，但只能在可见到光的潮湿土壤中进行正常的生长和代谢作用，而且不同土壤中的优势种群不同。例如：①绿藻虽然分布很广，但只在酸性土壤中易形成优势；②硅藻在酸性土壤中很少，在中性和微碱性环境中发育良好；③蓝细菌在pH低于 5.2 的环境中不生长。

在土壤中影响藻类数量的最重要的因素是光和表层含水率。土壤中的藻类可通过光合作用增加土壤有机质含量；一些固氮藻类可通过固氮作用增加土壤肥力。

5. 土壤中的原生动物

土壤中的原生动物是地下动物区系中最丰富的动物类群之一，它们绝大多数好氧，全部能进行异养生活。因为原生动物以有机颗粒、细菌、藻类等为食，所以在接近地表 15cm 的有机物丰富、菌类数量最多的土层中，其数量和种类也最丰富。

土壤中的原生动物种类很多，常见的有泥生变形虫（*Amoeba limicola*），它们以细菌和单细胞藻类为食，多居于潮湿土壤中；斜口三足虫（*Trinema enchelys*）类原生动物，它们对温度的适应性很强，在北极冻土中和 60℃ 的温泉水中都可发现它们的存在；其他，如棘变形虫属（*Echinamoeba*）、网足虫属（*Reticulo myxa*）、碟形拟衣壳虫（*Microclamys patella*）、沙壳虫属（*Difflugia*）中的一些种等，也在土壤中经常发现。

在土壤中，原生动物的作用是促进物质循环和转化，控制其他微生物的过量存在，保证微生物群落组成的稳定性。

（二）土壤对微生物分布的影响因素

1. 土壤类型

我国的土壤可分为十几种类型，每种类型的土壤都有自己的微生物组成特点，以内蒙古的灰钙土、江苏的稻田土、江西的红壤、湖南的红壤、四川的紫色土和北京的黑钙土为例，它们的菌类微生物组成就具有明显的差别（表 6-1）。

表 6-1　几种土壤中微生物群落的组成

土壤标本	微生物数量/（×1000 个/g）						
	总数	细菌	占总数百分比	放线菌	占总数百分比	霉菌	占总数百分比
北京黑钙土	9659	5380	55.7%	4250	44%	29	0.30%
内蒙古灰钙土	4752.6	3513	73.9%	1233	25.9%	6.6	0.14%
四川紫色土	13534	8500	62.8%	5000	36.9%	34	0.25%
江苏稻田土	5782	5280	91.3%	4000	69.2%	102	1.76%
江西红壤	1362.9	1290	94.7%	59.3	4.35%	136	9.98%
湖南红壤	1296	623	48.1%	606	46.8%	67	5.17%

2. 土壤有机营养状况

同一地区，同一类型的土壤，因土壤营养水平不同、有机物营养类型不同，其微生物的组成和数量也会有显著差别。而在同一地块土壤中的有机物营养状况主要受植被类型、耕作制度和施肥措施的影响。

3. 土壤 pH

土壤的 pH 值通常在中性附近，多数为中性，有的呈弱酸性，有的呈微碱性。土壤酸碱度不仅与其类型有关，也与耕作管理方式有关，在中性和微碱性条件下，有利于细菌和放线菌发育，在弱酸性条件下霉菌所占比例上升。

4. 土壤含水率

土壤中水（土壤液体）和空气共同占据着土壤颗粒的间隙，所以土壤含水率既影响渗透压，又影响土壤与大气的气体交换。因此，土壤含水率对微生物具有重要影响，一般在干旱条件下不利于微生物生活，在含水率过高时有利于能进行无氧呼吸的微生物生长。

5. 土壤温度

不同地区的土壤温度随其所在地球纬度、海拔高度而变化，在同一地区则与季节有关。温度可使土壤中的微生物发生质的变化，如在 25～30℃ 中温菌占优势；在温带的冬季，土壤中嗜冷和耐冷的低温微生物较活跃，但是随温度升高土壤中的微生物代谢活动增强是普遍现象。

6. 土壤深度

不同深度土层的营养水平、营养物组成与丰度、氧气含量与氧化还原电位等具有明显区别。因此，其微生物组成也显著不同。

二、水体中的微生物群落

水是地球上分布最广、数量最多的物质之一，但是作为微生物生境的主要是地表水体。自然界的地表水体，根据它们的盐度可明显地分为海洋、咸水湖泊和淡水；根据它们的运动状态可分为死水（静水）水体和活水（流动水）水体；据其营养状况可分为清洁水体、中营养水体和富营养水体。

水的物理性质，如比热容高、温度比较稳定、4℃时密度最大有利于水体的纵向混合，使水体深层在冬季保持较高温度、具有良好的透光性等。水在化学上属极性分子，可使多种离子和化合物均匀分散在其中，从而使水体中含有微生物所需要的各种元素和多种化合物。因此，水体也是适合微生物生活的重要自然环境，其中微生物的种类较多。但是，在多数自然水体中，营养物的浓度对于微生物生长需要来说都是很低的，所以微生物要成为水生微生物群落中的成员，就必须具有适应低营养物浓度的生活方式。水体中微生物群落的特点是：①多数微生物具有鞭毛、纤毛或其他运动胞器，具有一定的主动运动能力。②有的能固着生长，靠固体物质表面吸附富集的营养物质生长繁殖。③水体中的革兰阴性菌比革兰阳性菌多。④真菌和放线菌在种类和数量上都很少。⑤藻类的种类和数量都较土壤中丰富。⑥总体来说微生物的密度显著低于土壤。水体中的微生物群落、种群组成和生物量随环境条件变化而变化。

（一）淡水系统中微生物群落的组成

1. 流动水体中的微生物

流动水体以江河最具代表性。在江河中，水体流速大、混合好、稳定性差、不具有明显的分层，所以一般具有以下特性：①不易形成稳定的表面，与大气接触较充分，自然复氧能力强；②与河床岩石圈作用强烈，易使岩石圈中的物质和微生物转移至水体中；③水体中颗粒物沉降能力差，水体浊度高。

因此，流动水体中的微生物群落具有以下特点：①某一区段不易形成稳定的微生物群落；②其中活跃进行新陈代谢的微生物以细菌和原生动物为主；③自由分散生活的微生物少，多数附着在固体物质或沿岸水生植物体上；④因为江河水体受两岸土壤影响较大，地面径流常将土壤微生物带入水体，所以很难区分土著种和外来微生物等。

2. 静水生境中的微生物

静水生境包括水体运动速度很低的泥沼、沼泽、库塘和湖泊，其中以湖泊最具代表性。因此以湖泊为代表讨论静水生境中的微生物。

湖泊中微生物的种类也很丰富，其中有细菌、放线菌、真菌、藻类、原生动物和病毒类。

（1）细菌

各个生理群的细菌几乎都可在湖泊水体中生存，并且在这一生态系统中执行一定的功能。

① 光能自养菌。其中蓝细菌生活在水体上层，即光照较好的水层中，其生命活动可大量消耗水中的二氧化碳、碳酸盐和其他无机盐，增加水体中的有机物，并通过放氧的光合作用提高水体的溶解氧水平，促进水体中有机物的分解氧化。光能自养菌中常见的有微囊藻属（*Microcystis*）、鱼腥藻属（*Anabaena*）、丝藻属（*Ulothrix*）等。而色硫菌科和绿硫菌科中的光能自养菌则可在有微弱光照的无水层中生存，并以 H_2S 作为氢供体进行不放氧的光合作用。它们也能为湖泊提供初级生产力，但更重要的是它们能氧化其他微生物新陈代谢中产生的 H_2S，防止由于 H_2S 积累造成水体毒化，保护水体生态系统的完整性。这类光能自养菌常见的有绿硫菌科、色硫菌科和红螺菌科中的细菌。

② 化能自养菌。这类菌主要生活在水体的好氧层中，其中有的可将 H_2S、SO_2、$S_2O_3^{2-}$、SO_3^{2-}、SO_4^{2-} 等还原性硫化物氧化为硫酸盐，同时消耗水体中的 HCO_3^- 和 CO_3^{2-} 合成有机物。其主要作用是消除 H_2S 的毒性，为其他菌类微生物、藻类和水生植物提供可利用的硫化合物（SO_4^{2-}），促进水体中的物质循环，常见的有硫杆菌属（*Thiobacillus*）、贝日阿托氏菌属（*Beggiatoa*）、辫硫菌属（*Thioploca*）和发硫菌属（*Thiothrix*）等属中的一些细菌。另一类化能自养菌是硝化细菌，它们能将 NH_3 和 NO_2^- 氧化为硝酸盐并获取能量，同时利用水中的 HCO_3^- 和 CO_3^{2-} 合成有机物，其主要作用是促进水体中的氮循环，常见的硝化细菌有亚硝化单胞菌（*Nitrosomonas*）和硝化杆菌（*Nitrobacter*）。

③ 化能异养细菌。在湖泊中异养细菌分布极广，从湖上层到湖底沉积物中，一切有微生物可利用有机物的地方都有此类菌存在。但是由于湖泊不同部位的生态条件不同，其中存在的异养细菌的生理群也具有显著差异。例如，在清洁湖泊中的沉积物的深层生活的主要为厌氧细菌和兼性厌氧细菌；在沉积物表面和有氧水体分布的则是好氧细菌和兼性厌氧菌。湖泊中的异养细菌可快速大量地同化和矿化有机物，是净化湖泊中的有机污染物、推动水体物质循环、保持水体生态平衡的重要生物类群。

湖泊中的化能异养菌种类很多，常见的有微球菌属（*Micrococcus*）、芽孢杆菌属（*Bacillus*）、无色杆菌属（*Achromobacter*）、假单胞菌属（*Pseudomonas*）、链球菌属（*Streptococcus*）、小单胞菌属（*Micromonospora*）、噬纤维菌属（*Cytophaga*）、螺菌属（*Spirillum*）和弧菌属（*Vibrio*）等属中的细菌。

（2）放线菌

湖泊中的放线菌主要是诺卡氏菌属。其他放线菌一般不作为水体中的固有菌群，它们可随地面径流和其他污染物进入湖泊水体，但在水体中一般不长期生存繁殖。放线菌几乎全部好氧，所以常分布在水体好氧层。当水体中有较多的藻类死细胞沉积时，在湖底沉积物表面就会有较多放线菌存在，它们在分解藻类时会释放出令人不快的气味。

（3）真菌

在湖泊中，真菌为外来微生物。湖水中存在的真菌种类常与水中存在的有机物有关，所以湖水中存在的真菌可反映湖水中真菌营养物的变化。例如，在水中的木头和植物残体上常发现很多子囊菌和半知菌，这些物质被分解后真菌群体即消失。在外来有机物进入水体时，还可发现酵母菌繁殖。但从总体上看真菌对水体中的物质转化、循环和净化作用不大。

（4）藻类

藻类为淡水微生物群落中的固有成员，它们对环境条件的要求和作用与蓝细菌十分相似。在湖泊中常见的有绿藻门、裸藻门、硅藻门、金藻门、甲藻门、隐藻门和红藻门中的藻类，以及少数褐藻门中的藻类。其中绿藻门、甲藻门和硅藻门中的很多种类常生活在多种淡水环境中。

（5）原生动物

在淡水环境中的原生动物多数是以单细胞藻类和细菌为食，并且进行好氧生活，因此，它们常生活在湖泊的有氧层中。原生动物与藻类和细菌具有相似的分布特点，其数量常随其所处环境中藻类和细菌的兴衰而变化。同时原生动物又可以作为鱼的饵料或其他低等动物的食物，所以它是水生食物链网中的重要中间环节，对促进湖泊环境的物质循环和生物群落的稳定具有重要作用。湖泊中常见的原生动物有草履虫（Paramecium）、钟虫（Vorticella）、变形虫（Amoeba）、喇叭虫（Stentor）和栉毛虫（Didinium）等。波多虫属（Bodo）的原生动物为耐污类群，在有机污染严重的低溶解氧水体中普遍存在。

（二）海洋生境中的微生物群落

海洋是地球上最大的自然水体，其面积约占地球表面积的71％；平均深度约为4000m，最深达11000m，是地球上最大的贮水库和水接收器。其主要特点是：①由于海洋水体很大，在不同区域具有不同的混合机制（如潮汐、流动、斜温层循环等），所以海洋是高度不均匀的。②因为海洋承接世界各地的各种地表水、污水和天然降水，所以海水中含有各种天然元素。但是，其中生物所需的氮、磷、硫等主要元素含量都很低，一般不大于1mg/L。③盐度高，其含盐量经常在3.3％～3.7％。④海水的pH常在8.3～8.5，相当稳定。⑤海水在100m深度以下的主要部分，水温常在0～5℃，即使表层水全年最大温差也从不大于35℃。海洋与淡水水体相比，各种环境因子变化都较小，这有利于海洋生物群落的发展和稳定。但海洋中的微生物分布极不均匀，它们不仅受水域与大陆的距离影响，也受深度的影响。

海洋的富营养层可分为表层和下层。表层是由于表面张力作用，使之保持着一定稳定性的一层。表层是浮游生物生存的主要水层，其中可分离到大多数单细胞藻类，是具有较大初级生产力的水层。并且其中的细菌以假单胞菌类、蓝细菌和其他一些有色细菌为主，细菌的数量受海域的影响不大，常在10^6个/mL。而真菌和原生动物的种类和数量都较少。

在富营养层的下层，微生物的数量随海域变化较大，一般是离海岸越远数量越少，在远洋区其数量常在1～100个/mL。其中的细菌对蛋白质的分解利用能力强于表层细菌。

就整个富营养层而言，其中的细菌种类主要有假单胞菌属、弧菌属、无色杆菌属、黄杆菌属、产碱杆菌、鱼杆菌属和蓝细菌等。

海洋沉积物是海洋中有机物富集的地方，其中生栖着大量的多种细菌和原生动物，是海洋中微生物代谢活跃的又一区域。

深海层和深渊层是海洋中最大的水体部分，因缺乏光照藻类无法生长，有机物来源极差，异养细菌也难以生存；环境温度低，微生物代谢速率低，其中的微生物多为嗜冷或耐冷的种类。因此，深海层和深渊层被称为海洋中的"荒漠"。

因此，海洋微生物总体的特点是：①海水中微生物主要为嗜盐或耐盐的种类，以及嗜冷或耐冷的种类，对蛋白质水解能力强等；②在沉积物中常发现革兰阳性菌和芽孢杆菌，在无氧层脱硫弧菌和甲烷产生菌较多。

另外，海湾水体在温度、盐度、有机物来源和含量等方面都显著不同于海洋和淡水水体。海湾是海水和淡水交汇的地方，所以其环境特点既不同于海水和淡水，又受海水和淡水的影响。这就使其形成了介于海水和淡水之间的中间型水体。因此，其微生物群落也就具有了海洋生物和淡水生物的特征，其中微生物的种类多、数量大，而且很难将其分为固有种类和外来微生物。这一水体中的有机物既来自海水和淡水，又来自陆地浮游藻类微生物，而且大型藻类和水生植物也是水体有机物的重要提供者。所以海湾的初级生产作用总是大于对有机物的消耗。因此，海湾是典型的水产品高产区，也是海洋有机物的重要提供者。

（三）地下水中微生物群落的组成和代谢活力

地下水环境见于内陆地表水下的区域，包括浅的和深的蓄水层。微生物是这些环境中唯一的栖居者，细菌是生活于地下水中的优势类群。不像其他有着大量植物群体的水环境，在地下水环境中多数细菌群体被吸附或仅仅短暂地悬浮。一般而言，这些微生物的活性是低水平的，特别是在中间和深部的蓄水层，其代谢速率比其他水生境低几个数量级，这是由于低营养水平的原因。从营养角度来看，许多地下环境甚至可能被认为是极端环境。

三、空气中的微生物群落

地球上的大气圈可分为电离层、中间平流层和对流层。对流层常随季节变化，一般高度为8～15km，这一层是微生物生存的主要场所。由于空气中缺乏微生物生活所需的营养和水分，大多数微生物在空气中不易生长。但在多水的云层中，光照强度、水分和二氧化碳浓度可以支持某些光能自养菌的生长。

（一）空气中微生物的来源

在空气中不具有多数微生物生长繁殖的条件，也就不具有稳定的微生物群落，所以空气中的微生物几乎全部是外源性的，其来源主要有：

1. 尘埃

尘埃是由于风力作用、人类和动物活动抛向空中的带菌微小固体颗粒，其来源主要是由于风力作用使土壤、垃圾场、路面、建筑物表面上的微小固体颗粒携带微生物进入空气；人类活动，如卫生清扫、交通运输、工农业生产活动，甚至走路、跳舞等，都可促进尘埃携带微生物进入空气中。

2. 飞沫

飞沫是指带菌的微小水滴。它可以由于水上运输、喷洒和其他形式的水体激烈运动使细小水滴以飞沫的形式携带微生物进入空气。污水处理厂更是带菌飞沫的重要来源。而人类咳嗽、打喷嚏甚至说话则可将带有病原微生物的飞沫排入大气中。例如人咳嗽时可排出10^6个/mL以上的细菌。

3. 皮屑

人体表面产生皮屑属正常现象，皮屑一般薄而轻，它们脱落后直接进入空气，或附着在衣服和被褥上，随着抖动衣服、铺床叠被进入空气中，并将皮肤微生物带入空气。

由此可见，空气中的微生物种类较多，其中有一些为病原微生物，如结核分枝杆菌、金黄色葡萄球菌、炭疽芽孢杆菌、化脓性链球菌、唾液链球菌、肺炎球菌、流感病毒等，以及一些引起人和动物皮肤病的真菌和植物病原体。空气中微生物的数量显著受气候条件和人类活动的影响。

（二）空气中微生物的分布

空气环境分为室内环境和室外环境，二者的微生物分布具有不同的特点。

1. 室外空气中的微生物

在室外空气中，微生物数量既取决于地区植被情况、地表水形成气溶胶的可能性，也取决于人和动物的密度及活动情况。室外空气中的微生物多数为非致病菌，其中细菌约占80％以上、放线菌占5％左右、酵母菌占5％左右、霉菌占4％左右。在室外空气中，微生物的垂直分布一般符合随高度增高微生物数量减少的趋势。闹市区和绿化良好、人员稀少的洁净区，空气中微生物的分布也不同。

2. 室内空气中的微生物

室内空气中的微生物来源有：①随室外空气进入室内的室外空气微生物，因此室内空气微生物群包括室外空气微生物；室内空气卫生质量受室外空气卫生质量的影响。②来自人皮肤碎屑、唾液飞沫和尘埃等，所以室内空气质量受房间用途影响，家庭、办公室、娱乐场所等的室内空气质量受卫生习惯、人群健康状况等因素影响。但是，不管何种室内环境，其空气中的致病菌所占的比例都比室外空气中大。室内空气中检出率较高的病原菌有白喉杆菌、金黄色葡萄球菌、化脓性链球菌、百日咳杆菌、军团菌、结核分枝杆菌，以及人体病毒等。在空气中病原菌虽然生存时间短，但因为室内空间小，所以很容易造成感染。因此，应经常通风，以保持室内空气新鲜，防止流行病的传播。

第三节　极端自然环境中的微生物

地球上某些部分存在的不适合大部分生物生活的严峻环境称为极端环境。在极端环境中，只有少数生物可以生长繁殖，而且环境条件越严峻，其中的生物群落的结构就越简单。多数极端环境中的生物群落主要由微生物组成。研究极端环境中的微生物的意义有：①发现和利用新的微生物资源；②为微生物生理、遗传、分类和应用研究开拓新领域；③为生物进化研究提供新的生物材料。极端环境中的微生物种类很多，以下主要介绍极端温度、酸碱度和盐度条件下的微生物。

一、高温环境中的微生物

不同类型的生物对高温的适应能力不同。一般来说，生物的进化程度越低，对高温的适应能力越强，各类生物生长繁殖的上限温度列于表6-2，供参考。但是，嗜热微生物生长的最高温度一般不超过沸水温度（91～101℃）。高温生境主要有热泉水，高度太阳辐射的土壤、岩石表面、各种堆肥、厩肥和发生霉变的植物茎叶、锯木屑堆等。其中的热泉水和堆肥，是嗜热微生物的主要生境。

嗜热微生物是一些最适生长温度大于45℃，在中温条件下不生长的微生物。既能在高温下生长，又能在中温下生长的微生物为耐热微生物。

与其他微生物相比，嗜热微生物在最适生长温度条件下，酶促反应速率最大，代谢快、具有最高的发育速度，世代时间最短，对数生长期持续时间短，对热稳定性高。

目前，已在高温下人工培养的微生物有：①蓝绿藻，包括鞭枝蓝细菌属（*Mastiglocladus*）、颤蓝细菌属（*Oscillatoria*）、聚球蓝细菌属（*Synechococcus*）等属中的一些种。其最适生长温度为40～65℃，最高生长温度为50～75℃。②细菌和放线菌，包括芽孢杆菌属

（*Bacillus*）、绿屈挠菌属（*Chloroflexus*）、硫化叶菌属（*Sulfolobus*）、硫杆菌属（*Thiobacillus*）、栖热菌属（*Thermus*）、热原体属（*Thermoplasma*）、热微菌属（*Thermomicrobium*）等属。③真菌，包括根霉属（*Rhizopus*）、青霉属（*Penicillium*）、鬼伞属（*Coprinus*）、腐质霉属（*Humicola*）、指孢霉属（*Dactylaria*）等属。④藻类中的红藻属（*Cyanidium*）等。

表 6-2　生物生长繁殖的最高温度

生物	细菌类	原核藻类	真核藻类	霉菌	原生动物	苔藓	高等植物	无脊椎动物	脊椎动物
温度/℃	>90	75	56	约60	51	约50	45	约50	约50

在温泉水中，温度高，水中的碳酸盐和碳酸氢盐通常是钠盐，偶尔为钙盐，偏碱性；含还原态硫较多的温泉水，由于硫氧化为硫酸，就会偏酸性。在酸性热泉水中，可找到硫化叶菌和硫杆菌属的细菌，其中嗜酸热硫化叶菌（*Sulfolobus acidocaldarius*）生长温度可达85℃。在 50～60℃的热酸温泉水中，还可找到红藻与嗜热真菌和嗜热细菌的结合体。在碱性热泉水中，当温度在 70℃时，常发现聚球蓝细菌，偶尔也发现橙色绿屈挠菌（*Chloroflexus aurantiacus*）。此外，在碱性热泉水中，当温度在 70℃时还常发现有芽孢杆菌、甲烷产生菌和广泛生活在家庭热水系统中的水生栖热菌（*Thermus aquaticus*）等。

嗜热菌中含有较大比例的膜脂肪化合物，并且嗜热微生物中的蛋白质和核酸对高温具有较大的稳定性；其核酸中 G+C 含量比显著高于其他微生物。

在有机物（如植物秸秆、木屑等）堆积的地方、城市垃圾堆肥和谷物贮存中，如果其中有较高的含水率，都会因为微生物生命活动产生自热作用。在垃圾堆肥中，开始时总是化能异养的中温细菌占优势，并且由于它们对有机物的分解氧化作用产热，使其温度逐渐升高。当温度升高到 40℃以上时，中温菌减少，嗜热和耐热的真菌成为优势种群，使温度继续升高。当温度升高到 65℃时，真菌减少，代谢降低，而引起嗜热细菌和放线菌的生长和放热反应。

二、低温环境中的微生物

嗜冷微生物是指在低温条件下生长而不休眠的微生物。它们通常在 0～5℃时能较好生长，而在 20℃左右即失去生长能力。最大的低温环境在海洋，其次是极地冻土，其他如高寒山地洞穴、冷库等环境中常藏匿着嗜冷和耐冷的微生物。例如：①嗜冷藻类，如雪生线藻（*Raphidonema nivale*）；②嗜冷真菌，如黑盘孢菌（*Sclerotinia borealis*）；③嗜冷的陆栖细菌，如假单胞菌（*Pseudomonas*）、噬纤维菌属（*Cytophaga*）、黄杆菌属（*Flavobacterium*）等化能异养菌。革兰阳性的冰节杆菌（*Arthrobacter glacialis*）、嗜冷芽孢杆菌（*Bacillus psychrophilus*）和微球菌属（*Micrococcus* spp.）中的一些种，在某些地下洞穴中可能占优势。海洋中的嗜冷菌几乎总是假单胞菌属、弧菌属和螺菌属中的细菌。

对南极的某些寒冷干燥的谷地的研究证明，其初级生产力可能是生长在多孔岩石表面的一种黏球藻（*Gleocapsa* sp.），它与嗜冷酵母菌中的一种隐球酵母（*Cryptococcus* sp.）、一种白冬孢酵母（*Leucosporidium* sp.）和一些霉菌、细菌构成一个特殊的生物群落。嗜冷微生物即使在最适生长温度条件下，也保持较低的生长速率。研究证明，其嗜冷的分子基础是其细胞中具有较大量不饱和低熔点脂肪酸，甚至有脂肪酸类型改变。研究嗜冷微生物不仅可以用于评价低温环境（如海洋斜温层以下主要水体、极地土壤、高寒山区等）的生物群落特性和功能，而且对于防止冷藏食品的变质和危害具有重要意义，可帮助我们选择合理的保鲜方法和保鲜期，从而保障人类健康。

三、高盐极端环境中的微生物

高溶质浓度极端环境即高渗环境。在此类环境中，水的活度（a_w）常被用于描述环境中可被微生物利用水的量。a_w 对微生物生长和代谢活性具有重要影响，几种不同类型的微生物能够忍受低 a_w 值，具体可参见表 6-3。值得注意的是，在由盐引起的低 a_w 环境中生长的微生物的某些种属在低盐环境中也能生长，它们应是耐盐的，其中就包括了很多酵母菌、丝状真菌、真核藻类、蓝细菌和细菌。只有对盐有特殊需要者，才被称为嗜盐微生物。按照嗜盐微生物适宜生长的盐浓度，可将它们分为：①微嗜盐菌，需要 $0.2\sim0.5$mol/L 的 NaCl 浓度，海洋嗜盐微生物多属此类；②中等嗜盐菌，需要 $0.5\sim2.5$mol/L 的 NaCl 浓度；③极端嗜盐菌，需要不少于 2.5mol/L 的 NaCl 浓度。如果盐浓度趋于饱和（5.2mol/L），这时 a_w 值为 0.75，就会产生有相当特色的生态学现象，其中微生物种类较少，优势种为盐生杆菌属（*Halobacterium*）和盐生球菌属（*Halococcus*）的细菌。它们具有一定量的 C_{50} 类胡萝卜素，因此使其环境呈红色。如果这种环境为盐场，则只能生产劣质盐。嗜盐真核藻类盐生杜氏藻（*Dunaliella salina*）也常与盐生杆菌和盐生球菌生活在一起。

表 6-3　几种微生物生长 a_w 低限

微生物	生长 a_w 的低限
酵母菌属（*Saccharomyces*） 嗜干霉属（*Xeromyces*）	在糖中为 $0.60\sim0.70$
杜氏藻属（*Dunaliella*）	在盐中为 $0.75\sim0.80$
隐杆藻属（*Aphanothece*）	在盐中为 $0.75\sim0.80$
芽孢杆菌属（*Bacillus*） 弧菌属（*Vibrio*） 外硫红螺菌属（*Ectothiorhodospira*） 放线多孢菌属（*Actinopolyspora*）	在盐中为 $0.75\sim0.80$

但是，很少有自然发生的由非离子溶质形成的高溶质浓度环境。忍受高浓度非离子溶质的微生物多数自食物分离，而且对非离子溶质环境，微生物适应的 a_w 值更低些。例如，一种啤酒酵母（*Saccharomyces* sp.）的生长 a_w 限值，在盐中为 0.85，而在葡萄糖中为 0.62。一般认为，生长在高溶质浓度环境中的微生物，其细胞内的 a_w 值与其生长介质的 a_w 值相似。盐生杆菌和盐生球菌可能是唯一能通过排出 Na^+、浓缩 K^+ 使细胞内达到适宜 a_w 值的微生物，其酶和蛋白质对高水平钾离子具有保护作用。它们对钾离子有特殊需求。此外，盐生细菌的细胞膜稳定态需要 $1\sim2$mol/L 的 NaCl。

四、极端酸碱度环境中的微生物

环境的极高和极低 pH 条件都是多数微生物的致死环境因素。但是在 pH 接近 0（强酸性）的环境中，仍然发现有微生物生长；在 pH＝11 左右（强碱性）的条件下，也有微生物生长。

生长在极端 pH 条件下的微生物，除对极端高浓度的氢离子或氢氧根离子具有较强的适应性外，它们还必须适应由于 pH 变化所造成的其他压力。例如：①在极低 pH 条件下，环境中的金属离子，尤其是二价金属离子的溶出对微生物的影响较大，因为这些金属离子多数对其他微生物是有毒的。②在高 pH 条件下，环境中二价金属离子浓度很低，所以其中的微生物必须有很有效的系统浓缩其中的金属离子。此外，NH_4^+ 在较高 pH 条件下易转化为自由 NH_3，NH_3 对多数微生物具有抑制作用。试验研究证明，在酸性和嗜碱微生物细胞的内部环境中，其 pH 基本不偏离两个 pH 单位以上，也就是说其胞内酶不具有在极端 pH 下执行催化作用的机能，所以能保持其胞内和胞外之间 pH 的差，可能是由于其具有对氢离子或氢氧根离子的排斥机能。

在嗜酸菌中，发现大量环脂和含氨基的磷脂，它们可能在氢离子排斥中起作用。在嗜酸硫化叶菌中，具有需高浓度氢离子维持的结构——类菌质体外膜，覆盖其上的类似电荷基群所产生的排斥作用，能够对细胞起到保护效果。

五、高压环境中的微生物

高压对多数微生物有害，但也有些微生物能在高压下生长。例如，在深海中存在一种假单胞菌 *Pseudomonas bathycetes* 可以在 $1.01 \times 10^8 Pa$ 下于 3℃ 生长。不过这种细菌在这种条件下生长非常缓慢。在 3500m 以下的油井中存在一种嗜压耐热的硫酸盐还原菌，这种菌可以 $4.05 \times 10^7 Pa$ 气压、温度为 60～105℃ 下生长。

微生物抗高压的能力受许多环境因素的影响：①受能源物质的影响。例如在 25～30℃ 条件下，同型乳酸发酵的粪链球菌培养在蛋白胨-酵母膏培养基上时，如果利用丙酮酸作为能源物质，在压力高于 $2.02 \times 10^7 Pa$ 时，就不能生长；而用核糖作为能源物质，可以在大于 $4.56 \times 10^7 Pa$ 条件下生长；如果以葡萄糖、半乳糖、麦芽糖或乳糖作为能源物质，则可在 $5.57 \times 10^7 Pa$ 条件下生长；如果在此培养基中补充 $5 \times 10^4 \mu mol/L$ Mg^{2+} 或 Ca^{2+}，那么这种菌可以在 $7.60 \times 10^7 Pa$ 条件下生长。②受无机盐的影响。如 NaCl 可以有效提高海产弧菌和其他微生物抗高压的能力。③生长温度的变化对微生物抗高压的能力也有显著影响。通常情况下，在稍高于某种微生物最适生长温度时，那么该微生物的抗高压能力最强。④pH 值和离子强度也会影响微生物抗高压的能力。⑤压力可以影响培养基的 pH 值。因为压力可以影响许多物质的解离反应，所以，压力增加时 pH 值便发生变化。压力可以明显地加强酸和碱对微生物的抑制效应。抗高压微生物可以用于石油开采。

六、其他极端环境

根据极端环境的定义，还有一些环境可称为极端环境，如极低的有效营养物浓度、极低的氧化还原电位等，其中也都有微生物存在。这些微生物也各有其适应机制。

第四节　微生物的细胞行为

微生物都是一些没有组织、器官分化的低等微小生物，但是其中一些微生物具有指导其行为的原始的细胞器。这使得微生物除具有生长繁殖能力外，还能对环境的刺激作出反应，有的还可以以某种方式改变自己的位置。因此，有些微生物除能够借助风力、水流、人和高等动物以及各种运动物体（如飞机、飞船、卫星和地面交通工具等）被动地作长距离运动外，还可以通过自己对环境的感受和选择进行短距离的迁移，从而选择适宜自己生长繁殖的环境。

微生物，尤其是具有运动胞器（如鞭毛、纤毛、伪足等）的微生物都具有运动能力。其主动运动的方式与被动运动的区别主要有：①消耗自身的能量；②运动速度很低；③运动距离短；④易受外环境的干扰，方向性差。但是，不管哪种主动运动，都是微生物乃至所有生物的重要行为，在其生活中具有一定的意义。

一、主动运动

微生物的结构虽然很简单，但是有不少种类具有运动能力，主要运动方式如下：

1. 微生物的泳动

微生物的泳动是借助运动胞器，如鞭毛、纤毛、伪足等运动的，但不同微生物的泳动方式不同。例如：①大肠杆菌和鼠伤寒沙门氏菌（*Salmonella typhimurium*）等有鞭毛的细菌，在静止液体中通过鞭毛运动而泳动，由于鞭毛旋转向一定方向运动，$1 \sim 2s$ 后鞭毛改变旋转方向，引起菌体翻筋斗，然后随意改变方向恢复到原来的平稳运动，再过 $1 \sim 2s$ 又重复上述过程。细菌的这种运动类似分子扩散，但比不能运动的细菌靠布朗运动引起的扩散快。也有的细菌，如螺菌，可以靠改变鞭毛的旋转方向改变运动方向。但所有细菌平稳泳动的速度都很低，一般为 $20 \sim 60 \mu m/s$。②螺旋体的鞭毛使细胞产生螺旋状运动和其他运动，而且在黏性介质中比在水中有更好的或同样的运动速度；如果在黏度不均匀的体系中有趋向高黏度的特点，这种趋黏性可能更便于感染。但多种鞭毛细菌在黏性介质中的运动速度比在水中要低得多。③真核微生物，如某些原生动物也能借助鞭毛和纤毛进行游泳运动。但是真核微生物个体较大，鞭毛根数少（一般为 2 根至数根）；其运动速度较高，一般大于 $100 \mu m/s$；生纤毛者运动更快，运动速度多数大于 $1mm/s$。与细菌不同的是，它们的运动较少受布朗运动影响，运动定向能力强，一般为缓慢的螺旋状游动。

2. 微生物的滑动

滑动是微生物细胞在较坚硬的固体表面上进行的一种运动。不仅有鞭毛和纤毛的微生物能够进行滑动运动，某些不具有运动细胞器的微生物，如蓝细菌、黏细菌、硅藻、鼓藻等也能进行滑行运动。但它们的滑行速度一般很低。

3. 变形虫状爬行

真核微生物变形虫属原生动物，没有细胞壁，它们能靠细胞质流动改变自己的细胞形态，细胞对基质有一定的黏着力。因此，它们通过细胞形态和局部对基质黏着力大小的改变而改变它们在环境中的位置。因为变形虫的大小不同，所以爬行的速度也不同。

此外，细胞状黏菌类微生物也具有变形虫样运动能力。这种运动常与营养有关，如以细菌为食的变形虫，在定位后就捕食其周围的细菌，当消耗完周围的细菌后，便开始聚集。当聚集成约 10^5 个个体的大群体后形成一个假变形虫体，长度达 $1mm$ 左右，可连续迁移数日，直到找到合适的位置，孢子散开再单独行动、取食。

4. 细胞极性生长

这类运动出现于原核微生物的放线菌和真核微生物的霉菌中，极性生长靠的是菌丝体内的原生质流动和对营养物质的运输。在固体基质上，部分菌丝向基质中伸展，形成基质菌丝，便于从基质中吸取营养；部分菌丝向上（空间）伸展形成气生菌丝和孢子丝。基质菌丝从基质中吸取的营养，部分供自己生长用，部分则输送给气生菌丝和孢子丝，供微生物形成菌丝体和孢子，从而进行繁殖。

二、微生物的向性生长和趋性运动

广泛多样的环境因子可以影响微生物的生理过程和细胞行为，诱引微生物产生趋性运动和向性生长。微生物的趋性和向性主要分为：

1. 趋化性（chemotaxis）和向化性（chemotropism）

在微生物中，能产生趋化和向化作用的种类很多。这指的是很多种类的微生物都有朝着更有利的化学环境移动的能力或朝着不利化学环境反方向移动的能力，前者称为正趋化性或正向化性，后者称为负趋化性或负向化性。

对大肠杆菌的研究证明，微生物的趋化作用是由于细胞表面具有化学感受体，一个感受体不仅对特定化学物质具有专一的感受性，而且对该物质具有浓度选择。一般认为感受体分子是蛋白质，如糖的感受体物质是磷酸转移酶系统中的酶Ⅱ。在一个静止的溶液中，如果糖的浓度是不均匀的，大肠杆菌则向着浓度为 $10\mu g/L$ 的区域做趋化性运动。而且，在趋化性过程中，如果溶液中含有两种以上的诱引物，诱引物之间可发生协同、竞争和累加作用，微生物的移动方向则是各种作用的总结果。趋化作用的诱引物很多，例如氧分子，在静止液体中，好氧菌向表面转移，而厌氧菌则负趋氧性向下层转移；植物根瘤菌总是向着其宿主植物根的分泌物转移；蛭弧菌（*Bdellovibrio* spp.）的营养来源是细菌，所以其总是向着其他细菌转移。

在一些固着生长的微生物中，如生长在固体基质上的放线菌和霉菌，其趋化性被向化性代替，它们的菌丝总是朝向营养物或它们的动植物宿主生长。因此，趋化性和向化性的主要区别在于：①趋化性是一种微生物的整体运动，而向化性则是微生物体的局部向有利环境伸展生长；②趋化性发生于液体环境中，而向化性则主要发生于固体表面生长的微生物；③发生趋化性运动的微生物多为单细胞、自由生活的微生物，而发生向化性的微生物多为固着生长的微生物。

微生物的趋化性和向化性特点，对研究微生物的营养特性和在自然环境中的分布都具有重要意义。

2. 趋光性（phototaxis）和向光性（phototropism）

光对很多种微生物都是很重要的环境因素，有的向光运动，有的背光转移，即使是光能自养微生物中的藻类、蓝细菌和光能自养的硫细菌对光质和光强也都有自己的要求。因此，光能自养微生物总是在低光照强度下做向光移动，在高光照强度下则做背光转移。在非光能自养微生物中也有一些对光具有趋避功能。

向光性多出现在霉菌中，如布拉克须霉的孢囊梗朝着单向光源生长。各种趋光和向光微生物都有自己的受光体。

3. 趋地性（geotaxis）和向地性（geotropism）

有关研究指出，很多密度超过水密度的水生微生物，如多种藻类和原生动物可以自由生活在水中而不沉入水底；一些土壤微生物能使其细胞处于土壤上部的通气层中，如一种植物病原菌疫霉的游动孢子，主要是由于它们具有负趋地性。同向光性一样，在霉菌中也较普遍地存在向地性。

4. 趋触性（thigmotaxis）和向触性（thigmotropism）

对接触和压力的定向反应称为趋触性和向触性。趋触性和向触性在微生物中也相当普遍，如草履虫，当它们与一个物体接触时就立刻向反向运动而离开，其原因是通过机械刺激，其前端受刺激后膜对 Ca^{2+} 的透性暂时增加，Ca^{2+} 的流入使其纤毛鞭打方向相反，所以其负趋触性与 Ca^{2+} 的过量吸收有关。疫霉的游动孢子，当其迫近碰撞物时，运动就会改变方向，同样是一种负趋触性。

有的病原真菌的芽管具有明显的正向触性，当芽管接近适宜的寄主体时，就向寄主体内刺入并形成营养菌丝，这对它们感染动植物寄主是有重要意义的。如果能弄清其机理，将对动植物保护和发展生物农药具有重要价值。

5. 趋温性（thermotaxis）

趋温性广泛存在于各种微生物中。在温度梯度培养中，多数微生物总是聚集在最适生活的温度区域。例如用平皿液体培养做试验，即使两侧温度仅相差 0.0005℃，细菌也会在适温一侧聚集。在液体中，经过小于一个代期的时间内就可以看出密度差别，这证明不是繁殖速率造成的密度差，而是趋性运动的结果。

以上讨论了几种微生物的细胞行为。微生物对环境条件的各种反应，对它们在其生境中的分布具有深远影响。在任何地方、任何时间有运动能力的微生物所在的位置，都是它们对各种环境因子刺激做出的反应的总结。所以微生物趋化性和向化性研究的任何成果，对研究微生物与环境的统一性都具有实际意义。

第五节　微生物的群体增长

由纯种微生物形成的群体，一般只有在实验室内和发酵工业反应器中，在人为控制的特定条件下存在。在自然界，几乎所有微生物个体都与其他微生物共同占有一定的生态位，形成混合微生物群体。它们的增长都是在与其环境的理化因子和生物因子相互作用下进行的。

一、微生物的种群

"种群"（population）在普通生态学、植物生态学和动物生态学中被定义为"在一定空间内具有相似特性的同种个体群。"这一定义虽然在微生物生态学中也被使用，但"相似"一词在微生物生态学中却有其更广泛的含义。

在动植物生态学中，相似的个体是指属于同一种的个体，个体之间的差异主要因发育阶段不同而造成，或因局部环境条件不同而造成。因为微生物种间形态和生理差异很小，并且难以区分它们所处的生理阶段，所以在微生物生态学中，相似的个体群不仅指同一种内具有微小差异的个体，也可以表示相似的种的个体群。如灰色链霉菌种群，即是指在一定空间内灰色链霉菌种中的所有个体；有时还用于表示紧密相关的一类微生物的所有个体，如将微生物分为细菌种群、放线菌种群、真菌种群、藻类种群和原生动物种群等。所以，也可以说一个环境中的微生物群落由细菌种群、放线菌种群、真菌种群、藻类种群和原生动物种群组成。

因此，在微生物生态学中，种群不仅是指在一定空间内的同种微生物个体群，而且也可表示具有自己的独立特性、相似的结构和功能的微生物群体。那么，这里的功能就应该是同一种群中个体间相互作用下的综合功能。所以，研究微生物群体增长，通常是研究微生物的种群增长。

二、微生物群体增长的类型与特点

微生物的生存环境可分为封闭环境和开放环境两类。所谓封闭环境是指在微生物生存的固定空间内不存在外来营养物质的输入，也不存在系统内营养物质和微生物代谢产物的流出。而开放环境是通过不断地向系统中输入新的基质而使微生物群体保持增长，并且通过不断地排出微生物培养物，使微生物群落保持相对稳定的环境。在开放环境和封闭环境中微生物的增长状态是不同的，所以分别讨论。

（一）微生物在封闭环境中的增长

在封闭环境中，如果其中微生物生长所需营养物质能够无限量供给，理化条件维持相对稳定，并始终保持最有利于微生物增长的状态，则称这种环境为无限环境。如果环境中有的营养物质或其他理化因子不能使微生物处于最大生长速率，或者因为微生物增长使某种或某些环境因子变得不利于微生物增长，则称为有限环境。

1. 在无限环境中微生物的群体增长

在无限环境中，微生物生长繁殖所需的各种条件都可以得到最大限度的满足，所以这种环境也称为微生物生长的理想环境。因此，在无限环境中，微生物表现为最大生长速率，其中微生物细胞密度或生物量呈指数速率增长，生长速率仅受微生物的生理特性影响。也就是说，每一个细胞经过一个世代时间利用环境中的营养物质合成新的细胞物质，使微生物细胞完成生长、发育、成熟，产生两个细胞的周期，生物量加倍。在这种情况下，一个细菌繁殖产生的个体数量随世代数增加，如图6-1所示。

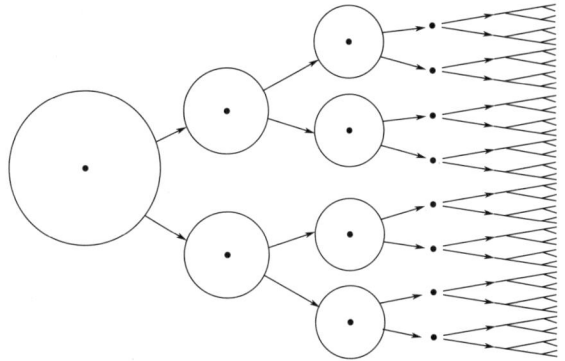

图6-1 微生物细胞数随世代数增加

由图6-1可知，一个细菌细胞在无限环境中的增长规律为：

世代数：	0	1	2	3	4	5	6	7	…	n
细胞数：	1	2	4	8	16	32	64	128	…	α_n
表达式：	1×2^0	1×2^1	1×2^2	1×2^3	1×2^4	1×2^5	1×2^6	1×2^7	…	1×2^n

若细胞的起始数为1，生长繁殖的世代数为 n（也就是培养时间为 n 个代期），如果令繁殖 n 代后的细胞数为 α_n 个，则：

$$\alpha_n = 1\times2^n \tag{6-1}$$

式(6-1)特别适合于单细胞生物。其特点是 α_n 不受环境条件变化的影响，与系统中微生物种群密度无关。当培养时间一定时，α_n 只与微生物种类特性有关，对于同一种微生物，α_n 只与培养时间长短有关。

2. 微生物的同步增长

如果使一个无限环境中的同种微生物的所有个体都处于相同的生理状态和发育阶段，那么它们就会同时完成发育和繁殖等各个阶段，一个种群的这种增长方式称为同步增长。使同种微生物的不同个体实现同步增长的方法较多，例如：①变温培养法，在亚适温度条件下培养微生物群体，使它们缓慢地进行新陈代谢而不分裂。然后将培养温度调整到微生物生长的最适温度，细胞就会进行同步分裂。②过滤法，即将那些处于对数增长期的培养物用具有一定孔径的滤器过滤，收集那些刚分裂出来的最小细胞进行培养，也能实现群体同步增长。

③差异离心法，是将处于对数增长期的微生物培养物利用差异离心的方法分离出那些刚分裂出来的最小细胞，然后进行培养，效果也较好。还有一些方法，此处不一一列举。

同步增长的规律是每经过一个世代时间微生物数量增加一倍。在两次分裂之间的时间里，细胞数量不增加，但是其生物量可有不同程度增长。如果起始数量用 x_0 表示，世代时间用 t_d 表示，经过时间 t 后微生物数量用 x_t 表示，那么它们的关系如下：

$$x_t = x_0 \times 2^{t/t_d} \tag{6-2}$$

式中，x_t 只与 x_0（起始种群大小）、t（培养时间的长短）和 t_d 有关，而 t_d 则表示了微生物本身的生理特性。x_t 不受任何环境因素的影响。x_0 和 x_t 也可用培养物中的微生物密度（个/mL）表示。

如果以微生物种群大小对培养时间作图，可得到如图 6-2 所示曲线，连接各点即成 J 形曲线。为了观察方便直观，可将方程式（6-2）两边取自然对数，得到如下方程：

$$\ln x_t = \ln x_0 + \ln 2 \times t/t_d \tag{6-3}$$

以 $\ln x_t$ 对 t/t_d 作图就可得到如图 6-3 所示直线。方程式（6-3）是截距为 $\ln x_0$、斜率为 $\ln 2$ 的直线方程。

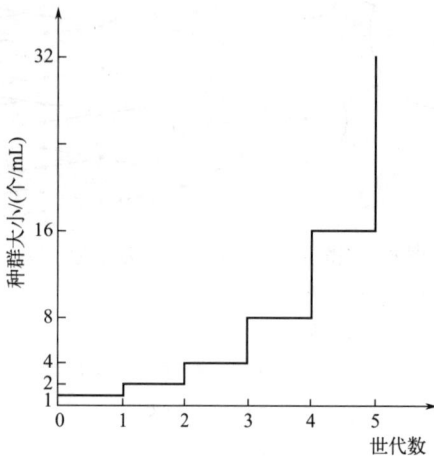

图 6-2　在封闭无限环境中微生物同步增长

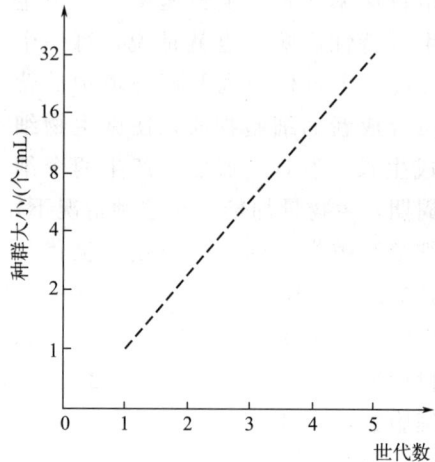

图 6-3　在封闭的无限环境中
根据式（6-3）得出的直线

在方程式（6-2）和式（6-3）中 x_0、x_t 和 t 都可以由试验获得，得到以上参数后就不难算出 t_d 和 K，K 为增长速率常数（世代数/h）。为了计算方便，也可将式（6-3）变为以 10 为底的对数式。

同步增长只在同种种群中出现，它适用于研究纯种微生物的生理特性和在不同发育阶段的生物化学特点。但是，微生物的同步增长只是在特殊条件下的一种短期行为。因为在任何种类的微生物群体中，不会出现完全相同的两个个体，个体间的微小差异在它们的生长发育中都可能导致生长发育速度不同；另一方面，任何培养系统也不会使各处理的条件完全相同而不出现微小差异。因此，即使是同种微生物群，由于个体差异的存在，微生物群体内也会产生具有不同生理状态、处于不同发育阶段的个体，而出现不同步性。如果追踪一个细胞的后代，就会发现在开始培养的短时间内，细胞分裂是十分同步的，但随着时间推移，其同步性逐渐消失。在由不同种的微生物组成的群体中，就更无同步可言了。

因此，在任何微生物群体培养中，同步增长都是暂时的，而随机增长才是常见的。

3. 微生物的随机增长

随机增长是在微生物群体培养中，随时都有处于各种发育阶段的个体，在任何时间都有部分个体在进行分裂繁殖，微生物细胞密度也就不断增长。随机增长的特点是：①在一个种群中，无论处在何种条件下，其个体世代时间都不会完全相同；②种群密度随时间延长连续变化。这种种群增长的动态可用如下微分方程表示：

$$\mathrm{d}x/\mathrm{d}t = \mu x \tag{6-4}$$

式中，$\mathrm{d}x/\mathrm{d}t$ 表示在时间 t 时的种群增长率；x 表示在 t 时的微生物种群值；μ 表示瞬时比增长率（瞬时新产生的个体数与起始个体数之比），其单位常简化为时间的倒数（h^{-1}）。μ 是种群增长动态模型中的一个十分有用的参数，在无限环境中 μ 达到最大，一般用 μ_{max} 表示，即最大瞬时比增长率；在有限环境中 μ 可以大于0、小于0或等于0，但永远小于 μ_{max}。

微分方程式(6-4)是一个关系式，不能用它计算出 t 时的种群大小，只有通过式(6-4)的积分式才能算出 t 时种群大小。微分方程式(6-4)的积分式为：

$$x_t = x_0 \cdot e^{\mu t} \tag{6-5}$$

方程式(6-5)与方程式(6-2)相似，有一个与图6-2相似的指数曲线（图6-4）。同样，将方程式(6-5)两边取自然对数，即可得方程(6-6)。以 $\ln x_t$ 对时间作图可得到如图6-3所示的直线。

$$\ln x_t = \ln x_0 + \mu t \tag{6-6}$$

由方程式(6-3)和式(6-6)可求出：

$$\mu = \ln 2 / t_d \tag{6-7}$$

由此可知，种群瞬时比增长率与世代时间 t_d 成反比关系，因此，由方程式(6-6)和式(6-7)可求出某种微生物种群的 t_d。

μ 和 t_d 不仅可表征单细胞生物的增长特性，也可表征其他微生物的增长特性，并且可通过测定在无限环境中生长的多细胞微生物的 x_0、x_t 和 t 求得其种群的 μ 和 t_d。

（二）微生物在有限环境中的种群增长

封闭的无限环境只是在人为环境中存在，而且即使如此也只能维持较短时间。因为，封闭环境多限于一种分批培养方式，其中微生物的快速生长繁殖过程将大量消耗营养物质造成营养限制，而代谢废物的排出又将形成抑制物的限制。例如，大肠杆

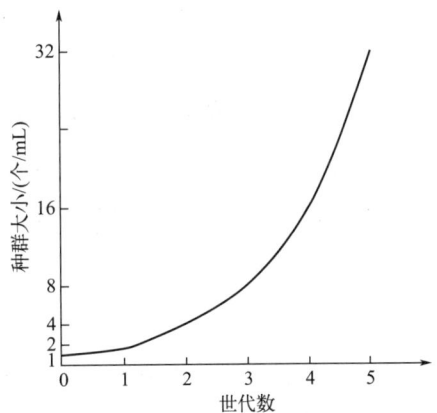

图 6-4　在封闭的无限环境中
微生物随机增长

菌在无限环境中每小时可增殖三代，那么其世代时间（t_d）约为0.33h，照这样的繁殖速度培养48h，一个大肠杆菌的后代将是 $2^{48/0.33}$ 个个体。如果以每个细胞干重为 10^{-12}g 计算，那么一个大肠杆菌48h后的后代总重量为 6.09×10^{28}kg，约为地球重量（约为 5.96×10^{24}kg）的10000倍，显然这是不可能的。所以，微生物在任何环境中都不可能在较长时间内保持最大瞬时比增长率。

1. 形成有限环境的原因

在人为创造的无限环境中，由于微生物对营养的快速同化消耗以及代谢产物的排出会很快使之变为有限环境；同时微生物细胞数量的迅速增加也会使个体间发生空间竞争，因此产生多种限制因素。自然环境和污染环境，除营养限制外，其他多种因素也难以满足微生物的最大需求，所以可以说，自然环境根本不存在无限环境。

2. 在有限环境中微生物种群增长的特点

在有限环境中，微生物的群体增长不仅受微生物生理特性的影响，而且受环境中抑制性环境因子的强烈影响。在有限环境中，微生物增长模型中的 μ 可处于以下几种情况：

$\mu=0$，此时微生物种群大小和组成稳定，新生细胞数等于死亡细胞数，处于一种动态平衡状态，是顶极群落的特征。

$\mu>0$，此时微生物所处环境条件较好，其新生细胞数大于死亡细胞数，微生物群体处于增长状态。

$\mu<0$，此时环境条件对微生物的限制作用已达到相当强的程度，微生物的死亡速率大于繁殖速率，出现负增长。

总之，μ 的变化可表示一个种群在某个环境中的变化动态，它受微生物的各种环境因素（物理的、化学的和生物的因素）的影响。而营养水平又是最重要的影响因素之一。

3. 基质浓度与 μ 的关系

微生物生长环境中的限制性基质浓度是影响微生物增长率的重要因素。当一个微生物生长环境对于某种微生物增长的限制因素仅为营养物浓度时，微生物增长速率与限制性营养物浓度遵循下列模型：

$$\mu=\frac{\mu_{max} S}{K_S+S} \qquad (6\text{-}8)$$

式中，μ 是瞬时比增长率；μ_{max} 是最大瞬时比增长率；S 为某一时刻限制性基质浓度；K_S 为 $\mu=\frac{1}{2}\mu_{max}$ 时的限制性基质浓度，对于一种微生物它是一个常数。一般情况下 μ 随培养时间处于不断变化中。例如，在实验室的分批培养中，开始基质是过剩的，其他环境因素也控制在很好的条件下，此时 K_S 在增长动力学中意义并不大。因为这时 K_S 与 S 比是微小的，所以 μ 处于 μ_{max} 状态；随着种群的快速增长，微生物数量快速增大，而环境中的营养也就快速减少，当 $S=K_S$ 时，$\mu=\frac{S}{K_S+S}\cdot\mu_{max}$，即为 $\mu=\frac{1}{2}\mu_{max}$；当种群增长到足够大时，环境中限制性营养物浓度也就会减少到很低，平均每个微生物个体可得到的营养物就很少了。这时 S 与 K_S 相比将微不足道，K_S+S 接近 K_S，因此，式(6-8) 可近似为：

$$\mu=\frac{\mu_{max}}{K_S}\cdot S \qquad (6\text{-}9)$$

由式(6-9) 可知，此时微生物的瞬时比增长率（μ）将与系统中限制性基质浓度（S）成正比关系。

在方程式（6-8）中，K_S 同 μ_{max} 一样能表征微生物的特性。对同种基质，不同微生物的 K_S 值不同；但就一种微生物而言，对不同基质 K_S 的大小也不同，它表示微生物对不同基质的亲和力不同，K_S 值越小其亲和力越大，瞬时比增长率为 μ_{max} 时所需浓度就越小，反之成立。

由式(6-8) 可知 μ 不会小于 0，但是在微生物分批培养中，x_t 和 μ 随培养时间的延长，其变化如图 6-5 所示。也就是说，微生物群体增长和瞬时比增长率要经历迟缓期、促进期、指数期、减速期、稳定期和死亡期。

因此式(6-8) 不能完整地描述和表征微生物的所有生长过程。逻辑斯谛认为，在封闭的有限环境中，种群增长不能无限进行下去，而是具有一个上限。其上限是微生物种群在一定空间内所能达到的最大数量，如图 6-6 所示。

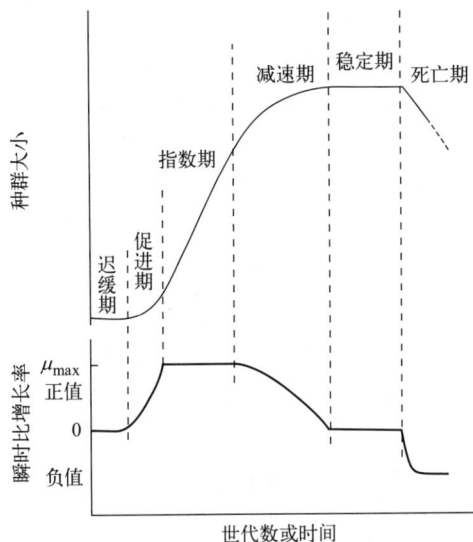

图 6-5 在封闭有限环境中种群增长的几个不同
时期和瞬时比增长率的变化

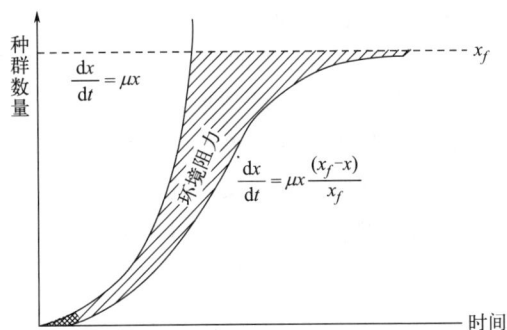

图 6-6 种群增长的理论曲线（指数曲线）与
逻辑斯谛曲线之间的环境阻力

此 S 形增长曲线称为逻辑斯谛曲线，描述这种 S 形曲线的方程为逻辑斯谛方程：

$$\frac{\mathrm{d}x}{\mathrm{d}t} = \mu_{\max} \cdot x \left(1 - \frac{x}{x_f}\right) \tag{6-10}$$

式中，$\mu_{\max}$ 的定义同前；x 代表种群大小或密度；x_f 代表微生物在一定空间内最大种群期的种群大小。方程式(6-10) 中的 $\left(1 - \dfrac{x}{x_f}\right)$ 项是方程中有意义的部分，它描述瞬时比增长率受阻的情况与 x 和 x_f 有关。当种群大小或密度 x 接近 0 时，$\dfrac{x}{x_f}$ 也趋近 0，$\left(1 - \dfrac{x}{x_f}\right)$ 接近于 1，种群增长处于指数期，方程式(6-10) 可简化为 $\dfrac{\mathrm{d}x}{\mathrm{d}t} = \mu_{\max} \cdot x$；当 x 由 $0 \to x_f$ 时，$\dfrac{x}{x_f}$ 趋向于 1，于是 $\left(1 - \dfrac{x}{x_f}\right)$ 由 $1 \to 0$ 变化。由此可知，逻辑斯谛方程描述的是从指数期开始到最大种群期结束期间种群增长动态与种群密度的关系。

逻辑斯谛方程式(6-10) 的积分式如下：

$$x = \frac{x_f}{1 + e^{a - \mu t}} \tag{6-11}$$

式中，a 为积分常数。

然后，就可由积分式(6-11) 和直线方程计算任一时刻的种群大小或密度。

（三）微生物在开放环境中的增长

与封闭环境不同，开放环境是不断向环境中输入新鲜基质，以补充微生物的限制性基质，并且不断排出培养物，从而使环境中的微生物和代谢废物减少，这样就可保持环境中微生物继续增长。如果通过不断输入基质，使反应系统中的营养水平保持相对稳定；通过排出微生物培养物，使系统中微生物种群大小不变，而且保持恒定的瞬时比增长率，这种微生物培养器就称为恒化器。

1. 恒化器与稳态系统

在恒化器中连续培养微生物，实际上是一个在一定空间内微生物培养物的流动系统。因为在培养系统内，当微生物增长所需限制性基质浓度很低时，其中种群增长与限制性基质浓度成正比，因此，为维持微生物的增长，可将限制性基质以恒定的流率（F）精确地输入含一定体积（V）培养物的培养系统中，并使补充的基质与系统内的培养物均匀混合，以提高培养物中限制性基质的浓度，增加微生物的瞬时比增长率。同时为了保持培养物的体积不变，可排出等体积的培养物。如果输入基质是连续的，那么排出培养物也应是连续的，并且二者速率相同，这样就使系统中培养物的体积不变。如果通过控制补充液中营养物的浓度使系统中营养物水平稳定，使得微生物种群增长率等于由排出培养物导致的微生物减少速率，这时系统中的微生物量稳定在一个水平，这个系统就是稳态系统（steady state）。

这种稳态系统的保持依赖于：

① 限制性基质的补充量与系统中此种基质的微生物消耗量之间的平衡。

② 系统内代谢产物的排出速率与微生物对代谢产物产生速率之间的平衡。

③ 随流出丢失的微生物量与其增长量之间的平衡。

2. 稀释率

稀释率（D）是指含有微生物生长限制基质的培养液对培养物的平均代换率，其计算式如下：

$$D = \frac{F}{V} \tag{6-12}$$

例如，一个培养器的有效容积（V）为 10L，含有限制性基质的新鲜营养液的输入速率（F）为 1.25L/h，那么其稀释率为：

$$D(\text{h}^{-1}) = \frac{1.25}{10} = \frac{1}{8} \text{或} 12.5\%$$

营养液在反应器中的平均停留时间为 8h。

3. 稀释率和生物量的关系

在开放系统中，微生物种群增长导致微生物生物量（或密度）增加，而培养物的排出导致系统中微生物生物量的丢失。因此，系统中微生物生物量处于不断变化中，这种变化可用以下微分方程表示：

$$\frac{dx}{dt} = \mu x - Dx$$

即

$$\frac{dx}{dt} = x(\mu - D) \tag{6-13}$$

由式(6-13)可知，当 $\mu > D$ 时，$dx/dt > 0$，系统内微生物生物量处于增长状态；当 $\mu <$

D 时，dx/dt 小于 0，系统内微生物生物量处于减少状态；当 $\mu = D$ 时，dx/dt 为 0，系统处于稳态。也就是说，使稀释率等于微生物瞬时比增长率是恒化器必须具备的条件。

将方程式 $\mu = \dfrac{\mu_{\max} S}{K_S + S}$ 代入式(6-13)，则得：

$$\frac{dx}{dt} = x\left(\frac{\mu_{\max} S}{K_S + S} - D\right) \tag{6-14}$$

如果微生物培养系统处于稳态，则 $dx/dt = 0$，就可得：

$$\frac{\mu_{\max} S}{K_S + S} = D \tag{6-15}$$

方程式(6-15)中 $\mu_{\max}$ 和 K_S 可由试验求得，D 可人为确定（即是可选择的），知道 D 后就可计算出系统内限制性基质浓度（S）。由此就不难确定输入营养液中应具备的限制性基质浓度，也就不难建立一个稳态系统。

第六节　微生物群体的相互作用

在所有的生物生态环境中，每个微生物都可能和其他微生物共存。这种现象的存在表明它们对于周围的环境因素，例如温度、酸碱度及养分等方面有一定的相似需求，或者说它们的生化反应和生活方式有某种程度的关联。在一个特定的菌群内，这些微生物间的作用可能是直接的，也可能是间接的；既有可能彼此紧密相连，也有可能各自独立。所以，在这个菌群内的所有成员都有着错综复杂的关系网络，并通过协同合作来维持整个群落的健康平衡和稳定功能。

一般在讨论微生物之间的相互关系时，总是讨论两种微生物生活在一起时的相互作用，而实际上在自然界，总是多种微生物共同生活在一起，所以其中必然同时存在着多种相互作用。在自然界中，微生物之间的关系是极其复杂的。

在一个生态系统中，微生物之间的相互关系，已知的有中立、协同共生、互惠共生、拮抗、寄生、捕食与被捕食和竞争（或者说共栖、原始合作、共生、竞争、拮抗和寄生等）关系。探讨这些关系的机制是弄清微生物群落在自然环境中的机能的一个根本性生态学问题。但是由于至今在这方面的实验方法和技术还很不完善，所以要解决这一问题还需要做出不懈的努力。为简明地说明微生物之间的相互关系，现将两种微生物生活在一起时的几种相互关系介绍如下。

一、互养共栖（0，+）

互养共栖（syntrophism）是指两种微生物生活在一起时，一种微生物通过其生命活动为另一种微生物创造有利的生活条件，或改善另一种微生物的生活条件，而且对其本身无害。

这种关系广泛存在于各种生态系统中，对促进生态系统中的能量流动和物质循环起着重要作用。例如，在高浓度有机污水和剩余活性污泥的厌氧处理（甲烷发酵）中，兼性厌氧菌和甲烷产生菌生活在一起，兼性厌氧菌分解氧化有机物产生小分子有机酸和醇类，为甲烷细菌提供碳素营养，并且消耗环境中由进料带入的溶解氧，为甲烷细菌提供了一个无氧的生活环境。此过程对甲烷细菌有利，而且对兼性厌氧菌无害。

二、协同作用（+，+）

微生物间的协同作用与互惠共生作用十分相似。协同作用是两种微生物生活在一起时，双方都从对方得到好处，这一点与互惠共生相同。两者间的主要区别是：①参与协同作用的两种微生物只是松散联合，它们之间的个体可以互相接触，也可以互相隔离；而共生作用的双方则是紧密结合在一起形成一个联合体，分开后就会失去某种机能或失去生活能力。②就二者对环境条件的要求来说，协同作用是有条件的，例如自生固氮菌与纤维分解菌在缺少氮和简单糖类化合物的环境中，前者可为后者提供氮源，而后者为前者提供可利用的碳源——简单糖类化合物。如果环境中有丰富的氮源和简单糖类，协同作用则解除；互惠共生双方，如根瘤菌与豆科植物的共生，就不受环境条件的影响，但分开后根瘤菌就失去了固氮能力。

三、互惠共生作用（＋，＋）

通过对协同作用的介绍，已经说明了共生作用的含义和特点。具有共生关系的生物，除根瘤菌与豆科植物、地衣中的藻细胞与真菌外，了解较多的还有一种鞭毛虫与白蚁间的共生作用等。

四、拮抗（－，0）

拮抗是一种微生物在与其他微生物生活在一起时，为保证自身发展和维持竞争优势而采取的一种自卫方式。在拮抗作用中，通常是一种微生物通过自身的代谢作用产生不利于另一种（或另一些）微生物生命活动的物质（抑制因子），如抗生素、毒素、有机酸等，使环境条件变得对其他微生物不利，而对自己无害。这种作用方式在自然界广泛存在，对控制环境中的微生物生物量和减少病原微生物的危害具有重要作用。

五、寄生（－，＋）

寄生是一种微生物生活在另一种微生物体内或体表的方式。寄生者通过消耗寄主（或称宿主）的细胞物质或宿主在生命过程中合成的中间物得到生长繁殖，而使宿主受害。在微生物间的寄生作用，最典型的是噬菌体与宿主细菌间的寄生关系。

噬菌体本身不具有生理代谢作用，当它们侵入宿主细胞后，即将自己的核酸整合在宿主核酸中，并指导合成自己的核酸和蛋白质，形成大量子代噬菌体，并且引起宿主细胞的裂解死亡。这种寄生关系在病原微生物和高等生物之间的存在更为广泛。

六、捕食与被捕食（＋，－）

当同处于一个环境中的两种微生物，一种微生物以另一种微生物作为食物时，前者称为捕食者，后者称为被捕食者，二者就构成了捕食与被捕食的关系。在微生物中，捕食者常是个体较大的原生动物，被捕食者常是细菌、藻类、真菌和其他较小的原生动物。如自然环境中的纤毛虫常以细菌为食，所以纤毛虫的数量常取决于环境中的细菌数量。在废水生物处理中，原生动物对细菌的捕食作用，对减少出水中游离细菌的数量、提高出水水质和减少剩余污泥量具有重要作用。

七、竞争（－，－）

竞争是在自然生态系统中微生物之间存在最广泛的关系。因为任何生活在同一环境中的微生物都必然对生态条件具有共同的要求，所以也就必将争夺它们的共同需要的环境因素，如营养物、氧和空间等。

竞争者之间的胜负取决于：①它们各自的生理特性；②各自对所处环境的适应能力。

八、中立生活（0，0）

中立生活又叫种间共处。两种微生物生活在一起，互无伤害，也互无补益，各自互不影响。这种情况是极少的，而且是有条件的。其条件常为：①系统内营养极其丰富；②每个个体都占有相当大的空间等。

以上只是假设两种微生物共存（生活在一起）时的相互关系，它们是由人为控制试验所得到的结论。但是，实际上在多数生态系统中，总是多种微生物共存于一个微生物群落中，它们之间的相互关系极其复杂微妙。例如，有四种微生物甲、乙、丙、丁共同生活在一起时，甲产生有机酸可使 pH 降低，从而抑制乙，但可为需要有机酸作为碳源的丙提供营养，那么甲与乙为拮抗关系、甲与丙为互养共栖；丙与丁都需要有机酸作为碳源，所以丙与丁为竞争关系。但是，如果试图由此推测出甲与丁、乙与丙、乙与丁之间的关系那将是十分困难的；同时，要推测出在此系统中谁将成为优势者也并非易事。即使通过群落结构分析能确定各种微生物在群落中所处地位，要弄清形成机理也不容易。这就使得当前研究同一生态系统中多种微生物之间的相互关系仍处于起步阶段，解决这一微生物生态学问题还需从方法学研究入手。

第七节　环境因子与生长抑制

在任何环境中，微生物的生长都是微生物在与其环境相互作用中进行的。微生物的生长速度与其对营养物质的同化速率紧密相关。就一种微生物而言，它的生长繁殖既受其所处环境的理化因素影响，又受群落中其他微生物的影响。而一个微生物群落的增长速度，除受所处环境理化条件影响外，还受群落中种间相互作用的影响。

总之，在一个生态系统中，无论是一个微生物种群，还是整个微生物群落，其变化速率受多种多样因素的影响，而且各因素之间的相互作用又是复杂的。其中抑制微生物生长的环境因子有营养缺乏、不适当的 pH、温度、不适当的氧化还原电位、辐射、化学抑制剂和有害生物因子等。根据抑制剂（或抑制因子）对微生物的作用强度，可将其作用分为致死作用和抑制作用。而且多数致死因素在低剂量时也可作为抑制因素。

一、理化因素的致死作用

微生物在致死因素作用下会发生死亡。不同致死因素对同种微生物的致死剂量不同，同时一种杀菌因素对不同微生物致死所需剂量也不同，其原因是不同微生物的基因型不同，对某种杀菌因素的敏感性各异。此外，每种杀菌因子的杀菌作用，都将受到其他理化因素的影响。

在微生物毒性试验中，微生物死亡的定义是指在环境中的致死因子作用下，微生物繁殖能力不可逆地丧失。微生物死亡的鉴别方法是通过将受害微生物接种在适宜的培养基上，在适宜的生长条件下培养，观察其是否生长，不生长者为全部死亡。如果要计算其杀灭百分率，则需要做对照试验。致死机理则因致死因素不同而异。

例如，当温度升高到超过微生物的忍受限度时，微生物的死亡主要由引起细胞内蛋白质发生不可逆变性引起；而低温一般只起抑制作用，但如果反复使微生物细胞处于细胞质冰点温度上下，也会使部分微生物死亡，其机理主要是细胞质在反复融化和冻结中，冰晶体对细胞膜造成损害。不同微生物、同种微生物处于不同生理状态时，其个体对温度的敏感性也不同。

化学杀菌剂杀灭微生物的机理多种多样，常见的有：①损伤细胞壁，使细胞失去抵抗渗透压和机械损伤的能力；②改变细胞膜通透性，使细胞膜失去选择性透过作用；③使细胞内蛋白质和核酸等大分子发生变化，从而失去其生命活动机能；④抑制酶的催化活性；⑤抑制核酸和其他细胞结构物质的合成等。不管哪种致死作用，其共同规律是致死因素与微生物间都呈现箭与靶的关系，即致死作用强度与致死因素剂量有关、致死微生物数量与细胞密度有关。

二、微生物间的致死作用

微生物间的致死作用是微生物种间相互作用的结果，通常表现为溶菌作用、寄生作用和捕食作用。

三、致死作用与环境条件的关系

一种理化因素对微生物的致死作用，不仅取决于该理化因素本身的毒性、剂量和被致死微生物的生理特性及其所处生理状态，而且受其他环境因子的影响。例如：

1. 温度

在一般情况下，随温度的升高微生物死亡加速。其原因是：①温度升高，杀菌剂的化学反应活性增强；②温度升高使微生物的代谢活性增大，有利于微生物对杀菌剂的吸收；③温度升高到微生物忍受极限以上或接近极限时，使微生物对杀菌剂的抗性减弱。

2. pH（氢离子浓度）

氢离子是任何化学反应所必需的，它对杀菌剂的影响有：①影响杀菌剂的活度；②影响微生物的生理状态；③影响杀菌剂在环境中的存在形式等。

3. 其他杀菌剂

在一个多种杀菌剂共存的系统中，两种毒物对微生物的毒害作用已知存在如下几种关系：①协同作用，即一种毒物可因另一种毒物存在而使本身毒性增大，其总毒性大大超过两种毒物毒性之和，如 Cu^{2+} 的毒性可因加入微量 Zn^{2+} 大大增加；②拮抗作用，即一种毒物对微生物的危害可因另一种毒物的加入而大大减小，如 Hg^{2+} 对微生物的杀灭作用可因加入少量 Se^{2-} 而降低；③累加作用，即在一个系统中如果存在两种以上的杀菌剂，各种杀菌剂都独立作用，其总效果等于各种杀菌剂效果的总和。如果多种杀菌剂同处于一个生态系统中，它们之间的相互作用就像多种微生物之间的相互作用一样难以预测。因此，多种杀菌剂共处于一个生态系统时，如在工业废水、城市污水和多种废物组成的生态系统中的危害效应常用综合毒性效应表示。

4. 生态系统中的其他微生物

在一个生态系统中，一种微生物受到的致死作用因素的压迫会因其他微生物的存在而发生变化。因为其他微生物中可能存在能转化、分解致死化合物的微生物。如果通过微生物的转化、分解作用使毒物的毒性变小或失去毒性，那么敏感微生物受到的损害就会变小；如果毒物在某些微生物的作用下毒性增强，那么这种毒物对敏感菌的致死作用就会增强。

5. 与敏感微生物的营养状况有关

环境中敏感微生物的营养状况不仅会影响微生物的生理状态，而且营养物还可通过与毒物的各种形式相互作用而改变毒物在系统中的有效浓度，从而影响其杀菌作用。

四、理化因素对微生物的抑制作用

微生物的正常生命活动受到环境中物理、化学和生物因素的抑制，这种作用被称为微生物生长的抑制。诸多因素中，营养缺乏是非常重要的抑制因素之一。

在营养缺乏的情况下，营养物对微生物生长的影响一般遵循利比希定律（Liebig's law）："任何生物的总产量或生物量取决于外界供给它的所需养分中数量最少的那一种。"这个数量最少并不是指微生物生存环境中某种营养物的现存量与其他营养元素相比最少，而是指其含量与微生物需要量之比所占的百分比最低。利比希定律的根据是：①生物的元素组成具有严格的比例关系；②生物必须从其环境中均衡地摄取营养才能实现新的生物体的再建；③环境对微生物营养的供给是协调一致的、均衡的。因此，当一种营养元素的供给量与微生物所需量的比例下降到最低时，即使加富其他营养物也不会使微生物生长加快，而如果加入少量限制性营养元素则会大大刺激微生物生长。

在一个生态环境中，微生物的生长繁殖和消长除与营养条件有关外，也与诸如温度、氧化还原电位、pH 以及多种化学抑制因子等有关，甚至微生物营养的可利用性也受其他因子的影响。因此，Shelford 提出一个新的定律来描述生物生长与环境理化因子的相互关系。Shelford 定律为："生物生长和存活的条件是在其生活的环境中，各种物理、化学因子必须处于它们的耐受范围内。"因此，这一定律也称为 Shelford 耐受性定律。在一个生态环境中，各种微生物对环境因子各有自己的耐受范围和最适要求，任何因子的变化超出了微生物的耐受范围（或称为"忍受限"），生物就不能存活下去，必然从环境中消失，这是自然选择的结果，也是在环境因素不断变化时，微生物群落发生演替的原因。

Shelford 定律与利比希定律相比，其优点是在考虑营养因素的同时也考虑到了其他化学因子和物理因子。微生物对环境因子耐受范围的宽窄与其分布的广泛性之间的关系是一个生态环境中微生物优势种形成的原因。

应用以上两个定律时应注意：①一种微生物对环境因子的耐受范围与其所处的生理状态有关，如芽孢杆菌对温度的耐受范围是快速生长的幼龄细胞＜衰老细胞＜休眠体＜芽孢；并且与其他环境因子有关，如微生物对 pH 的耐受范围随环境温度变化而变化。②受微环境存在的影响。在分析环境条件时，我们的注意力往往集中于宏观环境，但其中可能存在着与宏观环境条件差异甚大的微小环境，如在活性污泥法废水处理中，曝气池内因不断曝气而处于有氧状态，但其中也可能存在微小的无氧环境，所以曝气池中可能存在着厌氧微生物。③营养元素的可利用比。某营养元素可以以不同的化合状态存在于一个环境中，但不是所有化合状态的物质都能被微生物利用，如磷的有些化合物是不溶于水的，它们就不能被微生物利用。因此，在分析磷营养含量时，从总磷中减去不溶性磷酸盐是必要的。

著名生态学家 Odum 建议在研究理化因素对微生物的抑制作用时，把以上两个定律结合起来，指出一种生物或生物类群的存在和繁殖取决于综合条件，任何一种接近或超过耐受性限度的条件可以被视为一种限制性条件或限制性因子。

一种微生物在一定的环境条件下，总有一种主要限制因子，这种限制因子左右着微生物的生长速率。在自然生态系统中，微生物群落是由多种微生物组成的。因此，微生物群落生物量的变化应是多种限制因子综合作用的结果。

第八节　微生物群落的发展与演替

任何一个生态系统都是由生物群落和非生物的环境因素所组成，其中非生物因素包括物理因素和化学因素；生物因素则表现为一个有层次的结构，这种结构可用图 6-7 概括。

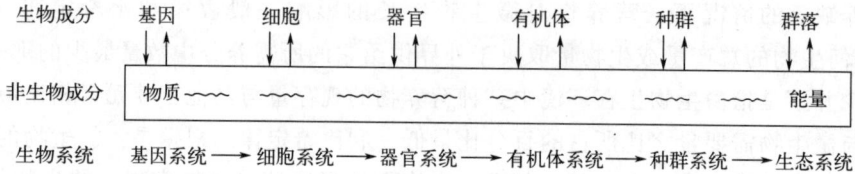

图 6-7　生物组织的结构层次

在生态学中，包括微生物在内的生物群落的结构和功能是研究的主要课题。在微生物生态学中，主要研究微生物群落的结构和功能。也就是说，在多数生态系统中，微生物只是生物群落的一部分。但是，微生物群落同样具有不同的层次，只是微生物个体结构简单，有机体无组织、器官分化而已。

一、微生物基因组与环境的关系

在一个多世纪以前，达尔文通过大量调查研究提出并建立的生物进化论指出，在一定空间内所存在的生物种类是自然选择的结果。也就是说，环境条件决定一种生物在与其他生物竞争中所处的地位，适者生存，最适者成为生物群落中的优势种，而严重不适者则遭到淘汰。微生物也是如此，但是微生物比高等生物对环境条件具有更强的感受性和更强的适应能力，这就是微生物更易成为多种生态系统中生物群落的成员，广泛存在于一切生态系统之中的原因。

一种微生物能否成为某一生态系统中生物群落的成员，取决于它们的基因型。因为一种生物能否适应某一环境取决于它们的生理特性，其生理特性又取决于它们所具有的酶系统；而一种生物的酶系统又是由它们的基因型决定的。也可以说，生物的基因型决定它的酶系统和生理特性，从而决定它在一个特定生态系统中与其他生物的竞争能力。因此，生物的基因型是决定它是否能成为某一生态系统中生物群落的成员和在生物群落中所处地位的最重要的因素。那么，生物与其所处环境之间的相互作用关系可以归结为：①每一种生物的基因型都是由特定环境条件塑造的，或者说是生物长期适应某种环境的结果；②生物的生命活动又随时在改变着其周围的环境条件。因此，只有在一个生态系统中，生物与非生物因素的相互作用不使对方发生较大变化的情况下，才能使这一生态系统保持相对稳定的状态。

例如，在一个远离人群、不受人类活动干扰的自然湖泊生态系统中，其生物和非生物组成仅受到飘尘和地面径流携带物等外界因素的影响。其中可组成生命体的重要元素，如 C、N、P、H、O 和 S 等的总量较为稳定，非生命物质组成元素也不会有较大变化。各种元素所组成的化合物转化大多数也是在生物的作用下发生的，如其中有机物的生成主要由湖中自养生物还原 CO_2、HCO_3^-，同化无机氮、磷化合物等产生，其合成速率受以上化合物的丰度影响；其中形成的有机物在异养生物的作用下又产生上述无机物，无机物的产生量受异养生物量的影响，而异养生物量又受有机物丰度影响。因此，在生物因素和理化因素互相制约下，如无外来较大干扰，各种作用就不会有较大变化，这个生态系统就会成为一个处于动态平衡的成熟健康的生态系统，其中的生物群落常被称为顶级生物群落。

二、微生物对环境的适应

当一个环境的某一或某些物理、化学因子，如营养物的种类和水平、供氧情况、温度、pH、盐度、生物抑制剂浓度等发生较大变化时，其中一些生物种就会因不适应新的环境条件而发生生长速度降低、休眠甚至死亡，使生物群落发生变化。其中的变化可能有：①原来的优势种群可能因不适应改变了的环境而失去优势，在严重不适时还会被淘汰；②在一般种群中，有些对新的环境特别适应者就会在竞争中发展为新的优势种群，也会有一些严重不适的遭到淘汰；③外来微生物如果能适应改变了的环境，则会成为此环境中的新成员，由此形成一个新种群。

另一方面，在严重不适的种群中个别个体也可能因为发生变异而改变自己的生理特性以适应新环境，它们以新的姿态（适应型变种）出现在新的生物群落中，从而形成一个与原来的结构和功能不同的新生态系统。

例如，一条河流在某一点接收污水，而此点下游在相当长的距离内无其他污染源时，那么随河水向下游流动过程，水中的污染物浓度会因物理、化学和生物净化作用逐渐降低，生态条件逐渐变化，直至形成稳定状态，其中微生物群落也会发生相应的变化，如图6-8所示。这种微生物群落的变化过程和趋势，也可以在静止培养中观察到，例如我们将河水水样存放于一个大容器内，然后加入一定量的污水，自然放置足够长的时间，并且从加入污水起每隔一定时间取样分析其中各类微生物的数量，同样可以得到如图6-8所示的变化过程。但因为静止培养和河流水文条件不同，所以达到稳定状态所需时间（相对河水流经一定距离所需时间）不同。造成这种变化的原因归纳起来有以下几方面：①不同微生物的代谢类型和生理特性不同，各自适合生长的环境条件也不同，在其生存范围内缓慢生长，在其最适生长条件下快速生长繁殖；②在排污口以下很短的距离内，水体理化性质发生激烈变化，因此使一些清水型微生物急剧减少，甚至消失；③在水继续流动中，由于物理、化学和生物自净作用，使水体中的环境条件不断发生变化，因此各种微生物随之发生消长。总之，在排污口以下水质的恶化是污染的结果，此后水质的逐渐恢复是水体的逐步自净过程，而微生物群落结构的变化则是自然选择的结果。微生物生理特性的差别则是由微生物的不同基因型所决定。从这一观点出发，也可以认为微生物生态学是研究微生物的内部遗传特性与外部环境特性之间相互关系的科学。

然而，在多数情况下，我们研究的是生态系统中由基因控制的生物的表型。同其他生物一样，微生物适应环境所呈现的表型特征，有的只

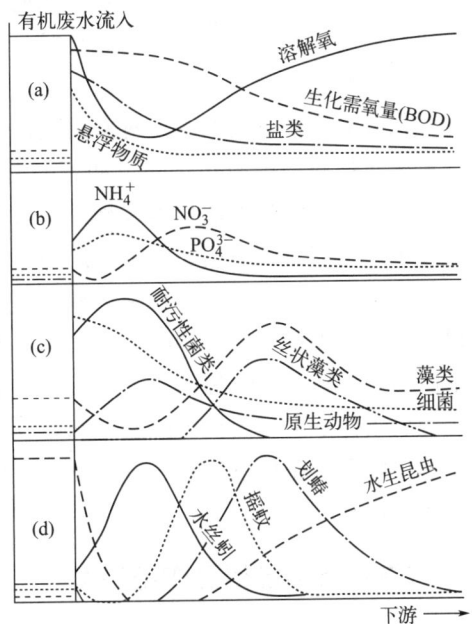

图 6-8　在河流的自净作用过程中的物理化学和生物学变化

（a）、（b）—物理化学变化；（c）微生物的变化；（d）大型生物的变化

是生理上的适应，有的则是微生物基因型发生变异的结果。因此，微生物对环境的适应可分为遗传性适应和表型适应两种类型。

1. 遗传性适应

遗传性适应也称为进化性适应。它是指在某一环境中，当微生物受到来自环境的不利因素的压力后，多数微生物的生命活动会受到抑制甚至死亡，而个别个体通过改变自己的基因型获得适应新的环境条件的生理特性，并且通过生长繁殖形成新的种群。微生物获得新的遗传特性的方式有：①由某种不利因素诱发个别个体发生基因突变获得新的遗传特性。由于诱发基因突变是不定向的，所以只有发生了有利突变的个体才能生存下来。这种突变常由环境中的理化因子，如紫外线、γ射线、抗生素和其他化学抑制剂诱发产生。②通过基因转化、转导和细胞融合，使个别个体获得适应性基因片段，并且生存下来，发展成新的种群。

以上两种方式都可使原来不适应的微生物在对不利环境的适应过程中获得新的遗传物质，使其具有了其亲代所不具有的生理功能，而这种新的生理功能可通过繁殖传给后代。这种适应对原有微生物的生存能力来说是一种进化，所以也称为进化性适应。

遗传性适应的特点是微生物获得了新的遗传物质，基因组的变化超出了原有基因组的极限，表型变化超出了有机体原有基因组控制的范围。

2. 表型适应

表型适应也称为生理性适应。它是微生物对环境条件变化的暂时反应。在这种适应中，微生物的基因型不发生变化，只是由于环境条件的变化使微生物的某个或某些基因失去表达能力，或使原来未能表达的基因得到表达。当这种生物再回到原来环境条件下时，新的表型特征消失，又恢复原有的生理特点。因此，这种适应所发生的生理变化是限制在生物基因组极限范围内的，不出现可遗传的新性状，也不表现新的生理特性。

例如，酒精酵母为兼性厌氧微生物。在用其生产酒精的过程中，首先在供氧条件下进行培养。在有氧条件下它们可以对有机基质进行完全氧化，并通过糖酵解途径和三羧酸循环产生合成生命物质的中间化合物，如丙酮酸、α-酮戊二酸等，并产生生命物质合成中所需能量。因此，用好氧培养法培养酵母菌的目的是获得大量有用的菌体。但是酵母菌的好氧培养过程并不产生需要的酒精。酒精生产的第二阶段是在无氧条件下培养酵母菌，酵母菌在无氧条件下就会失去三羧酸循环代谢过程，也就是关闭了指导这一过程的基因的表达过程。因此使得糖酵解过程产生的丙酮酸不能进入三羧酸循环过程，而是在原来未表达的基因指导下获得了由丙酮酸转化为乙醇的能力。所以在酵母菌厌氧培养中可以获得产品——乙醇，而且由于在无氧条件下酵母菌获得的能量和合成生命物质的中间化合物较少，因此可以提高酒精产率。如果将厌氧条件下培养获得的酵母菌再接种到原来的好氧培养条件下，则其生理特性可完全得到恢复。

三、微生物与环境相互作用的类型

由以上可知，微生物对环境的适应有遗传性适应和生理性适应两种类型。但是在一个生态系统中，不管是微生物群落结构的变化，还是微生物生理特性和表型的变化，本质上都是微生物基因组与环境条件相互作用的结果。根据环境特点和其中微生物的特性，这种作用归纳起来可有以下三种类型：

1. 固定的基因组与可变的环境

在这种情况下，微生物的基因型是稳定的，环境条件的变化并不引起微生物基因组的改变时，微生物对新环境的适应为表型适应。如上述酒精酵母由有氧环境进入无氧环境所发生的适应过程。在这种情况下，变化的环境因子常为温度、pH、可利用的营养物的种类和数量、环境水分含量及环境氧化还原电位等。微生物的表型变化属生理性适应。

2. 可变的基因组与固定的环境

在这种情况下，环境条件是稳定的，但是在微生物的作用下环境条件固定不变几乎是不可能的，所以固定的环境应理解为理化因素变化温和、相对稳定。而其中的微生物基因组的变化主要是由基因转化、转导和细胞融合引起的基因重组；如果有突变发生，则可能是微小环境中理化因子发生较大变化的结果。微生物在这种情况下的适应，应为遗传性适应。

3. 可变的基因组与可变的环境

实际上，这是环境与微生物相互作用发生最多的一种形式。它既引起微生物的生理性适应，也可引起微生物的遗传性适应。可变的基因组对可变环境的适应常是衡量遗传系统对环境的适应能力以及其稳定性的尺度。

四、微生物对环境的适应方式

微生物对不利环境比高等生物具有更强的适应能力。这不仅是因为微生物数量远大于高等生物，在突变率相同的情况下，可以得到较多的突变个体，而且微生物个体小、结构简单，易受环境影响而发生基因突变。此外，微生物比高等生物生长繁殖快，使其新的特性更易在新的生态条件下得到表达，这也是重要原因之一。

微生物在非常不利的环境条件下生存下来，并占有一定的生态位都是通过改变自己的遗传特性（遗传性适应）或直接改变自己的生理性状（生理性适应）实现的。但是不同微生物对环境压力的适应方式不同，其中主要的适应方式有：

1. 结构适应

结构适应是通过形成特殊细胞器而对环境条件适应的方式。例如，水生光能自养菌，为了保证它们能处在既有一定强度的光照，又有其光合作用所需氢供体（H_2S）存在的水层中，它们的细胞内形成了气泡，利用气泡变化来调节它们的密度，保证处于一定水层中。

2. 生理适应

具有生理适应形式的微生物，当环境条件发生变化后，它们可以改变自己的代谢方式，如沼泽颤藻（*Oscillatoria limnetica*）在有氧环境中利用水作为光合作用的供氢体，还原同化二氧化碳。但是在无氧环境中，它们会调整代谢方式，以硫化氢代替水作为光合作用同化二氧化碳的氢或电子供体。这同酵母菌相似，是通过开通和关闭特定代谢途径来实现其适应不同的环境。

3. 繁殖适应

微生物的繁殖方式是在自然选择的压力下形成的。多数微生物能在相当短的时间内产生大量的后代个体，这不仅可弥补它们对不利环境敏感、易受伤害的弱点，而且可使个别适应者快速形成种群，从而保证种的延续。

4. 传播适应

传播适应是一种超出遗传适应和生理适应之外的适应方式。所谓传播适应，指的是处在不利环境中的微生物，可以通过转移找到适合自己的新生境。由于微生物个体微小，易借助外力，如气流、水流、各类动物和其他移动中的物体转移。但是由于微生物的运动能力差，所以它们与高等动物不同，转移缺乏自动性，并且无方向选择性。

5. 行为适应

有些微生物有改变自己在某一生态系统中的位置，寻找有利环境的能力。例如，藻类的生长繁殖需要光，但它们各自都有最适宜生长的特定波长和强度的光，所以它们在液体中都能向着最适合自己的光照条件区域运动。某些细菌由于对某种化学物质的偏爱，当其所处液体中的一个区域含有这种物质时，它们也向这种物质或这种物质浓度较高的地方运动。

五、微生物群落的演替

生物群落是生态系统中充满生机和活力的部分，其中的微生物又是生物群落中最活跃的生物类群。在生态系统中，微生物群落是指在一定空间内相互松散结合的各种微生物的总称。这种结构虽然松散，但并非杂乱地堆积，而是有规律地结合。每个种群，甚至每个个体都有其本身的形态和生理特性，并占有一定的生态位，共同构成一个可表现一定特性的功能单位——微生物群落。微生物群落常具有以下特性：①具有一定的种类组成和总生物量；②在一定生态位上具有自己的垂直结构；③每一个群落都有自己的优势种；④具有一定的功能，并且与其环境时刻都在发生着相互作用。

微生物群落的演替总是发生在新建的未成熟生态系统中以及成熟生态系统受到较大的外部干扰后。上述生态系统中的各种微生物都失去了它们原来生活所依赖的环境条件，因此都有一个对新的生态系统适应的过程。例如：

① 一个清洁的湖泊，经过长期理化条件与其生物群落的作用，形成了自身特有的生物群落。当它受到污染时，就改变了其物质组成，同时随污水进入湖泊的污水生物也改变了其原有的生活环境，这时湖泊理化条件发生了变化；此时，由湖泊生物和污水生物组成了一个新的生物群落。在这个新群落中的成员，由于对新的环境条件适应能力不同，有的被淘汰，有些则生存下来成为群落中的成员，最适应者就发展成优势种群，并形成污染湖泊中的初级微生物群落。在这个新的生态系统中，由于生物与其环境中理化因子的相互作用，其中理化条件不断变化，又会形成一系列的中间群落，最后通过物质循环和转化，使这一系统中的理化条件达到一种相对的动态平衡，生物群落也就发展为顶级生物群落，形成一个新的成熟的生态系统。

② 在一个新建的活性污泥法污水处理厂中，为缩短运行的准备期，常加入其他污水处理厂的剩余污泥作为种泥与待处理污水或废水混合，并开始进行曝气，这样就形成了一个以污水理化条件为非生物环境因素、以污泥生物和污水生物为生物群落的新的生态系统。这个生态系统既不同于原污水系统（因为曝气提高了它的氧化还原电位），也不同于接种污泥的原生态系统，所以其中的微生物都有一个对新的生态系统适应的过程，因而形成一个初级微生物群落。在这个生态系统中，由于不断注入污水，其中的生物群落也在不断增大，而且其物理化学条件也不断变化，促使中间群落的形成。最后，在选定的工艺条件下，污泥浓度

（生物量）、出水水质处于稳定状态，出水水质达到排放标准，从而形成一个成熟的生态系统，其中的微生物群落也就发展成了顶级微生物群落。

由此可知，微生物群落演替，是在一个生态系统中由初级群落，经中间群落发展为一个顶级微生物群落的演化过程。

由上述两个微生物群落演替实例可知，在一个成熟生态系统中，微生物群落演替的原动力是由于原生态系统受到了外来因素（物理因素、化学因素和生物因素）的较大干扰，使生态条件发生了较大变化；此后则是由于微生物与其环境条件的相互作用，如由于微生物的代谢作用引起的理化条件的变化、新的微生物种群间的相互作用对微生物群落的协调作用等，使得微生物群落的种群组成处于不断变化的状态。

在一个新的生态系统中，微生物群落的变化也同样是微生物承受外界压力和微生物之间相互作用、协调发展的结果。

无论在哪种条件下，微生物群落的演替一般都经历以下过程：①自然选择过程。自然选择是一种适者生存的自然淘汰现象，是固定的基因组与变化了的条件互相作用的结果。也就是说，群落中由于基因组所控制的生理特性不适应在新的环境中生活，因而失去生长繁殖能力，或在与其他微生物的竞争中处于劣势的种群最后被淘汰或降低其在生态系统中地位。这也是对新环境适应者快速发展成为优势种群的过程。②微生物对环境的适应过程。在一个新的或重建的环境中，严重不适的微生物种类，其种群中的多数会因环境变化超出了其生存的极限条件而死亡，但其中也可能有少数个体发生遗传性适应，因而迅速发展为群落中的新成员。同时，也存在某些微生物的生理适应过程。

通过自然选择、微生物与其环境的相互作用、微生物对环境的适应和微生物种群间相互作用的协调，新的生态系统和受到外来强烈干扰的成熟生态系统都会由初级微生物群落，经过中间微生物群落，最后发展成一个顶级微生物群落。

六、一个成熟生态系统的特征

成熟的生态系统一般具有下列特征：①具有稳定的理化条件，也就是说在物质循环过程中，各种物质的消耗和产生是基本平衡的；②生物群落组成和功能稳定，多样性强；③抵抗外来干扰的能力强；④受到外来干扰后，具有较强的恢复能力，恢复快。

📖 思考题

1. 微生物生态系统的特点是什么？
2. 为什么土壤是微生物栖息的良好环境？
3. 为什么在自然界清洁淡水水体中主要存在一些光能自养型和化能自养型微生物？请用微生物生态学原理简单说明。
4. 为什么说空气不是微生物生存的有利环境？
5. 试从分子水平探讨嗜热菌的嗜热机理，并列举两个嗜热菌的菌名。
6. 说明微生物群落发生演替的原因和结果。

7. 为什么说一种微生物的基因型是决定其在一个群落中所处地位的主要内因？

8. 共处于同一环境中的微生物之间可能发生哪些相互作用？

9. 微生物生长的抑制受哪些条件的影响？

10. 什么是微生物的趋性和微生物的向性？它们之间的区别是什么？

11. 什么是封闭环境、无限环境、有限环境？在无限环境中，某一时刻的微生物种群大小与哪些因素有关？

第七章
生态系统的微生物监测

思考题

1. 简述 PCR 技术的原理、方法及其在环境微生物基因检测中的应用。

2. 比较 PCR-DGGE 与 PCR-RFLP 检测功能基因组的不同。

3. 比较和对照 Lux 报道基因系统和 GFP 分子系统，根据这两种系统的特征，你认为哪一个系统在评价微生态系统时更有用？

4. 你如何在属的水平上鉴别从土壤中分离到的细菌菌株？

5. 如何用 PCR-DGGE 描述或表征水生生态系统？

6. 目前在环境微生物检测中常用的报道基因有哪些？各有何特点？

7. 以 BOD 传感器为例说明微生物传感器在环境检测中的特点。

第八章
微生物与自然界中的物质循环

第一节 概述

自然界中的物质循环是指地球上存在的各种形式的化合物，通过生物的和非生物的作用不断地消耗、转化和产生的过程。推动物质消耗、转化和产生过程不断进行的既有物理作用、化学作用，也有生物化学作用；而决定其循环速率的是自然界中的物理因素、化学因素和生物因素的综合作用。物质循环过程包括：由非生命物质转化为生命物质的过程；由一种生命物质转化为另一种生命物质的过程；由生命物质转化为非生命物质的过程；以及由一种非生命物质转化为另一种非生命物质的过程。

一、物质循环的必要性

生物圈内各种化合物的现存量是有限的，但是生命的延续和发展是无尽头的。在生物的发展过程中，它们必须不断地从环境中摄取其所需物质（营养）。如果营养物质只被消耗而不再产生，那么生物生长繁殖所需物质的供需就会产生矛盾，生物的生存也就会产生严重问题。因此，组成生物体的碳、氮、硫、磷、氢、氧等元素需要不断地改变它们的价态及其与其他元素的化合形式，形成各类化合物以满足生物生命活动的需要，并被不断地消耗和再生。元素和化合物的这些变化过程，在多数情况下是依靠有生物参加的物质的生物地球化学循环过程完成的。

二、物质生物地球化学循环

物质生物地球化学循环是指生物圈内一切生物所需要的元素自非生命的化学物质转变为生命物质，再自生命物质转变为非生命物质和在生物及其酶作用下与其他元素结合的方式转化的生物化学过程。例如，氮元素在固氮生物作用下可由分子氮转化为氨氮，氨氮又可在微生物作用下转化为硝态氮，而氨氮和硝态氮都可以被植物和菌类、藻类微生物同化转化为生命物质，如核酸和蛋白质等，核酸和蛋白质又可通过生物的代谢作用分解为氨。

由此可知，物质的生物地球化学循环虽不能与全球性物质循环等同，但是生物地球化学循环是全球性物质循环非常重要的部分。

三、参与物质生物地球化学循环的元素

参与物质生物地球化学循环的元素很多，主要有：①组成生命物质的主要元素，如碳、氢、氧、氮、磷、硫等，生物对这些元素需要量大，而且不同生物所需化合物的种类各不相

146

同，所以它们的循环很快。②组成生命物质的少量元素，如镁、钾、钠和卤族元素。③组成生命物质的微量元素，如铝、硼、钴、铬、铜、钼、锌、铁、钒等。以上元素都可以参与生物地球化学循环。此外，已知一些非生命物质的组成元素，如碲、砷、锡、锰、铅、汞等也可以在微生物的作用下发生价态、形态和化合形式的转化。

四、物质生物地球化学循环的复杂性

在地球上，参与生物地球化学循环的元素种类很多，每一种元素又以多种方式与其他元素组成性质各异的化合物，它们多数是循环中的重要中间物质。物质生物地球化学循环的过程和速率不仅受共处于一个环境中的生物的特性和生物间相互作用的影响，受环境中存在的物质种类和它们的相互作用的影响，以及受物理因素（如温度、压力、辐射等）的影响，而且是环境中物理因素、化学因素和生物因素综合作用的结果。并且，各种元素之间的循环是相互联系、相互制约的。例如，环境中无机氮、磷化合物的生物同化作用都是与生物对碳素化合物的同化相伴进行的。如果环境中缺少生物所需要的氮、磷化合物，那么生物对碳素化合物的同化也就会受到阻碍。也就是说，每种元素的循环速率都受其他生物组成元素的量和存在形态的影响。

因此，生物地球化学循环过程是一个非常复杂的综合过程，各种元素之间的循环是密不可分的。但为了讨论方便，以下还是分别介绍几种主要元素的循环，即假定其他条件处于有利于生物生命活动的情况下，主要元素的循环过程、机理和特点。

研究微生物在物质循环中的作用是环境微生物学的重要课题之一。研究其机理不但可阐明物质地球化学循环的基本过程和加速循环所需的条件，而且现有的研究成果还有力地推动了环境容量研究、污染控制研究和生产实践的发展。对其机理的研究已在现有环境科学研究和污染控制实践中起到了重要作用，今后也必然会对环境科学与工程学科的发展以及更进一步地促进社会经济的可持续发展方面起到更大的作用。

第二节　微生物与碳循环

碳是地球上循环最为旺盛的元素，如大气中的 CO_2（占大气成分的 0.03%）、溶解形式的 CO_2（H_2CO_3、HCO_3^-、CO_3^{2-}）和有机碳（活的和死的有机体）。这些碳在地球上周转的速度非常快，并且周转量也很大。地球上还有一部分碳基本上处于惰性状态，如存在于碳酸盐岩（包括石灰石和白云石）和矿物燃料（如煤、石油、煤油页岩、天然气等）中。

在地球上，各类碳素化合物分别储存在：①大气；②水；③岩石圈；④活的生物体四个碳库中。不同碳素化合物在各个库中的分布如下：

碳化合物	碳库
二氧化碳	大气
有机物	水
碳酸盐	地壳（岩石圈）
生命物质	活的生物体

这些碳素化合物在物理、化学和生物化学作用下，不断地改变它们与其他元素的结合形式而实现循环。在各类碳素化合物中最不活跃的是矿物质，它们多数只有被开采以后才能通过燃烧或生物氧化作用转化为 CO_2 和一些活性不同的有机物。有关生物学家、化学家和地

球化学家们经过多年的研究，总结出碳素在自然界中的循环过程如图 8-1 所示。

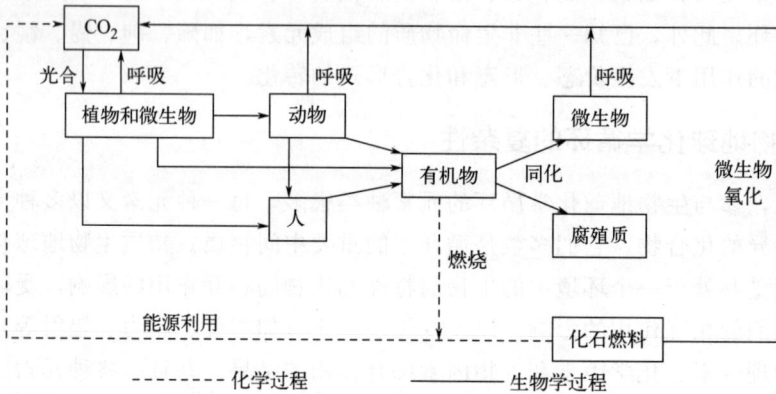

图 8-1　碳素循环过程

一、微生物在二氧化碳还原固定中的作用

在整个生物圈内参与 CO_2 还原固定形成有机物的有陆生和水生高等植物，以及微生物中的藻类、光能自养细菌和化能自养细菌。虽然它们都能将 CO_2 还原固定形成有机物，但形成有机物的机制却有明显的区别。一般 CO_2 生物固定过程必须满足三个条件，即：①都需要能量；②都需要还原力；③需要一个适宜的酶系统。但是不同的生物所需能量的来源、还原力的供给以及酶系统是不相同的，其区别列于表 8-1。

表 8-1　不同生物固定 CO_2 条件比较

初级生产者生物	能源	H 或电子供体	光系统	主要生态条件
高等植物	日光	H_2O	Ⅰ和Ⅱ	有氧和光、水、土壤
藻类	日光	H_2O	Ⅰ和Ⅱ	有氧和光、水体、潮湿土壤表面
光能自养菌	日光	H_2S、H_2、还原性硫化合物	Ⅰ	无氧、有光、水体
光能异养菌	日光	有机物	Ⅰ	无氧、有光、水体
化能自养菌	化学能	—	无	有氧、低 BOD_5 的土壤和水体

由表 8-1 可知，化能自养菌利用 CO_2 的方式尤为独特。

从生物圈内有机物的形成来看，虽然人类的衣、食、住等方面需要的有机物看起来似主要来自陆生高等植物，较少看到微生物细胞增长对人类有机物需求的贡献，但是就整个生物圈中有机物的形成来看，微生物的作用是绝对不可忽视的。例如，海洋占整个地球表面的70%，其中的单细胞藻类和光合细菌是最主要的初级生产者，根据统计，将海洋与陆地初级生产作用列于表 8-2。

表 8-2　海洋与陆地初级生产力比较

生境	净初生产量/[g/(m² · a)]	生物量/(kg/m²)	生产总量/(10⁹ t/a)
陆地	720.0	12.30	107.09
海洋	320.0	3.62	162.41
陆地/海洋	2.25	3.40	0.66

由表 8-2 可以看出，虽然海洋与陆地比，单位面积的净初生产量和生物量要小得多，但海洋有机物的总产量比陆地大很多，约占地球上有机物年总产量的 60%。由此不难看出，微生物在地球上有机物生产中的作用不容忽视。此外，内陆河流、湖泊、水库、池塘中微生物的净初生产力也是不可忽视的。

二、有机物在食物链网中的传递

自养生物摄取环境中的 CO_2 和其他营养元素如 N、P、S 等的无机化合物，并将它们转化为有机物；异养微生物，如化能异养细菌、放线菌、真菌和部分原生动物则是通过利用其环境中的有机物合成细胞物质而将有机物引入食物链网中，并在食物链网中传递。

碳素化合物在食物链网中的传递，是由一种生命物质转变为另一种生命物质的不断变化过程。以菌类和藻类微生物为食的原生动物和简单的多细胞动物，如线虫、轮虫等则是这种传递中的重要中间环节。因此，可以说微生物对有机物在食物链网中的传递起着重要作用。

三、微生物在有机物矿化中的作用

生物圈内的有机物可以通过燃烧、高等生物的呼吸代谢作用和微生物的分解氧化作用产生 CO_2 和无机的氮、磷、硫化合物等。有机物的这种转变过程称为矿化作用。在有机物矿化过程中，微生物起着重要的作用。据估计，地球上每年约 90% 以上有机物的矿化作用是由微生物完成的。

（一）有机物的微生物降解性

进入自然环境的有机物种类很多，有天然的，也有人工合成的，有的容易被微生物分解利用，有的则难以被微生物分解利用，还有少数不能被微生物分解，至少是当前还没有找到能降解它们的微生物。一种有机物能否被微生物降解取决于其所在环境中的微生物能否在自身基因指导下合成降解这种有机物的酶，而分解酶的产生取决于微生物与这种有机物或其类似物的接触，即环境条件对微生物的选择和微生物对环境的适应过程。

有机物的微生物降解性是指一种有机物能否被微生物降解和降解速率大小。了解一种有机物的可生物降解性，对的放矢地采取有效的管理防治措施是十分必要的，如决定某种化合物是否允许生产、评估它的环境容量和选择有效的处理方法等。这对防治环境污染、保障环境质量和人类健康也是不可缺少的。

（二）有机物可生物降解性试验

在营养非常贫乏的情况下，微生物的代谢速率总是伴随着限制性营养的增加而提高。在一个营养贫乏的微生物培养系统中，加入某种待研究的有机物后，能否使其中的微生物代谢速率提高是判断此有机物能否被微生物降解利用的重要依据。微生物代谢速率的变化可通过生长率的变化以及代谢产物（如 CO_2、酸、碱和其他产物）产生速率的变化来判断；对能进行有氧呼吸的微生物，也可通过耗氧速率的变化来判断。

试验方法是：首先，将样品（如活性污泥、自然水体或污染水体的水样、土壤等）中的微生物群体，在适宜的条件下进行培养，使微生物处于饥饿状态，保证系统中的碳素营养条件成为限制微生物降解的主要因素。然后：①测定微生物的生长率、代谢产物生成速率或耗氧速率，并作对照。②在系统中加入待测定有机物，再进行测定（测定步骤同①）；也可直接测定受试物的浓度变化。③将试验组（②）与对照组（①）的测定结果进行比较。

以耗氧速率测定为例，在培养系统中加入一定量的受试有机物，耗氧量随培养时间的变化曲线如图 8-2 所示。图 8-2 中，A 说明受试有机物可生物分解氧化；B 说明受试物不可生物分解氧化，在试验浓度下无毒；C 说明受试物对微生物有抑制作用。如果在微生物培养系统中加入不同量的受试物，使其达到不同的浓度，那么耗氧速率与受试物浓度的变化关系曲线如图 8-3 所示。图 8-3 中，A 说明受试有机物可生物降解，无毒；B 说明受试物不能生物降解，无毒；C 说明受试物可生物降解，但在较高浓度时有毒；D 说明受试物不能生物降解，在较高浓度时有毒；E 说明受试物毒性很大，在很低浓度时就能抑制生物代谢作用。

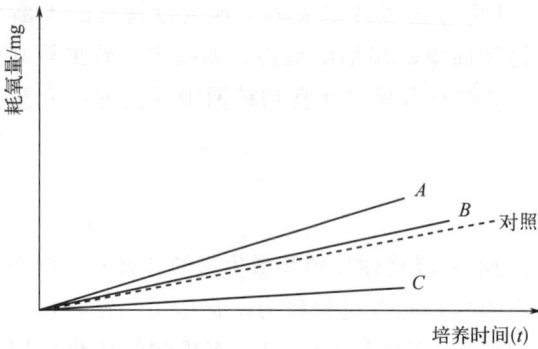

图 8-2　不同类型有机物对微生物耗氧的影响

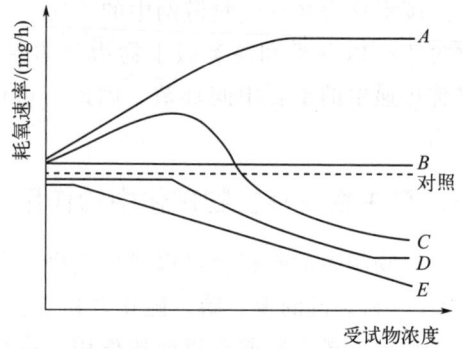

图 8-3　微生物耗氧速率随不同类型有机物浓度的变化规律

（三）有机物的微生物分解

可生物分解的有机物通过微生物的新陈代谢作用被分解为小分子化合物，甚至彻底氧化为无机物的过程，称为有机物的微生物分解。自然界中的绝大多数天然有机物和进入自然环境中的部分人工合成有机物都是可以被微生物分解利用的。但是就一种有机物而言，其分解速率和最终产物可因微生物的生理类型不同及环境条件差异而有较大的差别。如在厌氧条件下和好氧条件下微生物群落组成就不同，对有机物的分解速率和最终产物也有显著区别。产生以上区别的重要原因是在不同条件下生长的微生物具有不同的生理特性和分解同化有机物的能力。

有机物的好氧分解指的是能进行有氧呼吸的微生物在有氧环境中对有机物的分解作用。以下主要介绍几类化合物的微生物分解过程。

（1）直链烷烃的微生物分解

烷烃是一类还原性很强的有机物，在氧化还原电位很低的无氧条件下，它们都很稳定，不能被微生物分解氧化。这也正是石油烃能在地下长期储存而不被破坏的原因。在有氧条件下，它们中的多数可被微生物分解氧化，这就是为什么进入地面环境中的石油污染物可以得到净化的原因。直链烷烃的微生物好氧分解途径有两个：一是通过末端氧化作用将直链烷烃氧化为脂肪酸，然后脂肪酸通过 β-氧化产生乙酸，乙酸经三羧酸循环氧化为 CO_2 和水；二是次末端氧化过程，在此过程中直链烷烃一端的第二个碳原子首先逐渐氧化为一个酮基，然后末端碳原子被氧化为羧基而成为一个 α-酮酸，α-酮酸经氧化脱羧产生一个 CO_2 和一个脂肪酸分子，脂肪酸经 β-氧化生成乙酸，乙酸经三羧酸循环最后氧化为 CO_2 和水。直链烷烃的微生物分解氧化过程如图 8-4 所示。

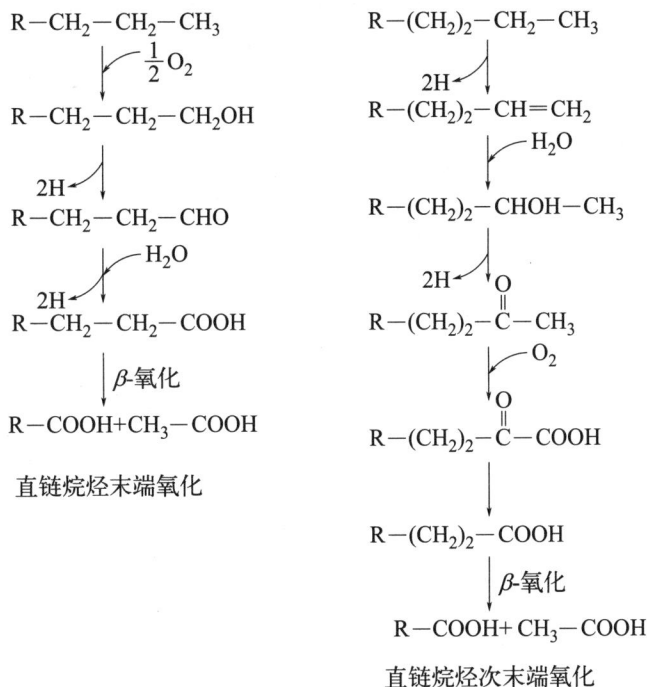

$$R-CH_2-CH_2-CH_3$$

$$\downarrow \frac{1}{2}O_2$$

$$R-CH_2-CH_2-CH_2OH$$

$$\downarrow 2H$$

$$R-CH_2-CH_2-CHO$$

$$\downarrow H_2O$$

$$R-CH_2-CH_2-COOH$$

$$\downarrow \beta\text{-氧化}$$

$$R-COOH+CH_3-COOH$$

直链烷烃末端氧化

$$R-(CH_2)_2-CH_2-CH_3$$

$$\downarrow 2H$$

$$R-(CH_2)_2-CH=CH_2$$

$$\downarrow H_2O$$

$$R-(CH_2)_2-CHOH-CH_3$$

$$\downarrow 2H$$

$$R-(CH_2)_2-\overset{O}{\overset{\|}{C}}-CH_3$$

$$\downarrow O_2$$

$$R-(CH_2)_2-\overset{O}{\overset{\|}{C}}-COOH$$

$$\downarrow$$

$$R-(CH_2)_2-COOH$$

$$\downarrow \beta\text{-氧化}$$

$$R-COOH+CH_3-COOH$$

直链烷烃次末端氧化

图 8-4　直链烷烃的微生物氧化

（2）芳香烃的微生物分解

芳香烃比烷烃具有更高的稳定性，因此比烷烃更难以被生物分解氧化，但是也有一些微生物能够利用它们作为生命活动的碳源和能源，将其分解。由于芳香烃的种类很多，不同芳香烃所带的取代基团的种类、数量不同，取代基之间的相对位置不同，所以微生物对它们的分解代谢途径也不同。下面以苯、苯酚、甲苯和萘为例，简单说明芳香烃的微生物降解过程，如图 8-5 所示。由图可知，邻苯二酚（儿茶酚）是芳香烃类有机物微生物分解的共同中间物，最终都通过形成乙酰辅酶 A 和琥珀酰辅酶 A 而进入三羧酸循环，氧化为 CO_2 和水。

目前已知对芳香烃类化合物有较强分解能力的微生物有红色分枝杆菌、铜绿假单胞菌、小球菌和诺卡氏菌等。

（3）化学农药的微生物降解

化学农药是用于保护农林业生产的化学制剂的总称。它们以作用对象为依据可分为杀虫剂、杀菌剂和除草剂等；以制剂的特性为依据可分为无机农药（如硫酸铜、无机汞制剂等）、天然有机农药（如抗生素类、除虫菊酯类等）、人工合成农药（如六六六、2,4-D、马拉硫磷等）等。以下主要介绍几种人工合成有机农药的微生物降解。

农药进入自然环境的途径主要有：①随农药生产过程产生的废水和废渣进入环境；②农药运输过程中的泄漏；③农药使用过程中进入环境。农药进入自然环境后可能会由于人为的或自然的作用在环境中扩散，并且可因物理因素（如光解）、化学因素（如氧化、还原等）和微生物降解而改变它们的形态、结构、组成、理化特性和生物学特性。农药特性的改变过程称为农药的降解。试验证明，农药在水体和土壤中的降解，微生物起着重要的作用。例如，有人做了如下试验，将同一土壤样品平均分为两份，一份经高压蒸汽灭菌或加入足够量

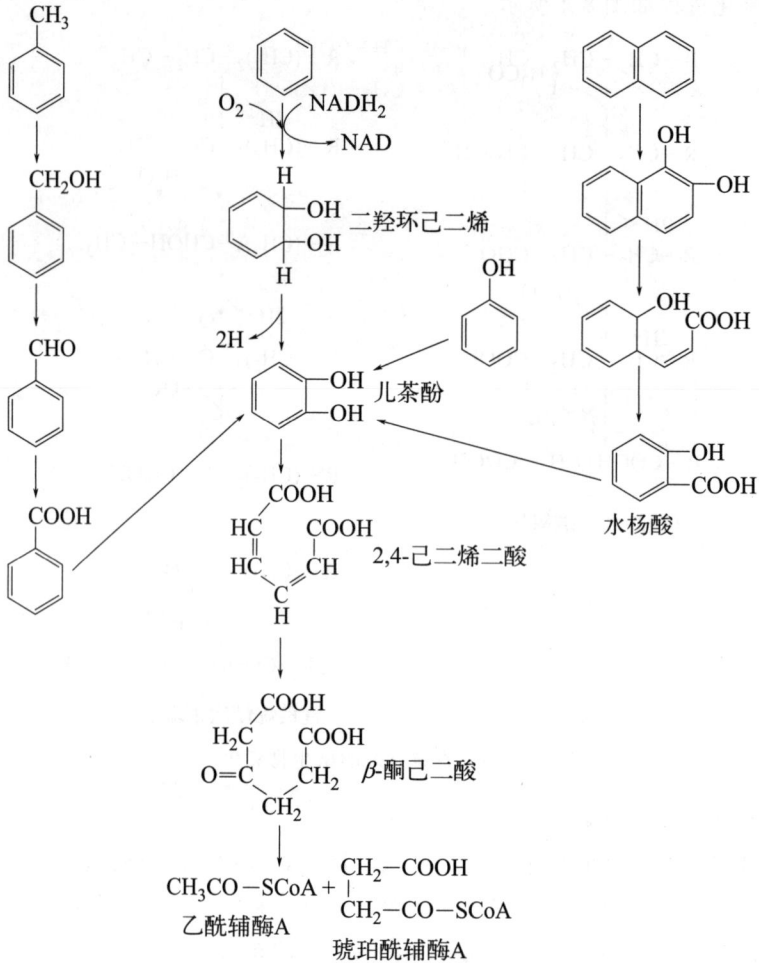

图 8-5　芳香烃的微生物分解氧化

的微生物抑制剂，另一份处于自然状态，然后在两份土壤中加入等量敌草隆农药，在相同条件下放置，过一定时间后取样测定样品中敌草隆的残留量，并计算其在土壤中的净化速率。结果证明前者的净化速率比后者低得多，说明在土壤中敌草隆的消失主要是由于微生物的降解作用。而且用此类方法证明了多种农药都是可微生物降解的。

在某一自然环境中，一种农药的可微生物降解性不仅与环境中的微生物组成以及环境的理化条件有关，而且与农药的化学结构有关，也与农药与微生物接触时间的长短有关。某些农药在生产和使用初期被认为是不能微生物降解或难以微生物降解的，但是在使用相当长时间以后就变得较易微生物降解了。这是由于微生物接触此农药过程中产生了相关的诱导酶，如六六六就是如此。

下面介绍几种农药的微生物降解基本过程。

① 马拉硫磷的微生物降解。马拉硫磷是一种含硫和磷的人工合成农药，其合成、生产和使用的时间不长，但经试验研究证明，在使用此农药的农田中，其可有效地被微生物降解。已知其微生物降解途径如图 8-6 所示。

对马拉硫磷具有较强降解作用的微生物主要是霉菌，其中已知的有点青霉属、绿色木霉属、曲霉属、根霉属等，以及假单胞菌（*Pseudomonas*）等属中的一些种。

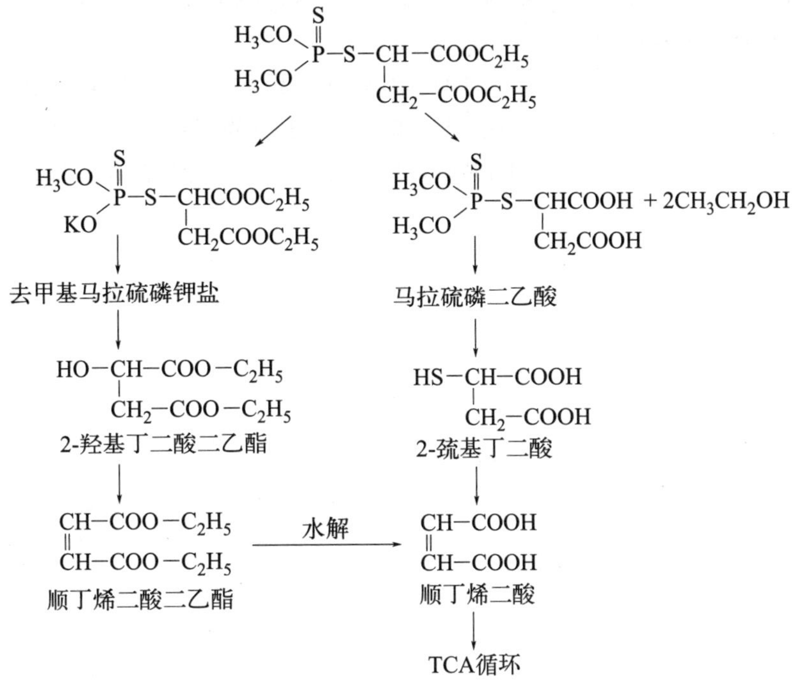

图 8-6　马拉硫磷的微生物降解

② 2,4-D 的微生物降解。2,4-D 是一种氯代芳烃化合物，在农业上既可作除草剂，杀灭阔叶双子叶植物杂草，又可在低浓度（1mg/L）下刺激植物生长，防治落花、落果和倒伏，并有促进作物生根和早熟的作用。

试验研究表明，其微生物降解途径如图 8-7 所示。

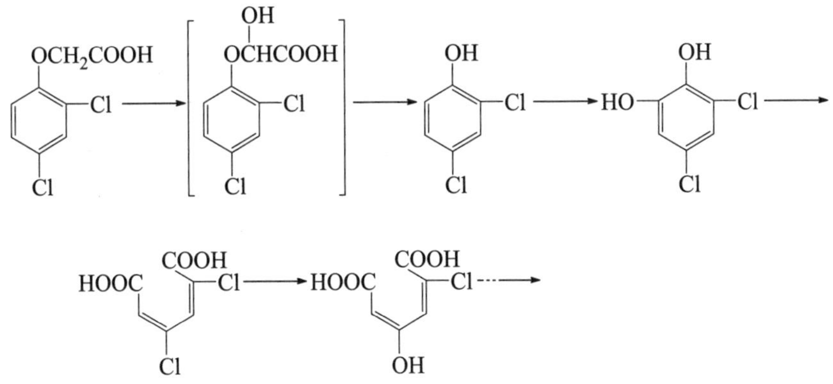

图 8-7　2,4-D 的微生物降解

已知对 2,4-D 有较强降解作用的微生物有无色杆菌属、气杆菌属、节杆菌属、棒杆菌属、黄杆菌属和假单胞菌属等属中的一些细菌；诺卡氏菌属中的放线菌；曲霉属中的一些真菌。

③ DDT 的微生物降解。DDT 曾是广泛应用的有机氯杀虫剂之一。此种农药对昆虫药效高，而对人、畜急性毒性不大，所以曾广泛应用于农田和家庭杀虫。但是 DDT 的化学性质稳定，不易分解，可长期残留于自然环境中，并随水流传遍全球，成为污染公害物质。它还

可通过食物链蓄积于人体中，不但危及人体健康，而且威胁子孙后代，所以当今其在不少国家已成为禁止生产和使用的农药。

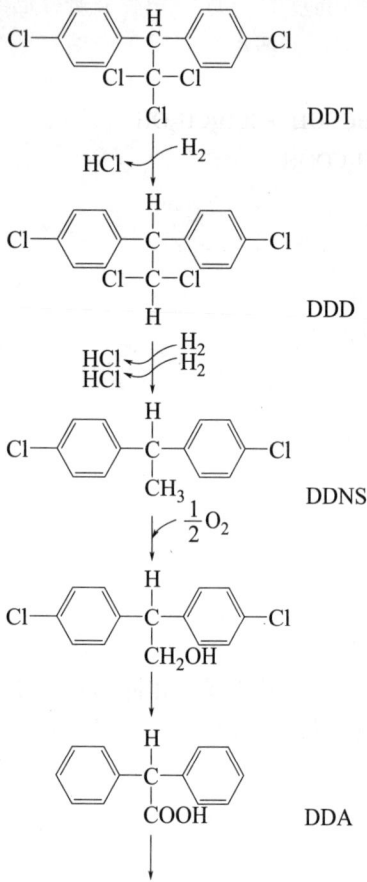

图 8-8　DDT 的微生物降解

DDT 因其分子中特定位置上具有氯取代基而使之特别稳定，如果其分子中的氯被氢取代就可大大增加其可生物降解性。因此，虽然 DDT 在有氧和无氧环境中都可被微生物分解，但在无氧条件下更有利于其脱氯加氢还原，也就更易降解。DDT 微生物降解途径如图 8-8 所示。

由图 8-8 可知，在厌氧条件下更有利于微生物将 DDT 降解转化为易被进一步分解的脱氯型化合物 DDNS，从而有利于 DDT 的彻底分解。

能分解 DDT 的微生物很多，已知细菌有十二属、放线菌有一属、真菌有两属。

④ 对硫磷的微生物降解。对硫磷是有机磷类农药的一种，其分子中含有氮、硫、磷元素。它是杀虫剂有机氯农药的换代产品。有机磷农药比有机氯农药容易降解。试验证明其降解过程为：第一步是在微生物降解酶作用下将对硫磷降解为硫代二乙醇磷酸酯和对硝基苯酚，以上两种化合物均为较易被微生物分解的有机物；第二步则是对硫磷水解后的两种产物的进一步分解氧化。

（4）合成洗涤剂的微生物降解

肥皂曾是人们长期用于清除污垢的主要洗涤用品。而合成洗涤剂是肥皂的替代物，它不但可用于织物清洗，也用于造纸、皮革工业、食品业、餐具清洗和金属洗涤等。目前市售的合成洗涤剂有阴离子型、阳离子型、非离子型和两性电解质型四大类。

常用的阴离子型洗涤剂是合成脂肪酸衍生物、烷基苯磺酸盐、烷基磷酸酯和烷基苯磷酸盐；阳离子型洗涤剂是含有氨基和季铵盐结构的脂肪链缩合物；非离子型洗涤剂则包括脂肪醇或烷基酚与环氧乙烷的缩合产物；两性电解质型洗涤剂为带氮原子的脂肪链与羧酸、硫酸或磺酸的缩合物。

市售洗涤剂中除上述表面活性剂成分外，还含有多种助剂，如三聚磷酸盐、硫酸钠、碳酸钠、羧甲基纤维素钠、荧光增白剂、香料和酶蛋白等。在合成洗涤剂中，应用最普遍的是阴离子型洗涤剂。其中最易被微生物降解的是高级脂肪酸盐类，其分解过程起始于烷基侧链的烷基，此烷基可像直链烷烃一样进行末端氧化形成羧基，所形成的脂肪酸可通过 β-氧化形成乙酰辅酶 A。

烷基苯磺酸盐类洗涤剂的微生物降解难易与烷基的结构有关，带侧链的比直链的难被微生物降解，而且带的侧链越多越难降解。

（5）多氯联苯的微生物降解

多氯联苯（PCB）是由若干个氯取代联苯分子中等数量氢而形成的化合物，是人工合成有机氯化合物中的一类。多氯联苯具有耐酸碱、耐腐蚀、化学性质稳定、介电常数高、绝缘性好以及耐热等特点，因此而得到广泛应用。

但是，多氯联苯具有较高的生物毒性，有些还具有"三致作用"，而且像六六六一样难以生物降解，所以在环境中分布广，污染面大，对生态系统和人类危害较大。因此，对多氯联苯生物可降解性和促进其生物降解方法的研究受到有关专家的关注。近年来有关研究已经证明多氯联苯也可被微生物分解，已经发现的分解菌中有细菌，如假单胞菌属、产碱杆菌属（*Alcaligenes*）、邻单胞菌属（*Plesiomonas*）、不动杆菌属（*Acinetobacter*）中的一些种；放线菌，如诺卡氏菌属中的球形诺卡氏菌（*Nocardia globerula*）和红色诺卡氏菌（*Nocardia rubra*）；以及真菌，如解脂假丝酵母（*Candida lipolytica*）和酿酒酵母（*Saccharomyces cerevisiae*）等。

除以上化合物外，其他自然环境中存在的有机污染物，包括很多有毒有机物，如染料、脂类、亚硝胺类和一些生物产生的毒素，也都有能被微生物降解的报道。

这说明微生物具有极强的适应能力和较强的可塑性，在促进自然环境中的有机物分解以及在碳素循环中具有非常重要的作用，在消除环境污染方面具有极为广泛的应用领域和很高的实用价值。

第三节 微生物与氮循环

自然界的氮素循环是各种元素循环的中心，这是由氮元素在整个生物界中所处的重要地位所决定的。而微生物又是整个氮素循环的中心，尤其是一些固氮微生物更可称作为开辟整个生物圈氮素营养源的"先锋队"。

氮元素在自然界中的存在形式主要有以下五种：铵盐、亚硝酸盐、硝酸盐、有机含氮物和大气中的游离氮气。与其他主要元素相比，在地球表面的岩石圈和水圈中，属于铵盐、亚硝酸盐和硝酸盐形式的无机氮化物的含量极其有限，由于其高度水溶性，因此是以极稀的水溶液形式分散在整个生物圈中。无机结合态氮素是许多生态系统中初级生产者的生长限制因子。第二类氮化物是各种活的或死的含氮有机物，它们在自然界中的含量也很少。尤其是以腐殖质形式存在的复杂有机物，在一般的气候条件下分解极其缓慢，故其中的氮素很难释放和重新被植物所利用。在自然界中，以气体形式存在的氮数量最大，因此大气是重要的"氮素储藏库"，然而只有少数具有固氮能力的原核微生物及其共生体才能利用大气中的氮。

氮素转化主要由生物反应所致（见表8-3），各生物反应的作用方式及起关键作用的微生物如图8-9所示。

表8-3 氮素循环的生物反应

反应	术语	涉及的生物
$N_2 \rightarrow NH_3$	生物固氮	固氮细菌
$NH_3 \rightarrow$ 有机物	氨的同化	植物、细菌、低等真核生物
有机物 $\rightarrow NH_3$	氨化作用	各种（微）生物
$NH_3 \rightarrow NO_2^-, NO_3^-$	硝化作用	硝化细菌
$NO_3^-, NO_2^-, NO, N_2O \rightarrow N_2$	反硝化作用	反硝化细菌
$NO_3^-, NO_2^- \rightarrow NH_3$	异化性硝酸盐还原作用	发酵性细菌
$NO_2^-, NH_4^+ \rightarrow N_2$	厌氧氨氧化	厌氧氨氧化菌

155

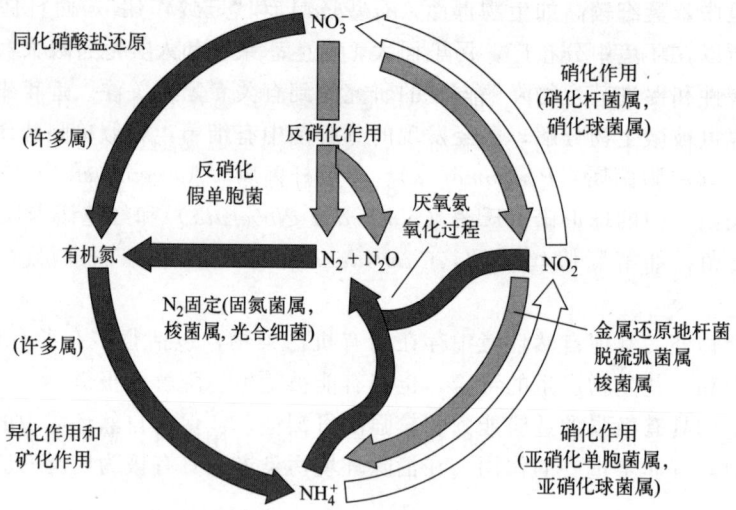

图 8-9 基础氮循环

主要发生在好氧条件下的流程用空心箭头表示，厌氧过程用实心粗箭头表示，
在好氧和厌氧条件下都能发生的过程用带横杆的箭头表示

一、微生物与 N_2 的生物固定

生物固氮是指分子氮通过固氮微生物固氮酶系的催化而形成氨的过程。这是一种极其温和的生物化学反应，它比人类发明的利用铁催化剂，在高温（约 300℃）、高压 {约 300 个大气压 [1 大气压 (atm)＝101325Pa]} 下的化学固氮要优越得多。

微生物合成的 NH_3 被各种生物同化为氨基酸，最后用于合成蛋白质和其他含氮物质。固氮微生物可以分为自生固氮菌和共生固氮菌两类。据估计，每年地球上固定的 N_2 大约为 1.7×10^8 t，其中有 3.5×10^7 t 是由草地中的微生物所固定的、有 4.0×10^7 t 是在森林中固定的，另外有 3.6×10^7 是在海洋环境中固定的。

在陆地环境中，根瘤菌通过共生关系对于固定大气中的 N_2 所作的贡献最大，共生固氮的速率与土壤自生固氮的速率相比，前者要高 2～3 个数量级。例如，根瘤菌与苜蓿共生每年可固定 N_2 的量为 $300kg/hm^2$ 以上，而自生固氮菌每年可固定的 N_2 量为 $0.5～2.5kg/hm^2$。

土壤中的氧化还原电位是决定许多固氮细菌固氮速率的一个重要因素，许多好氧固氮菌在低于正常大气的 O_2 浓度条件下，固氮的效率要比其他条件下的好，像这样的条件存在于土壤的亚表层和沉积泥中。

随着研究的不断深入，人们发现了越来越多的自生固氮菌，包括固氮菌属、拜叶林克氏菌属、红硫菌属、红假单胞菌属、红螺菌属、红微菌属、绿假单胞菌属、绿菌属、脱硫弧菌属、脱硫肠状菌属、克雷氏菌属、芽孢杆菌属、梭状芽孢杆菌属、固氮螺菌属、假单胞菌属、弧菌属、硫杆菌属和甲烷芽孢杆菌属等。近年来人们还发现某些放线菌也会固氮，有些是自生固氮菌，有些是与植物进行共生固氮。尽管自生固氮菌在土壤中固定 N_2 的速率相对来说比较低，但是由于这些细菌在土壤中广泛分布，所以它们固定 N_2 的量还是相当可观的。在根际中，自生固氮菌固定 N_2 的速率要比在缺少植物的土壤中快得多，因为植物根能有效地吸收固定的 NH_3，另外根能分泌一些有机物，这些有机物可作为自生固氮菌的营养物。

在有水环境中，蓝细菌，如鱼腥藻（*Anabaena*）和念珠藻（*Nostoc*）是最重要的固氮菌。蓝细菌固定 N_2 的速率要比土壤中自生固氮菌的固氮速率高出一到两个数量级，蓝细菌每年的固氮速率大约为 $22kg/hm^2$。能固氮的蓝细菌能形成异形细胞，异形细胞失去了能产氧的光合系统Ⅱ而保留不产氧的光合系统Ⅰ，氮气的固定便发生在异形细胞中，这样固氮酶可以被保护而避免受到 O_2 的不利影响，正常的细胞通过光合作用合成大量的二糖，提供给异形细胞进行固氮，而异形细胞则给正常细胞提供谷氨酰胺。在海洋和淡水环境中，均存在能固氮的蓝细菌，某些蓝细菌能与其他的微生物形成互惠共生关系，如地衣。还有一些固氮蓝细菌能与植物建立互惠共生关系，如满江红（*Azolla*）与鱼腥藻（*Azolla-Anabaena*）之间的关系便是如此。还有一些固氮蓝细菌为自生固氮菌。有些不能形成异形细胞的蓝细菌也会固氮，那么这些蓝细菌的固氮酶是如何避免氧气对它的伤害的呢？现有的研究结果表明，可以通过两种方式避免固氮酶受氧气的伤害：一是白天有阳光时，蓝细菌进行光合作用并储存光合产物，这时细胞不进行固氮。到了夜间由于无光，蓝细菌不能进行光合作用，这时细胞便开始固氮，固氮的能量来自光合产物分解所释放的能量。另一种方式是大量的蓝细菌细胞形成团块，外表面的细胞进行光合作用，而内部的细胞则进行固氮。

细菌的固氮需要消耗大量的 ATP 能量（627.83J/mol）和还原性辅酶，ATP 可以来自于光合磷酸化，如蓝细菌，或氧化磷酸化，如进行异养生长的固氮菌属，在后一种情况下，环境中的有机营养物就会对固氮起限制作用。

在叶子表面和根际中所进行的 N_2 固定具有特别重要的生态学意义，这是由于合成 NH_3 可以直接提供给植物进行有机氮化合物合成。N_2 的固定也可以发生在某些动物，如白蚁的消化道中。如果能利用纤维素作为碳源的微生物又能固定 N_2 合成蛋白质，那么这样的微生物具有重要的实用价值。一般在含有丰富碳源、缺少氮源的环境中，如在腐烂的木头或含有石油污染的土壤中，就会含有相当丰富的固氮菌。近年来发现许多能水解纤维素的厌氧菌也可以固氮。

固氮菌属和拜叶林克氏菌属的细菌能在正常的氧分压下进行固氮，合成的固氮酶被隔离在细胞中的某一区域并通过复杂的生化机制来保护其免遭氧气的伤害。对于不产氧的光合细菌和厌氧的异养菌就不存在这些问题。

二、硝化作用

硝化作用是微生物将氨氧化为硝酸盐的过程。此过程分为将氨氧化为亚硝酸盐和水以及将亚硝酸盐氧化为硝酸盐两个阶段。

1. 微生物硝化作用的环境条件

氨被微生物氧化为 NO_3^- 的过程是 NH_4^+ 中的氮被氧化为 NO_3^-、氢被氧化为水的过程，反应如下：

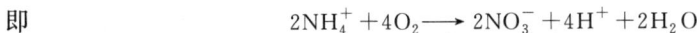

$$2NH_4^+ + 3O_2 \longrightarrow 2NO_2^- + 4H^+ + 2H_2O$$

$$2NO_2^- + O_2 \longrightarrow 2NO_3^-$$

即　　　　　　　　　$2NH_4^+ + 4O_2 \longrightarrow 2NO_3^- + 4H^+ + 2H_2O$

由上式可知，硝化过程是一个大量消耗氧的过程。也就是说，硝化细菌必须在具有良好供氧条件的生境中才能完成对 NH_4^+ 的氧化作用，所以它们为好氧的微生物。在硝化过程中 NH_4^+ 的氧化可以产生能量，硝化细菌可以利用硝化作用中产生的能量同化二氧化碳产生有机物，也可利用此能量维持它们的其他生命活动。硝化细菌有自养型和异养型之分，一般认为自养型是硝化作用的主要菌群。自养型硝化细菌与大多数异养菌相比具有生长势差、世代时间长等特点，在有机质比较丰富的环境中与异养菌竞争时，总是处于劣势，难以执行正常功能，所以硝化细菌进行硝化作用在低有机营养条件（BOD<20mg/L）下才能顺利进行。

NH_4^+ 是硝化细菌的能源物质，所以环境中 NH_4^+ 存在是必需条件之一。

2. 亚硝化细菌与硝化细菌

微生物将 NH_4^+ 氧化为 NO_3^- 是通过两个阶段完成的，在每个阶段起作用的微生物有所不同，因此参与硝化作用的微生物主要分为以下几类。

（1）亚硝化细菌

亚硝化细菌的能源物质是 NH_4^+，它们将氨氮氧化成亚硝酸盐。这一群分为四属，它们分布在海水、淡水和土壤中，各属的分布情况如下：

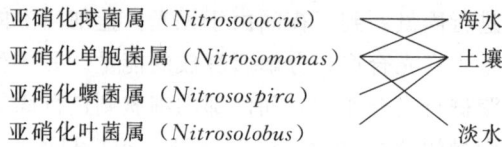

亚硝化球菌属（*Nitrosococcus*） ——— 海水
亚硝化单胞菌属（*Nitrosomonas*） ——— 土壤
亚硝化螺菌属（*Nitrosospira*）
亚硝化叶菌属（*Nitrosolobus*） ——— 淡水

由此可知土壤中的亚硝化菌种类最多，淡水中的种类最少；亚硝化单胞菌分布最为广泛，亚硝化螺菌和亚硝化叶菌只在土壤中执行硝化功能。

（2）硝化细菌

硝化细菌的能源物质是亚硝酸盐，它们将 NO_2^- 氧化为硝酸盐取得所需能量。这一群包括三个属，它们的生境分别为土壤、海水和淡水，各属的分布情况如下：

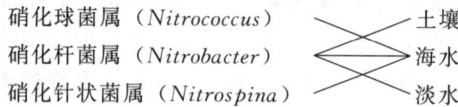

硝化球菌属（*Nitrococcus*） ——— 土壤
硝化杆菌属（*Nitrobacter*） ——— 海水
硝化针状菌属（*Nitrospina*） ——— 淡水

由此可知海水中硝化菌种类最多；硝化杆菌分布最为广泛。

（3）其他硝化菌

除以上提到的化能自养菌外，有的好氧性化能异养菌也能将 NH_4^+ 氧化为硝酸盐，但它们都不依靠氧化 NH_4^+ 取得生命活动所需能量，也不能同化 CO_2 为主要碳源。而且它们的硝化作用速率较前者低得多。例如农杆菌属（*Agrobacterium*）、芽孢杆菌属（*Bacillus*）、曲霉菌属（*Aspergillus*）和青霉菌属（*Penicillium*）中的一些微生物。以上微生物将 NH_4^+ 氧化为硝酸只发生在其生长的对数期。但它们也像能进行硝化作用的化能自养细菌一样需要有充足的分子氧供应的环境条件。

硝化过程在土壤中是非常重要的，因为由 NH_4^+ 转化成 NO_3^- 的过程是由正电荷离子变成负电荷离子的过程，正电荷的离子比较容易被土壤中带负电荷的黏土颗粒所结合，而带负电荷的离子能在土壤水中自由迁移，所以硝化过程可以被看作是土壤中的一种流失过程（a mobilization process）。在土壤中，NH_4^+ 很容易被硝化细菌氧化成 NO_2^- 或 NO_3^-，植物根容易吸收 NO_3^- 并把它们同化成有机氮化合物。然而，NO_3^- 和 NO_2^- 很容易从土壤中渗透到地下水中，这对植物来说是一个浪费的过程。地下水中含有 NO_2^- 对人类是有害的，因为 NO_2^- 能与胺类化合物起反应形成亚硝胺，该物质具有强烈的致癌性。

在农田中加入高浓度的氮肥，也会导致地下水 NO_2^- 和 NO_3^- 浓度上升。现在某些国家开始在氮肥中加入硝化抑制剂，这可以减轻上述问题，同时还能使植物更好地利用氮肥。

三、反硝化作用

反硝化作用又称脱硝化作用，是将硝酸盐或亚硝酸盐还原成氮气的生物反应。

1. 反硝化作用过程

在反硝化作用中，NO_3^- 在微生物的作用下逐渐还原产生分子氮（N_2）。关于硝酸盐微生物还原的途径的研究目前还较少，远不如硝化过程那样详细、明确。目前推荐的假定过程如图 8-10 所示。

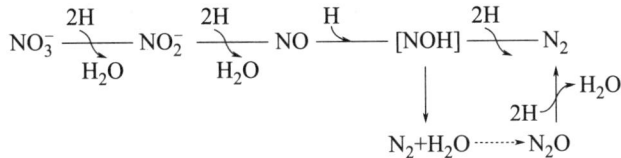

$$NO_3^- \xrightarrow[H_2O]{2H} NO_2^- \xrightarrow[H_2O]{2H} NO \xrightarrow{H} [NOH] \xrightarrow{2H} N_2$$
$$[NOH] \downarrow \qquad \xrightarrow{2H} H_2O$$
$$N_2+H_2O \cdots \cdots \rightarrow N_2O$$

图 8-10 硝酸盐生物反硝化过程

由以上过程可知反硝化作用是 NO_3^- 还原过程，实际上能够利用 NO_3^- 中的氧作为氢或电子受体的微生物对氧的利用能力更强，所以反硝化作用必须在低氧化还原电位，即无氧条件下进行。此外，在 NO_3^- 微生物还原中，还必须为微生物提供可供生物氧化的基质，它们主要为有机物。因此，反硝化菌主要为能进行无氧呼吸的异养菌。

在整个反硝化过程中，第一阶段（由 NO_3^- 到 ［NOH］）是清楚的，而第二阶段 ［NOH］的进一步还原则缺少试验证据，所以为推测过程。

2. 反硝化微生物

不像硝化细菌，反硝化细菌在分类学上没有专门的类群，它们分散于原核生物的众多属中。这些包含反硝化细菌的属绝大多数分布于细菌界，少数分布于古菌界。反硝化作用主要由两个类群的微生物引起，一群为好氧菌，如铜绿假单胞菌（*Pseudomonas aeruginosa*）、反硝化小球菌（*Micrococcus denitrificans*）等；第二群为兼性厌氧菌，如地衣芽孢杆菌（*Bacillus licheniformis*）和蜡状芽孢杆菌（*Bacillus cereus*）、脱氮假单胞菌（*Pseudomonas denitrificans*）和施氏假单胞菌（*Pseudomonas stutzeri*）等。个别自养菌也能将 NO_3^- 还原为分子氮，如脱氮硫杆菌（*Thiobacillus denitrificans*），此菌可以用硫作为能源物质，同化 CO_2 作为主要碳源。

以上微生物中第一群需要较高的氧化还原电位，它们能利用分子氧作为氢和电子的最终受体，也能用 NO_3^- 代替分子氧氧化有机物。在有机物为乳酸时，它们可将其氧化为 CO_2 和 H_2O，获得较多的能量。第二群在利用 NO_3^- 氧化乳酸时，只能将乳酸氧化为醋酸。但是，所有反硝化菌在还原 NO_3^- 为分子氮时，都需要一个无氧环境和它们可利用的还原性基质，其中主要为有机物，只有脱氮硫杆菌可利用还原性的硫化合物。

在生物圈内反硝化作用的生态学意义是：①作为水体的净化力，可以减少水体中造成富营养化的含氮化合物，消除水体富营养化的产生因素之一——含氮化合物的过量存在；②在土壤中，反硝化作用会因硝酸盐的减少，使土壤失去部分肥力；③反硝化作用可以保持大气中分子氮含量的稳定，维持自然界中各种形态氮化合物之间的平衡。

四、氮化合物的微生物同化

氮化合物在活的生物体内主要以蛋白质、核酸的形式存在，其中的氮主要以负三价状态存在。不同生物生长繁殖所需氮化合物的种类不同，分子氮仅可以被固氮微生物利用，固氮菌先将分子氮还原为氨，然后合成细胞物质；有机氮化合物可被原生动物和化能异养菌类利用；硝酸盐氮和氨氮是藻类和自养细菌良好的氮源物质，同时被化能异养菌类利用。硝酸盐氮微生物利用过程是硝酸还原过程，称为同化硝酸盐还原。

1. 同化硝酸盐还原

同化硝酸盐还原是微生物利用硝酸盐合成生命物质的过程。在同化硝酸盐还原过程中，硝酸根转化为生命物质的过程如图 8-11 所示。

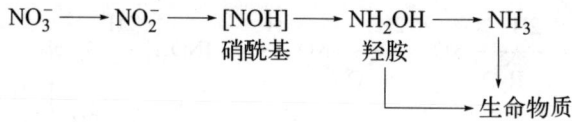

$$NO_3^- \longrightarrow NO_2^- \longrightarrow [NOH] \longrightarrow NH_2OH \longrightarrow NH_3$$
硝酰基　　　　羟胺
$$\longrightarrow 生命物质$$

图 8-11　NO_3^- 生物同化过程

虽然同化 NO_3^- 还原和反硝化作用都是使 NO_3^- 逐渐还原的过程，但是它们的产物不同，前者为有机氮化合物，后者为 N_2；所需要的环境条件也不完全相同，前者在有氧和无氧环境中都能进行，后者只能在无氧环境中进行；起作用的酶系统也不相同。

2. 有机氮化合物的微生物同化

有机氮化合物是除自养微生物以外的其他微生物的良好氮源物质。微生物可通过两种途径利用它们，一是将复杂的有机氮化合物（如蛋白质、核酸等）分解为组成单元（如氨基酸、核苷酸），然后直接用于微生物细胞物质的合成；二是微生物先将有机氮化合物降解产生氨，然后再利用氨合成生命物质。

五、氨化作用

氨化作用是指含氮有机物（其中包括非生命的有机氮化合物和含氮生命物质）在微生物作用下分解产生 NH_3 的过程。在这一过程中，起作用的微生物种类很多，所需要的生态环境因起作用的微生物种类特性而异，可以是有氧环境，也可以是无氧环境，对其他理化条件，如温度、pH 等的要求也不相同。

六、厌氧氨氧化

以亚硝酸盐作为氧化剂将氨氧化为氮气，或以氨作为电子供体将亚硝酸盐还原成氮气的生物反应，称为厌氧氨氧化。能进行厌氧氨氧化的微生物称为厌氧氨氧化菌。厌氧氨氧化是一个全新的生物反应，与硝化作用相比，它以亚硝酸盐取代氧，改变了末端电子受体；与反硝化作用相比，它以氨取代有机物，改变了电子供体。

1. 厌氧氨氧化反应

关于厌氧氨氧化的反应机理目前还是一种可能的推测，van de Graaf 等提出了如图 8-12 所示的厌氧氨氧化反应模型。根据这个模型，厌氧氨氧化菌以羟胺为氧化剂，把氨氧化成联氨；联氨再氧化成氮气。在此模型中，亚硝酸盐具有三种功能：一

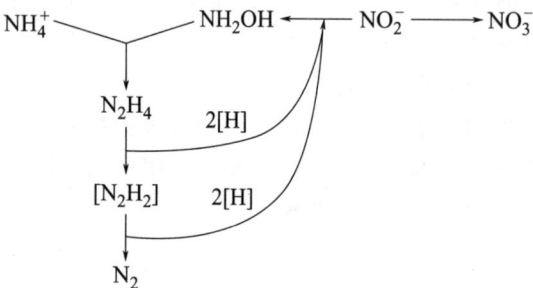

$$NH_4^+ \longrightarrow NH_2OH \longleftarrow NO_2^- \longrightarrow NO_3^-$$
$$N_2H_4 \quad 2[H]$$
$$[N_2H_2] \quad 2[H]$$
$$N_2$$

图 8-12　厌氧氨氧化反应模型

是作为羟胺的前体；二是作为电子受体，处理反应中产生的电子；三是作为能源，在其氧化成硝酸盐的过程中产生还原力。

厌氧氨氧化涉及的化学反应为：

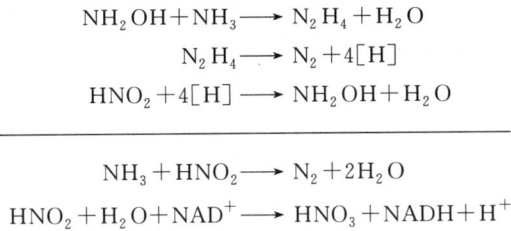

$$NH_2OH+NH_3 \longrightarrow N_2H_4+H_2O$$
$$N_2H_4 \longrightarrow N_2+4[H]$$
$$HNO_2+4[H] \longrightarrow NH_2OH+H_2O$$

$$NH_3+HNO_2 \longrightarrow N_2+2H_2O$$
$$HNO_2+H_2O+NAD^+ \longrightarrow HNO_3+NADH+H^+$$

2. 厌氧氨氧化菌

在厌氧氨氧化菌的富集培养物中，优势菌是具有轻度开裂的革兰阴性细菌，细菌单生或成对，后者可能是细胞出芽繁殖的形态。在电镜下观察，细胞形态异常，没有规则，并显示出古细菌，如太古菌或分支非常深的细菌［热袍菌属（*Thermotoga*）和产水菌属（*Aquifex*）］的一些特性。迄今为止，已获得两种厌氧氨氧化菌，即 *Brocadia anammoxidans* 和 *Kuenenia stuttgartiensis*。*B. anammoxidans* 大致呈球状，细胞壁表面有火山口状结构，细胞质内含有细胞器，细胞器中含有羟胺氧化酶（厌氧氨氧化的关键酶之一）。由于这种细胞器可能是厌氧氨氧化发生的场所，因此称为厌氧氨氧化体。厌氧氨氧化体的相对体积很大，约占整个细胞的 $30\%\sim60\%$，但至今还不知道它的确切功能。有一种观点认为，厌氧氨氧化体的作用是处置厌氧氨氧化的中间产物——肼。厌氧氨氧化体外面围着双层膜，构成这种膜的脂类成分比较独特，称为厌氧氨氧化体脂，它含有阶梯烷（由多个环丁烷环相互结合而成，形状类似阶梯）。阶梯烷与甘油之间以醚键联结。由阶梯烷形成的膜对物质扩散具有很好的屏障作用。

厌氧氨氧化菌能够在完全无机的环境中生长，它的基质谱较窄，一般只限于氨及其代谢中间产物（羟胺和肼）。其生长缓慢（倍增时间 11 天），细胞产率低［0.11g/g，挥发性悬浮固体（VSS）/NH_4^+-N］，但其代谢活性较高［比氨氧化速率 $0.82g/(g \cdot d)$］，对基质亲和力强（氨和亚硝酸盐的 $K_s<0.1mg/L$）。

此外，高等动物在新陈代谢中也将含氮有机物分解为氨，如人的尿液和汗液中就含有氨。

总之，微生物在分子氮的固定、硝化作用中，由 NH_4^+ 和 NO_3^- 合成生命物质，含氮有机物在食物链网中的传递和氨化作用都是不可缺少的。微生物是植物、藻类等初级生产者氮素营养物的重要缔造者，对维持自然界生物群落的繁荣起着不可替代的作用。它们对维持自然界各种氮化合物的平衡也是非常重要的生物因素。

第四节　微生物与硫的循环

硫元素在生物圈内像碳、氮一样分布广泛，是生物生命活动必需的元素之一。在不同化合物中硫的化合价在 -2 到 $+6$ 之间变动。在生命物质中硫以—SH 或—S—S—的形式存在。硫的无机化合物常以硫化氢、二氧化硫、亚硫酸盐、硫代硫酸盐、三氧化硫和硫酸盐的形式存在。有机硫化合物主要有半胱氨酸、胱氨酸、蛋氨酸、蛋白质、生物素、硫胺素、甲硫醇、硫脲和一些人工合成有机物，如马拉硫磷、对硫磷等。它们分别存在于大气、水体、地壳和生物体中。

自然界中多数硫化合物由于地球化学作用、生物化学作用和含硫化合物的人为利用，不断地被消耗和再生，使各种硫的化合物数量处于动态平衡中。硫化合物的相互转化过程就构成了硫的循环，其过程简略表示在图 8-13 中。

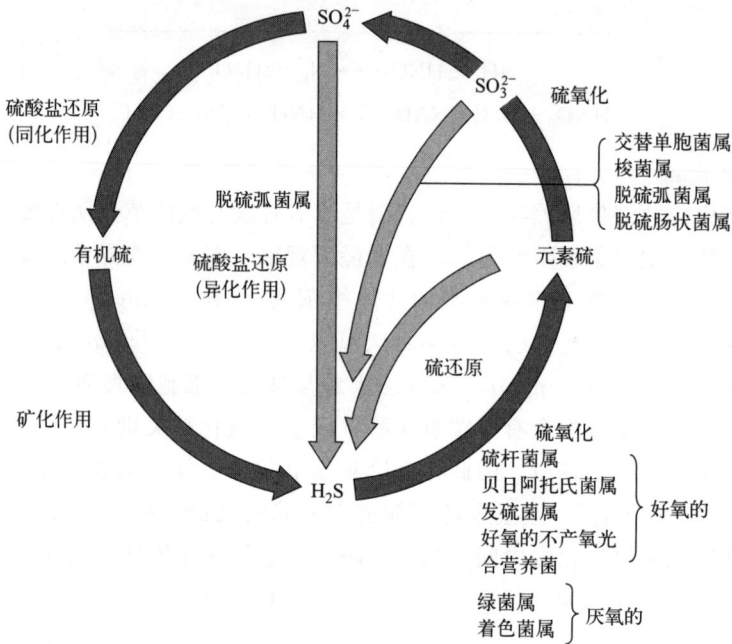

图 8-13　基础硫循环

一、硫化氢的产生

硫化氢是自然界存在的硫化物之一，其在自然环境中会造成多种危害。例如，空气中的硫化氢是形成酸雨的因素之一；土壤中的硫化氢可毒害植物根系造成烂根，从而危害农林业生产；水体中的硫化氢达到一定浓度时，可危害多种水生生物，破坏水生生态系统。

自然环境中的硫化氢的主要来源有四个方面：一是火山爆发时随岩浆喷出进入大气；二是某些化工工业生产过程中产生的硫化氢；三是微生物分解含硫有机物时产生的硫化氢；四是微生物还原硫酸盐产生硫化氢。因为硫化氢难溶于水，在缺氧环境中又难以被氧化，所以在有机污染严重的缺氧水体中容易逸出而进入空气，因而发出令人不快的异味，被人感知。在有氧水体中硫化氢则会因被硫化细菌氧化为硫酸盐而异味消失。

1. 分解有机物产生硫化氢的微生物

虽然自然界中几乎所有的化能异养微生物都能分解蛋白质等产生硫化氢，但是在不同水体中起主要作用的微生物不同。例如，在淡水贫营养湖中主要为分枝杆菌属（*Mycobacterium*）中的一些细菌；在淡水中营养湖中主要为假单胞菌属（*Pseudomonas*）和色杆菌属（*Chromobacterium*）的一些细菌；在淡水富营养湖中为荧光假单胞菌（*Pseudomonas fluorescens*）；而在盐湖和咸水港湾中则主要是分枝杆菌属、微球菌属（*Micrococcus*）、无色杆菌属（*Achromobacter*）以及黄杆菌属（*Flavobacterium*）中的一些细菌。

2. 还原硫酸盐产生硫化氢的细菌

能够还原硫酸盐产生硫化氢的细菌称为异化硫酸盐还原菌。它们都能够在无氧环境中利用硫酸盐代替分子氧氧化有机物，所以它们都是能进行无氧呼吸的异养菌。这类菌主要有脱硫弧菌属（*Desulfovibrio*）、脱硫球菌属（*Desulfococcus*）、脱硫线菌属（*Desulfonema*）、脱硫肠状菌属（*Desulfotomaculum*）和脱硫单胞菌属（*Desulfuromonas*）等。

还原硫酸盐的细菌所能利用的电子和氢的供体物质并不多，最常见的是丙酮酸、乳酸和氢气。例如，脱硫弧菌可利用乳酸作为还原硫酸盐的电子供体，反应为：

$$2CH_3CHOHCOO^- + SO_4^{2-} + H^+ \longrightarrow 2CH_3COO^- + 2CO_2 + 2H_2O + HS^-$$

脱硫肠状菌属利用乙酸还原硫酸盐的反应为：

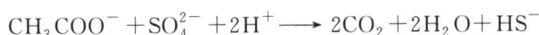

$$CH_3COO^- + SO_4^{2-} + 2H^+ \longrightarrow 2CO_2 + 2H_2O + HS^-$$

不仅硫酸盐可以被微生物作为受氢体还原为硫化氢，而且 SO_3^{2-}、$S_2O_3^{2-}$ 以及元素硫都可被微生物还原为硫化氢。此外，除以上细菌外，芽孢杆菌属和假单胞菌属中的一些种也能将 SO_4^{2-} 还原为硫化氢。

二、硫及还原性硫化合物的氧化

能氧化还原性硫化合物的微生物主要有两大生理类群，即光能自养细菌和化能自养细菌。

1. 光能自养细菌

光能自养细菌是能够以光能作为能量来源来还原二氧化碳形成有机物的细菌，在分类上分别属于绿硫菌科（Chlorobiaceae）、着色菌科（Chromatiaceae）和红螺菌科（Rhodospirillaceae）。能氧化还原性硫化合物的主要是绿硫菌科和着色菌科的微生物，它们都能利用光能作为能源，以硫化氢作为供氢体还原二氧化碳形成有机物和元素硫，其反应过程如下：

$$CO_2 + H_2S \xrightarrow{\text{光}} [CH_2O] + S^0 + H_2O$$

此类细菌在生活中不需要氧，所以属厌氧的光能自养菌。绿硫菌科和着色菌科的细菌皆为革兰阴性菌，在生态上属水生微生物，主要生活于深水的无氧层中。因为它们都能氧化硫化氢形成颗粒硫，所以也称为硫黄细菌。但生成的硫颗粒储存形式不同，着色菌科的细菌储存在细胞内，而绿硫菌科的细菌储存于细胞外。

此外，红螺菌科和蓝细菌中的少数种也有利用硫化氢作为氢供体进行光合作用的能力。对硫化氢具有氧化能力的光能自养菌，在水环境中具有重要的生态学意义，它们可以防止硫化氢对水体生态环境的毒化，也能为水体提供初级生产力。

2. 无色硫细菌

无色硫细菌的种类很多，其中既有化能自养菌，也有化能异养菌，但是在硫的氧化作用中最主要的是化能自养菌。这类菌在自然界广泛存在于有还原性硫的环境中，在硫黄泉水形成的水塘、水沟等水体中最易发现，其形态和特性多样，具体列于表8-4中。这群细菌有很多曾被培养观察过，这里仅讨论贝日阿托氏菌属（*Beggiatoa*）、发硫菌属（*Thiothrix*）、硫杆菌属（*Thiobacillus*）和硫化叶菌属（*Sulfolobus*）。

表 8-4　硫氧化细菌的特征

细菌	特征
硫杆菌属（*Thiobacillus*）	个体较小,极生鞭毛、杆状,细胞外沉积硫
大单胞菌属（*Macromonas*）	个体较大,极生鞭毛、杆状,细胞内沉积硫
无色硫菌属（*Achromatium*）	细胞很大[$(7\sim35)\mu m\times100\mu m$]、卵圆形、滑行,细胞内沉积硫
硫卵菌属（*Thiovulum*）	能运动、卵圆形,细胞内沉积硫
贝日阿托氏菌属（*Beggiatoa*）	丝状、滑行,细胞内沉积硫
发硫菌属（*Thiothrix*）	丝状、滑行,用固着器附着
瓣硫菌属（*Thioploca*）	类似贝日阿托氏菌、成束丝状、有鞘
硫螺菌属（*Thiospira*）	螺旋形、丛生极毛,细胞内沉积硫
硫小杆菌属（*Thiobacterium*）	杆形、不运动,细胞内沉积硫
硫化叶菌属（*Sulfolobus*）	叶状、不运动
枝硫菌属（*Thiodendron*）	不运动、杆形,细胞内沉积硫

（1）硫杆菌属

硫杆菌属为极生鞭毛的革兰阴性杆菌,能从氧化元素硫、硫化物、硫代硫酸盐获取它们所需的能量,同时同化 CO_2。某些种的特性列于表 8-5 中。此属中的多数种被认为是专性自养菌,在有机培养基上不生长,这是因为某些氨基酸和有机酸对其生物合成途径起着阻遏或反馈抑制作用。如果控制培养基中有机酸的浓度,则可发生良好生长,说明生长的抑制物不是多数有机物本身,而是有机分解氧化的产物——有机酸。

表 8-5　硫杆菌属某些种的生理特征

种类	自养生长的能源	生长的 pH 范围	DNA GC 含量/%
在有机培养基上生长不良			
排硫硫杆菌（*T. thioparus*）	H_2S、硫化物、S^0、$S_2O_3^{2-}$	中性	$62\sim66$
硫氧化硫杆菌（*T. thiooxidans*）	S^0	酸性	52
脱硝化硫杆菌（*T. denitrificans*）	H_2S、S^0、$S_2O_3^{2-}$	中性	64
氧化亚铁硫杆菌（*T. ferrooxidans*）	硫化物、S^0、Fe^{2+}	酸性	57
在有机培养基上生长良好			
新型硫杆菌（*T. novellus*）	$S_2O_3^{2-}$	中性	$66\sim68$
中间型硫杆菌（*T. intermedius*）			

硫杆菌属的细菌广泛分布于土壤和水环境中,其中有些非常耐酸,可在 pH 大约为 2 时生长。在微生物的作用下,硫化物和硫首先是与细胞物质的巯基反应形成硫化物巯基的复合物,然后在硫化物氧化酶的作用下使硫氧化成亚硫酸盐,亚硫酸盐最终被氧化为硫酸,并将所产生的能量转移储存在高能磷酸键中,其方法有两种:一是在亚硫酸氧化酶催化下氧化为硫酸盐,并通过与细胞色素偶联产生 ATP;另一种方法是亚硫酸盐与腺苷一磷酸（AMP）反应,去电子形成腺苷-5′-磷酰硫酸（APS）,APS 与 Pi 起反应转化为 ADP 和硫酸盐,再通过腺苷酸激酶（adenylate kinase）的作用,两个 ADP 转化为一个 ATP 和一个 AMP。其生

化反应步骤可简略表示为如图 8-14 所示。硫代硫酸盐（$S_2O_3^{2-}$）可以被看作是亚硫酸盐的硫化物，它分裂为元素硫和亚硫酸盐进入如图 8-14 所示的反应系统中。

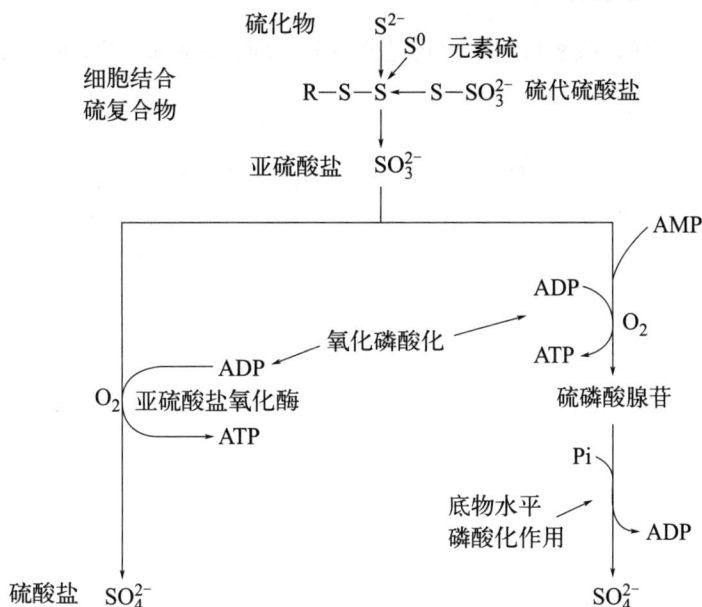

图 8-14　硫杆菌对不同硫化合物的氧化

（2）叶硫菌属

这是新近发现的一类硫氧化细菌。这一属的细菌不仅嗜酸，而且嗜热，可在 pH 1～5、温度 60～85℃下生长，主要生活在温泉、火山喷气口和热酸土壤等富硫的地热生境中。叶硫菌一般呈球形，形成明显的叶状菌落，并以元素硫作为唯一能源进行自养生长。

（3）贝日阿托氏菌属

这一属的细菌在形态上极像蓝细菌中的颤藻，能进行滑行运动，丝状体一般很长。此属细菌在自然界主要生活于含硫化氢丰富的环境中，如硫黄温泉、湖底沉积物和污染水体中。它们可氧化硫化氢并在细胞内大量沉积硫颗粒。它们也可在醋酸盐、琥珀酸和葡萄糖等有机化合物上进行异养生长。因此，它们为混合营养型微生物。

（4）发硫菌属

这一属的细菌能氧化硫化氢，虽未能用纯培养加以证明，但推测它们可能是专性自养菌。除发硫菌属外，辫硫菌属等也为丝状生长的硫细菌，它们都能氧化硫化氢形成元素硫，并将元素硫储存于细胞内。当环境中缺少硫化氢时，这些细菌会将元素硫氧化为硫酸盐，再次获得能量。其反应如下：

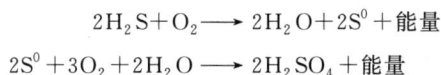

$$2H_2S+O_2 \longrightarrow 2H_2O+2S^0 + 能量$$

$$2S^0+3O_2+2H_2O \longrightarrow 2H_2SO_4 + 能量$$

（5）其他氧化硫的微生物

除以上硫化菌外，一些异养细菌、放线菌，甚至真菌中的一些种也能氧化无机硫化合物，但它们不能从氧化硫中获得可利用的能量，而且对硫的氧化速率比硫化菌低。

所有能够氧化还原态硫为硫酸的微生物，全部需要高氧化还原电位的环境。但脱氮硫杆菌可在无分子氧的环境中，利用硝酸盐作电子受体，氧化还原性硫化合物产生硫酸。其他硫化细菌则全部为专性好氧微生物。

三、硫酸盐的微生物还原

像硝酸盐还原一样，硫酸盐的微生物还原也分为同化硫酸盐还原和异化硫酸盐还原两个过程。

1. 同化硫酸盐还原

硫酸盐中的硫是菌类、藻类和植物普遍利用的最重要的存在形式，是绝大多数自养生物唯一的硫源物质。同化硫酸盐还原是微生物利用硫酸盐合成含硫细胞物质（R-SH）的过程。具有这种作用的生物并非特异菌群，所有菌类、藻类和高等植物都有此功能。微生物同化硫酸盐形成胱氨酸的过程，首先是由硫酸根与腺嘌呤核苷-$5'$-磷酸反应生成腺苷-$5'$-磷酰硫酸（APS），APS 再磷酸化为 $3'$-磷酸腺苷-$5'$-磷酸硫酸（PAPS），然后逐步形成胱氨酸，其过程示于图 8-15。

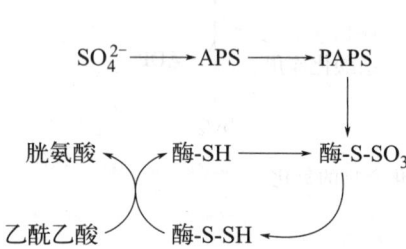

图 8-15 同化硫酸盐还原过程

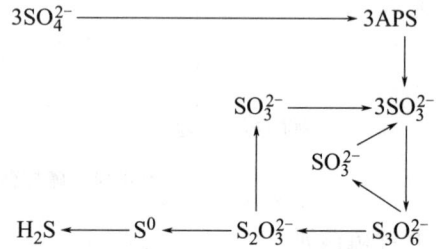

图 8-16 异化硫酸盐还原过程

2. 异化硫酸盐还原

异化硫酸盐还原是指在厌氧条件下，硫酸盐被微生物还原为元素硫或硫化氢的过程。在土壤、水体沉积物、下水道底泥，甚至自然水体中，一些厌氧和兼性厌氧菌在缺氧条件下，利用硫酸盐代替分子氧作为氢和电子的最终受体进行无氧呼吸氧化有机物，同时产生元素硫或硫化氢。因此，异化硫酸盐还原菌为能进行无氧呼吸的异养菌。例如脱硫弧菌（*Desulfovibrio desulfuricans*）就具有强烈的反硫化作用，可将硫酸盐还原为硫化氢。其反应过程示于图 8-16。

四、硫循环的环境意义

首先，是它可以保持自然界各种形态硫化合物的平衡，使利用不同形态硫的生物得到顺利生长和繁衍。第二，是有害物质（如 H_2S、SO_2、SO_3 等）的产生可危及环境，H_2S、SO_2、SO_3 进入空气可形成酸雨，损害人文景观、建筑物，破坏生态系统；空气中的 H_2S、SO_2 和 SO_3 还可直接损害生物和人类的呼吸系统。第三，是 SO_4^{2-} 的产生可增加初级生产者和异养菌类可利用的硫的来源，促进其生长；SO_4^{2-} 的产生还可使土壤 pH 降低，增加磷酸盐的溶出，提高磷酸盐的可生物利用性。第四，是 20 世纪中期以来湿法冶金的研究，利用微生物氧化硫产生的 SO_4^{2-} 浸出尾矿中的贵重金属，既可提高经济效益，又可消除固体废弃物污染。因此，研究微生物在硫循环中的作用，对于兴利除弊、改善环境具有重要意义。

第五节　微生物与磷的循环

在自然界中，磷不仅在数量上远少于碳、氮、硫，而且在各种化合物中其价态也很少变化，所以磷的存在形式简单，其循环形式也不像碳、氮、硫那样复杂。自然界中的无机磷化合物常以正磷酸盐的形式存在，元素磷和五氧化二磷仅在某些场合下短时存在；有机磷化合物常见的有己糖磷酸酯、三碳糖磷酸酯、卵磷脂、核苷酸和核酸。人工合成含磷化合物主要为含磷农药和洗涤剂。

在自然界磷的数量虽然较少，其存在形式也较简单，但是磷是生物生长的必需元素之一。天然的有机磷化合物不仅是生物细胞的重要结构物质，而且在生物的遗传、能量代谢、能量储存和转移及物质运输中都起着重要作用。

一、磷在自然界的循环

无机的正磷酸盐的水溶性与其所处环境的酸碱度直接相关，而且磷酸是微生物和其他类型自养生物的主要磷源。因此，自然界的磷循环不仅指各种含磷化合物的消耗和再生、有机磷化合物在食物链网中的转移和重新组合过程，也包括可溶性磷和难溶性磷酸盐的相互转化过程。其主要循环过程示于图 8-17。

在图 8-17 中，反应①为 P_2O_5 水合形成磷酸盐的过程，为非生物反应过程；反应②、③的变化方向与环境的 pH 有关，在酸性条件下有利于磷酸盐的溶解，环境 pH 的变化部分与微生物活动有关；反应④为磷酸盐的生物同化过程，起作用的生物有植物、藻类和菌类微生物；反应⑤为磷酸盐的生物分解代谢过程；反应⑥为有机磷化合物的生物同化

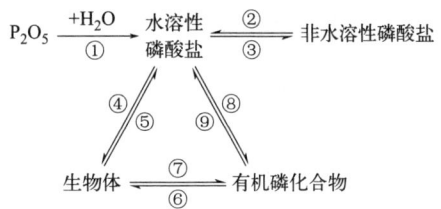

图 8-17　自然界磷循环过程

过程；反应⑦为生物死亡、解体过程；反应⑧为有机磷化合物的人工合成过程；反应⑨为有机磷化合物的生物分解与氧化过程。此外，有机磷化合物还可通过人工合成。由此可知，在磷循环中除反应①、⑧为非生物过程，反应②、③部分为非生物过程外，在其他转化过程中微生物都起着重要作用。

通过图 8-17 还可看出，生命形式的磷化合物是随着有机碳化合物的形成和转化产生的，而 PO_4^{3-} 的产生是有机物分解氧化的结果，所以磷循环与碳循环具有密切的联系。

二、磷的价态变化

自然界中的磷很少随与其他元素结合形成的变化而发生价态变化，但是大量的试验研究证明芽孢杆菌属、假单胞菌属和梭菌属中的一些微生物在无氧条件下能将 PO_4^{3-} 还原为 PO_2^-，说明 PO_4^{3-} 是可以生物还原的。

三、磷的生物同化

自然界中的磷主要以两种形式被生物同化，一是以 PO_4^{3-} 形式被生物同化，二是有机磷化合物的生物利用。

此外，一些土壤细菌和真菌也能利用二氧化磷，这说明虽然磷在生物利用中很少发生价

态变化，但在特定情况下还原态磷化合物也可被微生物氧化利用。

四、磷污染与水体富营养化

水体富营养化是指在水体中大量存在无机氮、磷化合物而引起藻类大量生长繁殖的现象。其中磷又是最重要的因素，无机磷化合物可直接成为藻类的营养；有机磷化合物进入水体后，通过异养微生物的分解氧化也可产生能被藻类利用的无机磷化合物，所以各种形式的磷化合物大量进入水体后，都可引起水体富营养化。

第六节　其他元素的微生物转化

在自然界，除生物所需要的主要元素——碳、氮、硫、磷、氢、氧等可以在生物作用下参与物质地球化学循环外，微生物生命活动所需要的一些微量元素和一些不参与生命物质合成的元素也可在微生物作用下发生价态和化合形式的转化。其中，汞、砷、硒、碲、铅、锡、镉等是研究较多的元素。

以上几种元素的多数化合物在较低浓度下对微生物都具有抑制或杀死作用，所以为有毒物质。但是，由于它们在环境中长期与微生物共存，使某些微生物对其毒性产生了抗性，并且有的能使相关元素发生价态和化合形式的转化。

一、汞的微生物转化

汞不是生物生活所必需的元素，但汞在自然界广泛存在。在土壤中汞的自然丰度平均为$100\mu g/kg$，饮用水含量标准为不大于$2\mu g/L$。汞和汞化合物都在相当低浓度下就对微生物具有抑制或杀死作用，但在浓度极低的情况下，如在水中$HgCl_2$浓度小于$4\mu g/L$时，微生物活性可随汞浓度提高而提高，说明在极低浓度下汞对微生物具有刺激作用，但其具体机理还有待探讨。有些微生物因长期接触较高浓度的汞而对汞形成抗性，有些还可以使二价汞（Hg^{2+}）甲基化或发生氧化还原反应。

1. 自然界中的汞

自然界中的汞常以以下几种形态存在：①金属汞，其化合价为0；②无机汞化合物，常以二价汞形式存在；③有机汞化合物，常见的为烷基汞（如甲基汞）和汞制剂药物。自然环境中汞的污染物常来自汞金属矿的开采、汞金属的冶炼，以及汞的利用，如电器和气象仪表的制造、涂料的生产和使用以及氯碱工业和农药（乙基氯化汞）、医药（红药水）、防腐剂（乙酸苯汞）等的生产和使用。

2. 汞的毒性

各种形态的汞均为有毒物质，但不同形态的汞毒性大小不同，按毒性从大到小的顺序排列为：烷基汞、元素汞、正二价汞离子。烷基汞毒性大的重要原因是它们难溶于水而易溶于脂肪，所以不易排出生物体外，而易在生物组织和器官中积累，使生物体内部分器官或组织中汞化合物的浓度远远大于其环境中的浓度。

3. 汞的甲基化

在自然环境中，正二价汞（Hg^{2+}）可在微生物作用和化学作用下甲基化形成甲基汞。其中微生物甲基化是最重要的甲基化途径。目前已知能使Hg^{2+}甲基化的微生物有匙形梭状芽孢杆菌（*Clostridium cochlearium*）、荧光极毛杆菌（*Bacterium fluorescens*）、草分枝杆菌（*Mycobacterium phlei*）、大肠杆菌（*Escherichia coli*）、巨大芽孢杆菌（*Bacillus mega-terium*）和甲烷生成菌以及黑曲霉（*Aspergillus oryzae*）、粗糙脉孢菌（*Neurospora crassa*）等。此外，从大鼠肠道内分离的乳酸杆菌、链球菌、大肠杆菌、厌氧杆菌等也能使Hg^{2+}甲基化，其中以大肠杆菌使Hg^{2+}甲基化的能力最强；从人体内分离的葡萄球菌、链球菌、大肠杆菌、酵母菌等也能使Hg^{2+}甲基化。

在实验室的汞甲基化试验中证明，在有氧和无氧条件下汞都能被微生物甲基化，其中钴胺素是汞微生物甲基化中的甲基传递体。

4. 汞的微生物还原

在自然界存在的微生物中，有些能使有机或无机汞化合物还原为元素汞，如大肠杆菌和假单胞菌属中的一些种就具有此作用。

综上所述，汞在自然界的转化过程如图 8-18 所示。

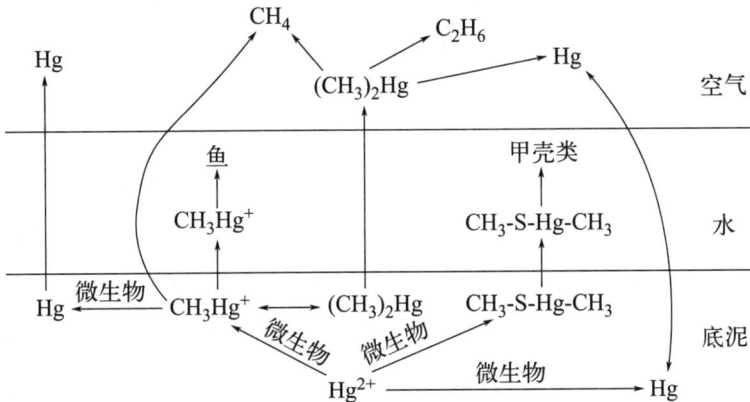

图 8-18　汞的生物循环

5. 汞生物转化的环境意义

汞的形态不同，其物理化学特性和生物毒性的大小也不同。因此，汞的转化必然带来对环境的不同影响，例如：①水体中汞的甲基化可因甲基汞的挥发进入空气，因甲基汞在生物体内的富集进入食物链网，使水体得到净化，但同时毒化了大气，降低了水产品的应用价值。②水体和废水中汞的还原可降低有机汞的毒性，使正二价汞还原为元素汞，在自然水体中沉入水底沉积物中，使水得到净化。尤其值得注意的是，废水中的有机汞和二价汞离子经微生物还原后可从水中沉积出来，一方面使废水得到净化，另一方面则可回收元素汞。日本有关专家曾提出利用微生物净化含甲基汞、乙基汞、硝酸汞、乙酸汞等水溶性汞化合物的废水的设想。

因此，对微生物转化汞的条件、机理和应用的研究，具有重要的环境效益和经济效益。

二、砷的微生物转化

砷及其一些化合物不仅是地壳的组成物质，而且因为砷在合金制造、农药和医药合成和木材防腐等行业的广泛使用而使多种砷化合物进入自然界。含砷农药的使用是自然界中砷的重要来源。砷在自然界可以三氧化二砷（As_2O_3）、五氧化二砷、砷酸盐、甲胂酸、二甲次胂酸、亚砷酸盐和其他有机砷化合物等形式存在。各种砷化合物都具有生物毒性，但以As_2O_3毒性最大。

砷化物虽然毒性都较大，但目前已有的研究证明微生物可参与自然界中砷的转化。

1. 砷的微生物甲基化

虽然自然界存在着甲基砷，但是甲基砷存在的证据和危害并不是首先来自对自然界砷形态的分析，而是首先发现于人的居室中。曾有人在居室装修时，在糊墙纸用的糨糊中加入了含砷化物的防腐剂，在潮湿季节因墙纸上生长了霉菌，因而产生了带大蒜气味的气体，致使居室主人中毒发病。对病因进行分析时，于室内空气中检出了甲基砷，并证明病人是由于吸入了甲基砷而引起身体不适。后来在使用含砷农药的林区也发现有大蒜味产生，进一步证实砷化物在自然界可以甲基化形成甲基砷。

由于甲基砷为使人致病的毒物，所以对砷甲基化机理的研究引起了很多人的关注。研究发现，帚霉属（*Scopulariopsis*）、曲霉属（*Aspergillus*）、毛霉属（*Mucor*）、镰孢霉属（*Fusarium*）、青霉属（*Penicillium*）、假丝酵母属（*Candida*）、黏帚霉属（*Gliocladium*）中的一些真菌；以及甲烷杆菌属（*Methanobacterium*）、脱硫弧菌属（*Desulfovibrio*）中的一些细菌可使砷甲基化。砷的微生物甲基化过程如下：

$$H_3AsO_4 \xrightarrow{R-CH_3} H_3C-\underset{OH}{\overset{O}{As}}-OH \xrightarrow{R-CH_3} H_3C-\underset{CH_3}{\overset{O}{As}}-OH \xrightarrow[\underset{2H_2O}{4H}]{R-CH_3} \begin{array}{c} (CH_3)_3As \\ \\ CH_3-\underset{H}{\overset{H}{As}}-CH_3 \end{array}$$

在上述微生物中，不同菌在形成甲基砷时所需要的砷化物不尽相同，产物也有区别，有的可将砷酸盐或亚砷酸盐转化为三甲基砷；有的将砷酸盐转化为二甲基砷，如甲烷杆菌；有的将甲胂酸和二甲次胂酸转化为三甲基砷，如粉红黏帚霉（*Gliocladium roseum*）、土生假丝酵母（*Candida humicola*）和一株青霉菌。

甲基砷中，三甲基砷在常温下不易被空气中的氧氧化，也不易光解，比较稳定，所以容易在空气中积累并达到有害浓度。

2. 砷的氧化与还原

在自然环境（如土壤）中，三价砷可氧化为五价砷，五价砷也可还原为三价砷，而且试验证明在砷的氧化和还原中都有微生物参与转化。

（1）三价砷的氧化

当将三价砷化合物（$NaAsO_2$）施入土壤后，逐时取样分析土壤中 $NaAsO_2$ 和 NaH_2AsO_4 的含量，可发现 $NaAsO_2$ 逐渐减少最终消失，而五价砷化合物 NaH_2AsO_4 逐渐增加，土壤耗氧量也因施入 $NaAsO_2$ 而增加。其反应过程可表示为：

$$2NaAsO_2 + O_2 + 2H_2O \longrightarrow 2NaH_2AsO_4$$

如果在灭菌和不灭菌的土壤中分别加入等量的 $NaAsO_2$，然后在适宜的温度下放置，砷的氧化速率在灭菌土壤中远远小于不灭菌土壤。这证明在砷的氧化中，微生物起着主要作用。实验室纯种试验证明，在砷氧化中起作用的微生物为异养微生物，如无色杆菌属（*Achromobacter*）、假单胞菌属、黄杆菌属（*Flavobacterium*）、节杆菌属（*Arthrobacter*）和产碱杆菌属中的一些种可促进砷的氧化。

（2）五价砷的还原

在一些环境中，五价砷也可以还原为三价砷，用类似三价砷氧化的试验方法也可证明微生物在五价砷还原中的作用。已知可以促进砷还原的微生物有季也蒙毕赤酵母（*Pichia guilliermondii*）、一株微球菌和一株小球藻。

砷在自然界的转化过程可简略示于图 8-19 中。

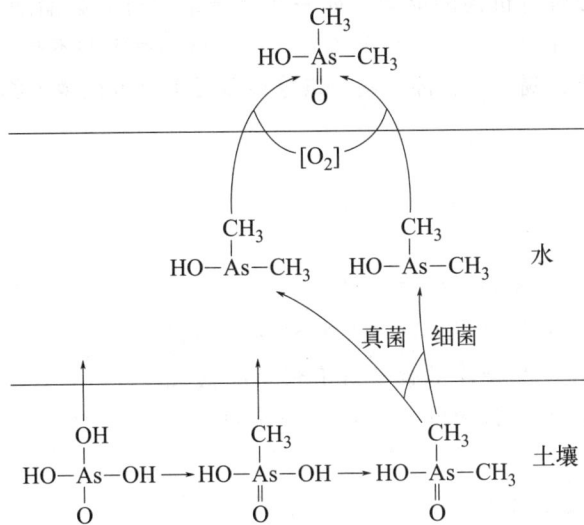

图 8-19 自然界中砷的微生物转化

三、碲的微生物转化

碲在自然界中含量很少，也不参与任何生物体内的代谢作用，也就是说碲不是任何生物代谢的必需元素。在广泛使用的两种碲盐 TeO_3^{2-} 和 TeO_4^{2-} 中，已知 TeO_3^{2-} 比 TeO_4^{2-} 的毒性更大些。但是现有资料说明，碲是可生物转化的，而且在碲的转化中，微生物主要是在碲的甲基化和还原过程中起作用。

经在含碲盐培养基上进行微生物纯培养试验，现已知能将碲盐甲基化的微生物为真菌中的短柄帚霉和裂褶菌，它们可将碲酸盐转化为二甲基碲 $[Te(CH_3)_2]$。而从污泥中分离到的一株青霉菌能将 $TeCl_4$、H_2TeO_3 或 H_6TeO_6 转化为二甲基碲，但此过程必须有无机硒化合物存在时才能进行。后来证明青霉菌使碲甲基化的过程是上述碲化合物由二甲基硒经甲基转移作用形成，说明此菌也具有使硒甲基化的能力。

1912 年有人在白喉杆菌（*Bacterium diphtheriae*）培养基中加入亚碲酸盐培养白喉杆菌，发现亚碲酸盐可还原为元素碲，并且使该菌形成暗灰色至黑色菌落。因此，含亚碲酸盐的白喉杆菌培养基已成为白喉杆菌的鉴别培养基。

四、锡的微生物转化

锡（Sn）常用作容器的表面涂料，也用于锡焊和有机锡农药的生产，所以锡可通过容器涂锡、锡焊、有关农药的生产和使用进入自然环境。很多锡的化合物都是有毒的，一般是有机锡的毒性比无机锡和元素锡大得多，而烷基锡的毒性又比芳基锡更大；在二价锡、三价锡和四价锡中，三价锡的毒性最大。

近些年来已经证明锡也能经生物化学途径甲基化。有的微生物对锡化合物具有较强的耐受能力，例如曾分离到一株假单胞菌，能耐受一定浓度的 Sn^{4+}，在有 Sn^{4+} 存在的环境或培养基中，当其他条件适宜时，可将 Sn^{4+} 转化为甲基锡 $[(CH_3)_nSn^{[4-n]+}]$。

后来发现，甲基锡与甲基汞常相伴而生。试验证明，在有 Sn^{4+} 存在时，甲基汞的形成为非生物学过程，并且是通过甲基锡中甲基的化学转移实现的。

有的微生物具有分解有机锡的能力，如一些土壤细菌可分解醋酸三苯锡，使芳香锡键断裂。

除上述元素外，铅、镉、铂、锑、铁、铬等很多元素也可被微生物转化。

思考题

1. 自然界为什么必须进行物质循环？
2. 简述有微生物参与的碳素地球生物化学循环。
3. 对有机物进行可生物降解性评价有何重要意义？
4. 氮循环分为几个生物学阶段？在每个阶段起作用的微生物需要什么样的生活条件？
5. 什么叫硫酸盐还原作用？它有什么危害？
6. 简述磷污染及其危害。
7. 简述汞生物转化的环境意义。

第三篇
环境污染微生物控制

　　环境污染控制是利用物理、化学和生物学方法使"三废"无害化并进行污染环境修复的环境工程技术。其中微生物学方法是当今应用最广泛、最经济、二次污染较少的方法,在世界范围内受到广泛关注。环境污染微生物控制是利用微生物的代谢反应,即分解、氧化、利用和转化作用使污染物无害化的技术,所以污染物的无害化速率与微生物群的代谢速率呈正相关。因此,研究环境污染微生物控制就是要:①研究"三废"处理系统和污染环境的特点及其对微生物生命活动的影响;②研究微生物与污染物之间的相互作用规律及污染物的微生物净化机理;③研究强化微生物消除污染物的原理和技术。通过这些研究,不断深化环境污染微生物控制工程的技术改革。

第九章
环境污染与自净

人类生存的环境主要指：①自然环境，如森林、草原、江河湖海和大气；②受控自然环境，如农田、牧场和鱼塘等；③人为环境，如城市、村镇和工作学习场所等。环境污染指的是由于自然或人为的作用，进入某一环境中的某种或某些污染物超出了环境的自净容量，改变了环境的原有物理、化学和生物学特性，从而降低了环境的功能和应用价值。

受到污染的环境在非人为干预的情况下，因其自身的物理、化学和生物（尤其是微生物）作用，环境原有特性和功能得到恢复的过程，称为环境的自然净化作用，简称自净作用。本章重点讨论土壤和水体的污染及微生物自净过程。

第一节　污染物、污染源和危害

自然界中的污染物种类很多，按照它们的性质可大致分为物理性污染物、化学性污染物和生物性污染物。污染物在不同环境中又具有不同的危害，其中主要污染物的来源和危害如表 9-1 所示。

表 9-1　自然环境中的污染物、污染源和危害

类别		名称	主要来源	危害
物理性污染		热	热电站、核电站、工厂	主要使水体局部升温,危害水生生物群落
		放射性物质	核生产、核利用、核试验、核研究等废物	引起生物死亡和变异,危害人类健康
		水体致浊物	地面径流、废水悬浮物	影响水体透明度和藻类生长
化学性污染	无机物	重金属	金属开采冶炼、应用工业、制造业等	毒化环境、危害生物、影响人类健康
		砷	矿石开采处理,制药、农药、化肥等工厂废水	毒害环境、影响生物群落、危害人类健康
		氮、磷	农田排水、污水、化肥、制革、食品等工业废水	引起水体富营养化
		氰化物	电镀、冶金、煤气、塑料、化工等废水	毒化环境、危害生物群落和人体健康
		酸、碱、盐	矿山、化纤、化肥、石化、造纸、酸洗等工业废水	改变环境酸度,严重时使生物无法生存
	有机物	耗氧有机物	生活污水、食品和发酵工业废水、养殖废水等	使水体强烈耗氧,溶解氧（DO）下降,严重时无氧
		石油类	石油开采、运输,石油加工	影响水体复氧和水生生物呼吸,土壤间隙堵塞,水面火灾
		有毒有机物	化学工业废水、塑料、农药工业废水等	与重金属非常相似
	新污染物	内分泌干扰物	运输过程中工业废物和化学品的意外泄漏	引起许多物种的内分泌紊乱
		抗生素	各种兽用药和人类药物在制造、处置或代谢排泄过程中释放到环境中	低浓度下也具有很高的生物活性,可对人类和水生生物造成毒性效应

续表

类别	名称		主要来源	危害
化学性污染	新污染物	微塑料	家庭污水排放,废水处理厂	潜在毒性来自未反应的单体、低聚物和从塑料中泄漏的化学添加剂,人体可能通过不同的途径吸收
生物性污染	病原体		医院污水,屠宰、畜牧、制革等的废水,生活污水等	造成传染病流行
	毒素		制药、酿造、制革等工业废水,某些野生微生物	危害人类健康,降低农牧、渔业产品产量和品质

在表 9-1 所列的三大类污染物中,化学性污染是最重要的污染。化学污染物数量大、种类多,其中不少人工合成化合物性质稳定,很难被生物降解。按污染物的性质可将它们分为耗氧有机物、石油类、植物营养盐以及致浊、致色、致臭物质和毒物。因此,化学污染对环境的危害是多方面的。

1. 耗氧有机污染物

这类污染物是可被微生物分解氧化的有机物,分解过程中需要消耗氧气。污染物排入水体后可引起微生物大量生长繁殖,并快速消耗水中溶解氧,使水体中氧的供需发生矛盾。严重时,水体缺氧,使水中有机物质厌氧分解而产生大量硫化氢、氨、硫醇等,导致水体发黑、发臭。另一方面,有机物被微生物分解矿化而产生大量的植物营养盐,造成水体富营养化。

2. 石油类污染

水体油污染主要是石油和石油工业产品污染。油类进入水环境后,部分成为耗氧有机污染物,大部分漂浮在水面,影响水体自然复氧,造成水体缺氧。漂浮油污还易造成水面火灾,引起用鳃呼吸的动物鳃堵塞,使之窒息死亡。在原油中还存在多种有毒物质。所以油类污染对水体的危害是多方面的。

3. 植物营养盐

植物营养盐包括氮、磷等植物营养物质,可促使藻类等浮游生物和水草大量繁殖,引起水体富营养化。藻类死亡腐败后又分解出大量营养物质,使藻类进一步发展,造成溶解氧下降、水质恶化、鱼类死亡。

4. 致浊、致色污染

有色物质、泥沙和其他小颗粒固体物进入水体后,可使水体透光率降低和使水体发生感官上的不适,并通过影响水体的光合作用而影响水体中的供氧和物质转化。

5. 有毒污染物

包括有机毒物和无机毒物在内的所有有毒物质,进入自然环境后都可以直接危害生物群落,改变生物群落的组成。它们不仅危害农业、畜牧业生产,而且危害人类健康,甚至引致癌变。所以,严重的环境毒物污染可造成环境功能的完全丧失。

6. 新污染物

新污染物是指环境中新出现的,或目前已明确存在、对环境或人类健康具有已知或潜在威胁的但尚无法律法规和限定标准或限定标准不明确的一类天然或合成的化学物质。由于监管方法不够完善、去除技术研发滞后等原因致其大量残留于环境介质中,从而污染空气、土壤和水源等，对人类健康造成直接或间接的影响。

第二节　水体的富营养化

水体富营养化是指水体受到植物营养盐（如 NH_4^+、NO_3^- 等含氮化合物和磷酸盐）严重污染，水体中的藻类和其他生物大量繁殖，水体透明度、溶解氧浓度降低，水质恶化的过程。水体植物营养盐污染源主要有：①地表径流携带土壤中的氮、磷化合物进入水体；②化肥农药的盲目施用；③生活污水和某些工业废水。

一、富营养化水体的特征和危害

水体富营养化后一般具有以下特征和危害：①由于藻类大量生长繁殖使水体色度和浊度增高，透光性变差，藻类生长区变小，光合放氧减少，而生物量变大，呼吸耗氧量变大，所以水体缺氧加重；②藻类和水生植物大量增加，死亡后大部分沉于水底，加速水体变浅，促使水体沼泽化，进而导致水体消亡；③如污染水体作为自来水厂水源，可使自来水增加异味，造成过滤系统堵塞，并且可能释放藻类毒素，因而失去作为自来水厂水源的功能；④产生浓重的水色和水华，甚至发黑、发臭，使之失去娱乐观光价值；⑤水体中的藻类毒素可以通过鱼类等食物链富集并传递到人体内，对人类的身体健康产生不利影响。

水体富营养化的形成过程可以简单归纳为以下五个阶段：

第一阶段，随着人类活动干扰及自然变化，过剩的营养物质汇集到最初处于健康状态的水体中；第二阶段，水中的浮游植物依赖过剩的营养物质进行大量繁殖；第三阶段，藻类随之发生大暴发，阳光无法射入水中，植物大量死亡；第四阶段，微生物开始降解动植物残骸，进一步消耗氧气；第五阶段，最终水体中氧气被耗尽，成为死区。

二、水体富营养化的评价

水体富营养化的评价是对水体富营养化程度的描述，用于了解水体的污染状况，预测水体的发展趋势，为制定科学的管理措施提供依据。

（一）评价依据和参数

湖泊水体是发生富营养化的主要水环境，当水体受到严重污染后就会加速水体的衰老和消亡过程。其主要影响因素是水体中生物量的快速增长，而生物量的增长速度是决定水生植物和藻类生产力的环境因子。水生植物和藻类属光能自养生物，其生物物质合成过程如下式：

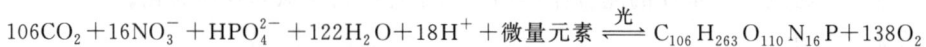

$$106CO_2 + 16NO_3^- + HPO_4^{2-} + 122H_2O + 18H^+ + 微量元素 \xrightarrow{光} C_{106}H_{263}O_{110}N_{16}P + 138O_2$$

由上式可知，CO_2 虽然需要量最高，但它可来自水体和大气中的 CO_2，不会成为限制因素；水、H^+ 和微量元素在水体中也不会成为限制因素。因此，其限制因素常为氮、磷浓度和水生植物及藻类的生物量，所以常以无机氮（NH_4^+ 和 NO_3^-）、磷酸盐浓度和藻类的叶绿素含量作为水体富营养化的评价参数。此外，深层水 DO 浓度、水体透明度常受水体富营养化程度的影响，也可作为评价参数。

（二）水体富营养化的评价方法

当前各国广泛采用的水体富营养化评价方法可归纳为以下几种：

1. 湖泊特征法

特征法是根据湖泊富营养化的生态环境因子特征，如地理特征、湖泊形态特征以及物理、化学和生物学特征等来评价湖泊营养状态的方法。此法由日本的吉村提出，具体评价方法和指标体系如表 9-2 所示。

表 9-2　湖泊富营养化程度的评价方法和指标体系

评价指标		贫营养湖	富营养湖
湖泊形态		深湖、湖面狭窄	浅湖、湖面开阔
		深层水比表层水的容积大	深层水比表层水的容积小
分布		山间湖泊、平原深水湖	平原浅湖
水的物理性质	水色	蓝色或绿色	绿色—黄色
	透明度	5m 以上	5m 以下
水质	pH	中性附近	中性到弱碱性
	溶解氧	全层饱和	表层饱和或过饱和
	其他	N<0.2mg/L P<0.02mg/L	N>0.2mg/L P>0.02mg/L
生物	生产力	小于 200mg/($m^3 \cdot d$)	大于 200mg/($m^3 \cdot d$)
	叶绿素	0.3～2.5mg/m^3	20～140mg/m^3
	浮游植物	稀少，以金藻为主	丰富，夏季有时出现水华
	浮游动物	贫弱，以甲壳类为主	丰富，轮虫增多
	沿岸植物	少	多
底质		有机物少	有机物多

2. 参数法

参数法是根据湖泊富营养化的主要代表参数来评价湖泊营养状态的方法。所选择的参数主要为湖泊中浮游植物生长的支配因子，如水中总磷、总氮、叶绿素含量及透明度（SD）等。根据以上参数的大小可将湖泊分为多个营养程度（如贫、中、中-富、富、极富等）。但是不同国家或不同研究者针对具体湖泊所提出的评价标准不完全相同，如表 9-3 和表 9-4 所示。在表 9-3 中透明度用塞克（Secchi）透明度盘测定。

表 9-3　总磷与透明度的湖泊营养状态分级标准

研究	总磷/(mg/m^3)			透明度/m		
	贫	中	富	贫	中	富
美国 EPA(1974)	<10	10～20	>20	>3.7	2.0～3.7	<2.0
Carlson(1977)	<12	12～24	>24	>4	2～4	<2
Wiederholm(1977)	<12.5	12.5～25	>25			
Lee 和 Rast(1978)	<10	10～20	>20	>4.6	2.7～4.6	<2.7
日本	<15	15～25	>25	>4	2.5～4	<2.5

表 9-4　OECD[①]富营养化研究规划的湖泊营养状态初步划分标准

变量(年均值)		贫营养	中营养	富营养	极富营养
总磷/(mg/m³)	$\bar{x}$	8.0	26.7	84.4	
	$\bar{x}\pm1SD$	4.85~13.3	14.5~49	48~189	
	$\bar{x}\pm2SD$	2.9~22.1	7.9~90.8	16.8~424	
	测试	3.0~17.7	10.9~95.6	16.2~386	750~1200
	n	21	19(21)	71(72)	2
总氮/(mg/m³)	$\bar{x}$	661	753	1875	
	$\bar{x}\pm1SD$	371~1180	485~1170	861~4081	
	$\bar{x}\pm2SD$	208~2103	313~1816	395~8913	
	测试	307~1630	361~1387	393~6100	
	n	11	8	37(38)	
叶绿素 a/(mg/m³)	$\bar{x}$	1.7	4.7	14.3	
	$\bar{x}\pm1SD$	0.8~3.4	3.0~7.4	6.7~31	
	$\bar{x}\pm2SD$	0.4~7.1	1.9~11.6	3.1~66	
	测试	0.3~4.5	3.0~11	2.7~78	100~150
	n	22	16(17)	70(72)	2
叶绿素 a 峰值 /(mg/m³)	$\bar{x}$	4.2	16.1	42.6	
	$\bar{x}\pm1SD$	2.6~7.6	8.9~29	16.9~107	
	$\bar{x}\pm2SD$	1.5~13	4.9~52.5	6.7~270	
	测试	1.3~10.6	4.9~49.5	9.5~275	
	n	16	12	46	
Secchi 透明度/m	$\bar{x}$	9.9	4.2	2.45	
	$\bar{x}\pm1SD$	5.9~16.5	2.4~7.4	1.5~4.0	
	$\bar{x}\pm2SD$	3.6~27.5	1.4~13	0.9~6.7	
	测试	5.4~28.3	1.5~8.1	0.8~7.0	0.4~0.5
	n	13	20	70(72)	

① OECD 是经济合作与发展组织。

注：$\bar{x}$ 为平均值，n 为次数，SD 为标准偏差。

瑞典人罗德赫（Rodhe）提出用湖泊生物生产力判断湖泊富营养化程度，其标准如表 9-5 所示。

表 9-5　湖泊浮游植物生长速度与湖泊富营养化程度关系

营养类型 生物生产力	贫营养	富营养	
		天然湖	污染湖
日平均生产量/(mg/m²)	30~100	300~1000	1500~3000
年生产量/(g/m²)	7~25	75~250	350~700

3. 营养状态指数法

指数法是综合湖泊多项富营养化代表性指标，将其表示成指数，而对湖泊营养状态进行连续分级的评价方法。因为在湖泊营养状态评价中，虽然单一指标具有简单、明确的特点，但是在使用时，常受测试技术误差或湖泊季节变化等因素的影响，往往难以反映出湖泊营养状况的真实情况。例如，用单一指标评价同一湖泊时，从某一指标值来评价可定为富营养湖，但从另一指标来判定，则可能属于贫营养湖。因此卡森（Carlson）提出用多参数综合评价法，并提出了营养状态评价指数（TSI），所以 TSI 指数也称为卡森指数。

（1）卡森指数

以透明度（SD）为基准的 TSI 指数分为 0～100 的连续数值作为评价湖泊营养状态的分级标准。当 TSI 为 0 时，湖泊的营养状态最低，水质最好，其透明度为 64m；TSI 的最大限值为 100～110，与此相应的透明度值为 6.4～3.2cm。其结果可用下述方程表示：

$$TSI(SD) = 10 \times \left(6 - \frac{\ln SD}{\ln 2}\right) \tag{9-1}$$

由此可知，卡森指数所表征的是湖泊营养状态连续变化现象，这正符合湖泊富营养化进程的特点。

为了求得以叶绿素 a（chla）和总磷（TP）为基准的富营养化状态指数，卡森又根据当时北美的一些湖泊调查研究结果得出叶绿素 a 与湖水透明度之间关系的经验公式：

$$\ln SD = 2.04 - 0.68 \ln chla \tag{9-2}$$

叶绿素 a 浓度与总磷浓度之间关系的经验式为：

$$\ln chla = 1.449 \ln TP - 2.442 \tag{9-3}$$

湖水透明度与总磷浓度之间关系的经验式为：

$$\ln SD = 3.876 - 0.98 \ln TP \tag{9-4}$$

将式（9-2）和式（9-4）代入方程式（9-1）得出以叶绿素 a 和总磷为基准的营养状态指数计算公式如下：

$$TSI(chla) = 10 \times \left(6 - \frac{2.04 - 0.68 \ln chla}{\ln 2}\right) \tag{9-5}$$

$$TSI(TP) = 10 \times \left(6 - \frac{\ln(48/TP)}{\ln 2}\right) \tag{9-6}$$

通过以上各式的计算，将 TSI 指数与有关参数之间的关系列于表 9-6。

表 9-6　TSI 指数与各参数之间的相互关系

TSI	SD/m	TP/(mg/m³)	chla/(mg/m³)
0	64	0.75	0.04
10	32	1.5	0.12
20	16	3	0.34
30	8	6	0.94
40	4	12	2.6
50	2	24	6.4
60	1	48	20
70	0.5	98	56
80	0.25	192	154
90	0.12	384	427
100	0.062	768	1183

从表 9-6 可以看出，只要 SD、chla 和 TP 等项目测定准确，并且取样具有代表性，就可

较详细地描述湖泊营养状态的变化。而且还可以通过各参数与 TSI 指数关系的换算，对各参数的可靠性进行相互验证，进一步提高湖泊水质监测与评价的水平和质量。

（2）修正的卡森指数

由卡森指数（TSI）与 chla 和 TP 关系的推导可知，TSI 忽视了浮游植物以外的其他因素对水体透明度的影响，如湖水颜色、非生物性悬浮物和溶解性物质对光的吸收，而这些因素在一般情况下是不可忽视的。因而，以透明度为基准的 TSI 指数的应用范围受到了一定限制。为了弥补以上不足，日本的相崎守弘等将卡森指数改为以叶绿素 a 浓度为基准的指数，称为修正的卡森指数（TSI_m）。

TSI_m 值为 100 时，所对应的 chla 浓度为藻类光合作用初级生产层（照度为表面光照强度 1% 处以上水层）的最大平均浓度，其值为 $1000mg/m^3$。TSI_m 值为 0 时，对应的 chla 浓度为 $0.1mg/m^3$，此时湖水中的浮游植物对光的吸收远小于其他因素的影响。TSI_m 的基本计算公式如下：

$$TSI_m(chla) = 10 \times \left(2.46 + \frac{lnchla}{ln2.5}\right) \tag{9-7}$$

根据对 24 个日本湖泊的调查结果，叶绿素 a 与透明度和总磷浓度的关系如下：

$$ln\ chla = 3.69 - 1.53lnSD \quad r=0.96 \tag{9-8}$$

$$ln\ chla = 6.71 + 1.15lnTP \quad r=10.90 \tag{9-9}$$

将式（9-8）和式（9-9）代入式（9-7），分别得出透明度和总磷的 TSI_m 指数公式为：

$$TSI_m(SD) = 10 \times \left(2.46 + \frac{3.69 - 1.53lnSD}{ln2.5}\right) \tag{9-10}$$

$$TSI_m(TP) = 10 \times \left(2.46 + \frac{6.71 + 1.15lnTP}{ln2.5}\right) \tag{9-11}$$

通过上述各式的计算，求得 TSI_m 指数与各有关参数之间的关系，将其列于表 9-7。经试用验证说明 TSI_m 比 TSI 更具有实用价值。

表 9-7　富营养化状态指标与水质参数的关系

TSI_m	叶绿素 a /(mg/m³)	透明度 /m	总磷 /(mg/m³)	悬浮物 /(mg/L)	悬浮物有机磷/(mg/L)	悬浮物有机氮 /(mg/m³)	总氮 /(mg/L)	耗氧量 /(mg/L)	细菌总数 /(个/mL)
0	0.1	48	0.4	0.04	0.02	3	0.010	0.06	4.2×10^4
10	0.26	27	0.9	0.09	0.05	6	0.020	0.12	8.3×10^4
20	0.66	15	2.0	0.23	0.10	13	0.040	0.24	1.6×10^5
30	1.60	8.0	4.6	0.55	0.21	29	0.079	0.48	3.2×10^5
40	4.10	4.4	10.0	1.30	0.44	62	0.160	0.96	6.4×10^5
50	10.0	2.4	23.0	2.10	0.92	130	0.310	1.8	1.3×10^6
60	26.0	1.3	50.0	7.70	1.90	290	0.650	3.6	2.5×10^6
70	64.0	0.73	110.0	19.0	4.10	620	1.20	7.1	4.9×10^6
80	160.0	0.40	250.0	45.0	8.60	1340	2.30	14.0	9.6×10^6
90	400.0	0.22	555.0	108.0	18.0	2900	4.60	27.0	1.9×10^7
100	1000.0	0.12	1230.0	260.0	38.0	6500	9.10	54.0	3.8×10^7

4. 生物指标评价法

湖泊水域富营养化的重要特征之一是湖水中水生生物种类不断减少，浮游植物生物量急剧增加，所以可通过湖水中的生物种类、生物量和生化反应特性评价水体营养状况。

（1）优势种评价法

这种方法是根据湖泊生物组成调查结果得出的不同营养状况下，以优势种群不同为根据的评价方法。例如在湖泊处于不同营养状况时其中的优势藻如表9-8所示。由此我们可根据某一湖泊中藻类的优势种，确定其营养状态。

表9-8 湖泊营养状况与浮游植物优势种关系

营养状况	优势种
贫营养湖	金藻纲
贫中营养湖	隐藻纲
中营养湖	甲藻纲
中富营养湖	硅藻纲
富营养湖	硅藻纲、绿藻纲
重富营养湖	蓝藻纲、绿藻纲

此法的缺点是：①对调查人员的专业水平要求高，必须具有熟练的藻类分类技能；②各类藻类对环境条件变化适应能力较强，常产生同一优势种存在于不同营养状态下的情况。因此，此法只能对湖泊营养状态作粗略评定，所以只有在与其他指标配合使用时才具有重要意义。

（2）光合作用放氧速率法

测定水体光合作用放氧速率常用黑白瓶法。通过光合放氧速率测定即可推算水体初级生产率，即每放出1mg氧就可合成约1.52g藻类细胞物质。水体光合放氧速率与富营养化程度关系列于表9-9。

表9-9 放氧速率与湖泊富营养化关系

营养类型	贫营养	富营养	
		天然湖	污染湖
日平均放氧量/(mg/m^2)	20～66	197～658	1000～2000
年平均放氧量/(g/m^2)	4.6～16.4	49～164	230～460

（3）光合作用与呼吸作用比值法

在湖泊水体中光合作用是与呼吸作用同时进行的，其生化过程如下：

$$106CO_2 + 16NO_3^- + HPO_4^{2-} + 122H_2O + 18H^+ \xrightarrow[\text{呼吸}]{\text{光合}} C_{106}H_{263}O_{110}N_{16}P_1 + 138O_2$$

在贫营养湖中呼吸速率总是约等于光合速率，如以 P 代表光合有机物增长速率，以 R 代表呼吸有机物消耗速率，那么 P/R 总是非常接近1。在富营养湖中，因光合作用使水体中植物可利用的氮、磷减少，藻类有机物增多，当藻类营养严重缺乏时就会大量死亡，异养生物营养物增加，呼吸速率提高；有机物的分解又会使藻类营养物增加，促进新的光合作用进行，而有机物的消耗使呼吸作用速率降低。因此，在富营养湖中，P/R 值常处于大于1

和小于 1 有规律的变化中，据此也可推断水体是否处于富营养化状态。

三、湖泊富营养化的防治

湖泊富营养化防治对策的制定是一项繁杂的工作，需要了解湖泊水体中浮游植物生长的重要支配因子氮、磷化合物的来源和污染量以及湖泊自然影响因素、湖泊的自净容量等基本状况，然后才可能确定防治富营养化的有效管理措施，以及对已富营养化湖泊的治理方法。

（一）湖泊基本情况调查

湖泊基本情况应着重考察：①湖泊的封闭性，输入水源的水质和水量，湖水输出量及代换率，以及所在地区地形、地质特点等；②湖水所处地区的社会结构和湖水利用途径等。

（二）污染源调查

湖泊富营养化的过程不仅受其所处地区自然条件的影响，而且也受流域社会结构的影响。在某种意义上，人类活动可能是当代湖泊富营养化最重要的形成因素之一。污染源大致可分为点源和面源两类。因此，确定各类污染源对湖泊水体氮、磷化合物的贡献是非常重要的。它有利于找出水体主要污染源和控制对象，进而有利于防止湖泊富营养化并制定治理措施。

（三）湖泊的自净容量

湖泊的自净容量是指水体在不降低水体功能的情况下所能接收污染物的最大量。也就是在单位时间内靠湖泊自身的物理、化学和生物作用所能净化的污染物的最大量。

了解湖泊自净容量不仅可通过控制污染物的排入量来防止水体污染、功能降低，而且可使废水处理费用处于最合理水平。对清洁水体，可以直接通过试验研究来确定其自净容量；但是对于已经污染的湖泊，必须使用模拟试验系统，使其水质经净化达到某种标准后，再进行自净容量研究，确定其纳污量。

但是，不管哪种水体，在进行自净容量的实验研究时，都必须充分考虑水体特征和环境因素（如水温、光照强度和风力等）对水体自净作用的影响。

（四）湖泊富营养化的具体防治措施

1. 以防为主

在制定湖泊富营养化的防治措施时，一般采取以防为主的策略。以防为主就是控制污染物的输入量，使其永远小于水体自净容量，并随时调查了解湖水水质变化，以调整控制措施，使水体保持良好的功能状态。

在控制污染物输入量时，采用的方法是：①作为点源的污水必须经处理达标后才能排入水体；②对面源的控制可采用在湖泊周围建立缓冲带、绿化植树防止水土流失，减少地表径流污染量的方法。

以防为主需要强化管理。因此，应建立有关切实可行的法规和有力的执法机构，并通过宣传和教育来提高民众的守法和环境保护意识，才能有效防止水体富营养化的发生。

2. 富营养化水体的治理

富营养化水体的治理技术主要有物理法、化学法和生物法，针对治理对象、适用范围和经济耗用不同可有不同的选择（表 9-10）。

① 物理法。采用物理、机械的方法对富营养化水体进行人工净化，具体有底泥疏浚法、换水稀释法、河道深层曝气、人工打捞、人工造流和引水等方法。

② 化学法。通过向污染水体中投入化学药剂，使其与污染物质发生化学反应，从而达到去除水体中污染物的目的。由于化学品导致死亡的藻类会释放藻毒素，引发二次污染，同时化学品也会产生生物富集和放大效应而影响到整个生态系统，因此这是一种治标不治本的方法，比较适合作为应急措施，在湖泊治理方面不推荐使用。

③ 生物法。生物法是利用植物、动物、微生物等对水体中的污染物进行吸附、降解、转化，从而降低水体中污染物含量的一种措施。它是解决水体富营养化问题最环保、最经济的方法之一，主要包括人工湿地法、生物操纵法、微生物净化法、高等水生植物防治法等。

表 9-10　物理法、化学法、生物法净化水体的优缺点比较及其适用性

方法	优点	缺点	适用范围
物理法	可直接清除水体中的藻类，操作简便、长效、对环境影响较小，不会产生二次污染	无法从根本上消除污染源，且会消耗大量人力、物力、财力。使用时还需要有与之配套的特殊操作技术或设备，并需要进行定期运作维护	适用于小水体或大水体的局部水域，且在大规模除藻的开始阶段或除藻前的准备阶段效果明显
化学法	使用成本低，操作简便、见效快、效果好	化学试剂的残留，可能会导致重金属积累和水生环境的二次污染，植物可能会产生耐药性	适用于藻华严重水域，或在一些特殊地区被用作紧急措施
生物法	充分利用生态系统的食物链或植物的化感作用来抑制藻类生长，不产生二次污染。可改善局部区域生态环境，可产生直接的经济效益、间接的娱乐效益和景观游憩效益等	见效慢，不适于突发性水华的治理；要避免植物腐烂、淤泥沉积造成的二次污染；生物组分对有毒化学物质较为敏感	用于小而浅的相对封闭的河流湖泊系统且生物分布垂直空间差异较小的水域，不宜处理污染负荷过高的径流

第三节　污染物对微生物的影响

进入环境中的污染物种类繁多，它们各具有自身的特性，所以对微生物的影响也不相同。

一、促进微生物的生长繁殖

这类污染物进入环境后，可改善微生物的生活条件，使微生物加快生长繁殖速度。对于生物群落而言，自然环境中的营养物经常是较贫乏的，所以当可作为微生物营养物的污染物进入自然环境后就会刺激微生物代谢，加快其生长繁殖。但如果营养过于丰富也会产生多种环境问题，如水体黑臭和富营养化、造成土壤低氧化还原电位等。

二、改变环境的理化条件限制微生物生长

这类污染物进入环境后，使微生物生活条件向不利于其生长的方向转化，如：① 热污染

使水温局部升高到微生物最适生长温度以上，使部分微生物生长变慢，使一些具有较强自主运动能力的生物逃匿；②改变环境 pH，使微生物生长受到抑制；③改变环境的氧化还原电位，使微生物群落的组成和功能发生变化，尤其是降低氧化还原电位会造成微生物总活性降低，进而使环境中的物质转化和循环速率降低。

三、有毒污染物对微生物的影响

毒物是在很低浓度下就可抑制或杀死微生物的物质。毒物的种类不同对微生物的抑制或杀死能力不同，同种毒物对微生物的危害程度则与其接触剂量相关。毒物对微生物的作用包括生长抑制和杀灭作用。有时一种微生物在受到某种毒物的强烈作用后，在大部分个体死亡的同时，也会有少量个体发生变异而生存下来，并形成新的种群。这种能够引起微生物变异的毒物对人和高等生物具有致畸、致癌、致突变作用，称为三致物质。这类物质对环境危害最大，进入环境后可直接改变环境生物群落的结构和功能，使与之接触的人和牲畜中毒。当被污染的水用于农业灌溉时，又可使农产品的产量和质量降低。此类污染物进入土壤后，非常容易在土壤中富集，然后缓慢释放，改变土壤的微生物学特性。例如，长期受含酚石油污水污染的土壤，其微生物群落与污染（污灌定额）的关系如表 9-11 所示。

表 9-11   某土壤不同污灌定额对微生物群落的影响

微生物数量[②] \ 污灌定额[①]		16	27	42.5	62	80.5
类群	杂菌数	898	189540	7189540	1297	562
	芽孢杆菌数	61	62	74	105	88
	酚细菌数	181	1248	71248	170	83

① 污灌定额，用每亩地年灌污水带入的 $(NH_4)_2SO_4$ 量表示，单位为 $kg/(亩·年)$。1 亩＝666.67m^2。

② 微生物数量：每克干土中细菌的个数，单位为 $\times 10^3$ 个/g 干土。

土壤微生物数量和种类由于组成的变化，使得它们在土壤中物质循环和转化中的功能作用也随之发生改变，从而影响土壤质量。另外，土壤中的毒物还会进入植物的可食部分，危害人类健康，如 1955～1972 年间，日本富山县神奈川流域受到含镉污水污染，居民食用含镉大米中毒，造成 81 人死亡，130 人患疼痛性疾病，终日疼痛难忍，成为世界公害史上著名的事件。

第四节   污染环境的微生物自净

一、环境微生物自净的原理

在多数情况下，环境中固有的微生物能分解、氧化、同化和转化污染物而使污染环境得到净化。其净化过程可分为：

（一）微生物同化作用

很多污染物可以被微生物同化形成细胞物质，如氨基酸、核苷酸、NH_3、PO_4^{3-} 等；或其分解过程产生的中间产物可以被微生物用于合成细胞物质，如蛋白质、核酸、糖类、脂肪和其他多种成分。当这类可被微生物利用的污染物进入环境后，就可因被微生物利用而减少甚至消失，从而使环境得到净化。

（二）微生物降解作用

很多有机污染物进入环境后，可被环境中的固有微生物降解，使其失去原有特性。有机物的微生物降解可在以下几种水平上进行。

1. 异构化作用

一些污染物在微生物异构酶的作用下发生异构化，使原污染物失去本身的一些特性，但是不改变其分子量和元素组成。

2. 污染物部分基团的变化

一些污染物在微生物的作用下可失去或添加一个或几个基团，使原污染物不再存在。这种作用改变了污染物原有的结构和元素组成，可以使污染物对环境的危害降低；但当转化产物比原污染物毒性更大时，也可使之对环境的危害增大。例如涕灭威转化为砜或亚砜，就可使之危害增大。而砷和某些金属的甲基化合物在微生物作用下脱甲基，又可使之危害变小。

3. 氧化还原作用

对于某些无机污染物，微生物可通过氧化还原作用改变某些元素的价态，由此改变其化合物的形态和环境行为，例如：①使 NH_4^+ 氧化为 NO_3^- 和 H_2O，NO_3^- 还原为 N_2；②使 Hg^{2+} 转化为 Hg；③使 Fe^{2+} 转化为 Fe^{3+} 等，从而改变它们的环境行为。

4. 矿化作用

矿化作用是指有机污染物在微生物作用下被完全无机化的过程，如蛋白质在微生物作用下的矿化产生 CO_2、H_2O、NH_3、H_2S。这种作用使有机物完全消失，所产生的 H_2S 在有氧条件下被硫化细菌氧化为 SO_4^{2-}，所以这种作用在土壤中可使有机物完全无害化；在水体中如果 NH_3 含量较小可加剧水体富营养化。

由以上的净化原理可知，微生物的各种作用强度都与微生物的数量和活性有关，也就是与影响微生物生长及活性的环境条件有关。

二、环境中微生物自净的限制因素

在任何环境中，只要有相应功能群的微生物存在，则其中的污染物就可在微生物的作用下得到净化。但是，各种自然环境的微生物净化能力又都有限，这就是环境易受污染而变坏的重要原因。那么，如何提高环境的微生物自净能力呢？要解决这个问题，我们就必须找出微生物自净作用的限制因素，以达到强化微生物净化能力的目的。目前常考虑的限制因素有：

（一）微生物生物量的大小

如果一个环境条件稳定，那么其中的每一微生物个体的生理活性应是一定的，所以微生物个体数量越大（即生物量越大），其群体活性也就越大，它们对污染物的净化能力也就越强。当主要污染物为难降解有毒污染物时，对污染物具有降解能力的微生物群就是影响污染物自净过程的重要因素，而不是环境中微生物的总量。

（二）环境的理化条件

微生物的活性除受其本身固有的生理特性影响外，每种微生物都有其最适合的生长环境条件，所以在微生物生物量相对稳定的情况下，环境条件就是微生物自净作用的重要影响因素。常考虑的环境因素有：

1. 温度

温度影响污染物的理化特性（如水溶性、挥发性以及与其他物质的反应性）；对于毒物来说温度还影响它们的生物毒性；同时温度也影响微生物对污染物的摄取速率等。因此，温度是影响污染物微生物自净作用的重要因素。

2. pH 值

氢离子浓度是包括生化反应在内的各种化学反应的必要条件，它影响污染物的存在状态、化学特性和生物效应，同时也影响微生物的生理活性。因此，环境的 pH 对污染物的微生物自净速率有重要影响。

3. 限制性营养

限制性营养是指在环境中的丰度发生变化时，对微生物代谢和生长速率影响最大的营养物。例如，微生物生长所需大量元素碳、氮、磷是按一定的比例被吸收利用的，环境受到污染后，其营养平衡极易被打破，可能使某种元素成为微生物生长的限制因素，影响污染物的微生物自净速率提高，这时只要补加相应化合物就可显著提高主要污染物的微生物自净速率。

4. 供氧速率

环境的氧化还原状态对环境中的微生物具有重要的选择作用。如果用环境中的氧分压表征其氧化还原状态，则在有氧条件下，能进行有氧呼吸的微生物占优势，污染物进行有氧分解氧化是主要的净化过程；而在无氧条件下，能进行无氧呼吸的微生物占优，污染物通过厌氧分解氧化得到净化。而由第二章的内容可知，在一般情况下，有氧分解要比无氧分解速率高、彻底，但也有一些化合物的分解在无氧条件下更易进行。因此，不管是哪类化合物的微生物净化作用，适当的供氧速率都是必要的。

5. 环境含水率

含水率主要影响土壤环境的自净，因为：①除部分原生动物外，绝大多数微生物只能利用水溶态营养物，干旱会降低所有微生物的代谢作用，严重干旱会使绝大多数微生物处于休眠状态；②土壤含水率还会影响土壤供氧。

此外，其他环境条件（如压力、抑制物、激活剂等）也会影响污染物的微生物自净作用。如果能有效克服环境中的不利因素，就可以大大提高环境的自净能力。

思考题

1. 概念：环境污染、水体富营养化、卡森指数、环境自净、环境自净容量、微生物净化作用。

2. 环境污染物分为哪三大类？

3. 耗氧有机污染物主要危害哪类环境？其主要危害表现在哪些方面？

4. 何为有毒污染物？其环境效应和危害有哪些？

5. 哪类污染物对土壤环境的危害最大？具体危害有哪些？

6. 水体富营养化对水体有何危害？常用评价参数有哪些？

7. 指出卡森指数 $TSI(SD)\left[=10\times\left(6-\dfrac{\ln SD}{\ln 2}\right)\right]$ 的含义。

8. 污染物对微生物群落的影响有哪些？

9. 微生物通过哪些作用使污染环境得到净化？

10. 影响土壤环境中污染物微生物净化速率的主要因素是什么？

11. 影响水体环境中污染物微生物净化速率的主要因素是什么？

第十章
污染环境微生物修复

　　由于自然原因或人类活动使土壤、地表水体、地下水体等自然环境接收了超过自身自净容量的污染物，环境的物理、化学和生物学质量降低，功能损失，即可说此环境受到了污染。为了消除环境污染对人类生产、生活和健康的不利影响，在人为干预下加速受污染环境质量和功能的恢复，此即为污染环境的修复过程。环境修复的方法有物理法、化学法和生物法三大类。生物法又可分为植物法、动物法、微生物法和联合修复法四类，其中微生物法是最重要、应用最广泛的方法。

第一节　概述

一、污染环境微生物修复原理

　　在环境污染控制中，污染环境微生物修复原理与环境微生物自净原理十分相似。微生物修复是利用微生物催化降解污染物的能力，修复被污染环境或消除环境中污染物的受控或自发过程。该过程在人为干预下，使环境中的微生物群落和理化条件更有利于提高污染环境中微生物活性，因此其净化速率比自净作用高得多，同时也适合处理大面积污染。因此，污染环境微生物修复是通过单独或同时改变微生物群落特性及环境理化条件得以实现的，其方法包括：①生物促进法，即利用环境中的固有微生物群落，通过改善环境理化条件提高微生物净化速率；②生物强化法，即引入对主要污染物有特效净化作用的微生物，以提高净化效果；③生物促进法与生物强化法联合应用。

二、起作用的微生物

　　在污染环境修复中起作用的微生物与污染物的类型及污染环境类型有关，就其来源而言，可将其分为两大类，即土著微生物和外来微生物。

　　1. 土著微生物

　　土著微生物是受污染环境中固有的微生物，具有个体小、种类多、生长繁殖快、代谢途径多样、适应性强、易变异且有共代谢作用等特点。当某一环境受到污染后，土著微生物的物理化学特性会发生变化，进而在新环境的压力和选择下，微生物群落也会发生变化。其变化常有：①根据自然淘汰理论发生的适者生存发展、严重不适者消亡，即群落中的优势种和组成种群发生变化；②根据遗传学理论发生的某些个体的变异，形成具有新特性的种群，该变化了的微生物群落，对污染环境适应性更强，对污染物的净化能力也更强，但其中每个微生物种群都源自受污染环境原有的土著微生物。

2. 外来微生物

由于污染环境中往往存在着限制微生物代谢活性和净化能力的因素，净化作用难以快速进行，因此需要加入外来有效微生物以提高净化速度。外来微生物一般指人为加入的特效微生物，即人为选育、具有特殊功能的微生物制剂，如能快速降解难降解有机物和有毒有机物质，使之无害化等。该类微生物可通过以下途径获得：①从自然环境、污染环境或生物污泥中筛选出来，经驯化而选育出的特效微生物；②取自自然界的菌种，经物理、化学法诱变后筛选出来的优势菌；③采用基因工程技术，将降解性质粒转移到一些能在污水和受污染环境中生存的菌体内，可定向构建可降解难降解污染物的工程菌。对于以上具有特殊功能的外来微生物，在应用中需要考虑：①对使用环境的适应性；②是否能在使用环境中优势生长；③在使用环境中能否对目标污染物进行快速净化；④基因工程菌还必须充分注意在使用环境中的安全性。

目前对外来微生物的研究，主要集中在：①寻找天然存在的、有较好的污染物降解动力学特性且能攻击广谱化合物的微生物；②研究极端环境下生长的微生物。

三、影响微生物修复的理化因素

1. 污染物的理化特性

污染物的特性是其影响环境质量和功能以及其生态效应的主要因素，其中污染物的物理特性（如水溶性、挥发性等）直接影响其在多介质环境中各相的分配，即影响其被微生物吸附、吸收和转化的作用；其次，污染物的化学结构和元素组成与其可生物降解性和生物毒性密切相关。

2. 共代谢物

对于难降解有机物或有毒有害难降解污染物污染的环境，其中有些物质在被有效菌降解时，必须有另一种有机物存在才能进行，后者被称为前者的共代谢物。因此，对于需要共代谢物存在时才能被微生物降解的污染物，其能否被微生物净化及其净化速率受共代谢物控制。例如，一株洋葱假单胞菌分解氧化和利用三氯乙烯时，必须有它的共代谢物甲苯存在。

此外，微生物生物量和环境理化条件也对微生物修复有重要影响。不管在何种条件下，微生物只能净化进入环境中的可生物分解、氧化、利用或转化的污染物。

第二节　土壤污染微生物修复

土壤是由固体矿物质、有机物、水溶液、土壤气体和土壤生物组成的高度复杂的混合体。由于土壤颗粒组成复杂，其表面和内部含有多种化学基团，所以具有较强的吸附、离子交换和键合作用，极易富集进入土壤的污染物，使土壤极易受到污染。土壤中的污染物主要来自污水灌溉、污泥肥料、化学肥料、农药和促生长剂的使用。进入土壤的污染物有耗氧有机物、难降解和有毒难降解有机物及重金属等。即便是植物营养盐（如氮无机化合物）进入农田的时机不对，也可造成农作物减产。

土壤是人类赖以生存、更新速度极慢的物质资源。近年来，一方面由于人类的不合理利用和管理，使优质的农业土壤快速减少；另一方面世界人口快速增长，人均农田面积快速减少，使农田变得越来越珍贵。因此，研究和实施包括污染土壤修复在内的土壤污染控制措施十分重要。污染土壤微生物修复的主要污染物是有毒有害有机物和重金属等污染物。

一、有毒有害有机物污染的微生物修复

大量研究证明，随着工业生产的发展、农药使用量的增加，进入土壤的有毒有害有机污染物有逐渐增加的趋势，而且种类越来越多；其中多数是可以生物降解的，这使得被有毒有害有机污染物污染的土壤存在微生物修复的可能性。土壤是微生物生活的大本营，其中的微生物种类多、数量大，由于污染环境中有毒有害污染物的驯化作用，诱发微生物变异，从而产生特效降解菌，强化了土壤微生物对目标污染物的净化作用。由此看来，在人为干预条件下，实现污染土壤的修复是完全可能的。目前常用的方法有：

1. 原位修复法

原位修复不需要将受污染的土壤挖出和运输，在进行工程设计前需做好以下工作：①了解污染土壤中存在的主要污染物及其含量；②了解污染土壤的理化条件和营养状况，为工程设计提供依据；③环境中是否存在能净化目标污染物的微生物。

强化措施一般包括：

① 如果由于土壤受有机污染，使其 C：N：P 营养失衡，就需补加 N、P 营养。

② 土壤过于干燥应加水调节。

③ 加强供氧，其方法如下所述。

a. 注气法。在受污染区钻井两组，一组用于抽水，造成地层中水的流动，另一组通入空气提高土壤中的供氧速率。如果需向土壤中补充特效微生物和氮、磷化合物，则可以与增氧同时进行。

b. 抽气法。抽气法是在污染区设抽气井，用真空泵抽气，增加土壤 CO_2 排出效率，使土壤保持低气压，促进空气进入土壤。

c. 翻耕法。此法是对受污染的浅土层增加翻耕次数，改变土壤状态，使之有利于与大气接触和供氧；同时还可以使上下层土壤混合，降低局部污染物浓度。

④ 添加微生物或酶，强化污染物的分解速率。

⑤ 添加表面活性剂，以促进污染物和微生物的充分接触。

原位修复法的效果主要依赖于被污染地微生物的自然降解能力和人为创造的合适降解条件。实践证明，这种方法对事故性石油污染的土壤应用效果良好。对于有毒有机物污染的土壤，将该方法与生物强化法联合应用效果更佳。

2. 挖掘堆置法

此法有两种技术，一是原位堆置，即将污染土壤挖出，堆积一旁，然后作防渗和防扩散工程，设置通风管，堆置处理，处理后复原；二是将污染土壤挖出运送到堆置场，处理后运回复原。堆置前也需进行土壤理化条件和营养状况调查，决定是否要进行补水和补加营养，以及是否要加入特效微生物。调整好的土壤在设有通风管的场地上堆成截面为梯形的条状土堆，通过通风供氧进行处理。如果在土壤中加入植物叶、碎茎、木屑、锯末等膨松剂，则更有利于保水、通风。

这种技术主要适用于因偶然事故造成的小范围的土壤污染。其缺点是：①对土壤的挖掘可能会破坏土壤原有的生态结构；②在运输过程中有可能造成污染扩散。

3. 土壤泥浆法

土壤泥浆法也有两种形式，一是池塘法；二是小型反应器法。应用较多的是池塘法。

此法的具体操作是：①在污染土壤周围叠土为埝，灌水使成泥浆状，然后取泥浆样调查

其环境特点，进行调整。②通气或搅拌使污染土壤处于悬浮状态，并供氧进行土壤微生物修复，必要时可加入特效微生物。此法与堆置法一样适合于小范围污染的土壤修复。

二、重金属污染土壤的微生物修复

重金属在自然环境中不能像有机物那样易被分解、氧化而去除，而且易被土壤颗粒吸附、结合，所以极易在土壤中积累。受重金属污染的土壤的修复方法常用的有：加入土壤改良剂、排土法、化学冲洗法、酸淋法、电化学法和生物法等。参与重金属污染土壤修复的生物主要为微生物和植物。利用菌类微生物净化土壤中的重金属一般基于以下原理：

1. 菌类对重金属的吸附作用

菌类细胞内的巯基（—SH）化合物对金属有很强的结合能力，有些菌类微生物有很强的吸收重金属的能力，如炭黑曲霉（*Aspergillus carbonarius*）能够大量吸收 Cu 和 Cr。很多菌的细胞壁对重金属有很强的吸附和配位能力，这些作用都能降低土壤中重金属的自由离子浓度，减少植物对它们的吸收，防止重金属对植物的危害。但是，因为微生物个体微小，不易从土壤中分离出来，而且当微生物死亡后，其细胞物质分解，还会有部分重金属溶出，所以在此领域存在很多待研究的课题。

2. 微生物对重金属的转化

微生物不仅可以吸收、吸附、结合重金属及与重金属配位，而且可以转化重金属（参阅本书第八章）。

① 重金属的甲基化，即将重金属离子甲基化为金属甲基化合物，使之变成难溶于水、易挥发的物质，因而易从土壤中去除。

② 重金属的价态改变，即使重金属发生氧化或还原，如有的微生物使六价铬还原为三价铬，三价铬与 OH^- 结合形成难溶于水的 $Cr(OH)_3$，降低了铬对植物的危害。

3. 增强金属的迁移性

提高重金属的可溶性，然后在适当灌溉的条件下，通过淋滤作用将重金属洗出。

4. 微生物与植物联合修复法

这种方法应注意两个方面，一是获得或培育对目标重金属有较强抗性和吸收能力的植物；二是选育能提高土壤中重金属水溶性的微生物。利用微生物使重金属转化为植物可利用状态，再用植物从土壤中将重金属富集到其茎叶中，定期收获植物，将重金属从土壤中移除，完成修复作用。

第三节　污染水体的微生物修复

水体包括地表水体和地下水体。地表水体又可分为海洋、静水（湖泊、水库、水塘等）、流动水（河流、小溪等），不同水体具有不同的特性，污染后的修复技术也有区别。但是不管哪种水体，其中限制微生物净化即修复速率的因素，都与土壤中的限制因素（除含水率外）相同。

修复技术基本上都分为原位修复法（即内在修复法）和外加修复法。原位修复法是改善污染水体中微生物的生存条件，提高微生物的代谢速率，从而提高其净化活性；在这种方法中常联合使用生物强化法，即加入具有高净化活性的微生物菌剂。目前，在世界范围内已生产有多种此类菌剂。外加修复法是将污染水体中的部分水抽送至一个生物反应器中进行处理，处理后再送回水体，以此逐步使污染水体全部净化到允许的水质要求。生物反应器可以是如污水处理厂的净化设备，也可以是一个规模较大的水塘，或是一片经改造的湿地，不管是哪种反应器中，都具有比自然水中大得多的微生物密度，而且其中的微生物是经过驯化的微生物群体，有的还人工加入高效微生物制剂，所以具有较高的净化活性。

一、海洋有机污染修复

目前最重要的海洋有机污染来自油轮失事、海上油井漏油和井喷等，所以其中最重要的污染物是石油。石油的主要成分是碳氢化合物，它们在适宜微生物生长的条件下大多数可以被微生物利用。但是，受油污染的水环境具有低温、耗氧量大、生物量小，和因石油中缺少氮、磷营养物，营养元素失衡等特点。

据此一般采用以下措施进行修复：①加入特效微生物制剂，但是由于海洋主体水温低，又不可能人为使其升温，所以加入中温菌作用不大，加入分离自海洋中的嗜冷特效菌可取得令人满意的效果。②补加适量氮、磷化合物（如农用化肥），这是提高微生物增殖速度、加速修复进程的重要措施，但是要适量，过多则引起赤潮。③加入表面活性剂可以增加石油与海水中微生物接触的表面积，从而提高微生物对石油的降解率。

例如 Exxon Valdez 号油轮在美国阿拉斯加的 Prince William 海湾失事，泄入海中原油4200 万升，同时污染了海水附近海岸。之后，人们引入了包括细菌、酵母菌、放线菌在内的，能以石油烃为碳源的混合菌剂，并添加了胶囊化的缓释氮、磷制剂，大大加速了受污染海域的修复进程。

二、湖泊污染微生物修复

湖泊是典型的静水水体，其每一部分都易形成相对稳定的水质和生物群落。湖泊污染主要有两种类型，一是有机污染，二是富营养化，有机污染又可促进水体富营养化。一个大型湖泊在其周边又往往被湿地所包围。因此，其微生物修复方法也常有原位法和外加修复法两种。

原位法常是投加特效菌剂，加速水体中有机物的净化，结合清淤和控制污染源虽有一定效果，但目前成本太高，只有实验结果，还缺乏应用实践。

外加修复法常是利用周边湿地的净化能力，再在湿地中引种植物和人工设置微生物生长载体，增加生物量和微生物在湿地中的存留时间，强化菌类和微型动物对有机物的净化能力；另外，还可通过植物和藻类对植物营养盐的吸收和利用来强化其对富营养化的修复功能。此法是使湖水循环进入湿地区，净化后再返回湖区，从而使污染湖泊的水质和功能加速恢复。它可以同时消除有机污染和富营养化问题。

三、污染河流微生物修复

河流是水运动速度较高的水体，不易在局部形成稳定的生态系统。河流污染后的修复技术一般偏重原位修复法。常用技术措施有：①截断污染源，防止水体继续恶化；②有条件的情况下，实施清淤；③强化曝气供氧，提高微生物净化速度，促进水体水质和功能的恢复。例如英国的泰晤士河由一条水产丰富、景色秀美的河流变为一条臭水河后，英国就是采取了以上第①、③条措施使其最终恢复了原有的风光和功能。

四、地下水体微生物修复

地下水体受到污染后，由于处于封闭状态难以复氧，其中缺乏的营养物也难以补充，所以其水质和功能的恢复比较困难。目前研究较多的技术有：

1. 原位处理法

原位处理法是通过深井向地下水层中添加微生物净化过程中必需的营养物和高氧化还原电位的化合物，如 H_2O_2、硝酸盐等，改变地下水体的营养状况和氧化还原状态，促进地下水中污染物的微生物分解和氧化。

提高地下水氧化还原电位之所以不用充氧的方法是因为：①氧在水中的溶解性差，难以使较大的地下水体的氧化还原电位有明显提高，因此难以满足地下水中的微生物分解氧化污染物对氧的需求；②难以像地表水体那样大面积充氧；③H_2O_2、硝酸盐等水溶性强，在水中稳定性高，可以根据需要适量加入。

2. 地上处理法

在一个区域内的地下水受到污染后，也可以打数眼深井直至地下受污染水层，然后将地下水抽提出来在地上进行处理。地上处理的方法较多，但应用最广泛的是生物膜反应器法。生物膜法常用一些稳定性好的物质作为微生物附着生长的载体物，经调理的地下水通过生物膜反应器得到净化。净化后的地下水通过两种方法回补地下水层：一是通过深井直接注入地下水层；二是排入渗滤区经土壤淋溶后返回地下水层，目前此种方法试验研究较多，但是大规模应用还较少。

思考题

1. 概念：环境修复、生物促进法、土壤净化法、土著微生物、外来微生物、共代谢物。

2. 如何强化污染环境中土著微生物对污染物的净化作用？

3. 怎样获得特效微生物？

4. 应用特效微生物强化污染环境的净化作用必须考虑哪些问题？

5. 土壤中最重要的污染物有哪些？微生物能在受其污染的土壤的修复中起重要作用吗？为什么？

6. 受污染土壤的微生物修复方法有哪几类？各有什么特点？各适应何种污染环境？

7. 微生物能修复受重金属污染的土壤环境吗？为什么？

8. 海洋、湖泊和河流具有不同的水文特性，受到污染后其修复技术各有什么特点？

第十一章
废水生物处理

第一节 废水的可生物处理性

一、废水的分类

废水是人类活动的产物，可根据其来源、污染物浓度和可生物处理性分别进行分类。

（一）生活污水

生活污水即人类生活和社会活动产生的废水。它包括来自饭店、旅馆、机关、学校和家庭厨卫的污水。其中主要污染物为人类排泄物、剩余食物和洗涤剂等。这类废水易生物处理。

（二）生产废水

生产废水即工、农、牧业生产过程产生的废水，其中工业废水最为复杂，随工业性质不同，废水中的污染物组成和浓度有较大的差异，不少工业废水含有毒物质。根据工业废水的浓度（COD 为化学需氧量）和可生物处理性将其分为：

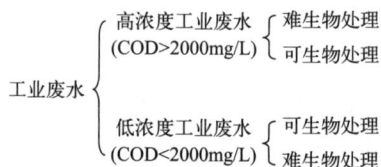

$$
工业废水
\begin{cases}
高浓度工业废水 \\ (COD>2000mg/L)
\begin{cases} 难生物处理 \\ 可生物处理 \end{cases} \\[2ex]
低浓度工业废水 \\ (COD<2000mg/L)
\begin{cases} 可生物处理 \\ 难生物处理 \end{cases}
\end{cases}
$$

（三）市政污水

目前我国大多数城市的排水系统是合流制的，即生活污水和工业废水混合排放，这种工业废水和生活污水的混合液被称为市政污水，也叫作城市污水。

城市污水的化学组成非常复杂，但由于稀释作用，其中所含有的有毒物质虽然种类繁多，但各种毒物浓度都较低，加之各种物质之间的相互作用，所以毒性不大，一般情况下都可生物处理。

二、废水可生物处理性评价

废水的生物处理法高效、低耗、二次污染少，但不是所有废水都可生物处理。为了防止不必要的人力、物力和时间的浪费，对于无生物处理先例的工业废水在决定处理工艺以前都要进行可生物处理性评价。

（一）评价依据

废水生物处理是利用微生物的代谢作用，氧化、分解和絮凝污水中的污染物，从而使污水得到净化的技术。因此，废水从两个方面影响其可生物处理性：一是废水中是否有足够的微生物营养物质（BOD），以使其能生长足够量的微生物以净化（矿化）污水中的耗氧有机物和絮凝沉淀非生物营养物质；二是废水中微生物抑制剂（毒物）要低到不足以抑制微生物生命活动的水平，以保证处理过程中微生物具有足够的净化能力。

（二）试验微生物群体的选择

在废水可生物处理性研究中，试验微生物的选择对试验结果的可靠性具有重大影响。如果选择自然环境中、生活污水中或未与待处理废水接触过的微生物群体作为试验生物，那么它们很可能对废水中的主要污染物转化利用能力很低，因而可由此得出试验废水不可生物处理的结论；但是，如果选择与待评价废水有较长时间接触的微生物群体作为试验生物，则可因环境的选择和微生物适应作用而产生适应性强的微生物群体，这时微生物对待评价废水中污染物的转化和利用率可大大提高，因而可得出可生物处理的结论。因此，正确选择试验用微生物群体是提高评价试验结果可信度的关键之一。一般情况下，试验微生物的选择原则如下：

（1）选择待处理废水下水道中的污泥微生物作为试验微生物。此种污泥长期接触处理废水，其中的微生物已适应了废水环境。

（2）如果待处理废水下水道污泥中微生物极少、活性极低，则可选择生活污水或城市污水处理厂中的生物污泥。

（3）当以上含菌样品都不能满足要求时，可将其中的微生物经驯化后使用。

驯化的方法是取一定量的生物污泥匀浆放入一开放的容器（如 1000mL 量筒、玻璃缸、烧杯等）中，加入一定体积的废水和生活污水混合液，通气培养。然后，每天取出一定量上清液、补充等量的混合液，并逐步增加混合液中废水所占比例。经过一段时间（一般 1～2 周）可完成驯化工作。如果在驯化中不能得到具有足够生物量的培养物，则不必做其他可行性试验，给予否定；如果能得到具有足够生物量的培养物，试验继续进行。

（三）可生物处理性评价方法

可生物处理性评价一般包括废水水质调查、营养丰度〔五日生化需氧量（BOD_5）/重铬酸盐指数（COD_{Cr}）〕分析、废水毒性试验和废水处理模拟试验。

1. 废水水质调查

废水水质调查一般要测定废水的 BOD_5（接种物用选定的微生物水样）、COD_{Cr}、氮化合物浓度（以 N 计）、磷化合物浓度（以 P 计）和 pH 等，必要时测定主要化合物浓度。调查水样要有代表性。测定结束后，将测定结果中的 BOD_5、N 和 P 浓度进行比较，看其是否符合微生物生长的比例要求，即在废水中碳、氮、磷营养比例（BOD_5：N：P 应为 100：5：1）。如果废水中含 N 或 P 较低，应补加 N 或 P 后再进行其他试验。废水的 pH 值应在 7 左右（即近中性），如果偏离较大，也应在做其他试验前加以调节。

2. 废水营养丰度分析

废水营养丰度分析是看废水中可生物利用的营养物的量能否产生足够的生物污泥。也就是说，在生物处理中产生的生物污泥能否通过生物絮凝作用使其他污染物达到排放标准。一般认为废水的 BOD_5/COD 与其可生物处理性的关系如表 11-1 所示。

表 11-1　BOD_5/COD 值与可生物处理性关系

BOD_5/COD	>0.4	0.3～0.4	0.2～0.3	<0.2
可生物处理性	容易处理	可处理	驯化后可处理	难处理

如果废水的 BOD_5/COD 值小于 0.2，则此废水不考虑单独用生物法处理，也没有做进

一步可行性评价试验的必要。

3. 废水毒性试验

通过废水毒性试验确定在此废水中微生物群体增长的可能性。一般在有毒工业废水中，有毒物质总是多种共存，并且它们之间可相互作用、相互影响，所以不能用它们的含量来确定它们对微生物的毒害作用，必须通过试验确定它们的综合毒性。

废水生物毒性的测定常用废水对活性污泥微生物活性的影响测定，测定的指标通常为活性污泥的呼吸耗氧速率。测定方法如下：

① 取经驯化的活性污泥，用生理盐水洗涤离心三次，再用稀乙醇水溶液洗涤离心一次，以去除污泥中的有机物；最后用水洗涤离心，弃去上清液，清除乙醇的影响，使活性污泥处于内源呼吸状态。

② 用含饱和溶解氧的生理盐水配制含不同百分率废水的试验液，如使试验液含废水百分率分别为 30%、40%、50%···100%。

③ 取等量以上各种试验液分别置于反应瓶中，并分别加入等量混合均匀的处于内源呼吸状态的活性污泥，混合均匀后分别测定其起始溶解氧浓度和培养一定时间（如 30min、60min 等）后的溶解氧浓度。据此计算活性污泥微生物在各种试验液中的耗氧速率 $[mg\ O_2/(g\ MLSS \cdot h)]$（MLSS 指混合液悬浮固体）。

以等量生理盐水代替试验液重复以上试验，所得结果为活性污泥内源呼吸耗氧速率。

④ 由活性污泥内源呼吸耗氧速率和各试验液中活性污泥耗氧速率，通过下式计算相对耗氧速率。

$$R = \frac{V_S}{V_O} \times 100\%$$

式中，R 为相对耗氧速率，%；V_O 为内源呼吸耗氧速率，$mg\ O_2/(g\ MLSS \cdot h)$；$V_S$ 为试验液中污泥呼吸耗氧速率，$mg\ O_2/(g\ MLSS \cdot h)$。

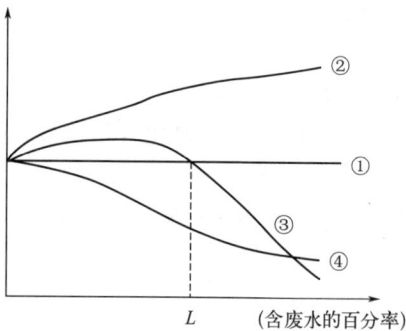

图 11-1　毒性测试可能出现的情况

毒性试验中可能出现的情况如图 11-1 所示。图中曲线①表示废水无毒，也不含有可生物利用的基质；这种情况是不可能出现的，因为这种情况在废水营养丰度分析中即可排除，不必做毒性试验。曲线②表示废水无毒，而且废水中含有较丰富的微生物营养基质，废水可生物处理。曲线③表明废水中含有较丰富的微生物营养基质，也具有一定毒性，只有废水在试验液中达到一定百分率（L）后才表现毒性。所以废水能否生物处理取决于 L 值的大小，当 L 值很小时不能生物处理；当 L 值较大时，可通过回流稀释或用无毒水稀释使其达到生物处理的要求。曲线④则表明废水在很低浓度下就明显抑制微生物生命活动，毒性大，不能直接用生物法处理，如要用生物处理，必须通过物理或化学法预处理后提高其可生物处理性后才可行。

4. 污泥增长试验

活性污泥增长试验的目的是确定废水对污泥生物群体发育的影响。其方法是将原废水或废水与生活污水按实际可能的比例配制的混合液置于一个反应器中，接入少量经驯化的生物污泥进行曝气培养。并且在试验开始和以后每隔一定时间取样分析培养液中污泥浓度和清液

BOD$_5$浓度。通过试验可得出活性污泥浓度和 BOD$_5$随培养时间的变化规律（见图 11-2）。由此不仅可以了解废水对活性污泥生物发育的影响，还可以确定污泥 BOD$_5$ 负荷（kg BOD$_5$/kg MLSS）对污泥增长和出水水质的影响。从而根据废水处理对出水水质的要求确定在处理过程中应控制的污泥 BOD$_5$ 负荷、污泥增长率、泥龄、水力停留时间等试验参数。

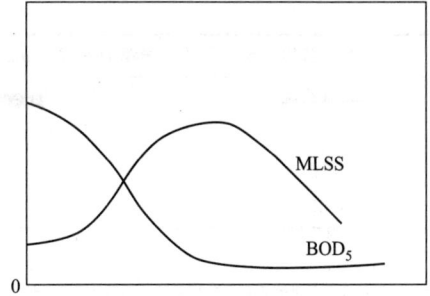

图 11-2　在污泥培养中 MLSS 和 BOD$_5$ 的变化

5. 模拟试验

模拟试验是利用小型废水生物处理装置模拟废水的工业化处理过程，直接鉴别废水生物处理效果。试验控制条件的基础数据取自污泥增长试验，并根据试验过程给以调整，看是否能达到预期处理效果，即能否通过生物处理达到排放标准。如判定为可生物处理，还需通过试验得出设备设计所需有关参数。

评价过程应按顺序进行。首先进行污泥的驯化，取得适合的微生物群体，作为以后各有关试验的试验生物。然后按顺序做各项试验，只要某一项不能得出正结果，则试验终止，即可做出否定结论。

三、废水生物处理对水质的要求

废水生物处理是利用微生物的生命活动使废水得到净化，所以微生物的生命活动状态是废水生物处理过程成败的关键。因此在废水处理过程中需使微生物处于较好的生活条件下，一般水质需保持以下状态：

1. pH

一般进水 pH 应维持在 6.5～8.0 之间。

2. 营养物质相对丰度平衡

在废水处理中，影响微生物生命状态的主要是 C、N、P 营养。如果以 BOD 代表碳素营养，那么适宜的 C∶N∶P 比值一般为 100∶5∶1。

3. 限制废水中有毒物质浓度

为保持废水生物处理系统中微生物的活性和处理效率，就必须限制有毒物质的进入量，所以对很多有机和无机毒物进入生物处理系统都制定了最高容许浓度。例如，苏联规定了 500 多种毒物的最高容许浓度，现择其几种列于表 11-2。

表 11-2　几种毒物的极限容许浓度

毒物名称	容许浓度/(mg/L)	毒物名称	容许浓度/(mg/L)
三价铬	10	硫化物(以 S^{2-} 计)	40
铜	1	硫酸镁	1000
锌	5	氯化汞(以 Hg^{2+} 计)	0.01
镁	2	氯化钙	2000
铅	1	苯胺	250
锑	0.2	乙腈	600
砷	0.2	乙醛	1000
氯化钠	1000	甲醛	1000

毒物名称	容许浓度/(mg/L)	毒物名称	容许浓度/(mg/L)
二氯乙烷	250	间苯二甲酸	120
氯苯	10	邻苯二酚	100
氯仿	50	间苯二酚	450
苯甲酸	150	氰	60

四、废水生物处理的流程和方法

（一）废水生物处理流程

废水生物处理流程依据原废水水质不同而有一定的区别。如城市污水水质复杂，含大型固体废物较多，其生物处理厂的一般流程如图 11-3 所示。

（二）废水生物处理方法

目前，世界范围内已有多种废水生物处理方法，现将应用广泛的一些基本方法列于表 11-3。

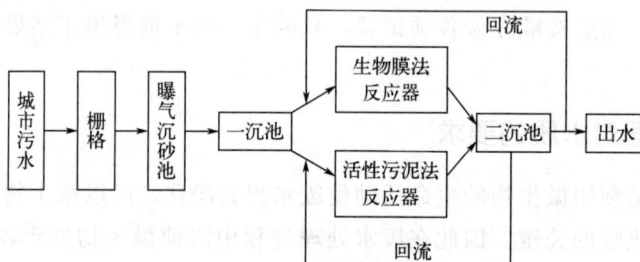

图 11-3　城市污水生物处理流程

表 11-3　常用废水生物处理方法

生物处理方法			处理对象
好氧生物处理	活性污泥法	传统活性污泥法 完全混合活性污泥法 两段活性污泥法 序批式活性污泥法 氧化沟	低浓度有机废水
	生物膜法	土地处理 普通生物滤池 高负荷生物滤池 塔式生物滤池 接触氧化法 生物流化床	
	废水稳定塘	曝气稳定塘 好气稳定塘 兼性稳定塘 厌氧稳定塘	
厌氧生物处理		厌氧滤池 厌氧生物流化床 升流式厌氧污泥床 膨胀颗粒污泥床 内循环厌氧反应器 生物转盘	高浓度有机废水 剩余污泥

第二节　废水生物处理的原理

一、废水生物处理中的微生物

废水生物处理因废水水质不同、同种废水采用的工艺不同，反应器中的生态条件不同，其中微生物群落的组成也不同。但从总体上看，大致有以下几类微生物。

（一）细菌

细菌中的很多类群都在废水处理中具有重要作用。营腐生的化能异养细菌是有机废水处理的重要微生物，其主要作用如下：

（1）有些［如动胶菌属（*Zoogloea*）的细菌］能够合成明胶状大分子有机物，并把它们分泌到胞外，形成将自己包被起来的荚膜。荚膜物质具有很好的絮凝作用，可促进菌胶团和生物污泥的形成。

（2）大多数异养细菌都可通过快速地分解氧化和同化作用使废水中的污染物转化或矿化，所以具有强大的净化作用。

（3）化能自养细菌，尤其是硝化细菌，可将废水中的氨氧化为硝酸，而硝化作用是废水生物除氮的一个重要阶段，它们在废水除氮处理中具有重要作用。

（4）某些细菌，如浮游球衣细菌（*Sphaerotilus natans*）、发硫菌属、贝日阿托氏菌属等的一些细菌，在一定条件下可以丝状生长形成大量菌丝。在生物膜法中，这些丝状体可提高处理系统的净化能力和污染物的去除率，但在活性污泥中则可诱发运行故障——活性污泥膨胀。

（二）微型动物

微型动物是指那些个体微小的单细胞动物（原生动物）和个体微小、结构简单的多细胞动物（后生动物）的总称。在废水生物处理中，它们是在种类数、个体数量和对废水净化作用方面仅次于细菌占第二位的生物类群。

它们在废水处理中的作用有：

（1）多数微型动物在取食过程中，可从胞口释放出黏液性物质，对于污泥絮体形成和改善污泥的沉降性能具有促进作用。

（2）微型动物主要以活体生物，如微小藻类、细菌和其他原生动物为食，有些也能以不同方式取食和同化有机物。因此对废水具有净化作用，并能有效地提高出水的卫生指标。

（3）因为不同种类的微型动物需要不同的生态条件，所以在不同运行条件下，处理系统中原生动物的种类组成不同、个体数量不同，所处的生理状态亦各异。另外，微型动物个体较大，易于在显微镜下观察和分类，所以可作为废水生物处理过程运行状态的指示生物。

（4）微型动物对污泥生物的摄食作用可减少生物处理过程中的剩余污泥量。

（三）藻类

藻类微生物是具有光合色素系统，能进行光合作用的单细胞或简单多细胞光能自养微生物。它们在自然界分布很广。

藻类主要在废水稳定塘法处理中起作用。其主要作用有：

（1）通过放氧光合作用提高水体的供氧速率和溶解氧水平，促进有机物的好氧生物净化作用。

(2) 在其生长繁殖中可大量同化水中的可溶性氮、磷无机物，减少废水对水体的富营养化污染。

(3) 但是如不能有效地清除藻类细胞，则可使水体中 COD、BOD、悬浮固体（SS）等浓度升高。

（四）霉菌

霉菌为呈丝状生长的单细胞或多细胞真核微生物。其主要生理特点为：①几乎全部进行好氧生活；②喜欢在偏酸性环境条件下生长繁殖，多数最适生长 pH 值在 5.8 左右；③与细菌相比，其营养需求中的 C∶N 较高。在废水处理中的主要作用是：

(1) 能促进有机物的分解氧化，具有净化作用。

(2) 当其优势生长时，可能引发运行事故，如活性污泥法中的活性污泥膨胀、生物滤池法中的滤池堵塞等。因此，在任何废水生物处理工艺中都不允许霉菌成为生物群落中的优势种群。

二、生物污泥培养中产生的现象

在一个微生物生态系统中，微生物群体生长是由多种同时发生的现象所形成的复杂作用的总结果。其中主要现象有：

(1) 伴随着微生物群体生长过程中废水中营养基质的利用，微生物营养物质逐渐减少，微生物增长速率快速降低。其主要原因是废水中的营养物质浓度相对微生物生长需要本来不会太高，但由于微生物生长其数量（M）不断增大，而其营养物质浓度（F）不断减少，所以单位微生物所能得到的营养物质（F/M）迅速降低。

(2) 由于微生物的分解代谢作用使微生物量不断减少，尤其是在系统中营养物质浓度很低时，微生物的呼吸以内源呼吸为主，这种现象更为突出。这是发生微生物衰减的重要原因之一。

(3) 微生物间的捕食作用与微生物量的降低。在生物污泥培养中，原生动物、后生动物以细菌、原生动物为食，它们不仅取食死细胞、濒死细胞，也捕食活细胞，同时使捕食者生物量增加。然而，物质在食物链中的传递，其转化率永远小于 100%，所以捕食作用可造成生物量的降低。这是发生微生物衰减的又一重要原因。

（一）细胞生长与基质利用

1. 细胞得率

在废水生物处理中，起主要作用的是细菌和微型动物，其中多数以二分裂方式繁殖，而且其密度（或质量）不断增加。在净化过程中，微生物一方面氧化基质产生 CO_2、H_2O 及其他无机物和能量；另一方面同化基质产生新的细胞物质。用 $r_G x_V$ 表示微生物细胞的产生速率 [mg/(L·h)]；用 x_V 表示单位体积活细胞生物量（mg/L）；用 μ 表示活细胞比增长率，即单位质量活细胞增长率，那么细胞产生速率可用方程式(11-1) 表示。

$$r_G x_V = \mu x_V \qquad (11\text{-}1)$$

在试验中，如果在测定 $r_G x_V$ 的同时测定反应系统中基质的现存量，就可以估算基质的消耗速率 $\{-r_S [\text{mg}/(\text{L}\cdot\text{h})]\}$，由此可通过式(11-2) 计算细胞得率。式中，$Y_g$ 为细胞得率（%）。

$$Y_g = \frac{r_G x_V}{-r_S} \times 100\% \qquad (11\text{-}2)$$

将式(11-1) 和式(11-2) 合并可得式(11-3) 或式(11-4)。

$$Y_g = \frac{\mu}{-r_S} \cdot x_V \tag{11-3}$$

或

$$-r_S = \frac{\mu}{Y_g} \cdot x_V \tag{11-4}$$

由式(11-4) 可以看出，底物去除率与活细胞浓度呈一级反应关系。因此，提高生物处理系统中的微生物细胞浓度是提升处理效率的重要途径。提高生物处理系统中微生物细胞浓度的方法是有关研究的重要课题之一。

2. 基质浓度对微生物比增长率的影响

微生物在低营养供给的情况下，其比增长率直接受限制性营养物质浓度的影响。限制性营养物质在理论上可以是碳源、氮源和磷等，但由于废水生物处理的主要目的决定了其中的限制性营养物质一般为碳源的有机化合物。

微生物比增长率与系统中有机物浓度之间的关系基本符合式(11-5) (莫诺德方程)。

$$\mu = \mu_{\max} \cdot \frac{S}{K_S + S} \tag{11-5}$$

式中，μ 为瞬时比增长率；$\mu_{\max}$ 为最大瞬时比增长率；S 为某一时刻的限制性基质浓度；K_S 为 $\mu = \frac{1}{2}\mu_{\max}$ 时的限制性基质浓度，对于一种微生物来说它是一个常数。一般情况下 μ 随培养时间而处于不断的变化中。

试验方法是：①配制不含有机物的基础营养液，并把它们分装于 6 个相同的培养瓶中；②向每瓶中分别投加不同量的有机物基质（S），使它们的有机基质浓度（mg/L）分别为 600、500、400、200、100 和 50；③在每瓶中接入等量经驯化的细菌，在相同条件下培养；④培养开始后，于不同时间取样分析，观察细胞密度随培养时间的变化。试验结果如图 11-4 所示，从图中可以看出：①这些曲线之间最显著的区别是它们的斜率，初始基质浓度越高，其斜率越大，但这种增大又不是无限的，而是接近于某一最大值，直至增大曲线重叠；②第二个区别是细胞的最大浓度；③在各培养物中，在后期比增长率（μ）都逐渐降低。

由于迄今对微生物生长的机理还没有全面了解，所以还未提出能确切表示微生物生长特性的数学模型。目前被广泛接受的是莫诺德（Monod）方程，即式(11-5)。$\mu_{\max}$ 和 K_S 都能表征微生物的特性，如果 K_S 不变，$\mu_{\max}$ 对莫诺德方程曲线的影响如图 11-5 所示。由图 11-5 可以看出，任意基质浓度条件下，基质浓度提高相同数量，$\mu_{\max}$ 值越大，μ 增加越大。当 $\mu_{\max}$ 不变时，K_S 对莫诺德方程曲线的影

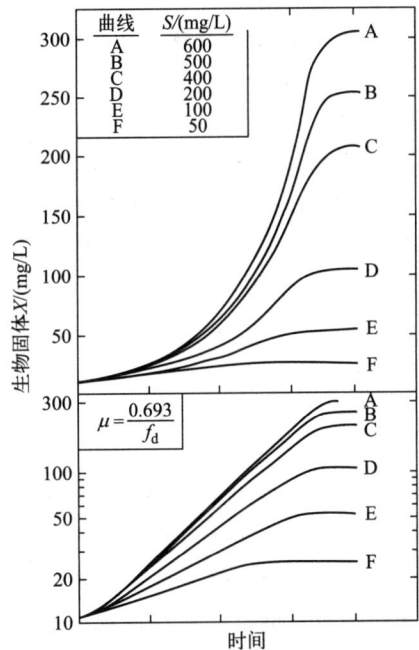

图 11-4　在分批培养反应器中初始基质浓度对微生物生长率和总数影响的理想曲线
f_d 表示世代时间，也称为倍增时间，是指微生物群体数量加倍所需的时间

响如图 11-5 所示，从中可以看出，当 K_S 值很小时，在基质浓度很低的情况下，曲线随基质浓度增加急剧上升，然后向右拐。当 K_S 值增大时，曲线随基质浓度升高缓慢地接近 μ_{max} 线。而且 K_S 越小的微生物的 μ 与 S 的关系越易趋于稳定。

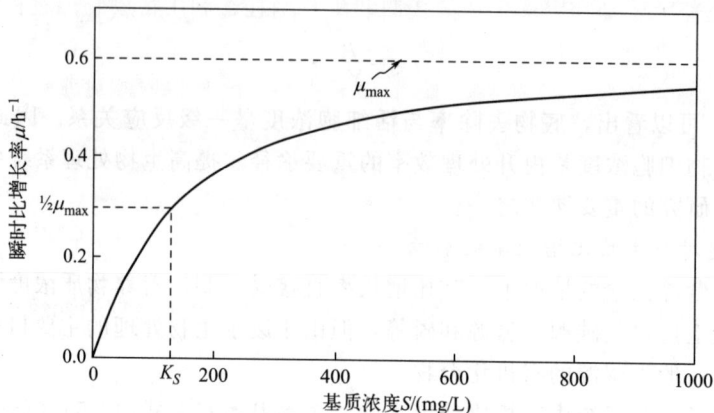

图 11-5　瞬时比增长率 μ 和基质浓度 S 之间的典型关系曲线图

当 K_S 值很大时，μ 与 S 的关系曲线的曲率值就会很小，所以在基质浓度较低的情况下曲线就接近直线。在式(11-5) 中，当 K_S 值相对于 S 值很大时，分母中的 S 项就不重要了，式(11-5) 可简化为式(11-6)，为一近似的一级方程式：

$$\mu \cong \frac{\mu_{max}}{K_S} \cdot S \tag{11-6}$$

此方程只适合于 S 值相对于 K_S 很小的时候使用，否则会产生较大误差。也就是说，式(11-6) 是莫诺德方程在特殊条件下的一种形式，但它绝不能替代莫诺德方程。

活性污泥废水处理系统中通常的特征是 S 值很低而 K_S 值较高，所以可用式(11-6) 表征和研究。

3. 基质浓度对比基质去除率的影响

比基质去除率也称为单位基质去除率，也就是说它表征的是在一个废水处理系统中，单位时间内单位生物量由于生长代谢而去除的基质量［kg 基质/(kg 生物·h)］。比基质去除率（q）与基质浓度的关系为：

$$q = \frac{q_{max}S}{K_S + S} \tag{11-7}$$

式中，$q_{max} = \mu_{max}/Y_g$。由式(11-7) 不难看出 q 与 S 的关系与莫诺德方程中 μ 与 S 的关系十分相似。

4. 多种基质的异种培养的复杂性

莫诺德方程是从研究利用单一碳基质进行纯种细菌培养的试验中推导出来的。但是，在废水处理系统中，微生物是由多种微生物组成的复杂微生物群落，废水中作为微生物碳源和能源的有机物也是多种有机物的混合物，所以有机基质必须通过特定指标如 COD、BOD、总有机碳（TOC）等进行检测和表征，其中 BOD 经常被视为基质。这些都会给有关动力学研究带来很大的不便，莫诺德方程中的 μ_{max} 和 K_S 也缺乏稳定性。

因此，很多人正在从事废水生物处理中混合微生物群体的 μ 与 S 值之间关系的研究，多数试验结果证明，莫诺德方程是可以利用的，并且可获得 μ_{max} 和 K_S 动力学参数。但是，

$\mu_{\max}$ 和 K_S 值不是一个固定值，它们都有一个变化幅度。这就是说，莫诺德方程也可以用于阐明废水生物处理系统中的微生物生长动力学关系。

5. 限制性生长营养素与废水处理要求的关系

废水生物处理主要是利用微生物的代谢和生长消耗、利用污染物的过程。而微生物对各种营养元素的利用遵循一定规律，在各种营养元素中对于微生物生长需要而言含量最小的即为限制性基质。限制性基质总是以最大的百分比被去除，所以限制性基质应该调整为废水生物处理操作中所要去除的主要营养基质。例如在以去除有机物为主要目的的生化操作中，总是使代表有机物的 BOD 处在限制性基质状态。

6. 典型参数

在莫诺德生长模型中，最重要的参数是 $\mu_{\max}$ 和 K_S。它们取决于两大因素：一是微生物种群特性，二是基质特性。在环境条件不变的情况下，对于纯种培养物，它们取决于微生物种群的生理特性；但同种微生物在不同基质中培养时，它们取决于基质特性。因此，当微生物以难降解基质作为营养时，$\mu_{\max}$ 值较低，而 K_S 值较大；当以易降解有机物作为基质时，$\mu_{\max}$ 值较大，而 K_S 值较小。在混合培养中，当连续培养物生长缓慢时，代期长（即 $\mu_{\max}$ 值小）的微生物易形成优势；而当连续培养物生长快速时，则总是代期短（即 $\mu_{\max}$ 值大）的微生物占优势，所以 $\mu_{\max}$ 值的差异体现了培养系统中微生物种群组成和微生物生长动力学特征。在几种废水中，$\mu_{\max}$ 值和 K_S 值的特点如表 11-4 所示。

表 11-4 几种混合培养物的 $\mu_{\max}$ 和 K_S 值

基质	$\mu_{\max}/\text{h}^{-1}$	$K_S/(\text{mg/L})$	K_S 值基准
胨	0.27	109	BOD_5
家禽废水	3.00	500	BOD_5
大豆废水	0.50	355	BOD_5
纺织废水	0.29	86	BOD_5

（二）微生物的衰减

在废水生物处理的生化反应单元中，微生物衰减通常是指因细胞物质消失而导致的减少。根据前文提到的细胞总量的概念，细胞总量是活细胞量和死细胞量的和，所以细胞物质的消失就包括了活细胞和死细胞物质的消失。

1. 死细胞物质的消失

死细胞物质的消失主要是通过捕食和溶解作用发生的。在捕食过程中，系统中微生物物质的减少量等于被捕食的生物量与捕食者增长量之间的差值。溶解作用是指细胞死亡后，其生物膜受到胞外酶、胞内酶的作用而被破坏，因而失去选择性通透作用，使细胞内物质渗入介质中，被微生物分解利用，从而导致细胞物质量减少。

2. 活细胞物质的减少

活细胞是指具有代谢和生殖能力的细胞。在其生命活动中不仅需要营养物质的供应，而且需要维持生命活动所需的能量。维持微生物生命活动的能量，一般认为其来源有两个，一是分解氧化来自其环境中的有机物；二是来自细胞储存物质和结构物质的分解氧化，后者即可使细胞物质减少。活细胞物质减少的另一个原因则与死细胞物质的被捕食一样，是通过捕食作用减少。

因此，可以说在废水生物处理中，微生物的衰减是多种因素综合作用的结果。这个概念是一个复合术语，目前尚无可靠的相关方程表达微生物的衰减作用。

三、废水净化进程与微生物群落状态

在废水生物处理（尤其是传统活性污泥法和塔式生物滤池法）中，废水是逐渐被净化的。在生化反应单元不同位置，废水水质具有明显区别，一般的规律是离出水端越近，污染物浓度越低，水质越好。因此，其微生物群落常发生如下变化：

① 微生物群落总生物量由大变小；

② 微生物群落中微生物种群多样性增加；

③ 根据 $\mu = \mu_{max} \cdot \dfrac{S}{K_S + S}$，随 S 变化微生物群落组成由 K_S 大、生长快的种群占优转变到 K_S 小、生长慢的种群占优；群落的瞬时比增长率 μ 逐渐变小。

而在完全混合活性污泥法中，曝气池中微生物群落的各项指标保持相对稳定。

第三节　废水稳定塘

废水稳定塘系统是由多个天然的或人工开挖的池塘组成的独立废水处理系统。塘中的污染物通过较长时间的停留，被塘中生长的微生物氧化、分解和稳定，故称为稳定塘或氧化塘。该系统具有投资少、运行费用低、易管理等优点。

一、稳定塘的类型及特点

根据稳定塘微生物群落中优势微生物群体以及塘中的供氧状况可把稳定塘分为厌氧塘、兼性塘、好氧塘和曝气塘四种主要类型。在不同的稳定塘中，其运行特点不同，它们能接收的废水水质、处理目的、运行条件和出水水质列于表 11-5。

表 11-5　不同稳定塘的特点

塘类型	接收水质	运行条件	出水水质
厌氧塘	BOD 浓度高	无氧、负荷大，停留时间长。其中优势微生物为兼性厌氧细菌和厌氧细菌	差，不能达到排放标准
兼性塘	BOD 浓度较高	上层好氧，下层厌氧，负荷较大，停留时间短。其中的微生物为各类细菌、藻类和微型动物	较差，不能达到排放标准
好氧塘	BOD 浓度较低	好氧，日光照到全池，负荷小，停留时间短。其中的微生物为好氧细菌、兼性厌氧细菌、藻类和微型动物	好，可达到排放标准，相当于二级出水
曝气塘	BOD 浓度较低	好氧，悬浮物浓度高，负荷较大。其中的微生物为好氧细菌、兼性厌氧细菌和微型动物	同好氧塘
深度处理塘	二级处理出水	其作用是：①进一步降低 BOD、COD、SS；②减少水中的细菌和病原体；③去除 N、P，其他同好氧塘	很好

由于不同稳定塘的特点不同，所以其设计参数也不同，现将几种稳定塘的 BOD_5 负荷、水力停留时间和深度列于表 11-6。

表 11-6 几种稳定塘的设计参数

塘类型	有机负荷率 /$[gBOD_5/(m^2 \cdot d)]$	水力停留时间/h	深度/m	BOD 去除率/%	BOD 降解形式
好氧塘	1～20	10～40	0.5 左右	80～95	好氧
兼性塘	15～40	7～180	1.2～2.5	70～90	好氧
厌氧塘	30～100	5～30	3.0～5.0	50～80	厌氧
曝气塘	30～60	3～8	2.5～5.0	75～85	好氧

而且，不同稳定塘的净化能力受环境温度变化的影响程度不同，一般塘深度越大，受环境温度变化的影响越小。

二、稳定塘的净化机理

由表 11-5 可知，不同类型稳定塘的特点不同，其净化机理也不同，其中以兼性塘最为复杂。兼性塘具有许多优点，因而其应用较多，如：塘的面积比较大，有一定的缓冲和调节能力，可适应水量、水质一定程度的变化；塘的造价和运行管理费用较低。

在兼性塘中，生物群落组成最为复杂，除各种细菌和微型动物外，还有藻类、高等水生植物和高等动物（如甲壳动物、鱼类等）。因此，以下主要讨论兼性塘的净化机理。

（一）兼性塘中有机物的来源

在兼性塘中有机物主要来自：①由废水带入的有机物，这是兼性塘中主要的有机物，其中部分存在于水体好氧层，部分沉降、扩散进入厌氧层；②来自藻类和高等水生植物的残体。

（二）兼性塘中有机物的分解作用

兼性塘的水深较深，塘内阳光能透入的上层为好氧层，阳光不能透入的底部、沉淀污泥和死亡藻类形成厌氧层。有机物在厌氧层和好氧层分别由厌氧细菌和好氧生物进行分解氧化，使废水得到净化。

（1）在厌氧层，有机物在兼性厌氧菌和厌氧菌的作用下，大分子有机物被分解为小分子的有机酸和醇类物质；有机酸和醇部分被甲烷生成菌转化为甲烷、CO_2 和其他无机物，部分扩散入好氧层中。

（2）在好氧层中，有机物大部分被异养细菌分解氧化，部分形成细菌细胞；细菌和藻类细胞部分被微型动物捕食，并在食物链网中传递，逐渐被氧化分解。兼性塘污染物净化过程如图 11-6 所示。

在兼性塘中，细菌和藻类之间存在协同关系。细菌通过好氧和厌氧过程降解有机物。白天，藻类在上层产生氧气，细菌利用这些氧气作为电子受体，细菌产生的二氧化碳作为藻类生长的碳源，而阳光提供了必要的能量。在没有阳光时，藻类就会利用分子氧氧化可生物降解有机物，通过异养机制获得能量。

（三）氮素化合物的去除

在兼性稳定塘中，氮以有机氮化合物、NH_4^+、NO_3^- 的形式存在。有机氮化合物被微生物分解产生 NH_3；在有氧层中，氨可被硝化菌氧化为 NO_3^-；如果 NO_3^- 扩散入厌氧层，即可被反硝化菌还原形成难溶于水的分子氮而逸出水体，使之得到净化。无机氮化合物与 PO_4^{3-}、SO_4^{2-} 一起被植物吸收同化，并通过收获植物体从废水中去除。

```
废水                              大气
              O₂              CO₂              CH₄
              ↓              ↓ ↑              ↑
┌──┐
│好│         有机物      O₂ ← 藻
│氧│                 细菌
│层│                        → CO₂,NH₃,NO₃⁻,
└──┘                          SO₄²⁻,PO₄³⁻ 等
- - - - - - - - - - - - - - - - - - - - - - - -
┌──┐
│厌│
│氧│         有机物 → 醇、有机酸等 → CH₄,CO₂,
│层│                                  NH₃,H₂S
└──┘
```

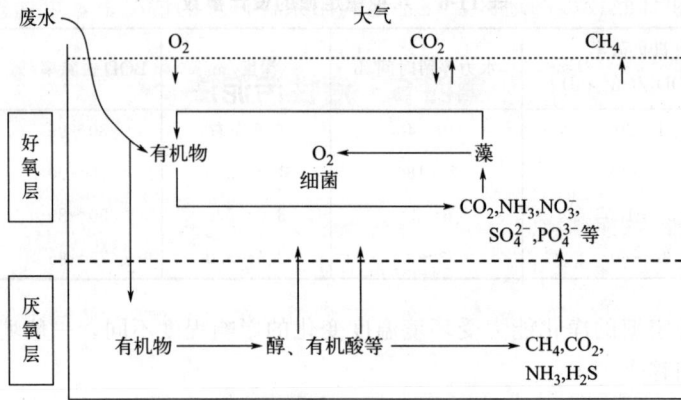

图 11-6　兼性塘污染物净化过程

总之，在兼性塘中废水的净化是一个由多种生物综合作用的结果。其中藻类的作用主要是通过放氧的光合作用提高塘中的供氧速率，促进好氧微生物对有机物的分解氧化。菌类和微型动物则使有机物快速分解氧化，使废水得到净化。

厌氧塘的净化机理相当于兼性塘的厌氧层的净化过程，好氧塘的净化机理则与兼性塘的好氧层净化机理相同。

三、稳定塘的运行管理

稳定塘运行管理的基本任务是充分发挥其设施的功能，即保证出水水质和低成本运行。稳定塘运行管理包括：

（一）预处理构筑物的管理

污水稳定塘处理系统的预处理构筑物包括格栅、沉砂池和沉淀池。它们可起到去除污水中粗大固形物的作用，以延长稳定塘的使用寿命。对格栅的管理主要是及时清除栅渣，并对栅渣进行处置或处理，保证格栅的运行效果和场地卫生。沉砂池和沉淀池中去除的固形物，一般都含有一定量的有机物，容易腐败，应视情况定时清泥，以保证其处理能力。

（二）稳定塘的运行管理要点

稳定塘的运行管理与其他废水生物处理法相比较为简单，概括起来包括以下几个方面。

① 进水水质和水量的控制。其目的是保持稳定塘的负荷（水力负荷和有机负荷）稳定，使其保证出水水质。稳定塘的负荷与其净化能力有关，因此应根据气候条件适时调整。

② 进水分布设施的运行管理。保证污水在塘内分布均匀，避免污水水流短路而不能充分发挥全塘的净化作用，使出水水质变差。

③ 厌氧塘和兼性塘的臭味是一个主要的运行难点。厌氧塘可以采用盖子包容臭味物质和回收甲烷。兼性塘可以采用清洁的上覆水层，或者通过促进藻类生长进行充氧。

④ 曝气稳定塘的管理。曝气稳定塘与活性污泥法废水处理很相似，与其他形式的稳定塘差异较大，其中主要的供氧方式是人工曝气。所以除以上管理外，还应加强对曝气设施的维修管理，使塘内水体具有足够的氧供应。但是，不同稳定塘的运行特点不同，在实施水质、水量控制时，控制标准也不同。

稳定塘的不足之处是占地面积大；净化效果受季节、气温、光照等自然条件控制；易散发臭味、滋长蚊蝇，影响环境卫生，污染地下水等。因此，采用稳定塘处理污水应因地制

宜。在气候温暖和日照较多的地区，在土地利用条件许可的情况下，可优先考虑稳定塘。

第四节　活性污泥法

一、活性污泥

（一）活性污泥的形成

活性污泥是以微生物为主体，吸附废水中的有机物、无机物形成的具有较高生物活性的污泥。好氧活性污泥中的微生物主要是能进行有氧呼吸的细菌和微型动物；厌氧活性污泥中的微生物主要是能进行无氧呼吸的细菌。活性污泥的形成大致可分为三个阶段：①菌胶团形成阶段，在这一阶段荚膜细菌［如动胶菌属（*Zoogloea*）的细菌］互相黏附在一起，并将大量非荚膜细菌黏附包被起来，形成一个较大的细菌团块，即菌胶团；②污泥微粒形成阶段，在这一阶段，菌胶团将大量有机物和无机物吸附在其表面，即形成污泥微粒；③絮状或羽毛状活性污泥形成，其形成机制目前有两种说法，一是通过具有纤毛的细菌的纤毛将污泥微粒联结起来，形成体积较大的活性污泥絮体，因此称为桥联作用；二是污泥微粒中的有机物和无机物具有较多的可解离基团，所以带有一定的电荷。因此微粒间可通过静电吸引形成较大的活性污泥颗粒。活性污泥具有巨大的比表面积，又带有多种带电基团，所以当它们悬浮在废水中时，可以快速、大量地吸附富集废水中的污染物。这有利于微生物对污染物的分解、氧化和利用，使废水得到净化，同时也为微型动物提供生栖场所，提高微型动物的生长和净化能力。

（二）活性污泥的性能

活性污泥的质量直接影响水处理过程的效率和成败，所以正确识别其优劣是十分必要的。常用的识别指标有：

1. 感官性状

良好的活性污泥为茶褐色、深灰色、灰白色或灰黑色；常带有土壤气味，或略带一点霉臭味；显微镜下为絮状或羽毛状。

2. 污泥沉降性能

污泥沉降性能是指污泥与水的分离能力，它直接影响活性污泥混合液在二次沉淀池中的分离效果，进而影响出水中的悬浮固体（SS）浓度。污泥的沉降性能与污泥粒径大小呈正相关关系，而与污泥的比表面积呈负相关关系。污泥对污染物的吸附能力与污泥粒径大小呈负相关，能够满足这两方面要求的污泥粒径常为 0.02～0.2mm。污泥沉降性能的指标为 30min 沉降比（SV），即活性污泥混悬液静止放置 30min 后，浓缩污泥占混悬液总体积的百分数。

3. 混合液悬浮固体（MLSS）浓度

MLSS 浓度实际上不是活性污泥的性能指标，而是用它表示混合液中的生物量。但是，由活性污泥的定义可知，活性污泥中的物质包括活的微生物体、有机物和无机物三部分。而且在不同处理厂或同一处理厂处于不同运行状态时，以上三部分的比例是不同的，甚至会相差很大，所以用 MLSS 浓度表示生物量对不同样品的可比性较差。因此，有人建议用混合液挥发性悬浮固体（MLVSS）浓度表示混合液中的生物量，虽然这种方法比用 MLSS 更接近实际，但也不是十分理想。

MLSS 的测定用干重法，而 MLVSS 是用高温灼烧的减量。

4. 活性污泥体积指数（SVI）

SVI 是指 1g 干污泥在混合液沉降 30min 后，所占的体积（mL）数，可由下式计算：

$$SVI = \frac{10 \times SV}{MLSS} \tag{11-8}$$

它表征活性污泥沉降、浓缩性能，是一个重要的活性污泥性能指标，对出水有重要影响。一般城市污水，SVI 在 50～150 左右。SVI 过低，说明泥粒细小紧密、无机物多、缺乏活性和吸附性能；SVI 过高，说明污泥难以沉降分离。

5. 活性污泥生物相

生物相是指活性污泥中存在的生物的种类、数量和生理状态。因为一般细菌的种类和生理状态难以识别，所以经常观察其中原生动物的种类、数量和生理状态，以及丝状菌的数量。

6. 活性污泥的活性

这是活性污泥工作状态最直接的表达指标。它常通过污泥的耗氧速率和脱氢酶活性测定确定；但也有用活性污泥 ATP 含量确定的，不过用 ATP 含量表示混合液生物量更准确。

二、活性污泥法的基本工艺过程

活性污泥法废水处理技术创立 100 多年来，已经发生了很大的变革，出现了多种工艺，但它们中绝大多数由以下几个基本部分构成，如图 11-7 所示。

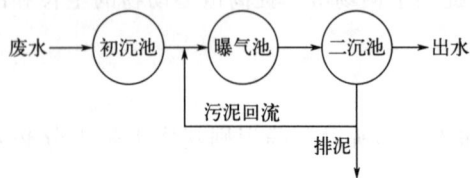

图 11-7　活性污泥法主要工艺过程

由图 11-7 可知，活性污泥法的主要设备系统有：

① 沉淀池，包括初沉池和二沉池，二者结构相似。在初沉池中去除的是污水中的固形物，而二沉池则是生物污泥凝聚沉降与水分离的场所。在这一过程中，污水再次经历生物絮凝净化过程。

② 曝气池，它是活性污泥法的核心设备，是微生物生长繁殖的场所，也是微生物通过分解、氧化、利用和絮凝作用净化污水的主要区域。目前已形成了多种形式的曝气池（如图 11-8 所示）。

③ 曝气供氧系统。曝气系统是通过增加混合液与空气的接触而提高对混合液的供氧速率，满足需氧微生物对氧的需求，提高废水处理效率的设备系统。曝气池中的供氧有两种基本方式，一是表面曝气，二是鼓风曝气。

④ 污泥回流系统。在活性污泥法中，污泥回流系统的功能是将二次沉淀中的部分浓缩污泥送回至曝气池中，使曝气池中的污泥浓度，即微生物生物量保持稳定。

三、活性污泥的培养驯化

对于一个新建活性污泥法污水处理厂，在正常运行前首先必须培养驯化出对待处理废水有较强净化能力的活性污泥。在污泥培养驯化过程中应注意以下问题。

（一）种泥的选择

种泥的选择应遵循：①首选同类废水生物处理厂的剩余生物污泥，不需适应过程，污泥增长快。②其次是选择城市污水生物处理厂的剩余污泥。城市污水成分复杂，常含有多种有

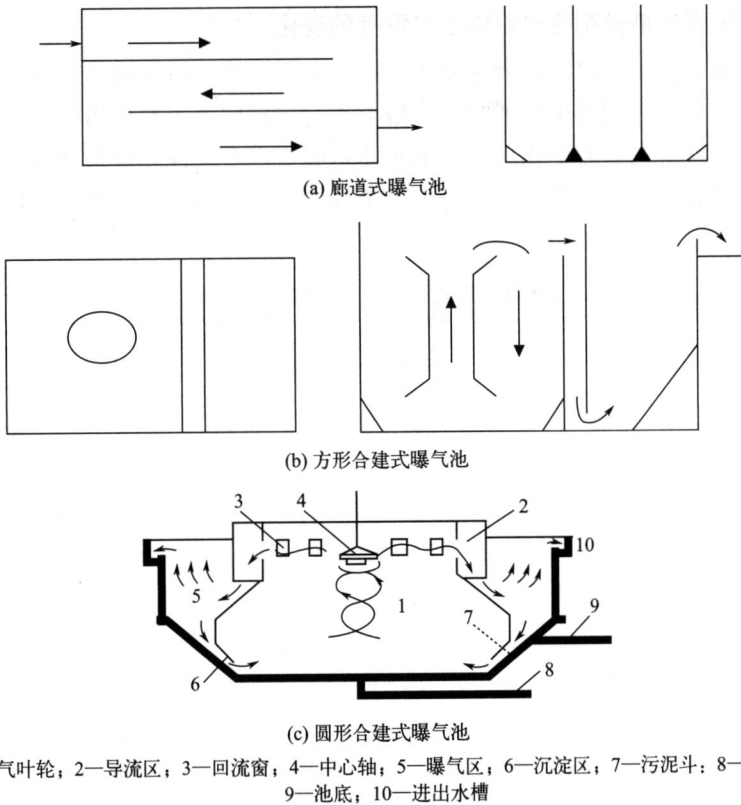

(a) 廊道式曝气池

(b) 方形合建式曝气池

(c) 圆形合建式曝气池

1—曝气叶轮；2—导流区；3—回流窗；4—中心轴；5—曝气区；6—沉淀区；7—污泥斗；8—排泥管；
9—池底；10—进出水槽

图 11-8　曝气池

毒物质，其中的微生物抗逆性强，用于有毒废水处理厂的种泥较好。③第三类是粪便污水处理污泥，其中由于营养丰富，微生物的种类多、数量大。此类污泥特别适合作无毒废水生物处理厂的种泥；对有毒废水也可以使用，但需要较长的适应过程。④对于含有较大毒性和较多难降解有机物的废水，采用待处理废水下水道的沉积物或受该废水污染的土壤中的微生物也有较好的效果。

（二）活性污泥培养驯化方法

对于生活污水、无毒的工业废水、畜牧养殖废水和微毒的城市污水，只需培养，几乎不需驯化。但是，对于有毒工业废水则必须经历培养和驯化两个过程，其方法可分为同步培养驯化和分步培养驯化两种。

1. 同步培养驯化

此法是将种泥接种入营养液，经短时间培养出现絮状污泥后，就在培养液中掺入工业废水，并随污泥培养的进展及时增加培养液中工业废水所占的比例，直到培养液以全部废水为主，污泥还能保持一定的增长速率，出水水质达到预定要求为止，即可投入正常运行。

2. 分步培养驯化

该方法是将菌种投入营养丰富、毒性很小的营养液（如生活污水）中，然后进行曝气供氧，使污泥快速增长，并且定时补充营养使污泥保持连续增长，直至活性污泥增加到一定量。污泥培养结束后，在营养液中加入一定比例的待处理工业废水，继续培养，待污泥处于正常生长和生理状态后，增加营养液中废水所占比例，一直到培养液以全部废水为主，并保持活性污泥处于良好状态，出水水质达到预定要求为止，即可投入正常运行。

209

（三）活性污泥在培养驯化过程中生物群落的变化

在活性污泥培养驯化过程中，种泥和废水中的微生物受水质等环境条件的选择、淘汰和微生物适应作用，形成新的微生物群落。在微生物与其环境的相互作用中，环境条件不断变化，其中的微生物群落也不断变化。当出水水质达到预定要求的环境条件时，微生物群落也就稳定下来，即完成微生物群落的演替过程。某城市污水处理厂在活性污泥培养驯化过程中原生动物生物相的变化如表 11-7 所示。

表 11-7　活性污泥培养过程中微型动物生物相变化　　　　　单位：个/mL

培养时间/天	1	3	6	13	20	23	24
楯纤虫属（*Aspidisca*）		40	1200	14400	124000	85600	85200
钟虫属（*Vorticella*）			800	800	1600	2800	1600
累枝虫属（*Epistylis*）					2800	3000	15000
豆形虫属（*Colpidium*）		80	2400				
波豆虫属（*Bodo*）	840	1320	3200	18000	4800	1600	800
屋滴虫属（*Oikomonas*）							
群杯鞭虫属（*Poteriodendron*）	1240	760					
变形虫属（*Amoeba*）			4800	4800	3200	4800	3200
其他	5	199	3596	2639	10442	7000	5106
总数	2085	2399	15996	40639	146842	104800	110906
种类数	4	9	13	9	9	13	15

四、反应器技术与其微生物学原理

活性污泥法废水处理自创立以来的一百多年的时间里不断变革，已经形成了包括：传统（普通）活性污泥法、渐减曝气活性污泥法、逐步曝气活性污泥法、吸附再生活性污泥法、延时曝气活性污泥法、多阶段活性污泥法、完全混合活性污泥法、序批式活性污泥法和厌氧活性污泥法等多种工艺。现选择其中的几种工艺进行讨论，分析其改革依据的微生物学原理。

（一）传统活性污泥法

这是应用最早的活性污泥法废水处理技术，其特点是：①曝气池为廊道式 ［图 11-8（a）］；②鼓风曝气，且全池均匀供氧；③水流方式为推流式，即每一水团都从首端至出水口流过全程；④回流污泥从首端进入曝气池；⑤污水和活性污泥在共同运动中完成对污染物的净化作用。

一个环境中的微生物群落的组成与功能是受其环境条件作用的结果，并与环境条件保持一致性。因此，传统活性污泥法具有：①废水与活性污泥接触充分，净化效果好；②废水在反应器内的停留时间和污泥增长易于控制；③运行事故少，易于管理等优点。由于废水进入曝气池后逐渐被净化，使首末端污染物浓度相差很大，需氧量也相差很大，即微生物生态条件相差很大，其缺点也很明显，例如：①从首端到末端耗氧逐渐减少，但供氧是均匀的，这不仅造成供氧设备和能源浪费，而且也使溶解氧浓度不同；②前后端的 DO、营养（BOD）等条件不同，其微生物群落也不同，回流污泥需较长的适应时间才能发挥正常净化作用，使曝气池效率低下；③原污水从首端集中进入，当废水 pH、毒物浓度，甚至有机污染物浓度成为不利因素时，易造成冲击负荷。为了克服以上缺点，其工艺不断革新，如渐减曝气法克服了第一个缺点；逐步曝气法部分克服了以上三个缺点；而完全混合活性污泥法则有效地克服了以上三个缺点。

（二）完全混合活性污泥法

完全混合即废水进入曝气池后马上与池中的活性污泥混合液均匀混合，所以池中各处处于相同的生态条件，流出污泥生物群落与池中污泥生物群落相同。因此，回流污泥可立即进行生物净化作用，无须适应过程。其设备可分为曝气池与二次沉淀池分建式、曝气池与二次沉淀池合建式，供氧方式分为鼓风曝气和表面机械曝气两种。合建式如与表面机械曝气配合，即称为加速曝气活性污泥法，其反应器如图 11-8(b)、（c）所示。加速曝气活性污泥法的主要优缺点是：

① 回流污泥无须适应过程即可对废水进行高效净化，设备利用率高，处理能力强；
② 废水进入曝气池后即被高度稀释，耐冲击负荷能力强；
③ 处理等量废水所需设施占地面积小；
④ 其出水水质一般不如传统活性污泥法好；
⑤ 易发生活性污泥膨胀等运行事故，对设计和运行管理要求高；
⑥ 剩余污泥量大。

完全混合活性污泥法的优点使它在工业废水处理中得到了推广。但是，其缺点又成为建立大型污水处理厂的重要限制因素，所以在大型城市污水处理厂中应用很少，一般适用于要求高，但又不便于污泥处理的中小城镇或工业废水处理。

（三）AB 工艺

AB 工艺即两段活性污泥法。虽然 AB 工艺是传统活性污泥法的变种，但在运行机理上与传统活性污泥法有很大差异，其工艺流程如图 11-9 所示。此工艺将传统活性污泥法分成两部分，因此与传统活性污泥法相比有以下几点不同：①A、B 两曝气池都与传统活性污泥法曝气池的生态条件和菌群特性不同；②运行灵活，A 段曝气池可在缺氧、微氧、兼氧、好氧条件下运行；③不设初次沉淀池；④处理好氧难降解有机物时可达到较好的效果等。

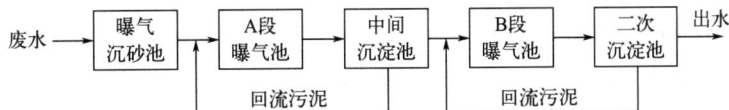

废水 → 曝气沉砂池 → A段曝气池 → 中间沉淀池 → B段曝气池 → 二次沉淀池 → 出水
　　　　　　　　回流污泥　　　　　　　回流污泥

图 11-9　AB 工艺流程图

1. AB 工艺的微生物特性

由图 11-9 可知，AB 工艺将传统活性污泥法分成了 A、B 两段，两段具有较大的差别，其中的微生物群落也就产生了较大的差异。

（1）A 段微生物群落的特性

在 A 段接收的是经简单物理处理后的污水，污水中污染物（包括微生物营养物）浓度高，而且部分曝气池承受着全部污水，曝气池容积负荷大。因此，A 段营养十分丰富，微生物生长迅速，污泥产生率高，但是与传统活性污泥法相比，其池内活性污泥量要小得多，所以活性污泥泥龄短。因此，A 段中的微生物是那些生长快的微生物，所以净化能力强。根据莫诺德（Monod）微生物生长数学模型：$\mu = \mu_{\max} \cdot \dfrac{S}{K_S + S}$，A 段生长的是 K_S 大的微生物，因此其处理后的水水质较差；污泥中有机物含量大，即污泥产量高。因为 A 段不要求出水达标排放，所以 A 段运行灵活，可以在缺氧、好氧和微氧条件下运行。当在缺氧条件下运行时，其中的微生物以能进行无氧呼吸的类群为主；当进行兼性处理时，好氧、厌氧、兼性厌氧的化能异养微生物都能成为微生物群落的成员。因此，在 A 段不仅通过吸收利用、分解氧化和生物絮凝作用净化污水，而且可以水解大分子有机物，为 B 段的污水处理创造条件。

（2）B 段微生物群落的特性

B 段接收的是 A 段的出水，水中污染物浓度低。根据莫诺德模型：$\mu = \mu_{\max} \cdot \dfrac{S}{K_S + S}$，因为环境中微生物可利用营养物（S）浓度低，所以它只允许 K_S 值小的微生物生长。因此，在 B 段中起作用的微生物是对污染物利用能力差的微生物。这类微生物虽然生长慢，对污染物净化能力不强，但它们都可以在营养物（BOD）浓度很低的条件下生长，所以通过 B 段处理可得到优质出水。由此可知，AB 工艺是既有效利用了生长快、净化能力强的微生物，又利用了生长慢、对废水中污染物去除率高的微生物。因此，此工艺具有高效、出水水质好的特点。

2. AB 工艺的工艺特性

① 不需设初沉池。在一般工艺中设初沉池是为了去除污水中的部分悬浮有机物，以减轻曝气池的有机负荷，但在 AB 工艺中，A 段可在高负荷下运行，而且不限制污泥产量，因此可不设初沉池。

② 污水净化分二段进行。AB 工艺可最大限度地发挥繁殖速度快的微生物以及繁殖速度慢的微生物的作用，效率高、出水水质好，并且可节省设备投资，运行费用低。

③ A 段运行灵活。

④ 对废水适应面宽。如果废水中含有难以有氧分解的有机物，而 A 段可在缺氧或兼性条件下运行，有利于厌氧分解的进行。

由于 AB 工艺具有很多优点，在典型工艺的基础上产生了多种新的 AB 工艺，例如 AB（BAF）工艺、AB（A/O）工艺、AB（A²/O）工艺和 AB（SBR）工艺等。

（四）序批式活性污泥法

序批式活性污泥法（SBR 法）是 20 世纪 80 年代用于废水处理的新工艺。与其他活性污泥法相比，SBR 法的特点是：①SBR 法不设二次沉淀池，而是将二次沉淀池与曝气池合并为一个具有双重功能的反应器。②反应器的进水和排水是周期性的，曝气是间断的。③无污泥回流，反应器中的活性污泥浓度通过控制排泥来调节。④设备简单，运行容易控制和自动化。⑤兼有除磷和脱氮功能等。

1. 典型 SBR 的运行过程

典型 SBR 为间歇进水工艺，全过程分为以下几个阶段：

（1）进水阶段

这一阶段时间的长短由提升泵的大小决定，预先确定进水时间可指导提升泵的选择；在进水期，污泥混合液内保持低的溶解氧（DO）浓度。

（2）反应阶段

反应阶段是活性污泥产生对污水净化作用的重要阶段。在此阶段，污泥微生物完成对污水中污染物的吸附、吸收、分解、氧化等净化作用；反应时间由进水水质、要求的出水水质和活性污泥净化能力等因素决定。反应阶段混合液 DO 要求在 2mg/L 以上。

（3）沉淀阶段

此阶段即反应器代行二次沉淀池功能的时期。在这一时期无须曝气供氧，混合液静置，污泥下沉浓缩，完成泥水分离，一般沉淀时间为 1.0～2.0h。

（4）排水阶段

经沉淀阶段后污泥下沉浓缩，上清液即为处理后的废水。这一阶段完成处理水的排放，排放时间一般为 1.0～2.0h。同时根据污泥增长量排泥。

（5）待机阶段

根据水量可自由设定，也可不设，即为四阶段法。

2. SBR 工艺特点

根据以上工艺可以看出，SBR 工艺有以下几大特点：①在 SBR 工艺中不设二次沉淀池，不需污泥回流，设备简单，投资少。②在 SBR 工艺过程中，经历微氧阶段（进水阶段、沉淀阶段前期）、无氧阶段（沉淀阶段中后期和排水阶段），可以抑制丝状细菌生长，无活性污泥膨胀运行事故。废水中的氮化合物可以完成硝化和反硝化过程，具有脱氮作用；聚磷细菌可以完成聚磷和无氧放磷作用，具有除磷作用。③运行费用低。④可提高某些难处理废水的处理效率。

3. 微生物的多样性

SBR 工艺反应器内由于其生态条件的多样性，例如：①反应器的氧化还原状态可由高到低变化，即在不同工艺阶段分别形成厌氧、缺氧、微氧和好氧生态条件；②混合液中有机污染物浓度由高到低变化；③微生物代谢物浓度由低到高变化等。因此，其中的微生物群落组成极具多样性。

由以上生态条件可知，在此工艺的反应器内能满足多种微生物生活所需的环境条件，这是其具有微生物多样性的重要原因。因此，SBR 工艺具有最好的微生物多样性。

4. SBR 工艺的快速发展

由于 SBR 工艺在废水处理中的优点突出，使得在短短的二三十年时间内，对其生化动力学研究和工艺改革不断深入。目前除典型的 SBR 工艺外，相继出现了：①双池 ICEAS 工艺，每一池都分为预反应区（厌氧或缺氧）和主反应区（曝气区）；②循环式活性污泥法 CASS 工艺；③近似三沟式的 LINTANK 工艺；④将各功能阶段分设为不同池，并将其一体化的 MSBR 工艺；⑤天津市政工程设计院提出的 DAT-IAT 工艺等新工艺。这也说明 SBR 工艺有很大的发展空间。

（五）厌氧活性污泥法工艺

厌氧活性污泥法处理的对象主要是高浓度的有机废水，同时也可用于处理废水处理厂的剩余生物污泥和自来水厂产生的污泥。厌氧处理在使废水得到净化的同时，还可获得生物能源物质——沼气。

1. 厌氧活性污泥法原理

废水厌氧处理是在无氧条件下，通过能进行无氧呼吸的微生物分解、利用和转化有机污染物，使废水得以净化的过程。在此过程中，部分有机物转化为可利用的能源物质——沼气，部分有机物被微生物利用形成细菌的细胞物质，少量被氧化。小分子有机物可直接进入产酸阶段，进而通过甲烷发酵得到净化。大分子有机物净化的生物化学过程大致可分为三个阶段。

（1）液化阶段

液化阶段是在微生物胞外酶催化下，将大分子有机物分解为易溶于水的小分子化合物的过程。由于不同废水中大分子有机物的成分不同，所以在不同废水处理系统中起作用的微生物也有差异，但它们多属于兼性厌氧的化能异养微生物。

（2）酸化阶段

酸化阶段是小分子有机物在微生物的作用下转化为甲烷产生菌可利用的甲酸、乙酸、小分子醇、CO_2、H_2、NH_3 等的过程。在此阶段，除氨基酸、小分子肽、单糖和其他可溶性小分子糖、脂肪酸、甘油等可被转化外，某些芳香烃和杂环化合物也可被酸化菌转化利用。

（3）甲烷发酵阶段

在甲烷发酵过程中，甲烷产生菌可将乙酸分解为 CO_2 和 CH_3OH，再将 CH_3OH 还原为甲烷；而且可利用其产生的 H_2 将 $HCOOH$ 和 CO_2 还原为甲烷。目前已知的甲烷产生过程由两组生理特性不同的产甲烷菌完成。

① 由 CO_2 和 H_2 产生甲烷，其反应为：$4H_2 + CO_2 \rightarrow CH_4 + 2H_2O$

② 由乙酸或乙酸化合物产生甲烷，其反应为：

$$CH_3COOH \rightarrow CH_4 + CO_2$$

$$CH_3COONH_4 + H_2O \longrightarrow CH_4 + NH_4^+ + HCO_3^-$$

试验证明，氢载体辅酶（xH）中含有元素钴，具有维生素 B_{12} 活性。因此，可以说废水的厌氧处理过程是在一定生态条件下多种微生物共同作用的复杂生物化学过程。

2. 影响废水厌氧处理的因素

废水厌氧处理是在无氧条件下通过能进行无氧呼吸的微生物分解、净化有机物的过程。因为在此过程中起作用的甲烷产生菌的生长和代谢对环境条件变化很敏感，所以废水厌氧处理对环境因素要求较严。其中主要的影响因素有氧化还原电位、温度、酸碱度（pH）、混合状态、抑制物浓度等。

（1）氧化还原电位

它常用混合溶液的氧浓度来衡量。因为甲烷产生菌是一类严格厌氧的微生物，所以厌氧处理需要一个无氧环境，也就是说氧化还原电位较低的环境，但是在不收集沼气时，对氧化还原电位的要求就宽松许多。

（2）温度

甲烷细菌对温度的变化十分敏感，所以温度是厌氧生物处理的主要影响因素。根据废水处理过程中起净化作用的微生物对温度的要求可将厌氧处理过程分为低温型、中温型和高温型，它们适应的温度范围分别为 $5 \sim 15℃$、$30 \sim 35℃$ 和 $50 \sim 55℃$。在以上三种废水厌氧处理类型中，废水净化速度总是呈现低温型＜中温型＜高温型的关系。图 11-10 展示了中温型与高温型处理时间

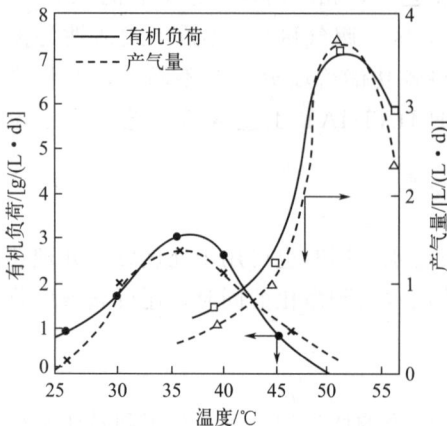

图 11-10　温度对消化的影响

与温度的关系。

（3）pH

甲烷细菌最适生长 pH 值约在 6.8～7.2。如果 pH 值低于 6 或高于 8，其生长将受到较大影响，而且 pH 恢复后其生长不能在短时间内恢复，所以厌氧处理对环境 pH 要求很严。必须存在足够的缓冲物质，以中和产酸细菌产生的过量酸。

（4）负荷

负荷是厌氧处理过程中决定污水、污泥中有机物进行厌氧消化速率高低的综合性指标，是厌氧消化的重要控制参数。负荷常以投配率表示，即每日加入的新鲜污泥体积或高浓度污水容积与消化池容积的比率。投配率过高，则产酸速度大于甲烷菌的耗酸速度，会导致挥发酸累积，使 pH 值下降，产气率降低；投配率过低，虽可提高产气率，使消化完全，但设备容积大，基建投资高。

（5）碳氮比

碳氮比过高，组成细菌的氮量不足，消化液的缓冲能力降低，pH 值易下降；碳氮比太低，则氮量过高，pH 值可能升到 8.0 以上，对甲烷菌产生毒害作用。实验表明，当碳氮比为（10～20）∶1 时，消化效果较好。

（6）搅拌

在传统沼气池中一般不加搅拌，所以需要较长的处理时间，单位体积在单位时间内产气量也低。现代快速处理装置一般都加入搅拌，以增加废水与微生物的接触机会，提高处理进度和产气速率。常用的搅拌方法有机械搅拌法和沼气流搅拌法。

（7）抑制物浓度

抑制物达到一定浓度后会降低微生物的代谢速率。在厌氧处理中，有毒抑制物种类较多，有重金属、盐类、NH_3、H_2S 和有机毒物等，这些物质在较高浓度下都具有毒性。其中部分有害物质在废水厌氧处理中的最大容许浓度列于表 11-8。

表 11-8　厌氧发酵有害物质最大容许浓度[①]

有害物质	最大容许浓度/(mg/L 污泥)	有害物质	最大容许浓度/(mg/L 污泥)
硫酸铝	5	苯	200
铜	25	甲苯	200
镍	500	戊酸	100
铅	50	甲醇	5000
三价铬	25	三硝基甲苯	60
六价铬	3	合成洗涤剂	100～200
硫化物	150	铵态氮(NH_4^+-N)	1000
丙酮	800	硫酸根	5000

① 在污泥中的浓度。

3.厌氧活性污泥中的微生物

由废水厌氧处理原理和影响因素可知，其反应器中处于无氧状态，因此其中的微生物全部为能进行无氧呼吸的微生物。在微生物中能进行厌氧生长的主要有两类，即细菌和酵母菌，其中主要是细菌，它们可分为：

（1）水解细菌

水解细菌主要是蛋白质、多糖和脂肪水解菌。它们可将难溶于水的大分子物质水解为易溶于水的小分子化合物，从而促进污染物进入细胞内，完成微生物对大分子物质的进一步分解、利用和转化。Siebert 等（1969）对某厌氧污泥的分析发现，其中蛋白质水解菌的密度为 6.5×10^7 个/mL 污泥，而这些蛋白质水解菌中 65% 是梭状孢子形成菌、21% 是球菌，其余为不能形成孢子的杆菌；脂肪水解菌多数为属于弧菌的细菌；纤维分解菌主要是栖瘤胃拟杆菌，它们大多数也能水解淀粉。

（2）挥发酸生成菌

在厌氧反应器中的微生物多数具有挥发酸生成作用。Toerien 等（1970）从消化池中分离出 92 个菌株，其中多数是杆菌，但也有球菌、螺旋菌。它们分别为厌氧、兼性厌氧或微好氧微生物。其鉴定结果列于表 11-9。

表 11-9 从消化池分离出的酸生成菌

形态	革兰染色	分类
枝杆形	阳性到阴性	棒杆菌属 *Corynebacterium*
		乳杆菌属 *Lactobacillus*
		枝杆菌属 *Ramibacter*
		放线菌属 *Actinomyces*
		双歧杆菌属 *Bifidobacterium*
枝杆形	可变到阴性	枝杆菌属 *Ramibacter*
直杆形	阳性	真细菌属 *Eubacterium*
直杆形	阳性	乳杆菌属 *Lactobacillus*
孢子形成杆形	阳性和阴性	梭菌属 *Clostridium*
直杆形	阴性	拟杆菌属 *Bacteroides*
纺锤形	阴性	产球菌属 *Sphaerophorus*
纺锤形	阴性	产球菌属 *Sphaerophorus*
		梭杆菌属 *Fusobacterium*
螺菌形	阴性	弧菌属 *Vibrio*
	阴性	螺菌属 *Spirillum*
浆果形	阴性	消化球菌属 *Peptococcus*
串果形	阴性	韦荣氏球菌属 *Veillonella*

（3）甲烷产生菌

甲烷产生菌可利用其他微生物的代谢生成物，如 CO_2、甲酸、乙酸、甲醇等来产生甲烷。这类菌的种类数不多，常见种类列于表 11-10。此外，还有一些未能进行纯培养的甲烷产生菌，如低氧甲烷杆菌、索氏甲烷八叠球菌和马氏产甲烷球菌。另外，在厌氧污泥中，有时还会发现少量真菌（如酵母菌）和原生生物（如鞭毛虫）的存在。

表 11-10 从降解槽中分离出的甲烷生成菌

甲烷生成菌	采样来源	形态	革兰染色	反应物质
瘤胃甲烷杆菌（*Methanobacterium ruminatium*）	污泥,瘤胃	短杆菌	阳性	$H_2 + CO_2$,甲酸盐
甲烷杆菌（*Methanobacterium*）	奥氏甲烷芽孢杆菌	弯曲不规则的杆菌	不定	$H_2 + CO_2$

续表

甲烷生成菌	采样来源	形态	革兰染色	反应物质
甲酸甲烷杆菌（*Methanobacterium formicium*）	污泥	弯曲不规则的杆菌	不定	H_2+CO_2,甲酸盐
巴氏甲烷八叠球菌（*Methanosarcina barkeri*）	污泥	八叠球菌	阳性	H_2+CO_2,甲醇,醋酸盐
甲烷螺菌属（*Methanospirillum* sp.）	污泥	螺旋菌	阳性	H_2+CO_2,甲酸盐
甲烷球菌属（*Methanococcus* sp.）	污泥	球菌	阳性	H_2+CO_2,甲酸盐

五、异常运行条件下的生态特点

活性污泥法的异常运行（即运行事故）主要有活性污泥膨胀、污泥上浮和污泥不增长等。

（一）活性污泥膨胀

活性污泥膨胀是好氧活性污泥法废水处理中最严重的运行事故。发生活性污泥膨胀时，如果测定混合液 30min 沉降比（SV），可以看到污泥和清液间具有一清晰的界面，但清液所占比例很小，下部污泥浓度低，即 SV 值很大，有的可高达 90% 以上；污泥体积指数（SVI）也很高。即，泥水分离效果差，使大量活性污泥流失，回流污泥生物量减少。这不仅使出水中的悬浮物浓度升高、出水水质降低，还会使曝气池中的污泥浓度逐渐降低，净化能力减弱，最终引发恶性循环，导致处理过程失效。

在活性污泥法废水处理中，造成污泥膨胀的原因较多，主要有：

1. 丝状菌性膨胀

丝状菌性膨胀是由于丝状菌大量生长繁殖，菌胶团的生长繁殖受到抑制，丝状菌丝的一端固着在活性污泥上、另一端漂浮于水中，因菌丝的密度小于水，所以菌丝借浮力托着污泥使其不能下降压实。引起膨胀的微生物有细菌和真菌。

（1）细菌

如浮游球衣细菌，它与正常污泥细菌相比，在正常生活条件下适应的环境碳氮比较高；它绝对好氧，但在溶解氧浓度很低的情况下也能正常生活。因此，在不利于正常污泥细菌的高碳氮比和低溶解氧条件下它们都可以大量呈丝状增长，形成带分枝的假菌丝，引起活性污泥膨胀。其他细菌，如硫细菌、芽孢杆菌、大肠杆菌在特定条件下也可呈丝状增长，造成活性污泥膨胀。

（2）真菌

真菌中的霉菌和假丝酵母总是呈丝状增长，在废水处理中它们很少成为活性污泥中的优势种群。但是如果条件变得对它们有利，如系统中营养物的碳氮比较高、pH 较低时，也会形成由真菌大量增长产生的活性污泥膨胀。

2. 非丝状菌性膨胀

有时在发生活性污泥膨胀的污泥混合液中，镜检看不到丝状菌，或是只看到少量短菌丝。这种膨胀多是由于某些细菌在一定条件下产生持水性很高的黏性物质所引起。黏性物质的产生常与系统中的污泥有机负荷和毒物负荷有关，受有机负荷影响时，在高有机负荷条件（即 $BOD_5/MLSS$ 值大于正常值）下易发生膨胀；受有毒物质影响时，则由某些能产生较多黏性物质的芽孢杆菌所引起。某些芽孢杆菌因其芽孢具有较强的抗毒物能力，能够在毒物环境中存活下来。当环境条件恢复正常后，这些芽孢杆菌会首先快速生长繁殖，并产生大量持水性很强的黏性物质，最终导致污泥膨胀的发生。

因此，活性污泥膨胀的问题也是微生物生态学问题，即废水活性污泥法处理系统中，理化条件的变化使系统中微生物群落结构发生了变化，原来的劣势种群（造成膨胀的微生物种群）上升为优势种群，从而使污泥特性发生变化造成的。产生污泥膨胀的原因十分复杂，其中最重要的因素是废水水质的变化，其次还要考虑其他因素，如溶解氧、水温、pH 值、负荷率等。因此，解决污泥膨胀问题，必须科学诊断、精准施策，才能有效治理。

（二）活性污泥上浮

活性污泥上浮是发生在二次沉淀池（或沉淀区）中的一类异常现象。污泥上浮时产生的现象和原因主要有：

1. 活性污泥成块上浮

活性污泥成块上浮时，总伴有一股刺鼻的臭鸡蛋味产生，而且上浮污泥发黑，上升到液面后会立刻分散成小颗粒，然后下沉。发生此类污泥上浮的原因是活性污泥在二次沉淀池中停留时间过长，其中溶解氧消耗完后产生了污泥的厌氧消化。由前文可知，有机物在无氧条件下分解可产生 H_2S、NH_3、甲烷等气体，在微生物无氧呼吸中 NO_3^- 被还原为 N_2、SO_4^{2-} 被还原为 H_2S，以上难溶性气体附着在污泥上，托着污泥上升。当污泥升至液面时，气泡破裂，气体逸散入大气，污泥又借重力下沉。其臭味主要来自 H_2S 气体。

2. 污泥上翻

在二次沉淀池中，污泥上翻主要是因为：①混合液升流速度过大，使污泥难以下沉；②二次沉淀池中，上下层温差过大，尤其是当上层温度低、下层温度高时更易发生此类污泥上浮现象。

3. 小颗粒污泥上浮

小颗粒污泥上浮时，常在液面聚集成片。这种现象常发生于合建式活性污泥法废水处理装置的沉淀区中，原因主要是导流区设置不当，气液分离不好，在沉淀区气泡上升引起污泥上浮。

（三）污泥不增长

在曝气池中污泥不增长的原因主要有三个方面：①营养不足，污泥有机负荷过小；②供氧过剩，使污泥发生过氧化现象；③毒物冲击负荷，抑制微生物生长繁殖。

总之，活性污泥法的运行故障发生的原因多种多样，但只要细心观察、仔细研究，就不难找出发生的原因，也就可以制定出纠正的措施。

第五节　生物膜法

利用生物膜净化废水的方法称为生物膜法。所谓生物膜是由在固体物（生物膜载体）表面上生长的微生物及其所吸附的有机和无机污染物形成的一层具有较高生物活性的黏膜。生物膜和活性污泥统称生物污泥。

在生物膜中起净化作用的生物与活性污泥中的相似，主要是细菌和微型动物。但在生物膜法的反应器中可见到光的部分有藻类生长，其中还可生长蚊子和蝇类的昆虫幼虫。因此，生物膜中的生物群落比活性污泥中的微生物群落更复杂，二者生物群落的比较如图 11-11 所示。

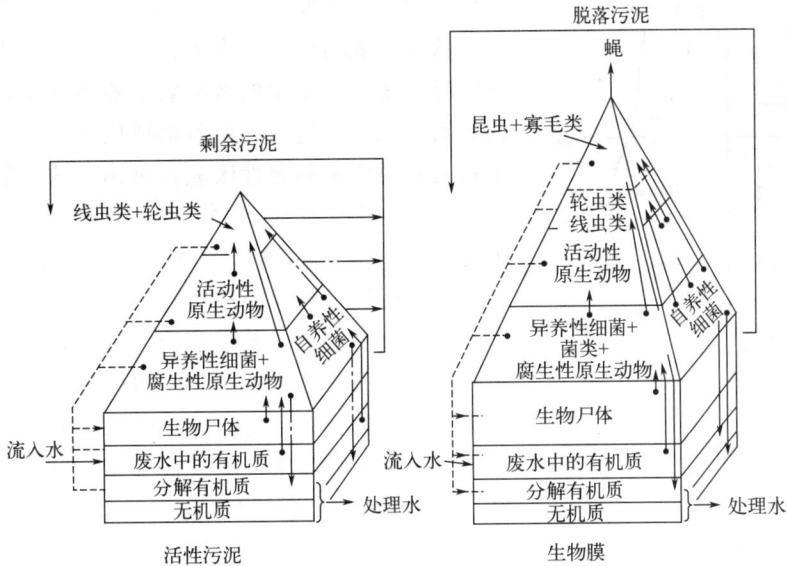

图 11-11 活性污泥与生物膜的食物链比较（Hawkes，1960）

生物膜法具有以下优点：①附着于固体表面上的生物膜，对废水水质、水量的变化适应性较强，操作稳定性好，不会发生污泥膨胀，运行管理较方便；②由于微生物固着于固体表面，即使增殖速度慢的微生物也能生长繁殖，因此生物膜中的生物相较为丰富；③因高营养级的微生物存在，有机物代谢时较多地转化为能量，剩余污泥量较少；④采用自然通风来供氧，节能。其缺点为：①活性生物难以人为控制，因此在运行方面灵活性较差；②由于载体材料的比表面积较小，故设备容积负荷有限，空间效率较低。

一、生物膜法原理

生物膜法对废水的净化过程是生物膜对废水中污染物的吸附、传质和生物分解氧化过程。其中生物分解氧化过程与活性污泥法相同，都是通过微生物新陈代谢作用完成的。

（一）生物膜的形成和结构

在生物膜载体表面形成生物膜的过程也称为挂膜。挂膜的方法主要有：

1. 自然挂膜法

将含菌的污水通入生物膜反应器中，使其与载体接触，不断使水循环，并适时加入新的污水，污水中的微生物和污染物就会吸附到生物载体的表面，形成微生物和污染物（营养物）的富集区。载体表面的微生物即快速增长，形成生物膜。

2. 活性污泥挂膜法

取相关废水处理厂的活性污泥作为菌种与待处理废水混合，送入生物膜反应器中，慢速循环，并不断加入新污水，可缩短挂膜时间。

3. 优势菌挂膜法

当待处理废水中主要污染物为难降解有机物或有毒有机物或难降解有毒有机物时，可以将人工选育的特效菌培养物加入待处理废水中制成特效菌与待处理废水的菌悬液，再依以上方法挂膜。此法所得的生物膜可高效处理以难降解有机物、有毒难降解有机物为主要污染物的废水。生物膜呈立体结构，在营养丰富的条件下，生物膜可快速生长增厚，这时生物膜的

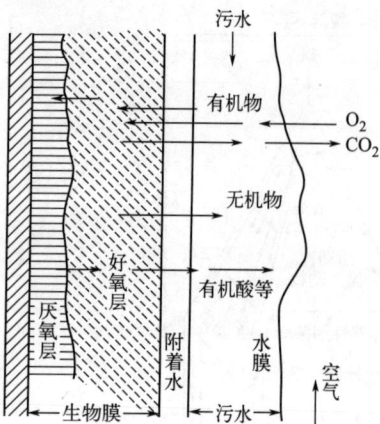

图 11-12　生物膜净化原理示意图

结构如图 11-12 所示。

从载体表面向外依次为：①厌氧层。当生物膜增长过厚时，来自废水中的溶解氧未能达到生物膜的最内层就被消耗光了，这时内层就形成厌氧层。这一层中的微生物主要为厌氧和兼性厌氧的细菌。这一层内的生化反应为厌氧的生化反应，常产生一些厌氧气体，这些气体可促进生物膜的脱落。②好氧层。它属于生物膜的外层。其中的微生物为能进行有氧呼吸的微生物，如好氧和兼性厌氧的细菌、微型动物，有时还会有霉菌和放线菌的存在。该层是执行净化作用的最重要的一层。③附着水。它是附着在生物膜表面的一层相对稳定的很薄的水层，它经常与其水环境进行交换。但是在生物膜不太厚（如生物膜厚度小于 2mm）且供氧良好的情况下，生物膜就不具有厌氧层。

生物膜成熟的标志是：生物膜沿水流方向分布，膜上的细菌及各种微生物组成的生态系统及其对有机物的降解功能都达到了平衡和稳定的状态。从开始到成熟，一般的城市污水在 20℃ 左右的条件下大致需要 20～30 天的时间。

（二）生物膜法中的传质过程

在活性污泥法中，活性污泥以微小多孔的颗粒悬浮于废水中，其中的微生物都比较容易获得其所需的营养和氧。而在生物膜中，污泥生物呈立体地固着生长在生物膜不同深度，深层生物只能利用从废水经外层膜传递到内部的营养物。因此，其净化速率受传质过程影响较大。如图 11-12 所示，其传质过程包括：①污染物向生物膜内的传质；②氧向生物膜内的传质；③微生物代谢产物由内向外的传质。以上三个传质过程的动力源于不同部位的物质浓度差。

（三）生物膜的脱落和更新

生物膜更新是滤料表面生物膜脱落和再生的过程。生物膜脱落的原因主要有：①生物膜生长过厚时出现厌氧层，由于厌氧层中黏性有机物的厌氧生物分解和厌氧过程产生的难溶气体，使膜与固体表面结合力变差，甚至在膜与固体表面之间有气泡存在，然后在废水的冲击下脱落。②当废水中污染物浓度过低时，产生污泥内源呼吸，使其中的黏性有机物消耗，膜与固体表面的结合力变差而产生生物膜脱落。生物膜脱落处又可形成新的具有较大生物活性的生物膜，即为生物膜更新。正常的生物膜脱落对废水处理过程有益无害。

正常情况下，整个反应器的生物膜各部分总是交替脱落，系统内活性生物膜数量相对稳定，膜厚 2～3mm，净化效果良好。

生物膜法的主要反应器技术有生物滤池法、生物转盘法、生物流化床法和生物接触氧化法等。

二、生物滤池法

（一）生物滤池法的流程

生物滤池法是最早用于污水生物处理的生物膜法，其核心工艺过程包括初沉池、生物滤池、二沉池和回流系统。两个沉淀池的作用与活性污泥法中的沉淀池相同；生物滤池的作用相当于活性污泥法中的曝气池；生物滤池法回流系统的作用与活性污泥法的污泥回流系统有较大区别，前者回流的是处理后的废水或生物滤池的流出物（水和生物污泥）。好氧生物滤池的供氧方式多是自然通风供氧，其主要流程如图 11-13 所示。

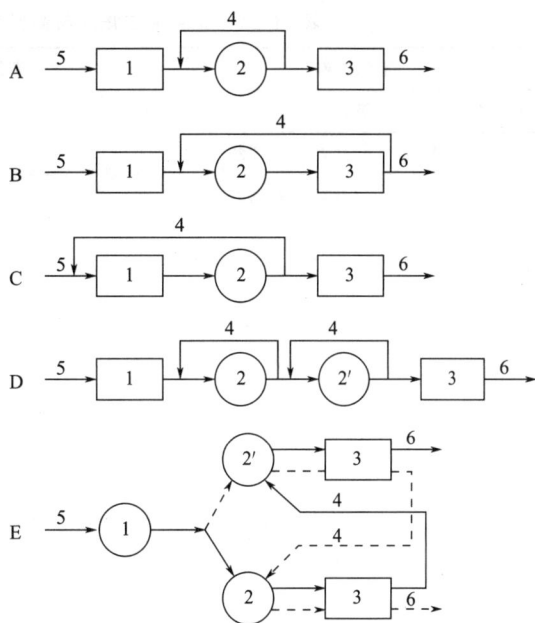

图 11-13　回流生物滤池法流程

1—初沉池；2—生物滤池；2′—第二生物滤池；
3—二沉池；4—回流；5—进水；6—出水

A、B、C 为单池法，分别表示不同的回流方法；D、E 为双池法，其中 E 为交替生物滤池，两个生物滤池都可以作第一滤池，也都可以作第二滤池，如按实线走向，则下边为第一滤池，而按虚线走向，下边为第二滤池，二者也可并行

（二）生物滤池的结构

生物滤池包括普通生物滤池、高负荷生物滤池和塔式生物滤池。这些滤池的用材和结构虽有差别，但均由以下几部分组成：①滤料，即生物生长的载体物。理想的滤料应具有大的比表面积、足够的滤料间隙，稳定且不易变形等。②池壁的作用是围挡滤料，在低温季节还具有保温功能。③布水器，它使废水能按规定速率均匀地喷洒在滤料上，以提高滤池的净化能力。④集水沟和排水渠，收集处理后的废水和脱落的生物膜，并将它们顺利送入二沉池；而且在普通滤池和高负荷滤池中，它们还具有通风供氧的作用。

（三）生物滤池的生态特性

1. 普通生物滤池和高负荷生物滤池

普通生物滤池和高负荷生物滤池结构基本相同，滤料层厚度一般不大于 2m，其区别主要是有机负荷不同。由于有机负荷不同使出水水质也不同，二者之间的比较见表 11-11。

表 11-11　普通生物滤池与高负荷生物滤池的比较

特点　　　　　滤池类型	普通生物滤池	高负荷生物滤池
有机负荷/[kgBOD$_5$/(m^3·d)]	0.15～0.30	1.1 左右
BOD$_5$ 去除率/%	85～95	75～90
回流	一般不需要	需要
生物膜增长	慢	快
卫生条件(蚊、蝇生长)	差	较好
对废水水质适应性	适应性差	适应性强

表 11-11 中所列的特性说明普通生物滤池和高负荷生物滤池在生态条件上具有明显的区别，例如后者的营养条件明显优于前者，不但供给速率高，而且保持较高的浓度，所以二者所具有的生物类群虽然相同，但其生理类型存在区别，其区别如表 11-12 所列。

表 11-12　普通生物滤池与高负荷生物滤池微生物群落比较

生物类群		普通生物滤池	高负荷生物滤池
藻类		滤池表层生长	滤池表层生长
细菌	化能异养细菌	生长快得多	生长慢得多
	化能自养细菌	种类多	无或很少
	丝状细菌	可生长	可生长
	种类	多	较少
	细菌生物量	小	大
微型动物	种类	多	较少
	生物量	小	大
蚊、灰蝇幼虫		多	少

由表 11-12 可以看出，在普通生物滤池中生物量小而种类多；而高负荷生物滤池具有较大的生物量，但种类少。

2. 塔式生物滤池

塔式生物滤池法废水处理是在传统生物滤池法基础上发展起来的一种高效生物处理工艺。塔式生物滤池如图 11-14 所示，塔体一般高 8～24m；滤料多采用大孔隙轻质塑料（塑料蜂窝或波纹板组合体），与传统生物滤池不同的是滤料分层放置，层间有一定空间；布水器多位于塔顶部，废水自上而下流过各层滤料的生物膜；池壁多用硬质塑料板围成，在滤料之间空层处开有通风孔作为供氧孔，空气由塔底和供氧孔通过烟筒效应向上运动，将氧传递给下行废水和生物膜生物；二次沉淀池建在塔底，滤料分层放置可大大节约用地面积。

其特点是废水从塔顶进入后，依次流经各层滤料上的生物膜，在向下流动过程中不断被净化，所以滤池不同高度的生态条件不断变化。因此，在不同高度的生物膜中的微生物群落组成也不同。微生物从上层到下层，由低级向高级发展，种类由少到多。上层的生物群落与高负荷生物滤池中的相同，以细菌为主，不见或少见原生动物；中层生物膜中原生动物逐渐增多；下层的生物膜中游离菌较少，原生动物数量多。故上层滤料主要起着吸附去除有机物的作用，而下面的滤料则起着稳定有机物及进一步改善出水水质的作用。

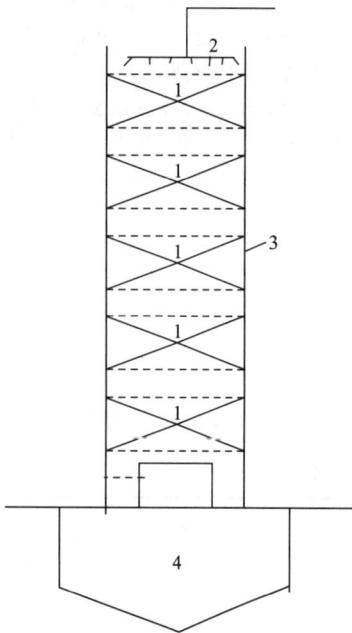

图 11-14　塔式生物滤池示意图
1—滤料层；2—布水器；3—塔身；
4—二沉池

三、生物转盘法

生物转盘又名两相接触器，是 20 世纪 60 年代开始发展起来的一种新的生物膜法废水处理装置。生物转盘法废水净化原理与生物滤池相同，但是其生物膜与废水接触方式以及供氧方式与生物滤池法不同，设备结构也不同于生物滤池法。

（一）生物转盘的结构

生物转盘由固定在转动横轴上的盘片组、氧化槽、动力及减速装置等部分组成，如图 11-15 所示。

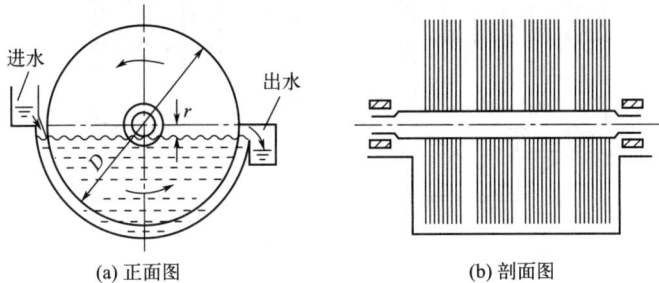

(a) 正面图　　　　　　　　(b) 剖面图

图 11-15　生物转盘

盘片的作用与滤料相似，是为生物膜生物提供固着生长的表面，通过盘片的转动其表面生物膜交替与废水和空气接触，完成对污染物的吸附和对空气中氧的吸收，同时不断地分解氧化废水中的污染物。此外，盘片在废水中的运动又可增加废水与空气的接触，促进废水对氧的吸收。氧化槽是废水的接收器。在氧化槽中，废水与生物膜接触，并接收从盘片上脱落下的生物膜，使其具有活性污泥法的净化作用。因此，生物转盘法废水处理兼有生物膜法和活性污泥法的双重作用，但以生物膜作用为主。

动力及减速装置则是驱动盘片以一定速度转动的机电装置。

（二）影响处理效果的因素

生物转盘法影响处理效果的因素主要有：①进水水质和转盘的 BOD 负荷 $[kgBOD_5/(10^4 m^2 \cdot d)]$，使处理效果变差的水质因素是废水中不利于生物生活的物质的浓度；BOD 负荷提高可增加其对污染物的去除量，但降低对污染物的去除率。②盘片间距和转速通过影响供氧速率和生物污泥与废水的接触影响处理效果。盘片转速常用其周边运动速率（m/min）表示，在一定的转速范围内，基质（污染物）去除率随转速增加而提高。

四、生物接触氧化法

生物接触氧化法又称淹没式生物滤池法。它是将具有很大比表面积的滤料浸没在废水中，利用滤料表面生物膜净化废水的废水处理方法。滤料可以是塑料蜂窝、塑料波纹板、活性炭和软性填料（如废渔网、海绵等）等。

（一）废水处理装置

废水处理生物接触氧化装置主要由接触氧化塔和泥水分离塔两部分组成，如图 11-16 所示为生物接触氧化装置的几种形式。在接触氧化塔中，滤料被固定在反应器中，原废水从滤料顶部进入，顺滤料间隙流至塔底部，再沿中心圆筒外上升流入集流槽，排入泥水分离塔。空气由风机通过管道送入接触塔底部，空气扩散器将空气均匀扩散入废水中，然后沿滤料间隙向上运动至水面逸出。

在泥水分离塔中，上部设置滤料层，下部为沉降区。当生物膜与废水的混合液进入塔内后，污泥借重力下沉到底部，浑浊液上升流经滤料层流出。清液中的微小泥粒和剩余污染物通过滤料层时再次被滤料上的生物膜捕集净化，从而保证出水水质达到较高水平。

223

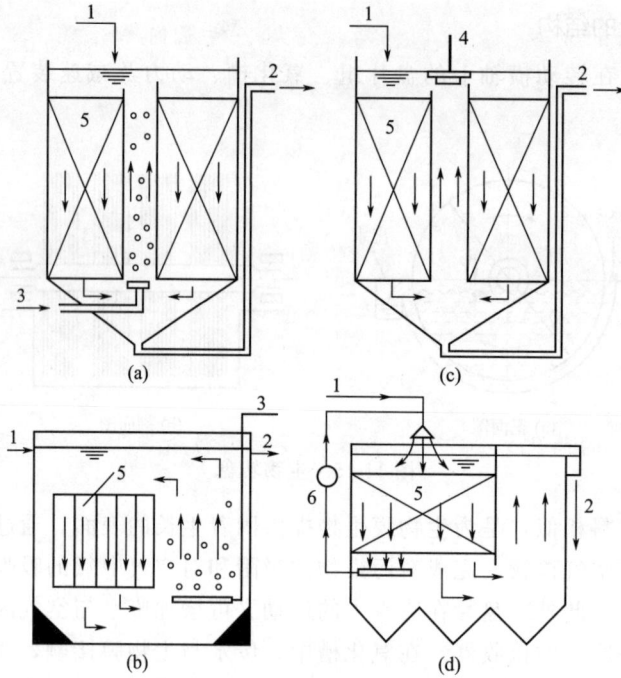

图 11-16 几种形式的接触氧化池

1—进水管；2—出水管；3—进气管；4—叶轮；5—填料；6—泵

（二）工艺特点

（1）兼有活性污泥法和生物膜法双重净化特点，固着生长在滤料上的生物膜吸附废水中的污染物，并加以分解氧化，使废水净化；悬浮于废水中的生物污泥又可在曝气混合的情况下像活性污泥一样净化废水。

（2）传质条件好，生物污泥与废水接触充分。生物膜整个浸没在废水中，膜中的丝状微生物的菌丝漂浮于废水中，不像普通生物滤池中的生物在水流的作用下呈近于平面结构，所以与废水的接触面积大，有利于对污染物的捕集和利用；由于曝气过程的气流混合作用，污泥不易沉降，可增加脱落生物膜与废水的接触和净化作用。

（3）空气和废水逆向运动，可增加水和气泡的行程，延长气液接触时间，提高空气中氧的转移率；废水在气泡的托浮和搅拌下上下运动，又可增加废水与生物膜的均匀接触。因此，接触氧化法传质条件好，它既有利于废水的净化，又可节省动力。

（4）在泥水分离塔中设置滤料层，可减少出水中的悬浮固体，并使废水中的可溶性污染物得到再净化，所以出水水质良好且稳定。

（5）接触氧化法废水处理的效率高，当其体积负荷为活性污泥法的 2～8 倍时，其出水水质仍不低于活性污泥法，而剩余污泥产量还小于活性污泥法。

因此，生物接触氧化法是一种有发展前途的废水处理方法，尤其适合处理低浓度有机废水。

思考题

1. 概念：市政污水、废水可生物处理性、微型动物、废水处理中的细胞得率、生物污泥中微生物的衰减、菌胶团、活性污泥、污泥内源呼吸、SV、MLSS、SVI、活性污泥生物相、活性污泥膨胀、生物膜、丝状细菌。

2. 分析废水可生物处理性的目的是什么？依据是什么？何类废水需进行可生物处理性研究？

3. 在废水可生物处理性研究中，如何选择实验微生物群体？需做哪些评价实验？

4. 在废水生物处理反应器中，微生物生物量增加和减少的主要原因有哪些？

5. 如何用莫诺德方程 $\mu = \mu_{max} \cdot \dfrac{S}{K_S + S}$ 表征污泥微生物增长与基质（S）浓度的关系，式中 S 指的是何种基质？μ_{max} 和 K_S 是定值吗？为什么？

6. 莫诺德方程的简化式 $\mu \cong \dfrac{\mu_{max}}{K_S} \cdot S$ 适合在何种条件下应用？在废水生物处理中可应用吗？为什么？

7. 简述兼性废水稳定塘中：（1）起净化作用的主要微生物的作用；（2）净化机理；（3）对进水水质的要求。

8. 活性污泥的主要性能指标有哪些？

9. 说出活性污泥法废水处理的四大主要设备系统和各自的作用。

10. 传统活性污泥法的主要缺点是什么？完全混合活性污泥法是怎样克服以上缺点的？

11. 何为活性污泥法的 AB 工艺？其中的微生物群落有何特性？此工艺的主要优点是什么？

12. 废水厌氧处理法（沼气发酵）主要适合处理哪种类型的废水？废水净化过程的生化反应分为哪几个阶段？各有哪几类微生物起主要作用？

13. 对于反应器中理化条件的变化，为什么废水厌氧处理比废水好氧处理敏感得多？

14. 从浮游球衣细菌的生理和生态特点分析产生球衣细菌性膨胀的原因。

15. 比较生物膜生物群落和活性污泥生物群落的异同。

16. 生物膜在何种情况下易产生厌氧层？产生厌氧层对生物膜有何影响？

17. 简述生物接触氧化法高效的原因。

第十二章
固体废物和废气生物处理

第一节　有机固体废物的生物处理

一、固体废物的来源及危害

固体废物是人类生产和消费活动中丢弃的固体物质和泥状物。按其性状可分为有机废物和无机废物或固体废物和泥状废物；按其来源可分为矿业废物、工业废物、城市垃圾、农业废弃物和市政污泥等。固体废物对人类环境的主要危害有：

1. 占用大量土地

根据计算，如果垃圾堆高10m，则每百万吨占地1亩。2010年，我国垃圾年产量达10亿吨，其占地面积可达到10万亩，这无疑对土地资源是极大的浪费。

2. 污染土壤和水源

固体废物中的有害物质由于降水淋溶，可随地面径流和渗透向四周和纵深的土壤迁移，不仅会污染土壤、改变土质和土壤结构、妨碍植物生长，有时还会在植物体内蓄积，在人畜食用时危害健康；而且它们还可进入地表水和地下水，造成水源污染及水产品产量和质量下降，使水体功能降低。如果固体废物被直接倾入江河湖海等自然水体，其危害则更为严重。

3. 污染空气

固体废物可通过多种途径污染大气，如煤矸石自燃造成大气SO_2和粉尘污染；粉状固体借助风力直接进入大气，增加可吸入颗粒物，降低大气能见度，影响工农业生产，以及影响人类的生活和健康；生活垃圾中的病原体进入大气造成疾病的传播和流行；有机物腐烂使空气中弥漫臭味等。

4. 爆炸伤人

垃圾爆炸事件并非罕见，近年来爆炸事件已多次发生。例如，2024年12月11日，美国伊利诺伊州一辆垃圾车着火后爆炸致三人受伤。

二、固体废物生物处理中的微生物

目前固体废物生物处理的主要对象是有机固体废物，其系统中的微生物群落要比废水处理系统中的微生物群落复杂得多。其中的主要微生物及其作用如下：

1. 细菌

细菌体积小、代谢速率高，对有机物利用和分解氧化能力强，因此是固体废物生物处理

226

中最重要的微生物。因为处理的对象主要是有机物，所以化能异养细菌最为重要。此外，处理过程要充分腐熟，其重要指标是 NH_4^+ 要少，所以化能自养的硝化细菌也有较重要的作用。

2. 霉菌和放线菌

霉菌和放线菌几乎全部好氧，而且这两类微生物对木质素、纤维素等多糖物质具有比其他微生物更强的分解作用，对大分子有机物的腐殖质化具有重要作用。因此，它们在天然有机废物的好氧处理中至关重要。而且它们都能产生对高温具有较强抗性的孢子，所以在腐熟阶段尤为重要。

3. 原生动物

原生动物在固体废物生物处理中的作用远不如其在废水生物处理中的作用大，但腐生型原生动物在处理开始后的发热阶段也有一定的作用。

三、固体废物的生物处理

固体废物生物处理是将固体废物无害化、资源化的最重要途径之一。在固体废物生物处理中主要是把固体废物堆肥化。堆肥处理的对象是以有机物为主要成分的固体废物。

堆肥化就是依靠自然界中的微生物，有控制地促进可被生物降解的有机物向稳定的腐殖质转化的生物化学过程。目前国内采用的堆肥技术有厌氧堆肥法、好氧露天堆肥法和好氧仓式堆肥法。厌氧堆肥法是我国农村传统的堆肥方式，其优点是简单易行，但是堆肥时间长，占地面积大。好氧露天堆肥是利用好氧微生物分解氧化有机物的过程，其堆肥速度较厌氧法快，而且启动快、投资少、易管理。好氧仓式堆肥是一种比较现代化的方法，其堆肥时间短、占地面积小、机械化程度高，但设备投资大，对管理人员要求高。以下主要讨论好氧堆肥法。

1. 好氧露天堆肥法

好氧堆肥法是在有氧条件下，通过好氧微生物的作用使有机废弃物达到稳定化，转变为有利于作物吸收生长的有机物的方法。其主要包括以下工序：

(1) 固体废物的预处理

固体废物的预处理主要包括：①分拣，即在堆肥处理前将固体废物中的金属、玻璃、塑料、瓦砾等非生物降解性杂质的较大颗粒物去除。②粉碎，将大块有机物，如破布、植物秸秆等粉碎成易均匀混合的小颗粒状。③调配，其目的是使固体废物具有一定的 C：N 值，一般为（26～35）：1，最适为 30：1；具有一定的含水率，一般为 50%～60%；具有一定的酸碱度，一般为 pH7 左右。从而为微生物提供一个适宜的生长环境。

(2) 堆制

首先在地上开挖 10～15cm 宽、15～20cm 深的小沟，沟渠也可由水泥混凝土制成；沟上放置格栅。再将调配好的固体废物按一定形状（通常为梯形）堆积到一定高度，堆积时按一定面积插入一些粗竹竿或木桩。堆好后外面用泥土埋闭，其作用是保温。第二天将竹竿或木桩拔出，即形成通风孔道。

(3) 堆肥发酵过程

堆制完成后，用鼓风机向小沟中通风供氧，促进好氧微生物生长繁殖，堆肥发酵过程随之开始。在发酵过程中，肥堆中发生多种生物化学作用，按其温度变化可将整个过程分为以下几个阶段。

① 发热阶段，也叫升温阶段。在发热阶段，由于营养丰富，环境条件也适于多种微生

物生长，所以微生物代谢旺盛，使有机物快速分解氧化产生大量的热，部分热量扩散到堆肥中被固体废物吸收，使肥堆温度不断升高，并很快达到 50℃ 左右。在这一阶段，起作用的微生物有细菌、放线菌和真菌，但是由于细菌代谢速率高、生长繁殖快，所以总是以中温、异养、好氧细菌占优势。

发热阶段所需时间的长短，主要的环境影响因素是气候条件，即气温的高低。

② 高温发酵阶段。当肥堆内温度升高到 40℃ 以上后，其中中温菌的代谢和生长受到抑制，易被微生物分解利用的有机物大部分被利用，微生物不可利用的基质为剩余的半纤维素、纤维素、木质素等。随着温度和营养条件的变化，其中的微生物群落组成也发生变化，此时，嗜热或耐热的微生物如嗜热放线菌和嗜热真菌将成为微生物群落中的优势菌群。

因为放线菌和霉菌对上述剩余物质具有比细菌更强的分解利用能力，所以如果对高温阶段堆肥中的微生物数量进行分析，会发现其中放线菌或霉菌的生物量往往高于细菌，也就是说形成了以放线菌或霉菌为优势菌的微生物群落。

嗜热微生物的代谢作用可使肥堆中的温度继续升高，在温度达到 60℃ 以上后，嗜热放线菌成为优势菌群，并使温度升到 70℃ 以上，最高可达到 80℃ 左右。此时，微生物大量死亡，同时杀灭了动植物病原体和杂草种子，提高了堆肥的卫生状况。

③ 腐熟阶段。在高温阶段后期，由于微生物的大量死亡和休眠，代谢放热大大降低，热量散发大于产生，使肥堆中温度逐渐下降。在温度下降过程中，当温度下降至适合某类微生物生长时，其休眠体就会重新萌发，利用剩余的营养物和微生物死亡解体后的释放物再度生长，最终使固体废物腐殖质化。在这一阶段起作用的是那些对不利环境条件（高温）具有很强抗性的微生物。因为微生物的孢子，如细菌的芽孢、放线菌和霉菌的孢子抗不利条件能力很强，所以在腐熟阶段起作用的微生物主要是细菌中的生芽孢细菌以及放线菌和霉菌。

堆肥进入腐熟阶段后应减少通风，延长高温时间，以尽量多地杀死病原体。之后停止通风，封闭通风孔，使之处于厌氧状态，以减少 NH_3 的流失，从而保持肥效。

（4）后处理

分离去除预处理工艺中未能清除的细小杂物，必要时还需进行再次破碎处理。

2. 好氧仓式堆肥法

好氧仓式堆肥是现代化的固体废物生物处理方式，它需要配备成套设备和相应的监测手段。其原理和预处理方法与好氧露天堆肥法相同，所不同的是：①露天堆肥是分批进行的，仓式堆肥则是连续进行，调配好的固体废物进入发酵仓后在机械传送下顺序进入中温仓完成发热、高温发酵和腐熟阶段。因为各仓中的温度比较稳定，所以发酵进程快。②露天堆肥受环境气候影响大，而仓式堆肥受气候变化影响小。③露天堆肥设备简单，而仓式堆肥设备比较复杂。

四、堆肥过程的影响因素

影响堆肥速度和堆肥质量的因素有很多，其中主要的有以下几种：

1. 有机物含量

堆肥物料适宜的有机物含量为 20%～50%。有机物含量过低时，不能提供足够的热量，影响嗜热菌增殖，难以维持高温发酵过程；若有机物含量过高，则堆置过程中需要大量供氧，否则容易因供氧不足而发生厌氧过程。

2. 固体颗粒的大小

固体颗粒的大小主要影响堆肥过程的供氧。颗粒过小会使颗粒间间隙变小，空气流动受阻，导致供氧不好，这时因氧气供应不足使好氧微生物代谢速率降低，还会引起局部厌氧。若颗粒过大，氧难以达到颗粒中心，会形成厌氧状态的核，降低堆肥速度，严重时还会产生异味。固体颗粒大小一般控制在 0.8～1.2cm 之间。

3. 温度

温度条件主要指堆肥物料的初始温度，它主要影响发热阶段的进程。在低温条件下，微生物代谢慢，必然延长发热阶段所需时间，所以一般以 35～55℃ 为最佳。露天堆肥还受环境气温的影响。

4. 通风强度

通风量小，供氧不足，易引起局部缺氧发生厌氧作用，延长堆肥时间。通风量过大则会带走大量热量使升温减慢。一般情况下，堆肥过程中适宜的氧浓度为 14%～17%，最低不应低于 10%。

5. 物料含水率

物料含水率过高，其间隙被水分大量占有，影响通风供氧。含水率过低则会使微生物发生生理干燥，不利于其对营养物的吸收利用。一般以含水率 55% 为最佳，若低于此值，可通过添加稀粪或污水污泥进行调节。

6. 物料的酸碱度

酸碱度（pH）是重要的影响因素，其过高或过低都会限制微生物的生长繁殖。堆肥过程最好将物料 pH 调至 6～8，在发酵过程中 pH 的变化可通过在物料中加入石灰或草木灰作缓冲剂加以调节。

7. 物料的营养平衡

营养平衡主要指物料中碳、氮、磷元素的平衡。一般碳氮比应为（25～30）∶1，碳磷比应为（75～150）∶1。缺少氮、磷的固体废物堆肥时，可用植物秸秆或粪便或活性污泥法处理的剩余污泥调节。

五、堆肥的腐熟度

固体废物经过堆肥发酵处理后，其中易生物分解的有机物被微生物分解氧化，使之稳定化。但是堆肥中的有机物不可能完全分解氧化，贮存过程中分解氧化仍会继续进行。因此，需要确定堆肥应达到的稳定化程度，即堆肥的腐熟度。目前常用的判断指标有：

① 堆肥的外观应呈褐色或黑色，无恶臭，质地松软。

② 堆肥中应不含使动植物发病的致病性微生物、虫卵和可萌发的杂草种子。

③ 易分解有机物含量很低，淀粉消失。

④ 存在的氮化合物以 NO_3^- 态氮为主。

因此，常通过种子发芽率试验、植物幼苗培养试验、堆肥杂草培养试验、淀粉测定试验、CO_2 发生量试验、NH_3 和 NO_3^- 测定、氧化还原电位测定等方法鉴别腐熟度。

第二节 废气的生物处理

废气生物处理技术主要是利用微生物来净化空气中的挥发性有机物的技术。受挥发性有机物污染的空气主要产生于利用挥发性有机物进行工业生产的场所，如农药、医药生产车间，印刷、制鞋车间，喷漆车间等。其中的污染物部分有三致作用，如氯乙烯、苯及小分子苯系物、多环芳烃等；多数易燃易爆，对企业安全和工作人员的健康威胁很大；有的还对大气臭氧层具有破坏作用，如氯氟烃、含氢氯氟烃等。因此，对工业废气的污染治理与废水、固体废弃物的治理同样重要。

废气处理与废水和固体废弃物处理的主要区别是废气难以集中，所以废气的处理常以一个工厂或一个车间为单位进行，规模小。废气处理的方法主要有：①燃烧法；②化学吸附法；③活性炭吸附法；④生物法。生物法与其他方法相比，具有设备投资少、运行费用低、效果好、安全性好、无二次污染、易于管理等优点，所以是一种很有发展前途和应用前景的方法。

一、废气生物处理原理

虽然废气生物处理具有以上提到的诸多优点，但利用生物法处理废气也并非适用于所有情况，它主要用于处理那些以可生物降解物质为主要污染物的气体。对于可生物分解利用的污染物，其生物处理原理应着重把握以下三个方面。

（一）生物净化原理

在废气生物处理中，起净化作用的主要生物是菌类微生物。它们在分解氧化污染物的过程中，一方面获得生命活动所需的能量，另一方面也获得组成细胞物质的原料，所以微生物净化过程是分解氧化和同化污染物的过程。此外，微生物在使污染物无害化的过程中，可以形成生物污泥，生物污泥的絮凝和吸附作用也起到净化作用。因此，废气生物处理的生物学原理与废水生物处理原理相同，但污染物的传质过程与废水处理具有较大区别。

（二）污染物传质原理

菌类微生物利用有机物作为营养物质都是通过介水传质吸收入细胞内的，所以废气中的污染物在被微生物分解氧化和利用前必须先从废气转移至水中，溶于水中的污染物再被微生物吸附、吸收、分解、利用。这就是说污染物的传质过程包括了从气体转移至水中形成水溶质和由水溶液转移至微生物细胞内的过程，其中第一个过程对净化速率影响最大。

废气中的污染物转移至水中的速率与 O_2 的转移一样受多种因素影响：①污染物的极性，即水溶性，越易溶于水，转移速度越快；②污染物在气、水中的分压差，分压差越大，转移速度越快；③与温度有关；④与气泡的比表面积有关，其比表面积越大，单位体积内气体与水的接触面积越大，越有利于传质过程。废气中污染物的转移率除受以上因素影响外，还受废气与水接触时间的影响。

（三）营养平衡

微生物的生长繁殖速率影响反应器中的生物量，也影响微生物活性，即影响微生物对污染物的净化能力。微生物的生长需均衡地从其环境中摄取各种营养元素，如果其环境中有一种营养元素供应不足就会影响微生物对其他物质的利用。例如，在废水好氧生物处理中，要求 C（BOD_5）：N：P 为 100：5：1，氮或磷的不足会显著降低有机物的净化速率和去除效率。而废气中的污染物因来源（污染源）简单，所以其组成经常是单一的，不能满足微生物生长的要求。因此，废气吸收液常用营养配料或污水。

二、废气生物处理中的微生物

废气生物处理过程间接利用了废水生物处理技术，所不同的是废气生物处理多了一个污染物由气相向液相（水）转移的过程，所以含有机污染物废气处理过程中起主要作用的微生物与废水处理中的微生物十分相似。

在无机气体污染物中，H_2S 是已有的用生物法处理的污染物，因为 H_2S 的解毒和除臭过程是 H_2S 的生物氧化过程，所以在 H_2S 净化过程中起作用的是硫化细菌。但是，因为化能自养菌（包括硫化细菌）生长繁殖慢，所以其处理过程的负荷不宜过大。

三、废气生物处理法

（一）生物洗涤法

生物洗涤法是先将废气中的污染物洗入水或营养液中，然后再通过生物分解氧化去除。在洗涤过程中：①采用适当的气体扩散器使气泡体积变小，增加其比表面积；②增加吸收室水深，使气、液逆向运动增加气、液接触时间，如果在吸收室加入固体物，使气、液曲线运动则更有利；③吸收室内引入微生物，使吸收液中的污染物不断被消耗，扩大和保持污染物的气液分压差就会增强吸收室的功能。生物洗涤法适用于处理净化气量小、浓度高、易溶且生物代谢速率较低的废气。

如果将吸收室与活性污泥法废水处理技术结合，其工艺流程可参考图 12-1。

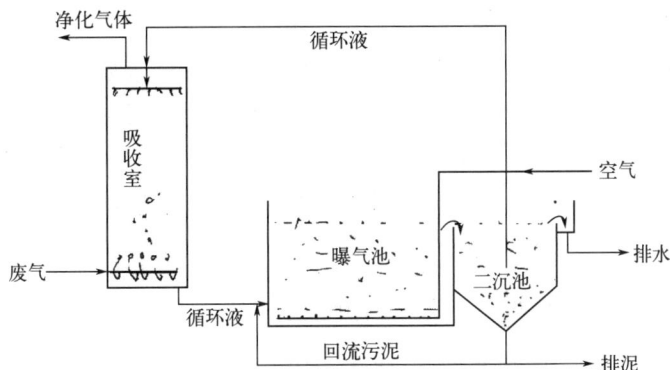

图 12-1　生物洗涤活性污泥法

此外，生物洗涤法还可以是吸收室与生物滤池或生物滤塔联用。

（二）生物过滤法

1. 生物过滤器

生物过滤法处理废气常用含微生物量很高的物质（如肥沃土壤和堆肥）做成滤床，强制废气通过滤层，由滤层组成物吸附污染物，然后进入滤层水中，再被微生物吸收、分解、氧化和利用。这就要求滤层固体物质：①具有一定的粒度，以保证具有足够的颗粒间隙，使废气能均匀顺畅地通过滤层；②具有一定湿度，既能满足微生物生命活动的需要，又不会因湿度过大而占据过多的颗粒间隙，影响废气在颗粒间的流动；③保持滤层中具有适合微生物生长的温度、pH 等；④保持滤层中微生物营养的均衡。

因此，生物过滤器需设以下几部分：①废气分布与扩散系统，包括风机、管道和气体扩散装置。②过滤介质，常用的有沃土（在用土壤时，层厚一般为 $400\sim500$mm，下层用粗石子做底，以上按黏土 1.2%、沃土 15.3%、细砂 53.9%、粗砂 29.6% 的比例混合而成）和堆肥（即将畜禽粪便、城市垃圾等经好氧发酵后制成滤床，堆肥时滤层一般厚 $50\sim100$mm）等。③渗滤液收集系统。④水分、营养物和 pH 调节系统。其处理装置如图 12-2 所示。

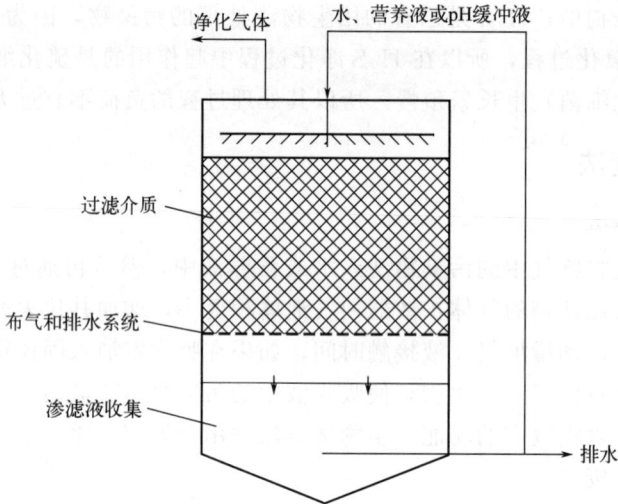

图 12-2　废气生物过滤处理工艺

2. 废气生物过滤器中的微生物

过滤器中的微生物，即土壤或堆肥中的微生物，它们比废水处理反应器中的微生物丰富得多。其中不仅有生物污泥中的微生物——细菌、微型动物，还有在土壤物质转化和堆肥化固体废物处理中具有重要作用的微生物——放线菌和真菌。病毒和噬菌体虽也存在，但在废气净化中还未发现它们的作用。废气中主要污染物不同，组成微生物群落的种属可有较明显的差别。

四、工业废气生物处理的发展

工业废气生物处理开始于 20 世纪 50 年代，1957 年在美国出现了世界第一个技术专利；20 世纪 70 年代引起了许多国家的重视；20 世纪 80 年代首先在德国、日本、荷兰等国实现了工业化。生物法处理有机废气的设备与装置开发已经商品化并且应用效果良好，对混合有机废气的去除率一般在 95% 以上。目前，我国有关这方面的研究还处于起步阶段，仅有少数单位在进行相关研究。

随着生活水平的提高，人们对工作环境空气质量的要求也逐渐提高，更不堪忍受工作环境恶劣空气的影响。同时，某些工厂生产时排放到大气中的不良气味也会引起周围一定范围内居民的不满，废气的处理势在必行。目前，在这一领域中研究探讨的主要问题有：反应动力学和机理研究；填料和过滤介质特性研究；多组分动态负荷研究；高效设备的研制开发等。

废气生物处理虽然还不像废水和固体废弃物处理那样普及和受到关注，但它改善人们的工作和生活环境的作用日益被更多人关注，生物处理技术将凭借其高效经济的优势发挥巨大作用。

思考题

1. 用生物处理固体废弃物适合处理哪类固体废物？

2. 好氧垃圾堆肥处理主要分为哪几个阶段？堆肥过程中微生物群落可发生哪些变化？

3. 在垃圾好氧堆肥中，堆肥颗粒大小怎样影响处理过程？

4. 有机废气处理与废水处理有何区别？废气中主要有机污染物的物理性质会不会影响处理效果？为什么？

第四篇
资源环境微生物

　　微生物本身或其代谢产物对人类社会和自然环境都是重要的资源。利用环境微生物种类多、容易变异、代谢产物类型多、适应性强等特点，可以将具有特定功能的有益微生物工业化繁殖生产，制备成含活菌体或菌体特殊产物的产品，如生物塑料、生物表面活性剂、生物絮凝剂、微生物农药、微生物肥料等。这是环境微生物重大而广泛的研究课题，也是环境微生物的重要发展方向之一。

第十三章
资源微生物

第一节 微生物资源概论

在社会需求不断增长的情况下，全球的资源环境问题愈发严重，这成了在寻求可持续发展过程中国际社会必须直面的重要战略话题。与此相关的科学研究也因此受到全球各国政府的高度关注。要想确保我国在 21 世纪中期人均 GDP 达到中等发达国家的水平，关键就是要保障自然资源的持续充足以及生态环境的健康良性循环。在 1992 年的联合国环境与发展会议上，包括中国在内的 153 个国家共同通过了"生物多样性公约"，在此公约中明确指出："生物资源是指具有实际或潜在用途或价值的遗传资源、生物体或其部分，以及生物群体或生态系统中的其他生物组成部分"。生物资源是所有可以被人类利用的生物，它们是人类社会生存所必需的基础物质来源，包括动物资源、植物资源和微生物资源，这里所说的微生物资源则包含古菌、细菌、真菌、病毒等。

一、微生物资源及其应用

对人类具有实际或可能应用的微生物均属于微生物资源范畴，包括它们的生物质、生物遗传和生物信息等。微生物资源是农业、林业、工业、食品、医学和环境领域微生物学、生物技术研究以及相关产业发展的重要基础物质（见表 13-1），它们为微生物科技进步和创新提供了重要的科技基础。

表 13-1　微生物资源的应用与分类

类别	应用	举例
环境微生物资源	污染治理	用于污染物生物处理、环境修复、生物质能源开发等
工业微生物资源	工业生产	生产醇类、有机酸、酶制剂、氨基酸、维生素等
农业微生物资源	农业生产	生产微生物肥料、微生物农药、微生物饲料等
食品微生物资源	食品生产	生产发酵食品、食用菌产品、单细胞蛋白等
医药微生物资源	医疗保健	生产抗生素、疫苗、基因工程药物、医用酶制剂等

微生物资源的开发利用指的是利用已有或待发现的微生物资源，包括具备生物遗传功能的微生物单位、微生物有机体、代谢产物、排泄物、伴生物、衍生物以及微生物序列信息和生物功能信息等，将其开发为生产要素、功能工具或研究材料，并应用于生产实践、科学研究和环境保护等领域，创造出对人类有价值的有形或无形产品的过程。

利用微生物资源的过程涵盖了整体规划、寻找目标菌种、效能测试、专利提交、菌种优化、发酵技术探索、申请审批、生产并进入市场等一连串相互连贯的环节。其中，尽早找到所需的目的菌是核心问题，也是决定资源开发成功与否的关键因素。获取优质细菌是发展利用微生物并推动其产业化的基础，同时也是产业化进程的中心和关键。

二、微生物用于生产实践的优势

微生物因其独特的多种生物学特性，在生产实践中具有六个显著优势：

1. 生产周期缩短，效率提升

微生物具有强大的生长繁殖能力。这意味着微生物的培养周期非常短。相比于植物和动物，微生物的生长速度约为它们的 500 倍和 2000 倍。利用微生物进行生产，无须数月甚至数年的漫长周期，通常只需数十小时或数天就可完成。此外，微生物具有惊人的生物转化能力，超越其他生物的水平。例如，同样重量下，酵母菌 24h 可以产生 50000kg 蛋白质，而豆科作物仅为 100kg，乳牛仅为 0.5kg。一个年产 10 万吨酵母菌的工厂，其蛋白质产量相当于 56 万亩豆科作物的产量。

2. 占用空间小，不受气候影响

种植植物需要大量耕地，饲养动物也需要占地较大的养殖场。而微生物体积小，它们的培养只需要比较小的发酵罐。尤其在土地资源稀缺的现在和未来，微生物的这一优势将更加突出。此外，利用微生物进行发酵生产可在相对封闭的环境中进行，不易受气候和天气的影响，并且可以通过人工控制环境条件，使得生产始终处于最适宜的环境之中。而这些优势在农作物种植和动物饲养中难以实现。

3. 产品种类多样，附加值高

微生物可用于生产肥料、饲料、农药、食品、化工原料、能源、药品、保健品、污染清除剂等各种产品。微生物在生物圈中扮演着重要角色，其生成的代谢物种类丰富、附加值高。微生物的代谢方式多样，包括有氧呼吸、无氧呼吸、发酵、光合作用、固氮以及合成次生代谢物等多种形式。微生物还拥有多条代谢途径，如糖酵解途径、三羧酸循环、磷酸戊糖途径、2-酮-3-脱氧-6-磷酸葡糖酸途径、同型乙醇发酵、同型乳酸发酵、丁酸发酵、乙醛酸循环等。微生物还能代谢石油、纤维素、半纤维素、木质素等其他生物难以利用的物质。此外，基因工程技术使得微生物能够获得外源性蛋白基因，进一步扩大了其代谢产物的种类。这些代谢产物都可以进行加工利用。

4. 原料来源广泛，废物变宝

微生物几乎能够利用一切物质进行发酵，包括甲醇、氰化物、酚以及多氯联苯等剧毒物质。即使是被认为"毫无价值"的物质，微生物仍能将其转化为高质量的产品。例如，富含木质纤维素的农作物秸秆、人畜粪便、城市有机垃圾等，微生物都能处理利用。

5. 绿色环保、污染治理与生态修复

利用微生物进行生产不仅能够降低能源消耗，反应条件也较为温和，更重要的是可以减少环境污染。与化学工业制造相比，通过微生物来生产肥料、农药、乙醇、乙烯等物质，不会形成许多废气、废水和固体废弃物。与动物养殖方式相比，微生物生产也不会产生大量排泄物和温室气体。微生物似乎没有废弃物，它们的代谢产物大多能够被人类利用。此外，微生物还能处理污染物和修复生态系统，包括石油烃、农药、多氯联苯、苯酚、重金属、恶臭物质、氰类化合物以及畜禽排泄物等环境污染物。

6. 易于改良和改造

微生物具有较高的遗传变异性，这对于选育新的菌种和进行基因工程改造非常有利。相比植物和动物的培育周期，微生物菌种的改良周期较短。此外，微生物结构简单，易于进行基因操作和改造。随着基因工程技术的发展，原本需要以植物或动物为原料提取或进行化工合成才能生产的产品，如链激酶、胰岛素、干扰素、生长激素、细胞因子等，如今可以通过基因工程菌就能实现。未来，微小的微生物发酵罐可能替代大面积农田、养殖场和化工厂进行生产。

第二节　微生物脱硫

我国煤炭资源丰富，20 世纪末每年煤炭消耗量已处于较高水平，其中部分为含硫量大于 2% 的高硫煤种。煤中的可燃硫经燃烧生成 SO_2，这是空气污染的主要来源之一。SO_2 也是引起酸雨的主要气体，是影响空气质量的重要指标气体。因此，开发煤炭脱硫技术是减少和防止 SO_2 污染大气的有效方法。煤中的硫有无机和有机两种形式，现在已经开发出物理脱硫法和化学脱硫法。物理脱硫法是利用煤中黄铁矿（FeS_2）的性质，如密度、磁性、导电性及其悬浮性差异而使之分离，所除去的仅是无机硫的一部分。化学脱硫是通过氧化剂把硫氧化，或者是将硫置换达到脱去有机硫的目的，但是化学脱硫要在高温、高压下进行，设备费用高，且使煤质发生改变。所以，物理脱硫法和化学脱硫法都不是有效的脱硫方法。近年来，国内外逐步发展起微生物脱硫法。尽管微生物脱硫过程比较慢，且受到煤颗粒大小的影响，但是其优点是物理脱硫法和化学脱硫法所无法比拟的。微生物脱硫法的优点包括：①去除煤炭中硫元素，直接破坏 C—S 键，不生成 SO_2；②能同时去除煤炭中的无机硫和有机硫；③反应条件温和，设备简单，成本低。

一、脱硫微生物

自发现氧化亚铁硫杆菌（*Thiobacillus ferrooxidans*）能够氧化黄铁矿以来，人们逐渐发现许多自养菌和异养菌能够氧化煤中的无机硫和有机硫（见表 13-2）。在异养菌中，红球菌、短杆菌和黑曲霉可以降解二苯并噻吩（dibenzothiophene，DBT）；在专性自养菌中，硫氧化硫杆菌（*Thiobacillus thiooxidans*）和氧化亚铁硫杆菌是最有效的脱硫菌，它们可使黄铁矿的溶解速度提高 100 万倍，可以脱除 90% 以上的 FeS_2。

表 13-2　常见脱硫微生物

菌种	基质	分解产物
假单胞菌（*Pseudomonas* sp.）CB1	DBT、煤	羟基联苯、硫酸根
不动杆菌（*Acinetobacter* sp.）CB2	DBT	羟基联苯、硫酸根
革兰阳性菌	煤	硫酸根
玫瑰红球菌（*Rhodococcus rhodochrous*）	DBT、石油、煤	羟基联苯、硫酸根
脱硫脱硫弧菌（*Desulfovibrio desulfuricans*）	DBT	联苯、H_2S、羟基联苯、硫酸根
棒状杆菌（*Corynebacterium* sp.）	DBT	安息香酸、亚硫酸盐
短杆菌（*Brevibacterium* sp.）Do	DBT	联苯、H_2S
	噻蒽	苯、H_2S
革兰阴性菌	甲苯基	苯甲醛
假单胞菌 OS1	甲基磺酸盐	

二、微生物脱硫机理

（一）无机硫的脱除机理

1. 直接氧化脱硫

微生物吸附在黄铁矿表面，直接把硫氧化为硫酸，并将由此生成的二价铁氧化成三价铁，其化学反应过程如下：

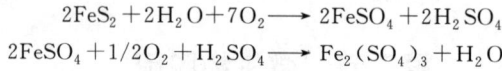

$$2FeS_2 + 2H_2O + 7O_2 \longrightarrow 2FeSO_4 + 2H_2SO_4$$

$$2FeSO_4 + 1/2O_2 + H_2SO_4 \longrightarrow Fe_2(SO_4)_3 + H_2O$$

2. 间接助浮脱硫

微生物吸附在煤的表面后，由于微生物的亲水性，使黄铁矿表面由疏水性变为亲水性，因而当浮选时，黄铁矿不再浮起而被除去。

（二）有机硫的脱除

以 DBT 为例，不同的微生物作用于 DBT 不同的键，可以分为两种形式：

1. 碳键裂解形式

微生物使碳环开环降解，其过程如图 13-1 所示。最先发现的是代谢类型 1，主要由假单

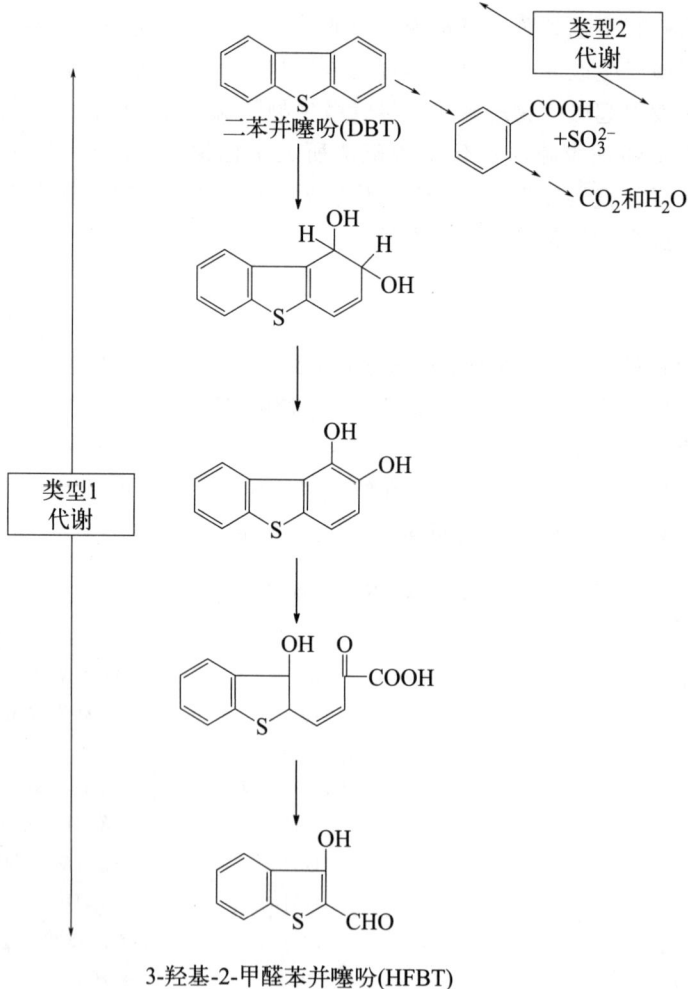

图 13-1　微生物降解 DBT 的途径——C—C 键裂解〔引自 Ohshiro 等，2002〕

胞菌进行，将 DBT 转化为 HFBT，HFBT 再进一步降解，但是不生成硫酸盐。后来发现短杆菌（*Brevibacterium*）可以以 DBT 为唯一碳源通过代谢类型 2 转化为苯甲酸和亚硫酸及二氧化碳和水。现在发现只有短杆菌和节杆菌（*Arthrobacter*）能进行这类反应。但是，由于芳环的裂解，使煤中碳含量明显降低，对煤质有一定破坏，热值有较大损失。

2. 碳硫键裂解形式

红球菌属（*Rhodococcus*）的菌株直接作用于 DBT 的噻吩环上的硫原子，最终生成硫酸，而不会引起碳损失，即代谢类型 3。其反应过程如图 13-2 所示。

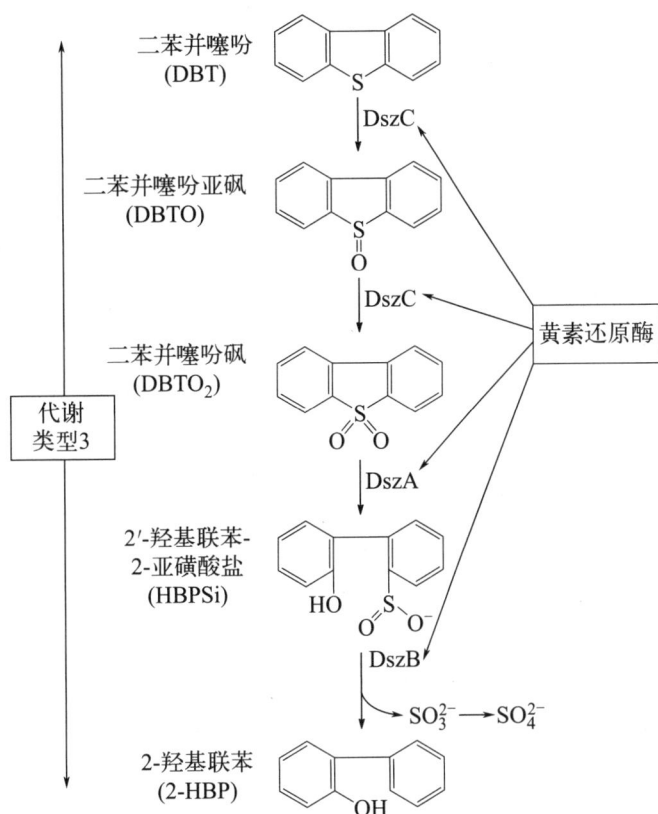

图 13-2　微生物降解 DBT 的途径——C—S 键裂解［引自 Ohshiro 等，2002］

三、影响微生物脱硫的环境因素

1. 温度

对于自养硫杆菌来说，最佳生长温度在 23～25℃，对于嗜热菌则是 50～80℃。

2. pH 值

一般脱硫菌适合酸性环境，例如，氧化亚铁硫杆菌最适 pH 值是 2～3，硫化叶菌最适 pH 值则为 1～5。

3. 三价铁离子

三价铁离子可作为化学氧化剂氧化黄铁矿中的硫，有报道在反应器中加入少量铁离子 ［(1～10)×10⁻⁶g/L］ 可提高脱硫效率。

4. 煤的粒度

煤粒的表面积大小是决定微生物脱硫效率的关键因素。煤粒度太大，表面积小，不利于微生物吸附；若煤粒度太小，表面积增大，但不利于氧气和液体的流动，这也会影响脱硫效率。

四、微生物脱硫的其他应用

硫化的橡胶可以通过各种手段实现去硫处理，其中使用微生物作为去硫工具被认为既环保又经济可靠。比如汽车轮胎之类的橡胶产品通常由交联结构的大分子物质制成，并常常加入炭黑与硫黄以增加其强度。在这些产品的硫化过程中，经过热力和压力的作用，会在两条碳氢链间产生 C—S—C 型的共价连接方式。因为这种化学反应无法反向进行，所以对于硫化橡胶的再利用变得相当困难。

现在，世界各地每年的橡胶产品生产量已超过了数百万吨，主要的处置手段包括把过期的橡胶物品放入水泥炉中燃烧，或把它转化为橡胶粉末及再造橡胶。此外，并无其他的更好的循环使用策略。所以，全世界每年会累积约 1000 万吨的废弃橡胶物品。因此，通过使用微生物来处理废弃橡胶以实现再生利用具有重要意义，尤其是针对轮胎等产品的再利用。

然而，因废弃橡胶碎片的大块状结构，导致微生物难以深入其中，因此仅能在外部表层完成脱硫过程。理想的方式应为选用细微的废弃橡胶粉末，因为脱硫效率随其尺寸缩小会有所提升。若把废弃橡胶视为球体来看待，最优的废弃橡胶粉末大小区间应该是在 0.1～0.2mm 之间，此时它的脱硫深度可达到 1～2m。另外，开展脱硫实验的前提条件是对那些可以氧化或还原硫黄的微生物的研究与发现。

第三节　生物制浆

生物制浆（biopulping）是指利用选育的木质素降解菌或木质素降解酶系处理含木质素纤维的原料，以达到脱除木质素得到纸浆的制浆方法。木质素是造纸工业中有效利用纤维素的最大障碍。现在所用的化学制浆法和机械制浆法不仅纸浆得率低，而且耗能高，污染严重，是亟待用生物技术进行革新的产业。目前在生物制浆中常用白腐真菌（white rot fungi）和褐腐真菌（brown rot fungi）。

一、生物制浆工艺与生物漂白

1. 生物制浆工艺

一般不采用纯生物制浆，多采用生物-机械制浆工艺，即在木片的机械磨浆前，先用木质素降解菌处理，从而降低机械制浆过程的能耗、提高纸浆强度以及减少废水对环境的污染。也可以直接使用木质素降解酶（如漆酶）在磨浆前预处理木片，在温度大于 60℃、pH 3.5～6.5 等条件下，使木片中的木质素得到改性，这样就可以明显降低磨浆的能耗，并改进纸浆的物理机械强度。1987 年，美国农业部林产研究所联合威斯康星大学等研究机构，选育出一株能快速生长并能选择性地从木材中除去木质素的拟蜡菌属菌株虫拟蜡菌（*Ceriporiopsis subvermispora*），把它接种于用蒸汽简单灭菌的木片上，培养 2 周后用于机械法制浆。结果显示，不仅可以节省能耗 38%，提高了设备生产能力，而且可以减少树脂等成分，明显改善了纸成品的性能。

同样，若在化学制浆前用木质素降解菌预处理木片，也可以减少蒸煮化学药品的用量和能耗，还可以降低漂白化学药品的用量，因而也减少了漂白药品的污染负荷。

2. 生物漂白

纸浆中的色素物质来自木质素的芳香类化合物，生物漂白的原理是用半纤维素酶（如木聚糖酶和甘露聚糖酶）使纸浆中的部分半纤维素解聚，从而有助于漂白化学药品从纸浆纤维素中除去残留木质素。生物漂白所用的真菌基本上都是白腐菌和褐腐菌，其产生的酶中研究应用最多的是木聚糖酶（xylanase）、甘露聚糖酶（mannanase）和木质素酶（ligninase）。

二、木质素降解菌及降解酶系

在生物制浆和生物漂白中涉及细菌、真菌等多种微生物，其中最具潜力、最有应用价值的是白腐真菌。白腐真菌是一种丝状真菌，属担子菌纲，因其腐朽木材呈白色而得名，其在自然界中约有 2 万～3 万种。自 20 世纪 80 年代，在黄孢原毛平革菌（*Phanerochaete chrysosporium*）中发现了木质素过氧化物酶（LiP）以来，相继发现了锰过氧化物酶（MnP）、漆酶（laccase）等。目前研究较多的白腐真菌主要是黄孢原毛平革菌、杂色革盖菌（*Coriolus versicolor*）和贝壳状革耳（*Panus conchatus*）。白腐真菌产生的木质素降解酶具有很强的降解木质素大分子的能力。

1. 木质素过氧化物酶

木质素过氧化物酶（LiP）是研究比较清楚的木质素降解酶，它是在 1983 年由 Glenn 等首先在黄孢原毛平革菌中发现的胞外酶，后来在其他一些担子菌和一株子囊菌中也发现了该酶。LiP 是以血红素为辅基的糖蛋白，能够催化一系列酚类和非酚类化合物、多元环芳香族烃等化合物产生苯氧基团和芳基基团。其催化过程如图 13-3 所示。在过氧化氢的参与下，初始态木质素过氧化物酶（LiP）铁卟啉中的铁以 Fe^{3+} 形式存在，经 H_2O_2 氧化后形成 LiP Ⅰ，LiP Ⅰ氧化芳香族化合物为芳香自由基，自身通过一次电子传递变为 LiP Ⅱ，再经过一个同样的反应，LiP Ⅱ被还原到初始状态（图 13-3）。在此循环中，芳香化合物被氧化，如黎芦醇（3,4-二甲氧基苯甲醇）可经过此循环被氧化成芳香自由基。LiP 催化的主要反应是 C_α-C_β 键的断裂、C_α 的氧化、烷基-芳基键的断裂、芳香环开环等。目前，从黄孢原毛平革菌中已经分离出二十多种 LiP 的同工酶，它们在稳定性和催化特性上各不相同。

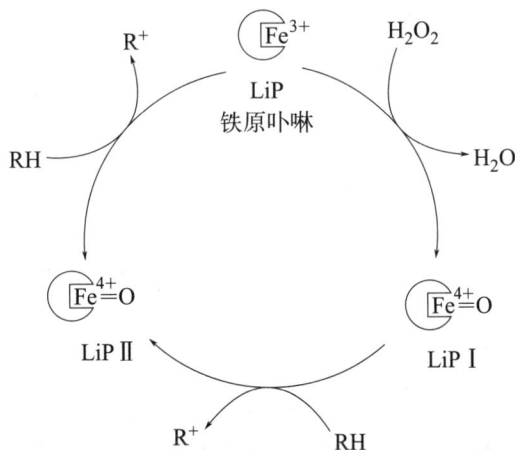

图 13-3 木质素过氧化物酶 LiP 的催化反应过程

2. 锰过氧化物酶

锰过氧化物酶（MnP）也是在黄孢原毛平革菌中首先发现的，随后在其他一些白腐担子菌中也发现了该酶。MnP 与 LiP 一样也是胞外酶和糖蛋白，并以血红素为辅基，反应也需要过氧化氢。二者之间的主要区别是 MnP 在氧化还原反应中需要 Mn^{2+} 作为电子受体。MnP 与 LiP 的催化反应也很相似，也包括初始态的酶、MnP I 和 MnP II 三种氧化状态。MnP I 和 MnP II 被 Mn^{2+} 还原，Mn^{2+} 被氧化成 Mn^{3+}，Mn^{3+} 被有机酸如草酸、丙二酸、苹果酸、酒石酸、乳酸等螯合后提高其氧化还原电位。螯合的 Mn^{3+} 作为可扩散的介质氧化酚类化合物以及某些甲基化、硝基化和氯代的芳香族化合物（图 13-4）。加入合适的介质如硫醇等可提高其氧化能力。

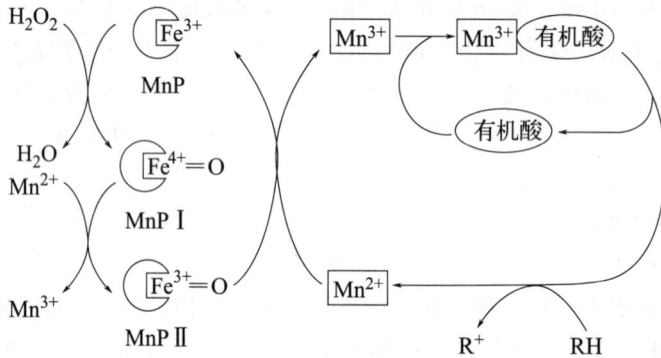

图 13-4 锰过氧化物酶的催化氧化过程

3. 其他过氧化物酶

在许多真菌和高等植物中发现一种含有 Cu^{2+} 的漆酶，它也是胞外酶，属于蓝色铜氧化酶系，也是一种糖蛋白。漆酶氧化酚类芳香化合物生成苯氧自由基，然后再经过自由基之间的聚合、歧化、脱质子化、水的亲核进攻等非酶促反应，最终导致烷基-芳基断裂。在灰盖鬼伞（*Coprinus cinerea*）、*Arthromyces ramosus* 和易剥容氏孔菌（*Junghuhnia separabilima*）中也发现了结构与 LiP 和 MnP 相似的过氧化物酶。

在上述的木质素降解酶中，LiP 和 MnP 是主要酶，但是这两种酶的产生对培养条件要求苛刻。因此，许多人研究尝试将这些酶的编码基因扩增出来，进而在其他菌体中进行转基因表达。目前，已经将黄孢原毛平革菌的 LiP 基因在大肠杆菌和杆状病毒中获得有效表达，以及 MnP 基因在米曲霉中得到成功表达。

4. 木质素的降解机制

木质素是一种多样的复合物，大部分成分是由芳香类构成。在自然生态系统中，一些微生物所生成的酶能在一般温度和压力条件下作为催化剂，把那些难以溶解的、复杂的复合物转变成易于被溶解的苯环化合物，进而引发苯环的破坏并且形成有机小分子产物。在微生物处理过程中，仅有少数的真菌能同时消化所有的植物聚合物。而白腐真菌则使用一种基于自由基的连锁反应机制去分解木质素。起初，木质素会经历解聚反应，这会导致一系列活性极高的自由基中介体的出现。接着，这些自由基会以连锁的方式释放出许多不同类型的自由基，造成连接键的分离，使得木质素分解为各式各样的小碎片，最后经彻底氧化后变为二氧化碳。这个自由基反应具备很强的非特定性和没有立体选择性，恰好符合木质素构造的多态性，因此可以有效地降解这类异质大分子高聚物。

第四节　微生物湿法冶金

微生物湿法冶金又称为生物浸矿（bioleaching），是利用微生物及其代谢产物对某些矿物或金属的氧化、还原、溶解或吸附作用来采矿或回收有用金属，是湿法冶金工业上的新工艺。自 1958 年美国在肯尼亚铜矿采用细菌浸铜成功以来，1966 年加拿大用细菌浸铀也获得成功。目前，世界上已有 20 多个国家开展了用微生物提取矿石、电子废弃物和废液中的有用金属，国内外已经有一定规模的生产应用，尤其在铜和铀的开采上应用较多。研究提取的金属也由开始的铜、铀、金，扩展到锌、铅、钼、锰、镍、钴、镓、锗、镉、银等。由于微生物本身的生物学特性，使其在应用方面受到限制，如生长慢、耐热性差、易受金属离子干扰等都限制了此技术的快速工业化。因此，国内外的研究者在育种上投入了大量精力。可以预计，微生物湿法冶金技术的发展，不仅会在资源的充分利用和环境保护方面大放异彩，还能有效推动冶金工业的变革。

微生物冶金与传统的焙烧法和加压氧化法相比有以下优点：①微生物冶金可以在常温常压下进行，且不会产生废水，省去了加压氧化法所需的高压反应釜、高压泵及一系列耐高压的仪器设备，并且省去了废气、废酸水的处理费用；②可以提高金属回收率，金属回收率可达 95％以上，尤其适用于用传统方法难以处理的矿石和废弃物、废液，如从低品位的矿石中提取贵金属等；③不污染环境，由于冶金的对象多为硫化矿物，采用微生物冶金可以大幅度减少每年向空气排放的二氧化硫，有效减少酸雨的形成；④工艺过程简便，易操作运行。

一、湿法冶金的微生物学原理

对微生物的研究证明，浸矿细菌中都含有能催化矿物中的硫化物快速氧化的酶。硫化物的氧化一方面为细菌的生命活动（生长、繁殖等）提供能量，另一方面可迅速地将硫化物中的硫氧化为硫酸，并使矿物分解。以辉铜矿湿法冶炼为例，其生化反应和浸出过程可分为间接法和直接法。

间接法是指用细菌生命活动产物［如 H_2SO_4、$Fe_2(SO_4)_3$］作为溶剂浸出矿石中的有用金属，这是应用较广泛的方法。例如，硫氧化硫杆菌和聚硫杆菌能把矿石中的硫氧化成硫酸，氧化亚铁硫杆菌能把 $FeSO_4$ 氧化为 $Fe_2(SO_4)_3$；硫酸铁又可将矿石中的铁或铜溶出。其反应如下：

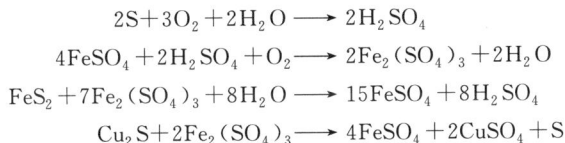

$$2S+3O_2+2H_2O \longrightarrow 2H_2SO_4$$
$$4FeSO_4+2H_2SO_4+O_2 \longrightarrow 2Fe_2(SO_4)_3+2H_2O$$
$$FeS_2+7Fe_2(SO_4)_3+8H_2O \longrightarrow 15FeSO_4+8H_2SO_4$$
$$Cu_2S+2Fe_2(SO_4)_3 \longrightarrow 4FeSO_4+2CuSO_4+S$$

通过以上反应，就可将矿石中的铜转化为溶液中的铜离子，然后可以通过置换法、萃取法、电解法或离子交换法浓缩和纯化铜。在以上铜的制取过程中，仅 S 氧化为 H_2SO_4 的过程为微生物学过程，因为铜的浸出与微生物成间接关系，故称为间接法。

直接法是指细菌对矿石的直接浸提作用。研究发现某些以有机物为碳源和能源物质的细菌，可以产生一种有机物，这种有机物可与矿石中的有用金属嵌合而从矿石中溶出。目前对这种浸出方法的研究尚不够深入，应用研究也较少。

二、湿法冶金的微生物

优良的微生物菌种是冶金成功的先决条件。目前研究和应用的冶金微生物分为三类（表13-3）：①中温的硫杆菌属（*Thiobacillus*）及钩端螺菌属（*Leptospirillum*）；②中度嗜热的硫化芽孢杆菌（*Sulfobacillus*）；③极度嗜热的古细菌，如硫化叶菌（*Sulfolobus*）、酸双面菌（*Acidianus*）等。

表 13-3　常见湿法冶金的微生物及其特性

微生物种类	最适温度/℃	利用的基质
中温菌		
氧化亚铁硫杆菌（*Thiobacillus ferrooxidans*）	30	氧化 Fe、S、$S_2O_3^{2-}$ 和金属硫化物 CuS
硫氧化硫杆菌（*T. thiooxidans*）	30	氧化 S、$S_2O_3^{2-}$，但不能氧化 Fe 或金属硫化物
那不勒斯硫杆菌（*T. neapolitanus*）	30	氧化 S（pH 6.0）
铁氧化钩端螺菌（*Leptospirillum ferrooxidans*）	30	氧化 Fe，但不能氧化 S
脱硫弧菌（*Desulfovibrio*）	30	还原 S、SO_4^{2-} 形成金属硫化物
隐藏嗜酸菌（*Acidiphilium cryptum*）	30	在有机基质上生长
高温菌		
布氏酸双面菌（*Acidianus brierleyi*）	70	氧化 Fe、S、MoS_2、$CuFeS_2$
硫杆菌 TH-1	55	氧化 Fe、金属硫化物，但是需要一种有机基质
中温嗜热菌		
热硫氧化硫化芽孢杆菌（*Sulfobacillus thermo-sulfidooxidans*）	50	氧化 Fe、S

其中工业生产中大多数采用化能自养型的硫杆菌。硫杆菌为革兰阴性、杆状，具单鞭毛，有些菌表面有黏液。它们大多数能耐酸，甚至在 pH 值小于 1 时仍能生长。其中最重要且最具应用价值的是氧化硫及硫化物的硫氧化硫杆菌和氧化铁及铁化合物的氧化亚铁硫杆菌。

1. 氧化亚铁硫杆菌

菌体呈棒状，单生或成对，靠单极生鞭毛运动。在硫代硫酸盐培养基上可生成微小的菌落（0.5~1.0mm），菌落因有硫的沉淀而呈白色。在硫酸亚铁的固体培养基（pH＝1.6）上也有微小菌落形成，在菌落周围可见褐色的三价铁离子沉淀。在硫酸亚铁的液体培养液中，随着菌体生长，培养液由浅绿色逐渐变为褐色，最后变成棕色。

2. 硫氧化硫杆菌

细胞呈短杆状，单生、成对生或短链状，能在硫代硫酸盐培养基上生长。该菌不能氧化铁离子或硫铁矿，但可在含硫铁矿的培养基中与铁氧化钩端螺菌共同培养。

三、微生物冶金的基本过程

1. 浸出法

微生物湿法冶金用于贵重金属的生产，常用方法有堆浸法和流化床法，主要包括以下步骤：

（1）微生物浸出剂的生产和再生

首先生产浸出剂，在一个细菌培养器中，用细菌营养剂在有氧条件下培养细菌，通过细菌的代谢活动生产浸出剂。

（2）矿石原料的准备

加工矿石原料使其适合于金属浸出，主要包括矿石的破碎、堆积；对于流化床法还需要将矿石破碎成颗粒，使之容易通过机械搅拌或气流搅拌呈悬浮运动状态。

（3）浸出和固液分离

浸出是微生物湿法冶金的关键工序，其主要目的是保证矿石与浸出剂充分接触和浸出剂的浸取能力。浸出完成后，将浸出液与其中的固体物分离，含金属离子的上清液进入金属回收工序。

（4）金属回收

这道工序是从上清液中回收金属，常用方法为：

① 置换法，即利用廉价金属置换贵重金属，以回收铜为例，其反应如下：

$$CuSO_4 + Fe \longrightarrow FeSO_4 + Cu \downarrow$$

② 电解法，即将含金属离子的上清液送入电解槽中，电解装置的阴极吸收电子将金属离子还原为金属分子。

③ 离子交换法，即将含金属离子的清液送入离子交换柱中，或用静态离子交换法使金属离子与阳离子交换剂接触，以金属离子代换交换剂上的阳离子而富集金属离子，然后洗脱得浓液。

（5）微生物浸出剂的再生

浸出剂使用后，有效成分如 H_2SO_4、$Fe_2(SO_4)_3$ 被消耗。为了使浸出剂再生，恢复其原有组分，可以将回收液（尾液）送回细菌培养器进行细菌培养。

以利用氧化亚铁硫杆菌浸出尾矿中的金属为例，其工艺流程如图 13-5 所示。

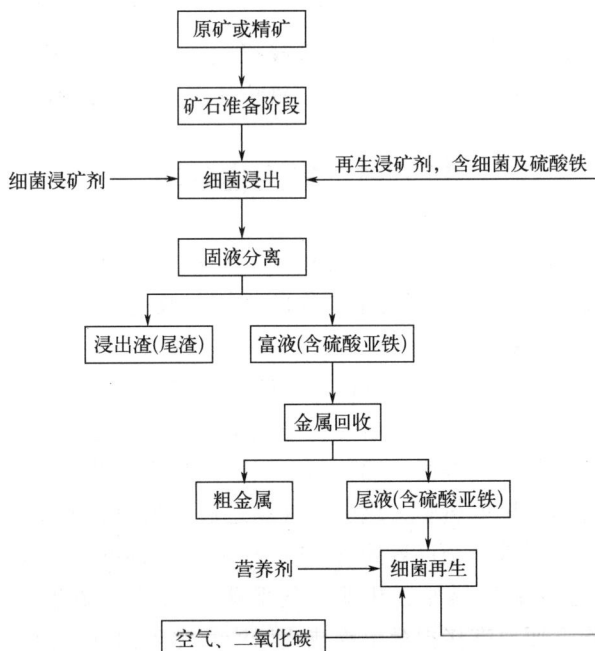

图 13-5　利用氧化亚铁硫杆菌浸出金属硫化矿矿石的通用流程

2. 富集法

由于微生物细胞壁中含有多糖、糖蛋白、脂多糖等大分子多聚物，这些大分子物质带有很多负电荷基团，常常可以将代谢必需的矿物离子吸附在细胞壁上，使金属得以富集。所用的微生物既可以是活菌，也可以是死菌。如链霉菌、假单胞菌和节杆菌可以选择性地吸附铀，芽孢杆菌和曲霉等可以吸附锌等。

四、微生物湿法冶金的主要影响因素

影响微生物湿法冶金的因素有很多，如矿石的粒度、温度、光照等，现将主要影响因素介绍如下。

1. 微生物的适应性

在微生物湿法冶金中，对矿石发生氧化作用的关键在于微生物对这种矿石的适应性。特别是当矿石含有毒砂和辉锑矿等有害矿物或杂质时，细菌的适应性就显得十分重要，必须通过长时间的驯化以增强细菌的适应性。

2. 通气量

当利用好氧微生物对矿石进行氧化浸出时，需要供给充足的氧气。在实际浸矿工程中，通气速度一般为 $0.06\sim0.1\mathrm{m}^3/(\mathrm{m}^3\cdot\mathrm{min})$。

3. pH 值

pH 值的改变会引起微生物表面电荷的改变，并影响金属离子的活性，所以，控制浸矿工艺的 pH 值稳定在一定范围内是必需的。

4. 氧化还原电位

氧化还原电位（Eh）对微生物生长有明显的影响。氧化环境具正电位，还原环境具有负电位。一般好氧微生物在 Eh 为 $+0.3\sim+0.4\mathrm{V}$ 条件下生长最佳，厌氧微生物只能在 Eh 为 $+0.1\mathrm{V}$ 以下生长，而兼性厌氧微生物在 Eh 为 $+0.1\mathrm{V}$ 以上时进行好氧呼吸、在 $+0.1\mathrm{V}$ 以下时进行发酵。

三价铁离子间接氧化硫化矿的过程受到溶液氧化还原电位的显著影响。该工艺最佳的 Eh 取决于三价铁离子与二价铁离子之比，当溶液中主要是三价铁离子时，Eh 就会较高。

第五节　微生物采油

微生物采油（microbial enhanced oil recovery，MEOR）是指将人工培养的微生物或微生物代谢产物注入油藏，经微生物或代谢产物的作用，改变油藏或原油的某些物理化学性质，从而提高原油采收率的技术。

用微生物提高采收率是美国人 Beckman 于 1926 年首先提出来的，1943 年 Zobell 把实验室的研究应用于实际，并获得了一项名为"把细菌直接注入地下以提高原油采收率"的专利。此后，尤其是在近几年，许多国家都大力开展微生物采油技术的研究和开发。1991 年，美国将微生物采油列为继传统的热驱、化驱、气驱之后的第四类提高原油采收率的技术，并在许多油田开始应用。据报道，全世界约有 $2500\sim3000$ 口油井采用微生物处理过，大约增加了 50% 的采油量。与传统的热驱、化驱、气驱采油相比，微生物采油具有以下优点：①施工工序简单，操作方便，直接把微生物或代谢产物注入油藏，微生物以原油作为其主要营养源，有利于降低成本；②对低产油藏、枯竭油藏，微生物采油具有明显的增产效果；

③微生物采油适用范围广，重质、轻质、中等密度的原油以及含蜡质高的油藏都可以采用微生物处理提高采油率；④微生物采油不污染环境，可做到不损害地面设施，且不会对周围的土壤和水环境造成污染。

提高原油采收率的机理非常复杂，但可以简单总结为以下几方面：

① 微生物通过降解重组分来降低原油的黏度，增加其流动性。这个分解过程中产生了某些副产品，这能使得石油的流动性增加。

② 微生物在油田中繁殖生成气态物质（比如 N_2 和 CO_2），增加了油井内的压力，这对提取石油是有利的。

③ 细菌可制造出生物表面活性剂（例如糖脂、脂肽等），它们可以通过减小油水界面上的张力，提升水的移动速度。

④ 细菌细胞或者它们的分泌物（比如黄原胶、葡聚糖等）可以选择性地或是无选择性地阻塞油层，增大注入液体的渗透率。

⑤ 在缺乏氧气的环境下，细菌能生产出溶剂（比如酸、醇、酮等），这些溶剂与岩石或者是石油发生化学反应，有益于石油的提炼。

根据上述机理，若使用那些依赖石油作为碳源而生存的细菌来实施石油回收工作，不仅能减少费用，并且能使细菌长时间存在于地下持续影响石油，这样就能有效提高石油的收集效果。

微生物采油根据实施过程不同分为地上采油和地下采油两种方法。

一、地上微生物采油

地上微生物采油是指在地面上建立发酵设施，生产微生物的某些代谢产物，主要是生物表面活性剂和生物聚合物，将代谢产物注入地下油藏。由于代谢产物的作用改变了原油的一些性质，从而提高了原油的采收率。地上微生物采油技术的关键是选育有效菌种和设定最佳发酵工艺。其优点是发酵工艺易于控制，微生物的生长和代谢活动不受地层条件的影响。

1. 生物表面活性剂

生物表面活性剂的主要成分是糖脂类和脂肽类，它们很容易与地层水及油混合，在油水界面上具有较高的表面活性，能很好地湿润含油岩石表面，从而洗下岩石表面的油膜，具有强分散和驱动原油的能力。以烃类为碳源的微生物是生物表面活性剂的重要来源，假单胞菌、节杆菌、不动杆菌和棒状杆菌等是主要类群。

2. 生物聚合物

1972 年，美国首先将生物聚合物用于采油（美国专利 3704990）。此后，世界各国的学者相继研究出几十种生物聚合物，常用的生物聚合物及其产生菌种列于表 13-4。

表 13-4 常用生物聚合物及其产生菌种

微生物	生物聚合物
野油菜黄单胞菌(*Xanthomonas campestris*)	黄原胶
假单胞菌属(*Pseudomonas*)	多糖
瓦恩兰德固氮菌(*Azotobacter vinelandii*)	藻朊酸
根癌土壤杆菌(*Agrobacterium tumefaciens*)	Zanflo

续表

微生物	生物聚合物
印度固氮菌产黏亚种(*A. indicum* subsp. *myxogenes*)	PS-7
甲基单胞菌(*Methylomonas*)	多糖
肠膜明串珠菌(*Leuconostoc mesenteroides*)	葡聚糖(dextran)
出芽短梗霉(*Aureobasidium pullulans*)	普鲁蓝(pullulan)
乙酸钙不动杆菌(*Acinetobacter calcoaceticus*)	乳化胶(emulsan)
土壤杆菌(*Agrobacterium*)	可得然胶
粪产碱菌(*Alcaligenes faecalis*)	可得然胶
产葡聚糖小核菌(*Sclerotium glucanicum*)	小菌核葡聚糖

在所列的聚合物中，黄原胶（xanthan）是最常用的一种，其每年产量超过 2 万吨。黄原胶的主链是葡聚糖，具有 D-葡糖醛酸侧链。黄原胶具有很高的假塑性，在高剪切力下黏度降低，剪切力减弱黏性又恢复，故在钻井中广泛使用。我国生产的黄原胶驱油可提高原油采收率 8%～12%。小核菌产的葡聚糖也可以作为黄原胶的替代品。另外，用黄原胶处理油层非均质问题的效果非常显著。可得然胶（Curdlan）为中性的 β-1,3-D-葡聚糖（分子量为 74000），弹性好，遇热不熔解，在酸性条件下形成凝胶。

二、地下微生物采油

地下微生物采油是指将选育的微生物菌种注入储油层，同时注入适当的营养物质，使微生物在油藏处生长繁殖，占据孔隙而驱出孔隙中的原油，同时降解原油中的某些成分使原油黏度降低，增加流动性。另一方面，由于微生物产生多种代谢物，如表面活性剂、生物聚合物、有机酸和气体等，这些产物可降低油-岩石和油-水界面的表面张力，或增加注水的流动性，从而提高水驱原油的效率，或降低原油的黏度、清除堵塞等。总之，地下微生物采油是菌体和代谢产物联合作用于原油，改变原油的某些特性，从而提高原油采收率。图 13-6 可以说明微生物驱油的过程。

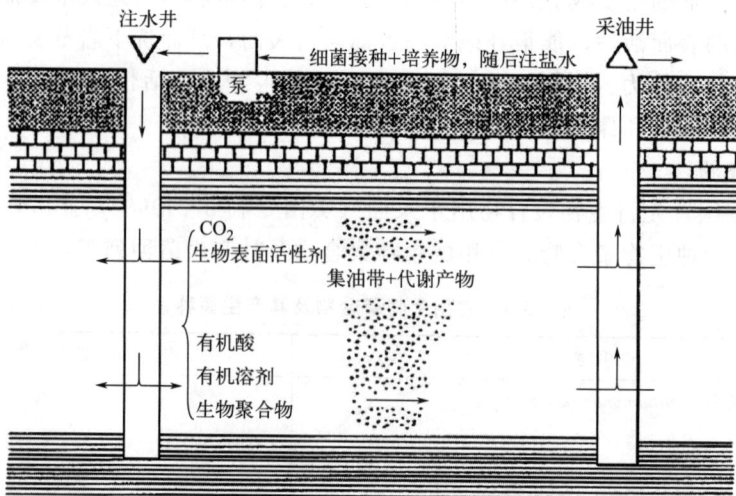

图 13-6　微生物驱油示意图

三、微生物采油的影响因素

1. 微生物菌种的选育

油藏是由固、液、气三相构成的，其物理和化学性质对微生物的生长、繁殖和代谢都有决定性的影响。注入的微生物必须能适应油藏的环境，即高温、高压、高盐、缺氧、缺营养等。一般要求采油微生物必须具备：厌氧或兼性厌氧，能耐高温、高压、高矿化度，能以烃类作为唯一碳源，能在原油中生长繁殖等条件。常用多种菌组成复合菌群（参见表13-4）。

2. 营养物的注入

注入的营养液必须根据菌群、地层条件和工程目的而决定。一般需要注入含磷化合物（有机磷和无机磷）、含氮化合物（氯化铵、硝酸钾和氨基酸等）、含碳化合物（简单和复杂的碳水化合物、蛋白质、脂肪等）及微量元素。所选用的营养物质在地层条件下应具有热稳定性和化学稳定性，而且不会与地层流动体中的无机盐发生反应而形成沉淀，以免堵塞地层。在含黏土的地层中，营养液应不能引起地层黏土膨胀和微粒位移。世界各国用于驱油的菌种及注入的营养物见表13-5。

表 13-5　世界各国用于驱油的菌种及注入的营养物

国家	微生物菌种	注入营养物
捷克斯洛伐克	硫酸盐还原菌、利用烃的假单胞菌混合菌种	糖蜜
匈牙利	污水-污泥混合培养物、厌氧嗜热混合培养物（主要含梭菌、脱硫弧菌和假单胞菌等）	糖蜜、蔗糖、KNO_3、Na_3PO_4、$NaCl$
波兰	需氧和厌氧混合菌种：节杆菌、梭菌、分枝杆菌、假单胞菌	糖蜜 4%
苏联	需氧和厌氧混合菌种	糖蜜 4%
罗马尼亚	主要由梭菌、芽孢杆菌和革兰阴性杆菌组成的适应性混合富集培养物	糖蜜 4%
德国	嗜热芽孢杆菌和梭菌混合菌种	糖蜜 4%、多磷酸盐、苏打、$NaCl$
美国	梭菌、芽孢杆菌、地衣芽孢杆菌和革兰阴性杆菌混合菌种	单体玉米糖浆
	梭菌的特殊适应性菌种	铵盐、磷酸盐
	烃降解细菌混合菌种	铵盐、磷酸盐
	丙酮-丁醇梭菌	糖蜜 2%
中国	假单胞菌、芽孢杆菌等的混合菌种	酵母粉、0.03% NH_4NO_3、K_2HPO_4

第六节　微生物生产甲烷

微生物可以将生物质（如垃圾、污泥、污水、秸秆等有机废物）转化为气、液燃料，包括甲烷、氢气和乙醇，它们可以替代不可再生的化石燃料（如煤、石油等）。这类新能源大都可以由有机废物转化产生，而且燃烧时产生的污染少，因此利用微生物生产新能源是最具潜力的产业之一。

用微生物生产甲烷的原理与污水厌氧生物处理的原理相同，以产甲烷为目的的发酵工艺形式多样，在农村和城市有着广泛的应用。

一、甲烷发酵

甲烷（methane）是沼气的主要成分。其是一种高燃烧值的气态燃料，热值达 39300kJ/m^3，$1m^3$ 含 65% 甲烷的沼气相当于 $0.6m^3$ 天然气、$1.375m^3$ 煤气、0.76kg 原煤、6.4kW·h 电能。由于微生物的作用，甲烷可产生于城市下水道、水体沉积物、水稻田、湿地等环境。甲烷发酵是指各类有机物在厌氧条件下，经过微生物发酵而产生甲烷，同时产生水和二氧化碳的过程。McCarty（1974）曾经计算过，若有机污染物以 COD 计，理论甲烷产率系数为 0.35L CH_4/gCOD，由于甲烷发酵过程中部分有机物作为能源性基质用于细菌生长繁殖，同时发酵过程常受到有机废物物性、工艺条件的影响，加之一部分甲烷将溶于水中，实际生产的甲烷或沼气产率稍低一些（表 13-6）。

表 13-6　有机废物甲烷产率

有机废物	水力停留时间/d	甲烷产率(以单位质量 COD 计)/(m^3/kg)
生活污水	1.0	0.078
污水污泥	16.0	0.468
屠宰废水	0.66	0.12
酒糟废水	1.2	0.32
柠檬酸发酵废水	2.0	0.33
城市垃圾	20.0	0.20
奶牛粪便	40.0	0.256
猪粪尿	26.0	0.34

二、产甲烷的细菌

产甲烷的细菌是一类特殊的菌群，属古细菌。与其他细菌相比，产甲烷细菌的种类较少，只有一个科，即甲烷菌科。目前，全世界报道的产甲烷菌有 40 余种。产甲烷细菌均不形成芽孢，革兰染色不定，有的具有鞭毛。球形菌呈圆形或椭圆形，直径一般为 0.3～$5\mu m$，有的成对或链状排列。杆菌有的为短杆，两端钝圆。八叠球菌革兰染色阳性，这种细菌在沼气池中大量存在。产甲烷细菌是严格的厌氧菌，大多数产甲烷菌生长需要 B 族维生素和微量元素（<$0.1\mu mol/L$）（如 Ni、Co、Mo 等）。

常见产甲烷的细菌主要有：①甲烷杆菌属（*Methanobacterium*），如反刍甲烷杆菌（*M. ruminantium*）、甲酸甲烷杆菌（*M. formicicum*）、索氏甲烷杆菌（*M. soehngenii*）、运动甲烷杆菌（*M. mobile*）、热自养甲烷杆菌（*M. thermoautotrophicus*）等；②甲烷八叠球菌属（*Methanosarcina*），如巴氏甲烷八叠球菌（*M. barkeri*）等；③甲烷球菌属（*Methanococcus*），如万尼甲烷球菌（*M. vannielii*）等；④甲烷螺菌属（*Methanospirillum*），如洪氏甲烷螺菌（*M. hungatei*）等。

三、产甲烷机理

第一阶段是通过发酵性细菌群分泌的胞外酶，如纤维素酶、淀粉酶、蛋白酶和脂肪酶等，对复杂有机物如纤维素、蛋白质、脂肪等进行水解和发酵，使其降解成单糖、氨基酸、甘油和脂肪等小分子化合物。

第二阶段是将第一阶段产生的简单有机物经微生物转化，生成乙酸和产生氢气。通过三种细菌群体的协同作用，先由发酵性细菌吸收液化阶段产生的小分子化合物，并将其分解为乙酸、丁酸、氢气和二氧化碳等。然后由产氢乙酸菌将发酵性细菌产生的丙酸、丁酸转化为甲烷细菌可利用的乙酸、氢气和二氧化碳。此外，还存在耗氧产乙酸菌群，这些细菌能够利用氧气和二氧化碳产生乙酸，同时代谢糖类产生乙酸。液化阶段和产酸阶段是连续进行的过程，不产生甲烷。在这个阶段，存在众多不产甲烷的细菌，它们的种类和数量庞大，主要作用是为产甲烷菌提供营养物质和创造适宜的厌氧环境条件，同时清除部分毒物。

第三阶段是甲烷产生阶段，其中产甲烷菌将乙酸转化为甲烷，即 CH_3COOH（乙酸）通过产甲烷菌的作用生成 CH_4（甲烷）和 CO_2（二氧化碳）。

在这个阶段中，产甲烷细菌群可分为嗜氢产甲烷菌和嗜乙酸产甲烷菌两大类。迄今已研究过的产甲烷菌有 70 多种，它们利用之前不产甲烷的三种细菌群所分解转化的甲酸、乙酸、氢气和二氧化碳等小分子化合物来产生甲烷。

四、甲烷发酵工艺

甲烷发酵工艺可以简单地分为单相发酵和两相发酵。

1. 单相甲烷发酵工艺

单相发酵工艺是将甲烷发酵过程中的水解发酵产酸与产甲烷两个阶段在一个反应器中完成的工艺过程。

2. 两相甲烷发酵工艺

两相发酵工艺是将甲烷发酵过程中的水解发酵产酸与产甲烷两个阶段分别在两个反应器中进行，并在不同条件下完成的工艺过程。对于复杂的有机物（如纤维素、生活垃圾等）和难降解的有毒有机物来说，水解过程往往成为限速步骤。当处理这类废水、废物时，采用两相甲烷发酵工艺，通过控制适宜条件可加速物料的水解与产酸过程或改善废水的可生物降解性，提高甲烷产率。为使甲烷发酵两个阶段得以偶合，一般可通过控制氧化还原电位、温度和 pH 值等参数来发挥各反应器的优势。

五、产甲烷菌的特点

① 甲烷八叠球菌在乙酸环境下的生长极慢，其增长周期大约为 1～2 天。

② 对氧气和氧化剂极度敏感，严格的厌氧特性使其在有空气的环境中无法存活或者死亡。

③ 只能利用少数简单的化合物作为营养。

④ 它们需要中性至偏碱性的环境，并保持适宜的温度条件。

⑤ 代谢过程的最终产物是沼气，主要成分是甲烷和二氧化碳。

第七节 微生物生产乙醇

乙醇是一种清洁能源，其特点是产能效率高、燃烧过程不产生有毒的一氧化碳，污染程度低。乙醇可以通过微生物发酵大量生产，资源丰富，成本相对较低。因此乙醇很可能逐步代替石油。

乙醇发酵作为传统工业，过去多采用糖蜜、淀粉为原料，在酵母菌的作用下进行厌氧发酵生产。近年来采用有机废物为原料发酵生产乙醇，正成为国内外的研究热点，并取得重大进展。

一、乙醇发酵微生物

乙醇发酵是指葡萄糖在微生物的作用下转化成乙醇的过程。由于淀粉、纤维素、半纤维素等多聚物不能为微生物利用，只有通过酶或其他方法预处理将其变成双糖、单糖后才能发酵生产乙醇。所以乙醇发酵过程包括原料多糖降解产生单糖与双糖以及糖发酵生成乙醇两大过程。

在自然界中能够进行乙醇发酵的微生物种类很多，但能够应用于大规模工业生产的菌种却不多。关键在于一般的微生物不能完成多糖降解和糖发酵两个过程。工业上常用霉菌和细菌完成淀粉的糖化，用酵母菌进行糖发酵来生产乙醇。

1. 酵母菌

在乙醇生产中常用的酵母菌有酿酒酵母（*Saccharomyces cerevisiae*）、葡萄汁酵母（*S. uvarum*）和粟酒裂殖酵母（*Schizosaccharomyces pombe*）等，它们均属兼性厌氧菌。

① 酿酒酵母，能利用葡萄糖、麦芽糖、半乳糖、蔗糖以及 1/3 棉子糖，但不能利用乳糖、蜜二糖，不同化硝酸盐。

② 葡萄汁酵母，能发酵葡萄糖、麦芽糖、半乳糖、蔗糖以及全棉子糖产生乙醇，但不同化硝酸盐，能稍微利用乙醇。

③ 粟酒裂殖酵母，能发酵葡萄糖、麦芽糖、蔗糖、全棉子糖产生乙醇，但不能利用乳糖、半乳糖和蜜二糖。以半纤维素水解液进行乙醇发酵，其发酵速度和发酵效率比酿酒酵母好。

新近研究表明，假丝酵母、毕赤酵母等能直接利用木糖发酵产生乙醇，成为利用半纤维素发酵生产乙醇的新菌种资源。

2. 霉菌

霉菌在乙醇发酵中有两个作用，一是有些霉菌本身能进行乙醇发酵；二是霉菌能产生高活性的淀粉酶和纤维素酶，可用于水解淀粉和纤维素产生单糖。常用霉菌有根霉、曲霉和木霉等。

① 根霉（*Rhizopus*），具有高活性淀粉酶，酿酒工业用它水解淀粉。比较重要的有匐枝根霉（*R. stolonifer*）、米根霉（*R. oryzae*）、华根霉（*R. chinensis*）和少根根霉（*R. arrhizus*）。

② 曲霉（*Aspergillus*），具有淀粉酶、蛋白酶、果胶酶等酶系，常作为糖化酶、蛋白酶、果胶酶和柠檬酸生产的菌种。在乙醇发酵生产中常用菌种有：黑曲霉（*A. niger*）、宇佐美曲霉（*A. usamil*）、泡盛酒曲霉（*A. awamori*）、米曲霉（*A. oryzae*）以及黑曲霉的变异菌株。

③ 木霉（*Trichoderma*），同样具有多种酶系，尤其是纤维素酶活性很高。代表菌种有：康氏木霉（*T. koningii*）和绿色木霉（*T. viride*），其中绿色木霉及其变种被广泛应用于纤维素酶的生产，常见的有 *T. reesei*（里氏木霉）QM9411 和 *T. reesei* Rut-NG-14 两株菌。木霉对以纤维素为原料的乙醇生产而言，具有特别重要的意义。

3. 细菌

细菌也可以进行糖质原料与纤维素原料的乙醇发酵，主要有枯草芽孢杆菌（*Bacillus subtilis*）和运动发酵单胞菌（*Zymomonas mobilis*）。热解纤维梭菌（*Clostridium thermo-*

cellum）是最近发现的能利用纤维素发酵产生乙醇的菌种。

枯草芽孢杆菌及其变种多限于生产液化型淀粉酶，用于淀粉质乙醇发酵的糖化。运动发酵单胞菌是迄今为止唯一发现通过 Entner-Doudoroff（ED）途径进行糖代谢产生乙醇的厌氧菌。它是从墨西哥普尔奎酒（植物浆汁发酵酒）中分离出来的，革兰阴性，能利用葡萄糖、果糖、蔗糖发酵生成乙醇和二氧化碳，耐乙醇能力为 $117\sim130mg/L$，但不能利用麦芽糖、乳糖。其生长速率、底物消耗速率、乙醇产生速率都高于酵母菌，而细胞产率则低于酵母菌，因此具有实际应用价值。其正常发酵温度为 $36\sim37℃$，比酵母菌发酵温度高 $6\sim7℃$。

二、乙醇发酵工艺

由于乙醇发酵所用原料不同，其工艺过程也不同，但主要的工序是相同的，包括：原料准备；原料预处理，其中糖质原料可直接利用，淀粉和纤维素原料需进行酸或酶水解转化成糖质；制醪；发酵和蒸馏。

（一）纤维素生产乙醇

纤维素类原料是地球上储量十分丰富的可再生资源。每年全世界植物纤维生成量高达 $1.55\times10^{11}t$，如按 1kg 纤维素生产 0.28L 乙醇计，我国年产乙醇可达 900 多亿升，潜力巨大。纤维素生产乙醇的工艺过程分为三种：水解-发酵、混合糖化发酵和直接发酵。

1. 水解-发酵

该工艺是将纤维素的水解和糖化液的乙醇发酵分别于两个反应器中进行。纤维素的水解过程主要以木质纤维素作碳源、玉米浆作氮源，添加适量的营养盐，在30℃及pH 4.8的条件下通风培养，过滤后进入下道工序。研究表明，木霉纤维素酶可将95%以上的纤维素转化成糖，再经酵母菌发酵，约95%的葡萄糖转化为乙醇，发酵成熟醪的乙醇含量可达10.3%（质量分数）。

2. 混合糖化发酵

混合糖化发酵是将纤维素原料经预处理制成木浆，加入纤维素酶水解后，直接接入酵母菌进行发酵。该工艺具有操作简单、节省糖化设备投资等优点。在纤维素混合糖化发酵生产乙醇过程中，一个重要问题是酵母菌与酶之间的协调，即细胞溶解所释放的物质影响酶的活性、酶制剂组分对酵母菌细胞的溶解而降低细胞活性。因此，该工艺的应用受到限制。为解决这一问题必须筛选耐热、耐酶的菌株。有研究筛选出 7 株可同时糖化和发酵纤维素的耐热酵母菌，能在 40℃下对原料的利用率达到 100%。另外，随着固定化技术的发展，尤其是共固定化技术（co-immobilized technology）的发展，现在能够把纤维素酶产生菌与乙醇发酵菌共固定，使酶与细胞协调供氧、共生代谢从而调节营养、温度和 pH 值。

3. 直接发酵

直接发酵是将耐热厌氧菌——热解纤维梭菌与热解糖化杆菌（*Thermanaerobacterium thermosaccharolyticum*）进行纤维素混合乙醇发酵，前者将纤维素、半纤维素分解，并将产生的六碳糖转化为乙醇、乙酸和乳酸；后者将五碳糖转化为乙醇，从而提高乙醇的产率。

（二）半纤维素乙醇发酵

半纤维素水解所产的糖中，木糖占一半以上。过去认为木糖不能被酵母菌转化发酵为乙醇。然而，现在采用木糖异构酶可以将木糖异构生成木酮糖，再经酵母发酵生成乙醇。新近的研究认为，将木糖异构酶固定化，能有效地使醪液乙醇浓度达到6%（质量分数）。固定化异构酶的用量为20g/L，可重复使用4次。酵母菌以粟酒裂殖酵母为好，接种量为100g/L（湿酵母）。

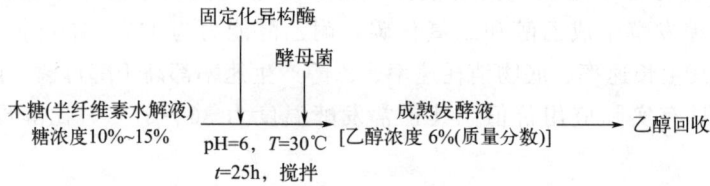

```
                    固定化异构酶
                         │  酵母菌
                         ↓   ↓
木糖(半纤维素水解液)              成熟发酵液
糖浓度10%~15%   ─────→  pH=6，T=30℃  [乙醇浓度6%(质量分数)] ──→ 乙醇回收
                       t=25h，搅拌
```

已有不少微生物可以直接发酵木糖产生乙醇，目前研究较多的有管囊酵母（*Pachysolen tannophilus*）CBS6857/Y246050、休哈塔假丝酵母（*Candida shehatae*）CBS5813/CSIR57DI/Y12856、树干毕赤酵母（*Pichia stipitis*）CSIR-Y633/Y-7124等。其中较理想的菌种是休哈塔假丝酵母和树干毕赤酵母，其发酵性能见表13-7。

表13-7　三种酵母发酵木糖生成乙醇的数据

酵母	浓度/(g/L)			乙醇产生速率		产率/(g/g 木糖)	
	S_0	S_R	P_{max}	$R_1/[g/(L \cdot h)]$	$R_2/[g/(g \cdot h)]$	木糖醇	乙醇
管囊酵母（*P. tannophilus*）	50	0	16	0.16	0.076	0.14	0.32
Y246050	150	5	24	0.13	0.058	0.24	0.25
树干毕赤酵母（*P. stipitis*）	50	0	20	0.28	0.170	0.00	0.41
Y-7124	150	7	39	0.38	0.230	0.01	0.42
休哈塔假丝酵母（*C. shehatae*）	50	0	25	0.29	0.190	0.02	0.45
Y12856	150	25	32	0.32	0.160	0.03	0.44

注：S_0 为初始木糖浓度，S_R 为残糖浓度，P_{max} 为最高乙醇浓度，R_1 为体积速率，R_2 为比速率。

工艺流程如下：

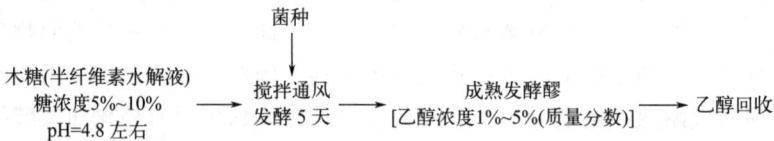

```
                    菌种
                     │
                     ↓
木糖(半纤维素水解液)      搅拌通风        成熟发酵醪
糖浓度5%~10%   ─────→  发酵5天  ──→ [乙醇浓度1%~5%(质量分数)] ──→ 乙醇回收
pH=4.8左右
```

微生物直接发酵木糖的缺点是发酵速度慢，乙醇浓度低。采用基因工程技术改造菌种的性能是克服直接发酵缺点的根本方法。美国普渡大学的Veng等成功地将大肠杆菌的异构酶基因转入粟酒裂殖酵母（*S. pombe*）中，获得了能直接发酵木糖的工程菌JA221-PDB248-XI，其乙醇浓度可达4%（质量分数）左右。

（三）纤维垃圾酸水解生产乙醇工艺

在城市垃圾中有相当一部分是纤维质，而且随着生活水平的提高纤维质垃圾比例也在增加。在发达国家，纤维质垃圾在城市垃圾中的比例高达2/3，因此，城市纤维质垃圾是乙醇生产原料的一个潜在资源。有关研究表明，250t城市垃圾约含170t纤维垃圾，可生产36.5t乙醇。

美国宾州大学和通用电器公司研究开发的 Penn-GE 工艺,以城市废纤维垃圾为原料,进行常规发酵,可同时生产丙酮、乙醇。其处理采用热有机溶剂萃取木质素,部分脱木质素纤维进行酶水解,再进行常规乙醇发酵,另一部分采用高温单胞菌属和热解纤维梭菌复合菌株同步水解发酵生产乙醇,剩余部分纤维素及未分解的半纤维素采用同步水解发酵生产丙酮和丁醇。

第八节　微生物产氢

氢能源燃烧值高、无污染、适用性广,是新世纪中最具吸引力的能源之一。重油和煤炭的加氢过程也能产生氢气,这对油品生产和燃料电池的应用具有关键性影响。现阶段我国对氢气的需求量极大,估计每年需要 8.50Mt。与电解水和光电转化产氢方法相比,利用生物质气化制氢是最迅速且经济效益最高的方式之一。生物质制氢技术可以有效地将农业废弃物、城市垃圾、工业有机废水等生物质转化为氢气,其反应温度适宜,具有废物再利用、节约能源、减少排放以及保持生态平衡等重要作用。

一、产氢微生物

光合细菌、藻类以及发酵细菌等微生物是生产氢气的主要参与者。光合细菌和藻类是利用光能产生氢气,小分子有机物作为电子供体和还原剂。然而,从技术上讲,光合细菌和藻类产生氢气费用高,光能的利用效能差,技术门槛高且操作复杂,导致推广受阻。相比之下,发酵细菌通过降解有机物产生氢气,这种方式的优势是不依赖光照,并且部分菌种有能力分解如纤维素、淀粉等大分子物质,能够循环利用废弃物,减轻环保压力。微型藻类在繁殖过程中有效摄取 CO_2,在光照下能将这些能源合成有机物并储备下来,形成一个巨大的"能源库"。从土壤、沉积物、厌氧反应器、白蚁等中均能分离出多种能够利用淀粉、木聚糖、壳聚糖、微晶纤维素来产生氢的微生物种类。

二、产氢机理

1. 固氮和光合微生物产氢

有些微生物具有固氮能力,当有氮气等底物存在时,固氮酶参与其还原过程:

$$N_2 + 12ATP + 8e^- + 8H^+ \longrightarrow 2NH_3 + 12ADP + 12Pi + H_2$$

实际上,具有固氮能力的光合微生物在光合作用过程中可以将收集到的光能转化为 ATP。然后,它们依赖 ATP 来触发固氮酶生成氢的反应,从而将光合作用与固氮酶的产氢过程相互连接起来。

2. 发酵细菌产氢

发酵法生物制氢技术是利用发酵细菌,在发酵过程中通过一系列生理生化作用以及与有机环境之间的物质和能量转化,将部分产生的 H^+ 电解成 H_2 释放出来。在厌氧环境下,厌氧细菌的底物脱氢后会产生还原型辅酶Ⅰ(NADH)或还原型辅酶Ⅱ(NADPH),这些辅酶在厌氧脱氢酶的作用下进一步脱氢,被氧化成 NAD^+ 或 $NADP^+$,并产生 H_2。

第九节　微生物燃料电池

随着社会的不断进步,人们对能源的需求日益增加。为了解决能源供应无法满足需求的问题，人们开始积极寻求新的能源解决途径。在此过程中，科学家们将研究焦点放在微生物身上，希望利用它们来产生电能。

一、微生物燃料电池的概念

微生物燃料电池（缩写为 MFC）是一种利用微生物作为催化剂来转换能量来源的设备，它融合了微生物学与电化学。在 MFC 体系中，产电微生物是主要元素，所以对它的生命活动特性和生态环境属性以及电子传输能力的研究，有助于更深层次地了解当前 MFC 的产电原理并进一步完善产电模式。近年来，研究人员已经找到了很多种具有电化学活性的微生物种群，大大扩展了微生物燃料电池的应用范围，已经将其应用于制造生物传感器和废水处理发电等。微生物燃料电池的研发和使用对于缓解目前能源短缺问题具有关键作用，并且有广阔的发展空间可供挖掘。伴随微生物燃料电池技术的进步，其在各个领域的应用前景十分光明。一方面，微生物燃料电池有着高能量转化效率，有可能成为低成本的发电系统。此外，微生物燃料电池可以使用废水和废弃物作为燃料，既能产电也能净化环境。另外，微生物电池还可用于新型心脏起搏器，例如利用人体液体为燃料，制成植入体内的电源驱动。再者，能量转换型的微生物电池有潜力发展成信息转换型的微生物电池，作为介质微生物传感器。

二、微生物燃料电池的工作原理

微生物燃料电池的工作原理主要是通过微生物氧化有机和无机物质以产出电能。其核心组件包含了阳极、质子交换膜（PEM）、阴极、产电微生物以及电子受体（如图 13-7 所示）。在阳极室，这种特殊的微生物会从污水中降解有机物质来维持生命活动并且产生大量的能量以供自身使用。同时，它们也会把一部分产生的多余热量转化为可用的电能输出给外部设备，从而实现整个电化学循环的过程。

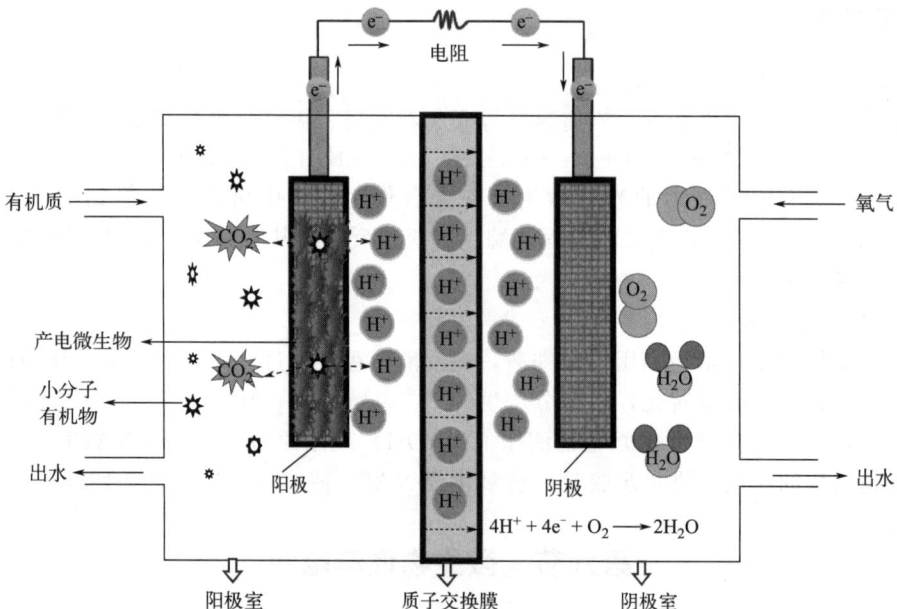

图 13-7　微生物燃料电池示意图（郑琳姗等，2021）

三、微生物燃料电池的组成

目前，在微生物燃料电池的阳极区已经找到了各种各样的产电微生物菌群，其中超过50种已经被确认，包括 α、β、γ、ε、δ 变形菌（Proteobacteria），厚壁菌（Firmicutes），酸杆菌（Acidobacteria），以及放线菌（Actinobacteria）等。尤其值得注意的是希瓦氏菌属（Shewanella）和地杆菌属（Geobacter）这两种微生物。它们都属于变形菌门，且为革兰阴性菌，是微生物燃料电池实验研究中应用最广泛的纯培养微生物。在所有微生物燃料电池的电子传递机制中，大部分都是基于这两种菌所提出的。值得一提的是，希瓦氏菌属在各种自然环境的氧化还原界面上分布广泛，相关电子传递机制明确，作为产电模式菌株具有典型代表性。

在微生物燃料电池中，阳极材料作为微生物的载体，负责接收和传输微生物产生的电子。阳极材料的特性会影响微生物产电的功效和电子传递效率，因此，需要挑选具备优良电导性和生物兼容性的阳极材料。现阶段常见的阳极材料主要包括碳布、碳纸、碳毡和石墨片等碳系复合材料，这些材料的特点是具有化学稳定性且价格较为亲民。

阴极材料对微生物燃料电池阴极的性能起关键作用，这些材料需要具备高氧化还原电位，这样才能在捕获质子，并在氧气还原过程中起到关键作用。许多常见的碳基材料，如碳纸、碳布和石墨片等，不仅适用于阳极，也同样适用于阴极。由于微生物污染有可能导致生物膜的形成，这会对氧还原反应（ORR）产生进一步的影响，从而导致阴极的氧还原过程比阳极稍慢一些。因此，研究人员正在开发新型阴极材料和催化剂以增强微生物燃料电池的性能。除了电极材料本身，电极面积和间距也会影响产电效率。随着电极面积的增大，输出功率会减小。较大的电极面积可以帮助微生物更好地生长并且能够提升输出的电压。缩短电极之间的间距也可以增加输出电压，这是因为阳极和阴极靠近质子交换膜后，使得质子和电子的迁移距离减少了。

阳极底物在影响产电性能上也起着关键作用。微生物燃料电池可以将纯化合物和废水中的有机物转化为阳极基质。在研究室常用的阳极基质种类有乙酸盐、葡萄糖、纤维素以及各种废水等。

在微生物燃料电池的产电过程中，阳极微生物的生物活性起着举足轻重的作用。在这个过程中，阳极微生物有能力降解有机物质，然后形成电子和质子，通过电子传输机制把这些电子输送至胞外电极。电子传输机制可分为两种类型：一是借助微生物本身产生的介质来完成电子的迁移，另一种则是通过纳米导线直接将电子从细胞传输到阳极。阳极微生物可以是单一培养的细菌，也可以是混合培养的细菌。然而，相对而言，混合种群在微生物燃料电池的产电效率上更有优势，因为在存在大量细菌的情况下，更容易培育出有优势的菌株。

微生物燃料电池的产电效率还可能受到温度、pH 值和底物浓度等多种外部因素的影响。特别是其对温度的敏感度比其他燃料电池（例如甲醇燃料电池）高得多。因为在20～35℃区间内，阳极微生物活动水平最强，在这个温度范围内，微生物增长和生物电池形成的效率显著提高，同时化学需氧量的去除率也有所提升。就微生物细胞的代谢活动而言，pH发挥着至关重要的作用，中性或微碱性条件有利于电化学活性细菌的繁殖。然而，质子传递缓慢和氧还原反应的滞后可能导致在产电初始阶段 pH 值快速下降，从而大幅制约阳极表面电化学活性细菌的扩散和活性，并使产电效率降低。因此，通过影响微生物的增长，pH 值有可能减缓电子的释放，进而使发电量下降。而底物浓度的过低则可能导致碳源受限，影响细菌的增长，但过高的底物浓度又可能对细菌造成抑制，导致电子传递量减小，功率密度下降。因此，要保证微生物燃料电池的产电效率，必须对电池内部环境进行适当调节，以确保微生物的活性和正常代谢。

质子交换膜（PEM）是阳极和阴极之间的隔离材料，可以抑制电子受体反扩散，并防止其他离子在阳极室和阴极室之间移动。因此，这不仅提升了库仑效率，也减缓了阴阳两室之间的氧气流动，从而确保微生物燃料电池的高效和长期运行。质子交换膜的质子传导性能和防污性对微生物燃料电池的产电性能至关重要。例如，全氟磺酸质子交换膜和二氧化硅石墨烯/苯乙烯磺酸钠复合质子交换膜等多种，都属于经常使用的质子交换膜。选择质子传导率较低且成本较低的质子交换膜，有助于提高微生物燃料电池的产电性能，并降低频繁更换新膜所带来的运行成本。

四、微生物燃料电池的特点

除了理论上的高能量转换效率，微生物燃料电池还具有其他燃料电池所缺乏的许多特质：首先，其应用范围广泛。微生物燃料电池能把各种传统的及非传统的有机与无机的物质转换成燃料，包括通过光合作用或者直接利用废水作为燃料。此外，它能在常规的环境条件下稳定地运作，降低了维护费用并提升了安全性能。其次，它是完全环保且零排放的，因为唯一产生的副产品就是水。最后，由于不需要额外的能源供给，这种方式可以节省能源消耗。另外，它的效率非常高，被认为是未来热电联合系统的关键组成部分。再者，微生物燃料电池具有良好的生物相容性，可用于制作人造器官的心脏起搏器供电装置，表现出了优越的生物适应能力。

思考题

1. 以二苯并噻吩为例，说明微生物是怎样脱除煤中有机硫的。

2. 什么是微生物制浆和微生物漂白？哪些微生物酶系在微生物制浆和漂白中发挥作用？

3. 细菌浸矿的原理是什么？其有什么优点？

4. 微生物采油的原理是什么？如何提高微生物采油率？

5. 试描述甲烷、乙醇产生的生物化学过程。

6. 两相甲烷发酵工艺是以什么原理为依据？有什么优点？

7. 酿酒酵母、假丝酵母、毕赤酵母和运动发酵单胞菌在乙醇发酵上各有什么特点？

第十四章
环境友好微生物制剂

第一节　微生物絮凝剂

微生物絮凝剂是一种由微生物代谢产生的物质，其主要成分包括糖蛋白、多糖、纤维素和核酸等，具有连接、聚合、沉淀水溶液中固体悬浮颗粒、菌体细胞和胶体粒子的作用。相较于传统的无机和有机高分子絮凝剂，微生物絮凝剂有许多独特的优点和性质，如：

① 不产生二次污染。微生物絮凝剂由菌体或菌体分泌的生物大分子物质组成，安全无毒，絮凝后的沉淀物可以完全降解，对环境无害，不会产生二次污染。而铝盐、铁盐等产生的废渣和难以降解的物质会严重污染水体。

② 适用范围广。由于能产生微生物絮凝剂的菌种种类多、范围广，特别是复合微生物絮凝剂的作用显著，一般不受温度和 pH 值的影响，所以可以广泛应用于各种水处理领域，如畜牧业废水、印染废水等。

③ 经济高效。微生物絮凝剂是通过菌体发酵生产的，相较于人工合成的化学絮凝剂，综合考虑原料、生产过程、能源消耗和环境影响等，微生物絮凝剂应该更经济。使用微生物絮凝剂处理废水的成本约为使用化学絮凝剂的三分之二。

一、微生物絮凝剂的微观结构

目前所知有两类微生物絮凝剂存在于自然界。第一种是从污泥诺卡氏菌（*Nocardia amarae*）的蛋白酶提取的物质，其主要组分为 30％～48％的精氨酸（arginine）、天冬氨酸（aspartic acid）、苏氨酸（threonine）；此类微生物絮凝剂呈纤维状，是实现物质之间黏合的胶质层。第二种则来自酱油曲霉（*Aspergillus sojae*），其中包含了三部分构成要素：葡萄糖醛酸盐（Glucuronate）、蛋白质分子和 2-葡糖酮酸。2-葡糖酮酸可使絮凝物保持球状并使之稳定。然而当失去 2-葡糖酮酸时，原本稳定的结构就会出现变形并且会转变成带正电荷的状态，从而影响它的性质与功能。

二、微生物絮凝剂的分类

微生物絮凝剂根据来源不同，可分为三类。

①直接利用微生物细胞的絮凝剂，如某些细菌、霉菌、放线菌和酵母菌，它们大量存在于土壤、活性污泥和沉积物中；②利用微生物细胞提取的絮凝剂，如从酵母菌细胞壁提取的葡聚糖、甘露糖、蛋白质和 N-乙酰葡糖胺等，都是良好的微生物絮凝剂；③利用微生物细胞代谢产物制备的絮凝剂，如细胞分泌到胞外的黏液质、多糖及多肽、脂类及其复合物。

三、微生物絮凝剂的生物合成

早在 1935 年，Butterfield 在研究活性污泥时就发现了微生物能产生絮凝作用。20 世纪 70 年代，日本学者在研究邻苯二甲酸酯生物降解过程中也发现了微生物的絮凝作用，从此展开了大规模的深入研究。1975 年 J. Nakamura 等从霉菌、酵母菌、细菌、放线菌等 214 种菌株中筛选并分离出 19 种具有絮凝能力的微生物，其中，研究较为深入的是 *Aspergillus sojae* 产生的絮凝剂 AJ7002。1985 年，H. Takagi 等研究出了 PF101 微生物絮凝剂，其分子量约为 30 万，主要成分是半乳糖胺，它对枯草芽孢杆菌、大肠杆菌和酵母菌等均有良好的絮凝效果。1986 年，Ryuichiro Kurane 等利用从自然界分离出的红平红球菌（*Rhodococcus erythropolis*）的 S-1 菌株，在特定培养基和培养条件下制成 NOC-1 絮凝剂，并且用于畜牧业废水处理、膨胀污泥处理、砖场污水处理以及有色废水的处理中，都取得了很好的处理效果。

微生物产生絮凝活性物质的基因调控是一个复杂的过程，涉及定位基因与抑制基因的相互作用。在已发现的众多絮凝剂产生菌中，对酵母菌产生絮凝的基因研究最多。在酵母菌中发现了三个决定性基因（*FL01*、*FL02*、*FL04*）及一个半显性基因（*FL03*），其中 *FL01* 基因容易被其他基因抑制而失去活性。近年来，还在 *Saccharomyces cerevisiae* 中发现了 *FL05* 基因。

许多研究者发现，微生物产生絮凝物对于微生物的生命活动并不是必需的，絮凝物的生理意义可能在于构成细胞的多糖荚膜，微生物的絮凝性或许只是一种伴生生理特性。

四、微生物絮凝剂产生菌

目前已知的微生物絮凝剂产生菌有很多，包括细菌 18 种、真菌 9 种、放线菌 5 种，常见产生菌见表 14-1。

表 14-1 微生物絮凝剂常见产生菌

微生物絮凝剂产生菌菌类	产生菌名称	微生物絮凝剂产生菌菌类	产生菌名称
细菌	粪产碱菌（*Alcaligenes faecalis*） 草分枝杆菌（*Mycobacterium phlei*） 红平红球菌（*Rhodococcus erythropolis*） 铜绿假单胞菌（*Pseudomonas aeruginosa*） 荧光假单胞菌（*Pseudomonas fluorescens*） 发酵乳杆菌（*Lactobacillus fermentum*） 金黄色葡萄球菌（*Staphylococcus aureus*） 芽孢杆菌属（*Bacillus* sp.） 农杆菌属（*Agrobacterium* sp.） 厄氏菌属（*Oerskovia* sp.） 不动杆菌属（*Acinetobacter* sp.） 假单胞菌属（*Pseudomonas faecalis*） 产碱杆菌属（*Alcaligenes latus*、*Alcaligenes cupidus*） 短杆菌属（*Brevibacterium insectiphilium*）	真菌	酱油曲霉（*Aspergillus sojae*） 赭曲霉（*Aspergillus ochraceus*） 寄生曲霉（*Aspergillus parasiticus*） 安卡红曲霉（*Monascus anka*） 白地霉（*Geotrichum candidum*） 粟酒裂殖酵母（*Schizosaccharomyces pombe*） 拟青霉属（*Paecilomyces* sp.） 褐腐真菌（brown rot fungi） 白腐真菌（white rot fungi）
		放线菌	灰色链霉菌（*Streptomyces griseus*） 酒红链霉菌（*Streptomyces vinaceus*） 诺卡氏菌属（*Nocardia rhodnii*、*Nocardia calcarea*）

五、微生物絮凝剂的生产

微生物絮凝剂的生产涉及微生物培养条件的优化和絮凝剂的分离提取两个方面。

（一）絮凝剂产生菌的培养条件

培养条件主要包括发酵培养基的组成、初始 pH 值、温度、溶解氧以及培养时间等。

1. 发酵培养基的组成

通常是针对某一菌种设定主成分和生理调节成分，如培养红平红球菌的主成分是葡萄糖（20g/L）和酵母膏（0.5g/L），生理调节成分是酵母膏。

（1）碳源

对微生物絮凝剂合成条件的研究表明，絮凝剂的合成与碳源有较大关系。对于细菌，富含单糖和营养丰富的培养基有利于絮凝剂的积累，因为单糖有利于菌体的吸收利用。一些霉菌利用淀粉作为碳源则有利于絮凝剂的积累，甚至超过葡萄糖和果糖。在 NOC-1 的发酵生产中，用 0.5% 的蔗糖和 0.5% 的葡萄糖为碳源，絮凝剂产量最高；而当以鼠李糖、阿拉伯糖、乳糖、木糖、纤维二糖作为碳源时，要么不利于生长，要么不利于絮凝剂的合成。

利用纤维素分解菌降解纤维素后进行二次发酵，也可生产复合微生物絮凝剂，而且是使用富含纤维素的农业废弃物作为最初的碳源，这样一方面降低了成本；另一方面，这些原材料未完全降解的部分具有高分子长链结构，也有促进絮凝的作用。

（2）氮源

不同的微生物对氮源的需求是不同的。在各种氮源中，以尿素和硫酸铵为最佳，采用氯化铵和硝酸铵也可以刺激微生物生长，但絮凝剂的产量只有以尿素和硫酸铵为氮源时的 60%～70%。

（3）碳氮比

碳氮比对于某些微生物产生絮凝活性成分有决定性的影响。例如，在 C/N 为 0.6～11.4 时，动胶菌属（*Zoogloea* sp.）的絮凝活性较好，大于或小于此值时活性便迅速下降。

（4）生长因子

培养基中的生长因子对于絮凝活性有着显著影响，具体表现为两点：首先是调控絮凝基因的表达；其次是通过化学手段来改良生成的絮凝剂。只需向培养基中添加少量的酪蛋白、酵母粉、丙氨酸及谷氨酸就能刺激絮凝剂的累积。然而，如 EDTA、柠檬酸、苹果酸、多聚赖氨酸、小牛血清蛋白等物质则会对絮凝剂的生成产生不同影响。

（5）二价离子的影响

微生物絮凝剂的产生受培养液中二价离子的影响也较大。其中钙、镁、锰和铁的二价离子影响最大。锰离子和钙离子有利于菌丝的生长和絮凝剂的分泌，但铁离子和镁离子对絮凝剂的合成不利。

2. 培养温度

培养温度在 25～30℃ 之间时，大多数产絮凝剂的菌都能生长。但是，具体菌种的最佳生长温度仍有差异，如 *R. erythropolis* 在 30℃ 时絮凝剂的产量要高于在 25℃ 和 37℃ 时的产量。

3. 初始 pH 值

合适的起始 pH 值能显著提升微生物的繁殖速率，缩短培养时间，并增强絮凝能力。通常情况下，我们把培养基的初始 pH 设置在 6.0～9.0 范围内，因为偏酸或者偏碱的环境都不利于絮凝剂的生成。然而，不同类型的细菌对最优 pH 值的要求有所差异，比如 *R. erythropolis*，当 pH 处于 8.0～9.5 区间时，它产生的絮凝剂数量要高于在其他任何 pH 值下的产量。

4. 溶解氧

絮凝剂生成细菌大多是需氧型的，所以必须持续提供充足的氧气来维持其生长环境中的溶解氧含量。一般情况下，实验室中会通过振荡培养的方式来满足微生物对含氧量的需求，同时也能避免絮凝剂大颗粒的形成，有利于氧气摄取及养分获取以及絮凝剂从培养基质向培养液的转移。此外，搅拌速率、空气供应情况以及容器内液体的量都可能对培养期间的溶解氧浓度造成影响。

5. 培养时间

多数研究认为，絮凝剂的产生发生在微生物停止代谢之后或菌体自解后，所以，最好在细菌对数生长期后期或稳定期的早期收获絮凝剂，此后的絮凝活性即使不下降也不会再增加。例如 *Flavobacterium* 属细菌的纯培养物只在对数生长期后期或稳定期的早期出现絮凝活性。

（二）微生物絮凝剂的分离和提取

微生物絮凝剂的活性成分主要存在于培养液和菌体细胞表面，其化学成分主要包括多糖、蛋白质和金属离子。因此，一般絮凝剂的分离和提取方法与多糖和蛋白质的分离提取方法相似，通常包括两个步骤：首先，通过离心法去除菌体，然后在菌体发酵液中添加乙醇、丙酮或硫酸铵等物质使絮凝剂沉淀，得到粗品絮凝剂；接着，将粗品絮凝剂溶解在缓冲液中，通过离子交换、凝胶吸附、过滤等方法进一步纯化，最后经真空干燥后即可得到纯净的絮凝剂。

第二节　微生物肥料

微生物肥料就是用有效活性菌制备的肥料，高效菌与土壤微生物相互作用，共同形成优势菌群，在植物根区形成高效微生态系统，促进植物对氮、磷、钾等营养元素的吸收和利用，达到改良土壤结构、增产增收的目的。

众所周知，在农业生产中由于长期过分依赖化学肥料和农药，已经造成大量不可再生资源的浪费，导致农田土质变坏、肥力下降、农作物品质降低，地表水和地下水的污染问题日趋严重。随着生态农业和绿色食品生产的兴起和发展，微生物肥料已成为发展高科技农业不可缺少的重要肥料。

微生物肥料的主要特点如下：①与化学肥料相比，微生物肥料作用时间长、过程温和，不会引起养分流失，也不会污染环境。②促进植物对营养元素的吸收，微生物肥料中的固氮菌可以固定空气中的氮素，增加植物的氮素营养；解磷菌、解钾菌可以把土壤中固定化的难溶磷、钾变为可溶性的磷、钾，使植物容易吸收和利用。③产生抗病、抗逆作用，间接促进植物生长。由于微生物肥料促进植物根际生态区形成高效优势菌群，所以可抑制植物根部病原菌，诱发植物抗性物质产生；同时，微生物肥料中的菌群也会产生铁载体及抗生素等物质，有效抑制一些细菌和真菌病原菌的生长。有些微生物肥料的特殊菌群还可以提高植物的抗旱性、抗盐碱性、抗极端温湿度和抗重金属毒害性等。

一、微生物肥料的分类

微生物肥料种类一般按其功能分为 4 类：①固氮菌肥料，固氮菌指能固定空气中氮的菌。固氮菌分为根瘤菌、自生固氮菌和联合固氮菌几种，主要包括固氮根瘤菌（*Rhizobium*）、圆褐固氮菌（*Azotobacter chroococcum*）、贝氏固氮菌（*Beijerinckia*）、多黏芽孢杆菌（*Bacillus polymyxa*）和光合细菌群（photosynthetic bacteria）等。②解磷菌肥料，解磷菌是一类促进有机态或无机态磷化物转化为植物能利用的可溶性磷，从而改善磷营养，促进作物增产的菌肥。主要包括巨大芽孢杆菌（*Bacillus megaterium*）、假单胞菌（*Pseudomonas* spp.）和黑曲霉（*Aspergillus niger*）等。③解钾菌肥料，解钾菌可以将土壤中硅酸盐矿物中的钾、磷、镁、硅等矿物元素转化为植物可以吸收、利用的形式，主要有胶冻芽孢杆菌（*B. mucilaginosus*）。④PGPR 菌肥，PGPR（plant growth-promoting rhizobacteria）是植物促生根圈细菌，实际上这是多种根际菌的复合菌肥，主要由多种细菌和真菌组成。

二、微生物肥料的生产

由于微生物肥料的功能不同，其生产方法也不同。

1. 固氮菌肥料的生产

（1）根瘤菌肥料

根瘤菌肥料应用于农牧业已有 100 多年的历史，是目前应用最广、研究最多、效果最显著的一种微生物肥料。根瘤菌具有促进豆科植物根部结瘤、共生固氮的作用，约有 20 多种用于生产。根瘤菌多为杆状，革兰阴性，有 2～6 根鞭毛，无芽孢。该菌是化能异养菌，最合适的碳源是葡萄糖、甘油、半乳糖、木糖、阿拉伯糖、甘露醇和蔗糖。根瘤菌对有机氮（如酵母膏、麦芽汁）的利用能力大于无机氮。其生长还需要 P、S、K、Ca 和 Mg 等矿物元素，也需要一些微量元素，如 Fe、Mo、Co 和 Mn 等。维生素对根瘤菌的生长影响较大，它们一般需要丰富的 B 族维生素才能旺盛生长。

根瘤菌肥料对生产条件要求严格，稍有杂菌污染，产品就难以合格。目前国内外多采用三级液体扩大发酵培养的方法生产根瘤菌。培养液多用阿氏无氮培养基，培养温度 25～28℃，通气培养，每一级培养 2～3 天。三级扩大培养后，经检验菌含量合格后，将其吸附于草炭、蛭石等载体上。载体要预先粉碎、过筛、消毒，用量要根据每克肥中含菌标准而定，吸附要在灭菌环境条件下进行，并且要迅速，瓶装或袋装都要密封瓶口或袋口，阴凉干燥处存放。

（2）自生固氮菌和联合固氮菌肥料

自生或联合固氮菌多在低呼吸率的禾本科植物如甘蔗、玉米、高粱等根部生长繁殖，所以这类固氮菌肥料应用也很广。但是自生固氮菌或联合固氮菌的固氮效率一般比较低，需要对其基因进行进一步调控。

自生固氮菌和联合固氮菌肥料的生产与其他菌肥生产一样，要求在严格无菌的环境条件下进行。一般采用三级液体扩大发酵培养，培养液多用阿氏无氮培养基，经过种子培养、二级液体扩大培养后直接使用，也可以迅速与吸附剂（吸附剂常用富含有机质的菜园土或草炭）混合，按 1∶100 的比例接入灭菌的吸附剂，制备成无定型粉状成品，密封包装。每一步扩大培养都要做检查，观察菌体形态是否正常、菌数量是否达到要求、是否有杂菌污染。一般要求每克（或毫升）菌肥含菌量不少于 1 亿～2 亿。

2. 解磷菌肥的生产

解磷细菌多为革兰阳性菌，好氧，有芽孢，适宜在有机质丰富的中性或微碱性环境中生长，最适生长温度 30～37℃；在培养过程中产酸，培养基中要加入碳酸钙或氢氧化钙调节酸碱度，各级扩大培养过程包括种子培养、液体扩大培养和固体培养，培养过程中要保证良好的氧气供给。解磷菌肥可以用于拌种或浸种、蘸根，也可用于基肥或追肥；可以与固氮菌肥混合使用，但不宜与一些杀菌剂同时使用。

3. 解钾菌肥的生产

解钾菌肥常用的菌种是胶冻芽孢杆菌，革兰阴性，有较厚的荚膜和椭圆形芽孢。解钾菌生长需要丰富的养分，pH 值在 7.2～7.5，最适生长温度 30～35℃。一般用淀粉培养基扩大培养，菌体生长过程中可分泌有机酸、氨基酸和植物激素，所以培养液中要加入碳酸钙或氢氧化钙调节酸碱度。解钾菌肥的生产与解磷菌肥的生产大致相同。

4. PGPR 菌肥的生产

PGPR（plant growth-promoting rhizobacteria）菌实际上是由多种细菌和真菌组成的根区有效菌群，不仅在根区，在叶区也有一些有益菌组成 PGPR 菌群，概括起来主要有荧光假单胞菌、芽孢杆菌和固氮菌以及抗生菌如细黄链霉菌（*Streptomyces microflavus*）和白腐真菌（white rot fungi）等。PGPR 菌肥的生产采用各类菌分别扩大培养，然后按一定比例优化组合成复合菌制剂。

第三节　微生物农药

微生物农药（microbial pesticide）是指由微生物产生的具有防治病虫害和除杂草等功能的一大类物质。它们大多数是微生物的代谢产物，主要包括微生物杀虫剂、农用抗生素制剂和微生物除草剂等。自 20 世纪 60 年代以来，许多国家大量喷洒化学杀虫剂，造成了全球性的环境污染，而且由于长期大剂量使用，致使多种害虫对化学杀虫剂产生了一定的抗性。为了达到控制害虫的目的，不得不使用更大剂量或更高浓度的杀虫剂，导致恶性循环，从而对环境造成更大的危害。为了改变这种状况，使用微生物制成的杀虫剂是人类科学的选择。现在可以用 DNA 重组技术进一步提高生物农药防治病虫害的特异性，降低成本，使生物农药逐步取代化学农药。目前，微生物杀虫剂包括病毒杀虫剂、细菌杀虫剂、真菌杀虫剂等。

一、病毒杀虫剂

目前已发现的昆虫病毒大约有 1200 种，我国已分离出的昆虫病毒有近 200 种。大多数昆虫病毒有一个突出的特征就是病毒粒子能形成包涵体，即单个或多个病毒粒子包裹在一个主要由蛋白质构成的包涵体内。最近也发现几种无包涵体的昆虫病毒。在自然条件下，病毒包涵体可以通过摄食过程进入昆虫的消化管内，经昆虫碱性消化液裂解包涵体后释放出病毒粒子，然后病毒粒子进一步侵染昆虫各种细胞，直至昆虫死亡。

根据包涵体的形状以及病毒粒子在细胞中增殖的部位等因素，将昆虫病毒分为三类。

1. 核型多角体病毒

核型多角体病毒（nucleopolyhedrosis virus，NPV）是世界卫生组织（WHO）和联合国粮农组织（FAO）推荐使用的一种杀虫剂，它的宿主范围专一，对人类、植物以及害虫的天敌都无危害。NPV 是双链 DNA 病毒，在昆虫宿主的细胞内增殖，其病毒粒子为杆状，一般感染昆虫的幼虫。其杀虫作用具有流行性和可持续性，能有效控制害虫的大规模发生。我国已经成功研制出防治棉铃虫的核型多角体病毒制剂。核型多角体病毒除可侵染棉铃虫外，还能侵染苜蓿粉蝶、斜纹夜蛾、红铃虫、欧洲粉蝶和油桐尺蠖等。

2. 质型多角体病毒

质型多角体病毒（cytoplasmic polyhedrosis virus，CPV）属于呼肠孤病毒科，是 RNA病毒，在昆虫宿主的细胞内增殖。其病毒粒子是二十面体。昆虫幼虫在食入质型多角体病毒后，包涵体在肠道中溶解，释放出的病毒粒子可以侵染中肠上皮的圆筒形细胞，被侵染细胞的细胞质产生致病的无定形物质，病毒粒子和多角体蛋白进一步复制形成新的包涵体。质型多角体病毒不仅能侵染昆虫幼体，而且能经卵传染给子代。所以，这类病毒的应用具有十分重要的意义。

3. 颗粒体病毒

颗粒体病毒（granulosis virus，GV）是双链 DNA 病毒，属于杆状病毒科。与核型多角体病毒一样，颗粒体病毒具有高度特异的宿主范围，主要是侵染鳞翅目、双翅目和膜翅目的昆虫。GV 可以在昆虫宿主的细胞核或细胞质内增殖，形成的病毒粒子也是杆状。颗粒体病毒被昆虫吞食后，在肠道中溶解释放出病毒颗粒。病毒颗粒侵染脂肪体等敏感组织，首先使细胞核发生膨大，然后同质型多角体病毒一样产生无定形物质，接着复制形成核壳体，最终形成包涵体。

在自然条件下，所有昆虫病毒的主要感染方式都是摄食感染。虽然包涵体具有较强的抗逆性，但昆虫病毒的活性仍受到多种因素的影响，如温度、紫外线以及环境的 pH 值等。一般病毒的最适环境 pH 值为 7.0，温度低有利于病毒包涵体的存活，而紫外线则极易造成昆虫病毒的失活。

4. 用 DNA 重组技术改造杆状病毒杀虫剂

虽然杆状病毒（NPV、GV）在实际应用中取得了一定成果，但它们仍然存在一些缺点，如杀虫速度慢，从侵染到昆虫死亡需要几天甚至几周的时间；毒力低，杀虫范围窄；在野外条件下易失活等。为了克服这些缺点，人们尝试用 DNA 重组技术改造杆状病毒杀虫剂。由于杆状病毒的基因组较大，约有 80～160kb，因而插入外源基因的容量也大。同时，已有实验证实插入的外源基因的表达水平很高，且表达产物可正常糖基化，具有与天然蛋白相似的抗原性和功能。正是由于有这些有利条件，对杆状病毒的基因改造主要集中于以下三个方面：

① 引入外源毒蛋白，以增强杆状病毒的毒性；

② 引入能扰乱昆虫正常生活周期的基因；

③ 对病毒基因进行修饰或加工，以增强病毒的活性，提高毒性。

二、细菌杀虫剂

目前已发现大约 90 种昆虫病原细菌，它们主要存在于不同细菌属中，其中包括苏云金芽孢杆菌和甲虫芽孢杆菌等，可以感染多种昆虫，如鳞翅目、膜翅目昆虫及金龟子等。除此之外，还有黏质沙雷菌和变形杆菌属的细菌也能引起昆虫的疾病。

1. 苏云金芽孢杆菌杀虫剂

苏云金芽孢杆菌是革兰阳性菌，其菌体为短杆状，生鞭毛，芽孢端生，在与芽孢相对的另一端形成近似菱形的蛋白质晶体，称为伴胞晶体。菌体单生或形成短链，菌体破裂后可释放出芽孢和伴胞晶体。苏云金芽孢杆菌可以寄生于 130 多种鳞翅目幼虫中以及一些膜翅目、双翅目、直翅目和鞘翅目的昆虫体内。苏云金芽孢杆菌可合成 δ-内毒素杀死宿主昆虫。不同种的苏云金芽孢杆菌产生不同的毒素。现在已经研究证实苏云金芽孢杆菌杀死宿主昆虫主要靠其芽孢和毒素。在昆虫吞食苏云金芽孢杆菌后，芽孢在昆虫肠道中萌发并大量增殖，最后穿透肠壁进入血液，引起昆虫败血症。

苏云金芽孢杆菌产生的毒素主要是 δ-内毒素和 β-外毒素。δ-内毒素存在于伴胞晶体中，伴胞晶体在水和有机溶剂中都不溶解，能够耐受高温，在 100℃ 下依然能保持毒性 30min。伴胞晶体可在碱性溶液中溶解，对蛋白质变性剂敏感。当昆虫摄食苏云金芽孢杆菌后，伴胞晶体会在肠道中的碱性环境和特定的蛋白酶作用下转变为活性毒素分子，这种活性毒蛋白可穿过昆虫肠道细胞形成离子通道，导致细胞内 ATP 大量外流，使细胞代谢停止，最终引发昆虫脱水死亡。由于活性毒素蛋白发挥作用需同时具备碱性环境和特定蛋白酶两种条件，因此，苏云金芽孢杆菌产生的毒素对人和牲畜不会产生毒害。

β-外毒素是由特定条件下的苏云金芽孢杆菌变异菌株产生的胞外毒素，其分子量约为 700，它是一种由腺嘌呤核苷酸衍生出的物质。这种毒素能在水中溶解，具有良好的耐热性能，即使经受高温和压力处理，仍然能够维持其毒性。作为一种竞争性的 RNA 聚合酶抑制剂，它可阻碍与昆虫生长相关的激素生成，从而引发幼虫形态异常或者无法顺利蜕皮成蛹。

在实际应用中，将苏云金芽孢杆菌与吸引昆虫的物质一起喷洒，以增加昆虫的吞食量。通常，要喷洒 $(1.2 \sim 2.4) \times 10^7$ 个孢子 $/m^2$，而且必须在害虫幼虫生长最旺盛时期喷洒。伴胞晶体对紫外光敏感，阳光可在 24h 内破坏伴胞晶体中 60% 的色氨酸，因此，随光照量的不同，伴胞晶体在环境中可存在 1～20 天不等。

2. 利用 DNA 重组技术改造毒素基因

尽管苏云金芽孢杆菌具有很强的杀虫能力，但要使它能更有效地应用于范围更广的领域，就需要对其毒素基因进行改造。一种方法是将某种毒素基因引入到苏云金芽孢杆菌中，另一种方法是将两种不同特异性毒素基因的毒性区域结合成一个新基因，从而产生具有双重功效的新毒素。例如，通过将 *aizawai* 和 *tenebrionis* 两个苏云金芽孢杆菌的杀虫毒素基因克隆到同一个穿梭载体上，并导入到不同亚种中，可发现导入的外源基因能够正常表达。有趣的是，将 *tenebrionis* 的毒素基因导入 *israelensis* 后，转化菌对原本无毒性的白菜粉蝶产生了新的毒性。通过整合不同亚种的毒蛋白基因、去除表达水平较低的质粒、保留高水平表达的毒蛋白质粒，或通过质粒重组，可得到毒性更强、杀虫谱更广的苏云金芽孢杆菌。美国 Ecogen 公司生产了一种新型苏云金杆菌制剂，可有效防治鳞翅目和鞘翅目害虫。此外，利用定点的诱导变异方法也可以应用于对苏云金芽孢杆菌毒素蛋白质的基因改良。例如，有研究者针对苏云金芽孢杆菌 *kurstaki* 亚型 HD-1 菌株的一个编码区域进行了突变操作，修改了一个特定的氨基酸位置，实验结果表明该突变后的蛋白质对于烟青虫的灭杀能力提升近 30 倍。

3. 其他抗虫细菌

除了苏云金芽孢杆菌外，目前还发现了多种其他种类的细菌也具有抗虫能力，例如：

① 金龟子芽孢杆菌，它可以通过感染昆虫的幼虫而杀死害虫。当昆虫幼虫吞食芽孢后，芽孢在其肠道内萌发并大量增殖。菌体能够侵染中肠的柱形细胞，随后穿过肠壁进入体腔，并在体腔内再进一步感染，约 10～14 天后，虫体死亡。

② 球状芽孢杆菌，它也是通过摄食感染蚊子的幼虫。一般在摄食 8～12h 后，由于菌体

在幼虫肠道内，其细胞壁破裂释放出毒素而导致幼虫死亡。

三、真菌杀虫剂

昆虫病原真菌的孢子可在昆虫的体表萌发后侵染虫体，也可以通过摄食过程侵染虫体。由于真菌孢子可四处飞扬，因而昆虫的真菌病容易流行。目前已知的致病真菌主要分布在接合菌亚门的虫霉目和半知菌亚门的丝孢目（见表 14-2）。这两类真菌的寄生性不同，因而其致病机理也有所差异。

表 14-2　主要昆虫病原真菌及其常见宿主

昆虫病原真菌			常见寄主昆虫
接合菌亚门	虫霉目	虫霉属（Entomophthora）	蚜虫、蝇、蝗虫、灯蛾、金龟子
		虫疫霉属（Erynia）	蚜虫、叶蝉、金龟子
		耳霉属（Conidiobolus）	蚜虫
		团孢霉属（Massospora）	蝉
半知菌亚门	丝孢目	白僵菌属（Beauveria）	鳞翅目、半翅目、鞘翅目
		绿僵菌属（Metarhizium）	鞘翅目、半翅目、直翅目
		拟青霉属（Paecilomyces）	鞘翅目、半翅目、直翅目
		头孢霉属（Cephalosporium）	蚜虫、蚧壳虫
		野村菌属（Nomuraea）	鳞翅目
		枝孢霉属（Cladosporium）	蚧壳虫
		镰孢菌属（Fusarium）	蚜虫、棉铃虫、叶蝉、褐飞虱
	束梗孢目	多毛菌属（Hirsutella）	螨
	球壳孢目	座壳孢属（Aschersonia）	白粉虱

1. 虫霉类真菌

虫霉类真菌是一种专门寄生于昆虫体内的真菌。这类真菌会在侵入昆虫体内后迅速繁殖，等到昆虫寄主死亡后才开始破坏其组织和器官。虫霉类真菌通常被作为昆虫杀虫剂的代表。

虫霉菌多数寄生于蚜虫、蝇、蝗虫、金龟子等虫体内。虫霉菌的生活史可有两种循环，即分生孢子循环和休眠孢子循环。分生孢子可以附着在寄主昆虫的体表，孢子萌发时产生可穿透寄主体腔外壁的芽管，使虫霉菌进入寄主体腔，形成原生质体。原生质体通过胞饮作用摄食，在体腔内不断生长，最后成为球状的原生质球。此时，如果原生质体本身生长长出寄主体外，形成初生分生孢子和次生分生孢子，则虫霉菌进入分生孢子循环；如果原生质体通过出芽在寄主体内形成拟接合孢子，拟接合孢子穿过体腔壁形成休眠孢子，则虫霉菌进入休眠孢子循环。休眠孢子的抗逆性很强，遇到合适的环境条件就会萌发，开始新的循环。

由于虫霉菌需要在活体寄主内生长，所以很难进行人工培养，但其休眠孢子能长时间存活，因此可以作为一种长期控制害虫数量的杀虫剂使用。

2. 造成"僵病"的真菌

半知菌类真菌属于弱寄生菌，可在活体昆虫体内寄生，也可在死体上营生。这类真菌感染虫体后，一般会先释放毒素杀死寄主，然后在寄主的尸体上生长，最终导致虫体因被菌丝覆盖而僵硬，因此被称为"僵病"。在已知的昆虫疾病中，有约 21% 是由白僵菌属引起，代表性的杀虫剂为丝孢目的白僵菌属（*Beauveria bassiana*），目前其是应用最广泛的昆虫病原真菌之一，能够侵染多种害虫，如鳞翅目、直翅目、同翅目和鞘翅目的害虫以及螨类。白僵菌的分生孢子可以直接侵染虫体表皮，也可以通过摄食或呼吸进入宿主。目前已经成功地将白僵菌用于防治松毛虫、松针毒蛾、油桐蚜虫、茶叶毒蛾、大豆食心虫、杨树天牛等害虫。除了白僵菌，还有金龟子绿僵菌（*Metarhizium anisopliae*），其侵染昆虫的方式和病原机制与白僵菌大致相似。

如今，许多真菌杀虫剂产品已经实现了商业化的生产流程。大部分此类产品的生产步骤都是相似的，包括：首先在适当的环境条件下对初始菌株进行斜面培养（约 10 天），然后转移到液态摇动器中继续培育（约 3 天），接着在固态培养基上进一步扩增或者进行深度液态发酵，最后收集经过干燥处理后的培养产物和发酵产物，将其研磨成细末，通过质检之后便可包装储存。从固态培养基中采集的大部分产物通常为分生孢子，而那些由液态深层发酵得到的产品往往含有大量的节孢子，虽然它们的产量较高，但由于其抗干扰性弱，且容易失去活性，因此更倾向于采用固体扩大培养的方式。

四、农用抗生素

随着抗生素研究的深入，发现很多抗生素也可用于植物病害的防治。与化学农药相比，农用抗生素有许多优点：①生物活性半衰期短，不易在植物体内积累；②用量少，对环境污染小；③在防治植物病害的同时还能刺激植物生长。目前用于防治植物病害的抗生素主要是来源于放线菌的链霉菌属，如灰色产色链霉菌（*Streptomyces girseochromogenes*）、细黄链霉菌（*S. microflavus*）等。土壤微生物是筛选农用抗生素产生菌的主要来源，其筛选过程如下：

1. 初选

将土壤悬浮液稀释后接种在琼脂平板培养基上，同时接种大量某种病原菌的菌体或孢子。若土壤中含有对这种病原菌具有抗性的菌种，则在该菌落的周围会形成抑菌圈。形成抑菌圈的菌就是初选对象。将其经过分离纯化后，进行控制生长条件培养，再进一步进行更为精准的抑菌实验。

2. 复选

使用特定的病原菌接种，以引发植物疾病。然后将初步筛选出来的菌株培养液喷洒在实验植物上，以评估其对于疾病防治的效果和是否会对植物造成药物伤害。经验表明，重新选择得到菌株的概率只有初步筛选出的菌株的千分之几。

3. 抗生素测定

确定菌株生成抗生素的种类，并对其化学结构进行鉴别。

4. 抗菌谱测定

确定该菌种生产的抗生素是否具有多用途。

五、生物除草剂

杂草是农业生产的一个大问题。据不完全统计，2024 年，因杂草导致全球农业产值损失高达 756 亿美元，我国则因杂草危害而造成的粮食经济损失近千亿元。现在已知的杂草总数达万种，其中严重危害农业生产的约有 250 种。因此，如何安全有效地清除杂草是农业生产中需急迫解决的难题。生物除草剂就是使用杂草的病原菌来防治杂草。杂草的病原微生物主要包括真菌、病毒等（见表 14-3），其中最常见的是病原真菌如锈菌、镰刀菌等。

表 14-3　常见杂草病原菌及其宿主

微生物的种类	宿主植物（杂草）
柑橘炭疽病毛盘孢 Colletotrichum gloeosporioides	弗吉尼亚合萌 Aeschynomene virginica
莲子草病交链孢 Alternaria alternantherae	合欢 Albizia julibrissin
婆罗门参白锈菌 Albugo tragopogonis	喜旱莲子草 Alternanthera philoxeroides
赤壳菌 Nectria fuckeliana	美洲豚草 Ambrosia trifida
尖镰孢 Fusarium oxysporum	油杉寄生属植物 Arceuthobium sp.
头孢霉 Cephalosporium sp.	大麻 Cannabis sativa
拉伯兰单胞锈菌 Uromyces lapponicus	黄槐 Cassia surattensis
粉苞苣柄锈菌 Puccinia chondrillina	铺散矢车菊 Centaurea diffusa
斑形柄锈菌 Puccinia punctiformis	灯心草粉苞菊 Chondrilla juncea
柿病头孢 Cephalosporium diospyri	丝路蓟 Cirsium arvense
弯孢 Curvularia lunata	美洲柿 Diospyros virginiana
罗德曼尾孢 Cercospora rodmanii	稗子 Echinochloa crusgalli
山羊豆单胞锈菌 Uromyces galegae	凤眼莲 Eichhornia crassipes
尾孢菌 Cercospora spp.	山羊豆 Galega officinalis
粉红镰孢 Fusarium roseum	天芥菜 Heliotropium europaeum
酢浆草锈菌 Puccinia oxalidis	黑藻 Hydrilla verticillata
银叶菌 Chondrostereum purpureum	酢浆草 Oxalis spp.
紫色多胞锈菌 Phragmidium violaceum	野黑樱 Prunus serotina
酸模单胞锈菌 Uromyces rumicis	悬钩子属植物 Rubus spp.
锦葵刺盘孢 Colletotrichum malvarum	皱叶酸模 Rumex crispus
苍耳柄锈菌 Puccinia xanthii	刺黄花稔 Sida spinosa
	苍耳 Xanthium spp.

　　中国已经成功研发出一种生物除草剂——鲁保 1 号，它是利用专性寄生于菟丝子的黑盘孢目毛炭疽菌属（*Gloeosporium*）真菌，防治菟丝子的效果达 70%～95%，应用面积已达几万亩。另一种较常用的真菌是寄生于粉苞菊属（*Chondrilla*）植物的粉苞苣柄锈菌（*Puccinia chondrillina*），实验证明，粉苞苣柄锈菌对于灯心草粉苞菊具有专一性侵害作用，而对其他植物无危害，因此具有较好的安全性。

第四节　生物表面活性剂

　　生物表面活性剂是一种由微生物、植物或动物产生的生物大分子物质，其具有表面活性。与化学合成的表面活性剂相比，生物表面活性剂不仅可以降低表面张力、稳定乳化液、增加泡沫，而且具有无毒、可生物降解等优点。这些特点使生物表面活性剂尤其适用于石油工业的降黏采油和重油污染土壤的生物修复等领域。此外，作为天然添加剂，生物表面活性剂在食品工业、精细化工、医药和农业等领域的应用也日益广泛。为了解决化学合成表面活性剂带来的严重污染问题，人们寄希望于应用生物技术生产活性高、性能优越、环境友好的生物表面活性剂，以逐步替代化学合成的表面活性剂。自 20 世纪 80 年代以来，已经有许多生物表面活性剂被应用于日化、食品、石油等行业，例如槐糖脂、鼠李糖脂、脂多糖等。

微生物或酶合成的生物表面活性剂包括糖脂类、脂蛋白质和脂多肽类等生物大分子物质，具有良好的表面活性，可有效降低界面张力，具有渗透、润湿、乳化、增溶、发泡、消泡、洗涤去污等功能。生物表面活性剂常用的合成原料均为天然的无毒副作用的物质，例如甘油三酯、脂肪酸、磷脂、氨基酸等，它们的来源广泛、成本低廉。生物表面活性剂的生产工艺简单，可在常温、常压下进行反应，不需要高要求的生产设备。然而，生物表面活性剂的分子结构多样，传统化学手段对于一些结构复杂的大分子的合成仍存在较大困难。

一、生物表面活性剂产生菌

能产生表面活性剂的菌有很多种，常用的有细菌和酵母菌。生物表面活性剂的种类及其产生菌如表 14-4 所列。

表 14-4　生物表面活性剂的种类及其产生菌

生物表面活性剂	微生物来源举例
鼠李糖脂	铜绿假单胞菌（*Pseudomonas aeruginosa*）
海藻糖脂	红串红球菌（*Rhodococcus erythropolis*） 灰暗诺卡菌（*Nocardia erythropolis*）
槐糖脂	球拟酵母（*Torulopsis bombicola*） 茂物假丝酵母（*Candida bogoriensis*）
纤维二糖脂	玉米黑粉菌（*Ustilago maydis*）
脂肽	地衣芽孢杆菌（*Bacillus licheniformis*）
黏液菌素	荧光假单胞菌（*P. fluorescens*）
枯草菌素	枯草芽孢杆菌（*B. subtilis*）
短杆菌肽	短芽孢杆菌（*B. brevis*）
多黏菌素	多黏芽孢杆菌（*B. polymyxa*） 硫氧化硫杆菌（*Thiobacillus thiooxidans*）
脂肪酸、磷脂	红串红球菌（*Rhodococcus erythropolis*）
多糖-脂肪酸混合物	热带假丝酵母（*Candida tropicalis*）

二、生物表面活性剂的生产与控制

许多微生物都能以烃类为唯一碳源产生表面活性剂。其中酵母菌等真菌主要利用直链饱和烃，细菌则可利用异构烃、环烷烃、不饱和烃和芳香烃。

生物表面活性剂几乎都可以由发酵法获得，不动杆菌和微球菌可生产甘油单酯，棒杆菌可生产甘油双酯，假丝酵母、硫杆菌及曲霉等可产磷脂，红球菌、节杆菌、分枝杆菌和棒杆菌可产不同结构的糖脂，芽孢杆菌、农杆菌和链霉菌可生产脂蛋白等。由于发酵法生产的表面活性剂分子结构复杂，用其他方法不易合成，因此这里特别将微生物发酵法生产表面活性剂分为以下四种进行介绍。

1. 生长细胞法

该方法是让底物的耗尽、细胞的增殖与表面活性剂的产生同时进行。通常通过调控培养基内的碳元素来实现这一目标，不同类型的含碳物质会对表面活性剂的产出及活性产生不同的影响。此外，营养类型及其添加模式、酸碱度、温度、搅动速率、空气流速以及氧气的气液界面传递等因素都可能对表面活性剂的生产过程产生作用。

该方法的优势在于能有效提高细胞转化的效率，并且实施起来较为简单。然而，也存在一些不足之处，例如在发酵过程中容易受到污染细菌的影响。

2. 代谢调控法

该方法是通过采用某种或者多种营养物质来实现对生长因子的调节和表面活性剂产量的提高。一般情况下，我们选择以限制氮元素作为主要手段。比如，在使用假单胞菌（*Pseudomonas*）制造鼠李糖脂的过程中，如果能精确地调整 $NaNO_3$ 的使用比例，那么在 $NaNO_3$ 快耗尽的时候，鼠李糖脂的生成速度会显著提升。同样的情况也发生在其他类型的营养素上，比如说碳元素或是金属离子，如 Fe^{2+}、Ca^{2+} 等。

3. 休止细胞法

首先，需要将正在生长的、处于培养阶段的细胞通过离心方式从培养液中分离出来，然后让它们悬浮在缓冲液中以保持其活性。接着，加入底物进行转化。有时为了延长细胞的存活期，也可以在缓冲液中添加葡萄糖等营养成分。这种方法的优势在于，细胞的增长和底物的生物转化是在不同的环境下进行的，避免了底物和产物对细胞增长可能带来的负面效应；反应系统简单，副产品少，产物的提取和纯化过程也相对容易。

4. 加入前体法

向培养基中加入适当适量的表面活性剂前体后，微生物发酵产物的产率会有大幅度提高。例如，分别加入单糖、双糖或多糖会使石蜡节杆菌（*A. paraffineus*）产生更高的单糖脂、双糖脂或多糖脂。

第五节　可生物降解塑料

生物可降解塑料，是指能够在自然环境中，在微生物的作用下分解成对环境无不良影响的低分子化合物以及部分高分子化合物或其配合物的材料。利用微生物或其他生物生产可降解塑料是环境生物学领域的重要研究课题。可降解塑料不仅在地球环境保护方面，而且在可再生性资源开发方面均具有重要意义，符合可持续发展战略和循环经济的要求，具有广阔的市场前景和重要的应用价值。

一、聚 β-羟基烷酸的生物合成

1925 年，法国科学家 Lemoigne 发现了一种命名为巨大芽孢杆菌（*Bacillus megaterium*）的细菌，其可在胞内形成一种颗粒，主要成分是聚 β-羟基丁酸（PHB），它具有为细胞储存能量和碳源的作用。后来发现在原核生物和真核生物中含有 $100 \sim 200$ 个小分子量的 PHB，在高等生物中它也是普遍存在的一类化合物。自 1927 年起，特别是 20 世纪 80 年代，这种化合物引起了化学家们的注意，因此国内外掀起一个研究聚 β-羟基烷酸（polyhydroxyalkanoate，PHA）的热潮，开发对象也由 PHB 一种，扩展到包含羟基戊酸或其他羟基酸的多种 PHA 共聚体。现已报道具有不同单体的 PHA 品种大约有 100 多种。

（一）PHA 的性能及应用

以 PHA 为原料制造的新型塑料可以被多种微生物完全降解，是一种环境友好型材料。

其中 PHB 及聚 β-羟基丁酸-戊酸共聚物（PHBV）是 PHA 家族中研究和应用最广泛的两种多聚体。PHA 是一种有光学活性的聚酯，除具有高分子化合物的基本特性，如质轻以及具弹性、可塑性、耐磨性和抗射线等外，还具有生物相容性和可降解性，即便沉积于湖泊、海洋的水底也能完全降解，且无毒无害。但是，PHA 共聚物因含有不同的单体，结晶度差，聚合物质脆，现在多采用与其他天然或人造的聚合物共聚合，如聚乳酸、聚己内酯、纤维素、淀粉等，改变其理化和塑料性能。

PHA 这类热塑性聚酯可纺丝、压膜或注塑，在工业上可用作各类包装材料、农用薄膜等；在医药方面，由于其生物相容性可作长效药物的载体、外科缝线、伤口敷料、骨骼代用品或骨板，术后无须取出。

PHA 除可取代化学合成的塑料外，还应用于合成光学活性物质的手性前体，特别是用于合成药物和昆虫信息素。但是，发酵法制备 PHA 的成本较高，国际上 PHA 最低 8 美元/kg，和石油化工塑料的 1 美元/kg 相比仍然有很大的距离。若要降低 PHA 的生产成本，一方面要加强菌种、工艺和设备上的革新；另一方面，以某些有机废物如垃圾、市政污泥等为底物，培养有效微生物生产 PHA 也是降低成本的可行途径。

（二）可积累 PHA 的主要微生物

PHA 具有低溶解性和高分子量特性，在细胞内积累不会引起渗透压的增加，是一类理想的胞内储藏物，它们比糖原、多聚磷酸或脂肪更为普遍地存在于微生物细胞中。能积累 PHA 的微生物分布极广，包括光能自养菌、化能自养菌及异养菌共 65 个属近 300 多种微生物。积累有 PHA 的微生物可以通过苏丹黑或尼罗蓝染色来鉴别。目前研究较多并有希望用于生产 PHA 或 PHB 的微生物有产碱杆菌属（*Alcaligenes*）、假单胞菌属（*Pseudomonas*）、固氮菌属（*Azotobacter*）、红螺菌属（*Rhodospirillum*）等。选择作为产业化生产 PHA 的菌种，应该具备的基本性能包括：①有利用廉价碳源的能力；②生长速度快；③对底物转化率高；④胞内积累 PHA 的量高且分子量大。目前大多数研究者主要集中于研究产碱杆菌和基因重组大肠杆菌（*Escherichia coli*）的 PHB 或 PHBV 的积累能力。

（三）PHB 和 PHA 的代谢机理

PHB 的生物合成途径为：乙酰辅酶 A→3-酮丁酰辅酶 A→3-羟基丁酸辅酶 A→PHB，前两步反应都是可逆的。参与这一过程的有三个酶，依次为 3-酮硫解酶（或乙酰辅酶 A 乙酰基转移酶）、乙酰乙酰辅酶 A 还原酶（或羟基丁酸辅酶 A 脱氢酶）和 PHB 合成酶。这三个酶的结构基因为 *phbA*、*phbB*、*phbC*，已从多种微生物和某些高等生物中分离出来。

PHA 的合成也是由这三个酶完成。在正常生命过程中，单体的聚合与聚合物的降解是同时发生的，也就是说，聚合物分子存在更新过程，这一过程影响分子量的大小和共聚物中的单体组成。最近发现还有 *phbE*、*phbF*、*phbG* 等基因参与 PHB 的合成。

目前尚未证明 PHA 的合成代谢为操纵子调控，也没有证明有其他遗传调控机制。有的学者把其归为"过剩代谢"，即当限制其他营养而唯独保证碳源供给时，细菌便大量积累 PHA。一般情况下，减少细胞其他物质的合成，有利于 PHA 的积累。如，限氮以便控制肽和蛋白质的合成、限磷控制核酸的合成等，都常常有利于 PHA 的增加。对于好氧代谢，因为乙酰辅酶 A 可进入三羧酸循环，所以调节柠檬酸合成酶活性的有关因素，如 NADH 水平，可以影响 PHA 的合成。在培养液中保持一定水平的 NADH，适当控制氧的供给，促进乙酰辅酶 A、丙酰辅酶 A 合成 3-酮丁酰辅酶 A 以及其还原为 3-羟基丁酸辅酶 A 的反应，有益于 PHA 的积累。但是，不同菌种的 PHA 或 PHB 的积累调控要素是不同的，需要因菌而异。

（四） PHA 的发酵生产

1. 细菌发酵生产 PHA

生产成本高是阻碍 PHA 实现产业化的主要障碍，而影响 PHA 生产成本的主要因素有高效菌种、原料、工艺以及提取技术等。因而要降低成本需要从以下几方面做出努力：①筛选高效菌种；②采用廉价培养物，并提高最终产物对基质的产率系数，降低发酵原料成本；③改进提取、纯化技术，以降低提取成本。

细菌发酵生产 PHA 工艺过程包括发酵和 PHA 的提取、纯化。

通常情况下，PHA 的生物合成分为两部分进行调控。首先是在微生物细胞形成期，在这个时期，微生物会迅速地消耗基础物质并增殖大量的细胞，然而，此时产生的 PHA 数量相对较少；然后就是 PHA 累积期，一旦培养液中的某一特定养分被完全吸收后，细胞就会转入到 PHA 的产生阶段，此时的 PHA 会大幅度增加，但同时细胞几乎不再继续增长。

一般而言，PHA 的生产过程包括两个主要步骤：分批发酵和连续发酵。其中，分批发酵较为常见，其原理是基于微生物细胞增长受到起始营养物质浓度的制约。随着细菌数量增加，可能会出现某种或多种养分不足的情况，这会影响细菌的继续增殖；同时，一些中间代谢物的累积也有可能阻碍细菌的生长。因此，使用分批发酵方法难以获得较高的细胞密度和高的产物浓度。然而，利用连续发酵技术可以避免这种问题，因为它可以在关键营养素变成限制因子前，进行精确添加，这样就能延长细胞的指数生长期，进而提高细胞密度。此外，为防止细菌在生长期间过多地积累 PHA，必须保证培养基中的铵盐含量不低于 200 mg/L，不然会导致 PHA 产量下降。在第二个阶段，虽然限制氮源有助于 PHA 合成，但是如果完全没有氮源供应则会对细菌的合成能力造成严重损伤，故此，需采取逐步补充氮源的方法。最后，相较于传统的分批发酵，连续发酵法具有更低的污染风险、更高的转换效率以及更容易实施优化调控等优势。而且，PHA 的平均分子量还受到连续培养条件的直接影响。

虽然连续发酵方法在提升 PHA 产量与转换效率及调控分子的规模等方面效果显著且具有巨大潜能，但关键在于如何根据微生物生长及其产物生成所必需的具体养分需求和环境来对持续发酵过程进行优化控制，从而实现大量微生物细胞的增殖并高效地累积高质量的 PHA，这仍是一个亟须解答的问题。

2. 提取、纯化技术

现在有关提取、纯化 PHA 或 PHB 的技术主要是有机溶剂法、氯仿-次氯酸钠法和酶法。有机溶剂法对能源和原料需求量大，提取率难以达到很高，污染严重且操作复杂；氯仿-次氯酸钠法仍然需要使用大量有机溶剂，并会使产物分子量严重降低，操作也比较复杂；酶法的操作更复杂，产品纯度也不高。因此，近年来逐渐对非有机溶剂提取法加大了开发力度，如对于富养罗尔斯通菌（R. eutropha）的 PHB 提取采用在水相体系中加入表面活性剂和配位剂的技术，该法不但具有环境污染小、操作简便的显著优点，而且产品质量高、成本低，是一种极有潜力的提取方法。

二、乳酸聚合物

乳酸聚合物是一种可完全生物降解的合成型脂肪族聚酯类高分子材料。它具有三种基本立体结构，即聚 L-乳酸、聚 D-乳酸以及聚 DL-乳酸，其中常用的是聚 L-乳酸和聚 DL-乳酸。

具有旋光性的纯聚 L-乳酸是一种结晶状的硬且脆的物质，提高分子量和增大结晶度可减小聚 L-乳酸的脆性，使之成为硬且坚韧的工程塑料。相反，无定型的聚 DL-乳酸是一种透明材料，根据其分子量的不同，玻璃化转变温度在 50～60℃之间，它可以用来生产透明薄膜和胶水。

（一）聚乳酸的特性

聚乳酸（PLA）具有良好的生物可降解性，属于最容易被生物降解的热塑料材料——脂肪族聚酯类化合物中的一种。在自然环境中，它能被微生物作用而完全降解成 CO_2 和 H_2O，随后在光合作用下它们又会成为淀粉的起始原料，因而它是一种完全循环型生物降解性塑料，不会对环境产生污染。除此之外，聚 L-乳酸还具有优良的生物相容性，其在人体和动物体内的最终代谢产物为 CO_2 和 H_2O，中间产物 L-（＋）-乳酸也是人体和动物体内的正常代谢产物，不会在器官内积累，可作为医用缝合线在临床中应用，临床结果表明它不会造成人体或动物体免疫功能的丧失，且已被美国食品及药物管理局（FDA）批准作为医用手术缝合线、注射用胶囊、微球及埋植剂等材料。因此，聚乳酸以其良好的可生物降解性、生物相容性及其他优良的使用特性（如透明度、透水性、高强度、耐热性等）而被公认为是取代传统塑料的理想材料，据日本预测，在若干年内聚乳酸的年需要量将达到 300 万吨。

乳酸是聚乳酸合成的原料，其发酵成本及产率的高低直接影响聚乳酸的工业化生产。

（二）乳酸菌与乳酸发酵

目前自然界中已发现的乳酸菌在分类学上至少可划分为 23 个属，包括乳杆菌属（*Lactobacillus*）、肉食杆菌属（*Carnobacterium*）、双歧杆菌属（*Bifidobacterium*）、链球菌属（*Streptococcus*）、肠球菌属（*Enterococcus*）、乳球菌属（*Lactococcus*）、明串珠菌属（*Leuconostoc*）、片球菌属（*Pediococcus*）、气球菌属（*Aerococcus*）、奇异菌属（*Atopobium*）、漫游球菌属（*Vagococcus*）、利斯特菌属（*Listeria*）、芽孢乳杆菌属（*Sporolactobacillus*）、芽孢杆菌属（*Bacillus*）中的少数种、环丝菌属（*Brochothrix*）、丹毒丝菌属（*Erysipelothrix*）、孪生菌属（*Gemella*）、糖球菌属（*Saccharococcus*）、四联球菌属（*Tetragenococcus*）、酒球菌属（*Oenococcus*）、乳球菌属（*Lactosphaera*）、营养缺陷菌属（*Abiotrophia*）、魏斯菌属（*Weissella*）。

大部分乳酸菌都是厌氧或兼性厌氧的，它们缺乏接触酶，不会运动，而且具有很高的耐酸性，可以在 pH 值小于 5 的酸性环境中存活，由于它们产生氨基酸和维生素（特别是维生素 B_2）的能力不足，因此对营养的需求相当严格。这些细菌通常在富含营养的环境中生长，例如植物、动物和人体内以及牛奶中。

在乳酸发酵过程中，乳杆菌属被广泛使用。这主要归因于它们具有生长速度快、产乳酸量高以及抗酸性强等特性。至今已有 56 种不同的乳杆菌被采用。米根霉（*Rhizopus oryzae*）是工业上常用的乳酸生产菌之一，它的特点是只能合成 L-乳酸，虽然其营养需求相对简单，但由于是好氧菌，需要进行通气搅拌，这会消耗大量能源，另外，其对糖的转化率通常较低（大约为 75％）。

近年来，日本、德国和中国等国正在开发嗜热脂肪芽孢杆菌（*Bacillus stearothermophilus*）和凝结芽孢杆菌（*Bacillus coagulans*）等耐高温产 L-乳酸的菌种。目前乳酸菌的生产菌种以自然筛选为主，但也可根据代谢调节机理选择高产菌株，或采用细胞融合、基因工程等现代生物技术进行育种。

（三）乳酸的生产

1. 通过处理含有淀粉和纤维素的废弃物来制造乳酸

目前全球主要使用的是来自农业生产的各种副产品（如玉米浆、番茄汁和面粉碎屑等），这些都可用于制造生物塑料，例如由美国的最大化学品与食品供应商 Cargill Dow 开发的以玉米浆为基础的产品就是其中之一。M. Chatterjee 等（1997）利用纤维二糖乳杆菌（*L. cellobiosus*）从制作土豆（马铃薯）沙拉后的残渣中制取乳酸，48h 后淀粉的 50% 被转化成乳酸。此外，还有用麸皮水解液、甘蔗渣、干酪工厂的下脚料、面包废物、造纸污泥以及贝类加工后的废物进行乳酸发酵的报道。

采用淀粉和纤维素类物质发酵生产乳酸需要分为两个步骤，首先通过酶或酸使原料水解成单糖或双糖，随后再使用乳酸菌进行发酵制备乳酸。目前淀粉酶的生产技术已经相对成熟，而获得高效纤维素酶生产菌株则是当前研究的重点。用于生产纤维素酶的主要菌种包括木霉属（*Trichoderma*）、曲霉属（*Aspergillus*）和青霉属（*Penicillium*），尤其是里氏木霉（*T. reesei*）和黑曲霉（*A. niger*）等菌种。

有些乳酸菌可产生淀粉酶，因此在应用这类细菌发酵淀粉质废物时不必进行糖化，可以直接发酵，有利于工艺的简化。其中研究较多的有食淀粉乳杆菌和嗜淀粉乳杆菌，后者利用淀粉只产生 L-乳酸，而前者产生 DL-乳酸，它们不但能水解直链淀粉和支链淀粉，还能水解动物糖原。此外，植物乳杆菌也具有水解糖原的特性。

2. 利用厨房垃圾生产乳酸

厨房垃圾是人们在日常生活中产生的废弃物，最新研究显示，可以利用厨房垃圾发酵产生乳酸，从而制备可降解塑料聚乳酸，这为厨房垃圾资源化和降低生产成本提供了新途径。

日本九州工业大学的 Shirai（1999 年）提出了一种将厨房垃圾减量化与资源化的新思路（如图 14-1 所示）。第一步是利用安装在家中水槽下方的破碎器对食品废弃物进行初步破碎，然后将其导入家庭底部的排污管道，在此处完成固液分离。随后，液体部分同污水一起流向污水处理设施进行处置；而固体部分则会在储存期间内，由于其内部含有的乳酸菌自动发酵（首次发酵），从而有效遏制了细菌滋生，避免食物废弃物的腐烂变质。一旦固体积压达到一定量，这些固体会被运输至乳酸制造工厂进行进一步的乳酸发酵（第二次发酵），之后经过乳酸提取、净化及聚合等步骤，最终生成具有生物可分解特性的塑料（即聚乳酸）。同时，剩余的发酵副产品也可用作动物饲料或植物肥料。此举有望实现厨房垃圾"零排放"的目标。

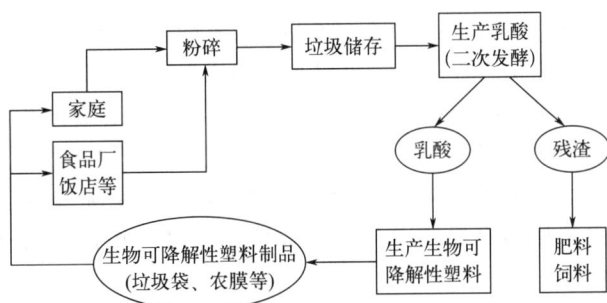

图 14-1　厨房垃圾减量化与资源化示意图

厨房垃圾中的挥发性固体（VS）占总固形物（TS）的 90% 以上，具有营养丰富、适合乳酸菌生长的特点。有机废物成分复杂，单一菌种的发酵难以充分利用其中的有效成分，多菌种的联合发酵将有助于提高原料的转化率。例如用戊糖乳杆菌和短乳杆菌联合发酵麦秸水解物，可使水解物中95％的半纤维素转化为乳酸。

（四）聚乳酸的应用及存在的问题

1. 聚乳酸的应用

聚乳酸产品在农业、渔业、服装行业以及医疗等领域都有着巨大的应用潜力。

（1）工业与农业中的应用

由于其优良的柔韧性，聚乳酸可以被制造成高质量的薄膜，这有助于替代现有的容易损坏的农用地膜，同时也可以制作出适用于建筑行业的薄膜和绳索，甚至还可以用来制造纸质包装膜。此外，聚乳酸也能够作为土壤绿化和沙漠植树造林中的水分保持剂，或者成为水产业中使用的材料，如农药和化肥的缓释材料等。

（2）日常生活中的应用

由于聚乳酸对人类没有危害，因此，它是用于制作一次性餐具和其他各类食物与饮品外包装的理想原料。此外，这种物质也可以被用来制造模仿天然棉花或羊毛等材质的人造纤维，甚至可以模拟出类似于丝绸的感觉。其纺织产品具有良好的抗皱性和通风性能，穿着非常舒适，这些都是其他纺织制品无法相比的。

（3）生物医学领域的应用

高分子量的聚乳酸在生物医学领域有着丰富的运用，其主要用于医药与医疗产品的制造。现今，最常见的应用包括：手术缝合线的制作、微型胶囊的使用、大型组织的移植、骨骼修复材料的生成、人工皮肤的制备、人工血管的设计以及药物释放物质的合成等。近期，一种新型的聚乳酸类创伤敷料已经问世，这是一种由非晶态的共聚乳酸薄膜构成的产品，因其透明特性使得医生无须拆卸即可查看并掌控伤口恢复的过程。此种共聚乳酸膜能在 4～6 周的时间内（具体时间视膜厚而异）被伤口所吸收。若首层膜消融速度过快，则可以利用第二层膜覆盖于一部分分解掉的第一层膜之上，并在伤口周边皮肤处涂抹一层能被人体吸收的共聚物黏合剂来保持薄膜稳定。这一黏合剂是由共聚乳酸的乙醛浓溶液形成，不属于全新共聚物类型。对共聚物绷带薄膜的组织学和微生物学检测表明，感染性的病菌细胞无法在此膜表面生长，也无法穿透膜体。此类用途的薄膜已经在德国实现商业化生产。

2. 存在的问题

人们对于聚乳酸这种完全可生物降解的材料的关注度正在逐渐提高，然而其开发和推广应用仍面临着许多挑战，一方面，合成聚乳酸的原材料价格较高；另一方面，制备出能满足各类需求的超高分子量聚乳酸有一定困难；此外，聚乳酸材料仍需进行精细化处理。

首先，聚乳酸材料商业化进程的主要阻碍来自其成本因素，这主要是由于制造聚乳酸的关键成分——乳酸是由玉米、小麦等谷物，或甘蔗、甜菜等农作物经生物发酵而产生的，因此它的原始材料的价格相对较高。为了降低乳酸生产成本并兼顾环保目标，众多研究人员已开始对使用合适的有机垃圾来生产乳酸进行深入探索，尤其是那些富含碳水化合物的废弃物。目前，全球范围内常用的有机废料包括农业残留物（例如秸秆）、废糖液、玉米碎屑、马铃薯屑、麦壳、麸皮等。

其次，其烦琐的制造过程也是造成聚乳酸产品价格上升的关键原因。虽然直接缩聚方法可以简化生产步骤，但是所产生的聚乳酸分子量低且分散范围广，因此其实用性并不强。而通过使用丙交酯开环聚合技术，可以获得超过百万分子的聚乳酸。然而这种方式对于催化剂的纯度和单体的纯度有着较高的要求，任何细小的杂质都可能使得产物分子量小于十万，所以必须经过多轮次的重结晶操作来保证聚合的需求，这也意味着大量重结晶溶液的使用，并且之后还需对其进行回收和重复利用。由此可见，发展新型催化系统及优化聚合工序以降低聚乳酸的价格仍然是一个亟待解决的问题。

而所谓精细化是指根据具体需要调节聚合物的性能，如亲水性和化学可饰性等。当前人们正在探索通过与其他带有相应官能团的单体进行共聚合来实现这些性能。文献中已公开的PLA 共聚物大致有丙交酯-聚酯二元共聚物、丙交酯-芳香族聚酯-聚合物二元醇、含有部分交联结构的共聚酯、丙交酯-己内酯共聚物、丙交酯-聚氨基酸蛋白质共聚物以及与多糖物质的接枝共聚物等。

聚乳酸（PLA）是新型生物可降解材料，其制备和使用为我们揭示了一个融合环境科学、生物化学、高分子化学与化工机械的新兴科研范畴。伴随着发酵技术的发展、生产过程的优化以及新资源的不断发现，这种以环保为核心的聚乳酸有望在未来获得更为广阔的应用空间。

第六节　医药微生物资源与微生物制药

医药微生物资源是指可用于制药或其他医疗保健目的的微生物的总称。在历史上，免疫防治、抗生素筛选与应用、基因工程药物等的问世与广泛应用，都是医药微生物资源研究与开发的重要成果。人类利用微生物制造了抗生素、疫苗、基因工程药物以及各种保健品等，这些微生物制品不仅保障了人类的基本健康，还使得人们能够享受高品质、健康长寿的生活。

一、抗生素

抗生素是一种微生物的次生代谢产物，它能在低剂量下选择性地对病原菌产生抑制或灭杀作用。同时，抗生素也并不只局限于由微生物产生，包括植物和动物生成的以及人工或半人工合成的化学药品也在其定义范围内，它们都能对病原菌、病毒、癌细胞等具有抑制或灭杀的效果。抗生素在医药领域具有重要应用价值，被誉为 20 世纪最伟大的发现之一，甚至被认为提高了人类的平均寿命约 10 年。自从 1928 年 A. Fleming 发现青霉素以来，对抗生素的研究和开发工作一直在不断进行。目前已经发现并且半合成或全合成的抗生素超过了两万种，临床使用的也达到了数百种。这些抗生素不仅在抗细菌感染方面起到了重要作用，还在抗癌、促进动物生长、防治农作物病害等方面发挥着积极作用。

二、疫苗

疫苗被用作抵抗传染病的预防手段。早在 10 世纪的中国宋朝，就对使用"人痘"防治天花进行了记载，这是全球首个以免疫疗法为防控手段避免传染病的实例。到了 17 世纪，英国医生 E. Jenner 从挤奶工身上得到启发，发明了"牛痘"预防天花的方法。从那时起，人类真正迈入了通过免疫防治手段预防传染病的时代。

然而，疫苗的发明和发展真正始于著名的微生物学家 L. Pasteur。1885 年，他成功地研制出人用狂犬疫苗，拯救了一位被医生宣告无望的小男孩，由此引发了第一次"疫苗革命"，即传统疫苗（完整病原体）的制造。此后，伤寒、霍乱、鼠疫等疫苗相继研制成功，使得之前猖獗的许多传染病得到了有效防控。进入 20 世纪，卡介苗以及百日咳、流感、破伤风、腮腺炎、水痘、甲肝等疫苗相继问世，极大地保障了公众健康。1979 年 10 月，世界卫生组织宣布成功根除天花，这一时刻让人们深切认识到，正是因为疫苗的问世，才使许多无法治愈的疾病得以攻克，许多本会失去生机的人得以幸存。因此，疫苗也被称为"人类医学史上最伟大的发明"。

三、医用酶制剂

微生物酶制剂不仅可以在制革、造纸、纺织、食品、发酵和农业领域得到应用，还在医药领域发挥重要作用。在我国，每年有大约 60 万人死于冠心病，同时脑梗死和脑出血也使得大约 120 万人失去生命；在美国，每年约有 15 万人死于中风，其中 80％的死亡是由血管内血栓引发的突发性死亡。心脑血管疾病严重威胁着人类健康，因此研究如何疏通血管、促进血液流通已成为医学界的重要课题。近年来，具有溶解血栓作用的微生物酶制剂已经开始在临床上使用，并取得了良好的效果。一些常见的溶栓酶，如链激酶、尿激酶、纳豆激酶和葡激酶等，可以激活血液中的纤维蛋白酶原，使其转化为活性纤维蛋白酶，从而实现对血栓的溶解。

在癌症治疗方面，微生物酶制剂也展现出巨大的潜力。例如，天冬酰胺酶具备分解刺激癌细胞增长的天冬酰胺的能力，这在白血病的治疗上表现得格外有效。而且，L-精氨酸酶、L-组氨酸酶、L-蛋氨酸酶以及谷氨酰胺酶等酶，都有潜力对抗血癌。此外，酪氨酸酶也可用于帕金森病的治疗。

四、基因工程药物

基因工程药物是一种生物药物，其通过将可表达药用蛋白质的基因导入表达细胞进行发酵生产，并经过制药技术制造而成。其产品包括胰岛素、胰高血糖素、生长激素、甲状旁腺激素、降钙素和促卵泡生成素等蛋白质类激素，以及干扰素、白细胞介素、肿瘤坏死因子、生长因子、趋化因子等细胞因子类药物。此外，还有尿激酶、链激酶、尿酸氧化酶、葡糖脑苷脂酶、超氧化物歧化酶等医用酶制剂，以及各种基因工程疫苗、可溶性补体、血红蛋白、白蛋白等药物。

随着科技的不断进步，基因工程药物已经逐渐从第一代产品，即通过原核生物表达的方式生产，转向以真核微生物或哺乳动物细胞为表达载体的第二代产品。这种转变有效地解决了高等生物基因在低等原核生物中无法表达或表达产物无活性的问题。目前，基因工程药物正逐渐发展第三代药物，包括核酸药物，同时也有望进入基因治疗的新阶段。这一趋势不仅可以减少服药的麻烦，还可以实现更持久的治疗效果。此外，核酸药物的问世对癌症、艾滋病等难治疾病的最终治愈或者有效控制具有重大意义。

五、甾体激素

甾体激素，也被称为类固醇激素，其在维持生命活动、免疫调节、疾病治疗以及生育控制等方面扮演着重要角色。其中包括了性激素、皮质激素、孕激素等。

医学界所用的甾体激素最初是从动物组织中提炼出来的或者是经过复杂的化学合成过程获取的。然而，这两种方法的生产成本极高，生产周期非常长，并且得率非常低。1952 年，彼得森等美国科学家首次找到了利用少根根霉和黑根霉进行转化反应的方式，只需简单的一步操作，就可把黄体酮转变为 11α-羟基黄体酮，其收率甚至超过了 85％。此项发现给甾体激素药物的制造工艺创造了全新路径——微生物转化。现在，许多甾体激素药物都是通过微生物转化并结合适当的化学方法生产出来的。常见的微生物转化甾体类菌株主要包括根霉属、弯孢霉属和曲霉属等。

六、发酵中药

发酵中药是指利用微生物对天然中药材或其提取液进行发酵加工而得到的药物。中药作为中华文化的瑰宝，在我国人民与疾病斗争的历史中发挥了重要作用。然而，近代以来，中药的现代化进程相对较缓慢。除了中医理论与现代科学难以有效融合外，中药的加工处理也存在一些问题。其中，炮制是中药制备过程中非常关键的环节，它能提升药效、改变药性、减少毒副作用等。微生物具有强大的生物转化能力，能够产生多种具有生物活性的代谢产物，因此，通过利用微生物的生命活动来进行中药炮制，可能比传统的物理或化学方法能更有效地提升药效、改变药性、减少毒副作用，并扩大适应范围。

实际上，发酵在传统中药加工炮制中一直扮演着重要角色，如片仔癀、建神曲、沉香曲、淡豆豉、半夏曲以及红曲等，都是经过发酵程序制造而成的。以片仔癀为例，它是通过对三七进行微生物发酵得到的；而红曲则是用红曲霉以大米为原料进行发酵而成，具有健脾消食、活血化瘀的功效。然而，这些传统中药的发酵过程多采用自然发酵，缺乏明确的目的和定向性，无法根据药材特性和适应病症来进行发酵，同时也无法充分释放药材的药用潜能。因此，未来的发展方向是不断分离有益菌，并采用纯培养发酵的方式来有针对性地进行中药的炮制，以充分发掘中药药用价值。这也将有助于进一步推广和发展中医及中医文化。

第七节　食品微生物资源

一、发酵食品

经过微生物或微生物酶作用后加工制成的食品被称作发酵食品，如馒头、腐乳、酸奶、泡菜、火腿、酱油、醋、白酒、红茶等。这些食品的独特口感丰富了我们的饮食，同时也具有一定的保健功能，有助于促进身体健康。在发酵食品的历史和成就方面，中国功不可没。据考古研究，早在4000多年前的新石器时代晚期，中国就已开始酿酒。在《周礼》中，就有"醓"和"醢"的描述，这两种食品就是今天我们所说的"酱"和"醋"。在北魏时期的《齐民要术》中详细记载了多种发酵食品的制作工艺，包括制曲、酿醋、酿酒、制酱、制豉、腌渍泡菜等方法。至今，这些传统工艺在中国仍然得到保留，并被广泛应用于制作各种美味的发酵食品，以满足人们对多样化饮食的不断追求。发酵食品将继续发展，推动世界饮食结构和文化的多样性。

发酵食品微生物是指用于或与发酵食品制作相关的所有微生物，它们是发酵食品的核心要素。根据发酵食品的特殊工艺和传统性，这些微生物通常并不来自纯培养物，而是存在于发酵食品原料或生产环境中的微生物，在适宜的条件下通过自然环境变化和人工创造的方式进行有目的的培养。细菌、酵母菌和霉菌这三类是主要的微生物类型，广泛应用于各种发酵食品中，它们是发酵食品生产的主力菌，几乎涵盖了所有发酵食品的制作过程。

1. 细菌

（1）乳酸菌

乳酸菌并非一个分类单元或系统分类学名词，而是指一类革兰阳性菌，它们能够利用糖类进行发酵，产生大量乳酸，并且不形成孢子。乳酸菌是一类非常庞杂的细菌群体，目前至少可分为 18 个属、200 多种。在发酵食品的生产中，常见的乳酸菌包括植物乳杆菌、嗜酸乳杆菌、嗜热链球菌、干酪乳杆菌、乳酸乳球菌等。

（2）醋酸菌

醋酸菌代表的是一种特定的革兰阴性细菌，它们有能力利用氧气作为终端氢受体，将糖、糖醇以及醇类物质转化为对应的糖醇、酮以及有机酸。换句话说，我们可以将醋酸菌视为一种能将酒精氧化生成醋酸的细菌群体。在食醋的生产中，最主要的醋酸菌是醋酸杆菌。在醋酸杆菌中，奥尔良醋酸杆菌和巴氏醋杆菌是最常见的两种。它们在食醋的发酵过程中起到催化乙醇生成乙酸的作用，并且具有较强的耐酸性和耐受乙醇的能力。

（3）芽孢杆菌

芽孢杆菌在多种发酵食品的生产中扮演着重要角色，例如发酵乳制品、白酒、腐乳和豆豉等。常见的芽孢杆菌包括凝结芽孢杆菌、地衣芽孢杆菌和枯草芽孢杆菌等。这些菌主要具有产生蛋白酶、淀粉酶、糖化酶、纳豆激酶以及改善乳制品质量特性的风味物质等功能。

（4）其他细菌

除了上述细菌外，还有许多其他细菌参与发酵食品的生产。谢氏丙酸杆菌是一种能够产生丙酸并促进牛奶凝固的菌种，此外，它还能生成脂肪酶和蛋白酶等，这在干酪熟化过程中对香味和风味物质的产生发挥了关键作用。葡萄球菌包括肉葡萄球菌和木糖葡萄球菌，它们能够分解蛋白质和脂肪，产生风味物质，并具有保持发酵肉制品色泽和增强口感的功能。

香料葡萄球菌在酱油发酵开始阶段能生成有机酸，以此来调控酱醪的酸碱度，并参与酯化物的生成，还能分解天冬氨酸产生有甜味的丙氨酸。梭菌包括丁酸梭菌和科氏梭菌，在白酒酿造过程中会产生己酸、棕榈酸乙酯、2,4-二叔丁基苯酚等风味物质。

2. 酵母菌

（1）酿酒酵母

酿酒酵母是人类与之关系最密切的一类酵母菌，也被称为啤酒酵母、面包酵母等。无论是在馒头、面包、白酒、啤酒还是食醋的制作过程中，酿酒酵母都扮演着核心角色。在制作面包和馒头的过程中，酿酒酵母会使用面团里的糖类物质进行有氧呼吸，形成二氧化碳让面团变得松软，同样也通过发酵过程产出乙醇、低分子有机酸、酯类等挥发性化学物质，为面团注入独特的发酵味道。同时，在白酒、啤酒和醋的酿制过程中，酿酒酵母会使用葡萄糖发酵制造乙醇，并在白酒的酿制过程中产生高级醇、芳香醇、酸类、酯类、萜类、呋喃类等香味成分。

（2）生香酵母

生香酵母是一类在食品发酵过程中具有产生芳香物质作用的酵母菌群体，被广泛应用于白酒和酱油等行业。在白酒生产过程中，酵母种类如汉逊酵母、异常威克汉姆酵母和库德里阿兹威毕赤酵母等，都有能力生成酯类、醇类、有机酸和萜类等各种类香气成分。与此同时，在酱油制作过程中，变形假丝酵母和埃切氏假丝酵母也有能力产生 4-乙基愈创木酚等主要的香气元素。此外，鲁氏接合酵母在酱油和腐乳的制作中可将糖类转化为高级醇和芳香醇等物质，这对于风味物质的形成具有重要作用。同样值得一提的是，汉逊酵母还能在火腿制作过程中发挥产生芳香的作用。

3. 霉菌

（1）曲霉

曲霉是一种真菌，被称为发酵食品界的"明星"。它能产生多种胞外酶，如淀粉酶、糖化酶、纤维素酶、果胶酶、蛋白酶和多酚氧化酶等，并具备强大的发酵能力，广泛应用于各种食品的制作中。在曲霉中，黑曲霉和米曲霉主要用于生产白酒、酱油、食醋、腐乳和发酵茶；琉球曲霉主要用于白酒生产；酱油曲霉则常用于制作酱油；塔宾曲霉主要用于发酵茶制作。

（2）毛霉与根霉

在腐乳制作过程中，经常会看到原料豆腐表面长满了一层"毛"。实际上，这些"毛"是由毛霉属和根霉属真菌的菌丝体组成的。毛霉属和根霉属都属于低等真菌，它们的菌丝体没有隔膜；前者的营养菌丝能够特化为假根，但没有匍匐菌丝，而后者的营养菌丝能够特化为假根和匍匐菌丝。它们都具有较强的产胞外蛋白酶的能力，可以将豆类蛋白分解为鲜味物质如氨基酸，并产生各种香气物质。此外，它们也有着强大的糖化能力，可广泛应用于其他发酵食品的制作。

二、食用菌

食用菌的定义是所有可食用的真菌，其种类繁多，大小不一。从严格的定义来看，食用菌主要指的是便于食用的大型真菌，尤其是属于担子菌和子囊菌类别的菌种（约90％的食用菌为担子菌，其余为子囊菌），比如平菇（也叫侧耳或者冻菌）、香菇、银耳、黑木耳、猴头菇、灵芝、美味牛肝菌、竹荪、茯苓和冬虫夏草等。目前，已在全球范围内发现超过2000种食用菌；据估计，自然界中潜在的食用菌种类多达5000种。我国在世界上拥有最多的食用菌数量，大约有1500种。我国得以孕育出如此众多的优质食用菌，得益于优越的地理环境以及生态多样性。在已经被记录的食用菌种类中，大约有500种具备药用价值。通过人工繁育和菌丝体发酵培育方式，还有数百种食用菌实现了规模化生产。

思考题

1. 生物絮凝剂的优点表现在哪些方面？微生物絮凝剂的作用机理是什么？
2. 微生物肥料的作用原理是什么？
3. 苏云金芽孢杆菌为什么会杀死昆虫？使用苏云金芽孢杆菌制剂时应注意什么？
4. 生物表面活性剂的作用原理是什么？如何进一步提高生物表面活性剂的活性？
5. PHA是如何在微生物体内合成的？主要影响因素是什么？
6. 乳酸在微生物体内是怎样合成的？如何提高乳酸的产率？

参考文献

[1] 朱琳瑛. 环境污染治理技术与实践（文集）. 中国环境科学学会，1992.

[2] 王俊. 化学污染物与生态效应. 北京：中国环境科学出版社，1993.

[3] 周德庆. 微生物学教程. 北京：高等教育出版社，1993.

[4] 沈萍. 微生物遗传学. 武汉：武汉大学出版社，1995.

[5] 郁庆福. 现代卫生微生物学. 北京：人民卫生出版社，1995.

[6] 瞿礼嘉，顾红雅，胡苹等著. 现代生物技术导论. 北京：高等教育出版社-施普林格出版社，1998.

[7] 黄秀梨. 微生物学. 北京：高等教育出版社，1998.

[8] 池振明. 微生物生态学. 济南：山东大学出版社，1999.

[9] 沈萍. 微生物学. 北京：高等教育出版社，2000.

[10] 周群英，高廷耀. 环境工程微生物学. 北京：高等教育出版社，2000.

[11] 洪坚平等. 农业微生物资源的开发与利用. 北京：中国林业出版社，2000.

[12] 许保龙. 当代给水与废水处理原理. 2版. 北京：高等教育出版社，2000.

[13] 孔繁翔. 环境生物学. 北京：高等教育出版社，2000.

[14] 王建龙. 现代环境生物技术. 北京：清华大学出版社，2001.

[15] 宋思扬. 生物技术概论. 北京：科学出版社，2001.

[16] 贺延龄. 环境微生物学. 北京：中国轻工业出版社，2001.

[17] 王军. 城市污水生物处理新技术开发与应用. 北京：化学工业出版社，2001.

[18] 姜成林. 徐丽华. 微生物资源开发利用. 北京：中国轻工业出版社，2001.

[19] 张锡辉. 高等环境化学与微生物学原理及应用. 北京：化学工业出版社，2001.

[20] 刘志恒. 现代微生物学. 北京：科学出版社，2002.

[21] Nicklin J. 微生物学（现代生物学精要速览）. 林雅兰译. 北京：科学出版社，2002.

[22] 李军. 微生物与水处理工程. 北京：化学工业出版社，2002.

[23] 夏北成. 环境污染物生物降解. 北京：化学工业出版社，2002.

[24] 肖锦. 城市污水处理及回用技术. 北京：化学工业出版社，2002.

[25] 格拉 A N，二介堂弘. 微生物生物技术. 陈守义，喻子牛译. 北京：科学出版社，2002.

[26] 张景来，王剑波，常冠钦，刘平. 环境生物技术及应用. 北京：化学工业出版社，2002.

[27] 朱清时. 生物质洁净能源. 北京：化学工业出版社，2002.

[28] 胡福泉. 微生物基因组学. 北京：人民军医出版社，2002.

[29] 伦世仪. 环境生物工程. 北京：化学工业出版社，2002.

[30] 焦瑞身. 微生物工程. 北京：化学工业出版社，2003.

[31] 沈德中. 环境和资源微生物学. 北京：中国环境科学出版社，2003.

[32] 陈剑虹. 环境工程微生物学. 武汉：武汉理工大学出版社，2003.

[33] 杨柳燕，肖琳. 环境微生物技术. 北京：科学出版社，2003.

[34] 陈欢林. 环境生物技术与工程. 北京：化学工业出版社，2003

[35] 李铁民. 环境生物资源. 北京：化学工业出版社，2003.

[36] 李雪驼. 环境微生态工程. 北京：化学工业出版社，2003.

[37] Lansing M. Prescott, John P Harley 著. 微生物学. 5版. 沈萍，彭珍荣主译. 北京：高等教育出版社，2003.

[38] 南琪，李建政. 环境污染防治中的生物技术. 北京：化学工业出版社，2004.

[39] 王家玲. 环境微生物学. 2版. 北京：高等教育出版社，2004.

[40] 李瑶. 基因芯片与功能基因组. 北京：化学工业出版社，2004.

[41] 李慧蓉. 白腐真菌生物学和生物技术. 北京：化学工业出版社，2005.

[42] Bruce E R，Perry L M 著. 环境生物技术：原理与应用. 文湘华，王建龙等译. 北京：清华大学出版社，2004.

[43] 高培基. 资源环境微生物技术. 北京：化学工业出版社，2004.

[44] 王金梅. 水污染控制技术. 北京：化学工业出版社，2004.

[45] 李建政，汪群慧. 废物资源化与生物能源. 北京：化学工业出版社，2004.

[46]　Raina M M, et al. 环境微生物学. 张甲耀等译. 北京：科学出版社，2004.

[47]　马放，杨基先，金文标. 环境生物制剂的开发与应用. 北京：化学工业出版社，2004.

[48]　Alan H Varnam, Malcolm G Evans. Environmental microbiology. London：CRC Press，2000.

[49]　Patrick K Jjemba. Environmental microbiology：principles and applications. Enfield, NH：Science Publishers，2004.

[50]　姚海军. PCR-SSCP 分析法及其研究进展. 生物技术，1996，6（4）：1-4.

[51]　杨青，何青. 微生物发酵聚羟基烷酸（PHA）研究进展. 工业微生物，1997，27（4）：44-47.

[52]　蒋展鹏，杨宏伟，师绍琪. 有机化合物厌氧生物降解性的测定. 给水排水，1999，25（6）：20-23.

[53]　蒋展鹏，杨宏伟，孙立新，师绍琪. 有机物好氧生物降解性的综合测试评价方法. 环境科学，1999，6：10-13.

[54]　雪梅，杨中艺，简曙光. 有效微生物群控制富营养化湖泊的效应. 中山大学学报，2000，39（1）：81-85.

[55]　巩宗强，李培军，郭书海. 多环芳烃污染土壤的生物泥浆法修复. 环境科学，2001，22（5）：112-116.

[56]　孙先锋，孙志杰. 微生物絮凝剂的特性研究及其进展. 环境导报，2001（2）：22-25.

[57]　陈亚丽，张先恩. 甲基对硫磷降解菌假单胞菌 WBC-3 的筛选及其降解性能的研究. 微生物学报，2002，42（4）：490-497.

[58]　刘莉等. 临床分离耐喹诺酮类铜绿假单胞菌 gyrA 基因单点突变研究. 中华微生物学和免疫学杂志，2002，22（4）：439-442.

[59]　沈耀良，赵丹，黄勇. 废水生物脱氮新技术——氨的厌氧氧化（ANAMMOX）. 苏州城建环保学院学报，2002，15（1）：19-24.

[60]　顾欢达，顾熙. 河道淤泥的有效利用方式及其物性探讨. 环境科学学报，2002，22（4）：454-458.

[61]　胡勇有，雒怀庆，陈柱. 厌氧氨氧化菌的培养与驯化研究. 华南理工大学学报（自然科学版），2002，30（11）：160-164.

[62]　韩剑宏，唐运平，倪文，孙文亮. 环境生物技术在微污染源水中的应用与展望. 城市环境与城市生态，2003，16（6）：96-97.

[63]　袁怡，黄勇，龙腾锐. 厌氧氨氧化过程的研究进展. 工业水处理，2003，23（2）：1-6.

[64]　邢新会，刘则华. 环境生物修复技术的研究进展. 化工进展，2004，23（6）：579-584.

[65]　董晓丹，周琪，周晓东. 我国河流湖泊污染的防治技术及发展趋势. 地质与资源，2004，13（1）：26-29.

[66]　袁飞等. 变性梯度凝胶电泳研究我国不同土壤氨氧化细菌群落组成及活性. 生态学报，2005，25（6）：1318-1324.

[67]　邢德峰等. DG-DGGE 分析产氢发酵系统微生物群落动态及种群多样性. 生态学报，2005，25（7）：1818-1823.

[68]　赵开弘. 环境微生物学. 武汉：华中科技大学出版社，2009.

[69]　刘开朗，王加启，卜登攀等. 环境微生物群落结构与功能多样性研究方法. 生态学报，2010，30（04）：1074-1080.

[70]　佚名. 四川南江一街边垃圾堆突爆炸 3 人被烧伤. 化工安全与环境，2010（1）：19.

[71]　王国惠. 环境工程微生物学. 北京：科学出版社，2011：5-6.

[72]　俞慎，王敏，洪有为. 环境介质中的抗生素及其微生物生态效应. 生态学报，2011，31（15）：4437-4446.

[73]　佚名. 福建安溪一垃圾焚烧发电厂车间爆炸墙体坍塌致 3 死 2 伤. 化工安全与环境，2014，28：1.

[74]　周群英，王士芬. 环境工程微生物学. 4 版. 北京：高等教育出版社，2015.

[75]　孙耀琴，申聪聪，葛源. 典型纳米材料的土壤微生物效应研究进展. 生态毒理学报，2016，11（05）：2-13.

[76]　马挺，蒋建东. 新时代下的我国环境微生物学研究. 微生物学通报，2023，50（04）：1371-1373.

[77]　Fujita, Masanori, et al. Characrization of a bioflocculant produced by Citrobacter sp. TKFO4 from acetic and propionic acids. Journal of Bioscience and Bioengineering，2000，89（1）：40-46.

[78]　Juhasz A L, Stanley G A, Britz M L. Microbial degradation and detoxification of high molecular weight polycyclic aromatic hydrocarbons by Stenotrophomonas maltophilia strain VUN10, 003. Letters in Appl Microbiol，2000，30（5）：396-401.

[79]　Colliver B B, Stephenson T. Production of nitrogen oxide and denitrogen oxide by autrophic nitrifiers. Biotechnology Advances，2000，18（3）：219-232.

[80]　Van Dongen U, et al. The SHARON-Anammox process for treatment of ammonium rich waster. Water Science and Technology，2001，44（1）：153-160.

［81］ Pitter Petal. Biodegradability of Organic Substances in the Aquatic Environment. CRC Press，1990.

［82］ Raina M Maier，Ian L Pepper，Charles P Gerba. Environmental Microbiology. USA Elsevier Science，2000.

［83］ Bruce E Ritttmann，Perry L McCarty. Environmental Biotechnology：Principles and Applications. USA The McGraw-Hill Companies，Inc，2001.

［84］ MadsenE L. Environmental microbiology：from genomes to biogeochemistry. Malden MA，Oxford：Blackwell Publishing，2008.

［85］ Quince C，Walker A W，Simpson J T，et al. Shotgun metagenomics，from sampling to analysis. Nature Biotechnology，2017，35（9）：833-844.

［86］ de Lorenzo V. Environmental microbiology to the rescue of planet earth. Environmental microbiology，2018，20（6）：1910-1916.

［87］ Jansson J K，Hofmokel K S. Soil microbiomes and climate change. Nature Reviews Microbiology，2020，18：25-46.

［88］ Tiedje J M，Bruns M A，Casadevall A，et al. Microbes and Climate Change：A Research Prospectus for the Future. mBio，2022，13（3）：e00800-22.